21 世纪高职高专系列教材

网络操作系统教程

——Windows Server 2008 管理与配置

主　编　魏文胜　刘本军

副主编　朱星荧　周　琳

参　编　刘建荣　黄亚娴

林　雯　王　敏等

机械工业出版社

网络操作系统是构建计算机网络的核心与基础。本书以目前最新的微软公司的Windows Server 2008网络操作系统为例，并基于虚拟机的环境，介绍网络环境下各种系统服务的配置与管理。

本书分3篇：基础篇——网络操作系统安装与基本配置，介绍Windows Server 2008以及虚拟机软件的安装与配置；进阶篇——Windows Server 2008系统管理，包括域与活动目录的管理、用户与组的管理、文件系统管理和磁盘管理；提高篇——介绍Windows Server 2008系统服务，包括DNS、DHCP、Web、FTP、SMTP、Media服务等。

本书可作为高职高专计算机应用、网络技术等专业的教材，也可作为计算机网络工程设计或管理人员的参考书。

本书配套授课电子课件，需要的教师可登录www.cmpedu.com免费注册、审核通过后下载，或联系编辑索取（QQ：81922385，电话010-88379739）。

图书在版编目（CIP）数据

网络操作系统教程：Windows Server 2008管理与配置/魏文胜，刘本军主编. —北京：机械工业出版社，2011.1（2021.1重印）
21世纪高职高专系列教材
ISBN 978-7-111-33185-8

Ⅰ. ①网… Ⅱ. ①魏… ②刘… Ⅲ. ①计算机网络－操作系统（软件），Windows Server 2008－高等学校：技术学校－教材 Ⅳ. ①TP316.8

中国版本图书馆CIP数据核字（2011）第012079号

机械工业出版社（北京市百万庄大街22号 邮政编码100037）
责任编辑：鹿 征 马 超
责任印制：常天培

北京虎彩文化传播有限公司印刷

2021年1月第1版・第10次印刷
184mm×260mm・20.25印张・498千字
18301－19100册
标准书号：ISBN 978-7-111-33185-8
定价：49.90元

电话服务
客服电话：010-88361066
010-88379833
010-68326294

网络服务
机 工 官 网：www.cmpbook.com
机 工 官 博：weibo.com/cmp1952
金 书 网：www.golden-book.com
机工教育服务网：www.cmpedu.com

前　言

Windows Server 2008 是微软公司推出的目前最新的服务器操作系统。与早期版本相比，除了继承以前版本的功能强大、界面友好、使用便捷的优点之外，新版本的界面发生了很大变化，并新增了很多独特的功能。随着 Windows Server 2008 用户越来越多，开设相关课程的高职高专院校也越来越多。为满足各院校教学改革与课程开发的需要，我们编写了此任务驱动式教程。

本书将某科技信息技术有限公司的网络项目转化为课程单元，采用任务驱动的方式将各种实际操作“任务化”，把企业环境引入课程，围绕企业工作的实际需要、基本工作过程，按照循序渐进、逐步深入的次序设计了一系列应用案例与工作任务，让读者在学习过程中更加贴近实际。

本书分 3 篇：基础篇——网络操作系统安装与基本配置，介绍 Windows Server 2008 以及虚拟机软件的安装与配置；进阶篇——Windows Server 2008 系统管理，包括域与活动目录的管理、用户与组的管理、文件系统管理和磁盘管理；提高篇——介绍 Windows Server 2008 系统服务，包括 DNS、DHCP、Web、FTP、SMTP、Media 服务等。

为了方便读者的学习，本书提供了内容翔实、界面漂亮的电子课件，读者可到机械工业出版社网站（http://www.cmpedu.com）免费下载。

本书由魏文胜、刘本军任主编，朱星荧、周琳任副主编，参与编写的人员还有刘建荣、黄亚娴、林雯和王敏。

在本书的编写过程中，湖北三峡职业技术学院电子信息学院李建利院长给予了大力支持，长城宽带宜昌分公司顾超、李伟华给予了技术上的支持和帮助，在此一并表示感谢。

由于编者水平有限，书中不足之处在所难免，恳请广大读者批评指正。

编　者

目　录

进阶篇——Windows Server 2008 系统管理

提高篇——Windows Server 2008系统服务

基础篇——网络操作系统安装与基本设置

第1单元　Windows Server 2008 的安装

【单元描述】

在组建各种网络之前，需根据系统的需要来确定每台计算机应当安装的网络操作系统的版本以及允许使用的安装方式、文件系统格式等，最后才能开始系统的安装。本单元介绍如何安装 Windows Server 2008 网络操作系统。

【单元情境】

三峡纵横科技信息技术有限公司是一家主要提供计算机网络建设与维护的网络技术服务公司，2005 年为一急救中心建设了医院的内部局域网络，架设了一台医院信息系统服务器并代客户进行维护，使用的网络操作系统为 Windows Server 2003。在一次突然停电中，医院 UPS 出现了故障，并导致服务器也出现不能正常启动。作为技术人员，上门检查后，发现硬盘“0”磁道损坏，要更换新的硬盘，同时医院机房管理员抱怨 Windows Server 2003 在有些功能上有欠缺，建议在更换硬盘的同时升级服务器的操作系统，你该如何去做？

1.1 【知识导航】Windows Server 2008 简介

Windows Server 2008 是微软公司目前最新的网络操作系统的名称，在进行开发及测试时的代号为 Windows Server Longhorn，于 2008 年 3 月 13 日正式发布，主要面向企业用户。作为 Windows 2000 Server、Windows Server 2003 的升级版本，它融入了很多 Windows Vista 操作系统的特性，同时它也是微软公司最后一个 32 位版本的网络操作系统。

1.1.1 Windows Server 2008 的版本

纵观微软公司的 Windows 网络操作系统的发展历程，Windows 2000 Server、Windows Server 2003 均提供了多个不同的版本。Windows Server 2008 也继承了这一特点，在 32 位和 64 位计算机平台中分别提供了标准版、企业版、数据中心版、Web 服务器版和安腾版这 5 个版本的网络操作系统。

- Windows Server 2008 Standard Edition（Windows Server 2008 标准版）：这个版本提供了大多数服务器所需要的角色和功能，也包括全功能的 Server Core 安装选项。
- Windows Server 2008 Enterprise Edition（Windows Server 2008 企业版）：这个版本在标准版的基础上提供更好的可伸缩性和可用性，附带了一些企业技术和活动目录联合服务。
- Windows Server 2008 Datacenter Edition（Windows Server 2008 数据中心版）：这个版本可以在企业版的基础上支持更多的内存和处理器，以及无限量使用虚拟镜像。
- Windows Server 2008 Web Server（Windows Server 2008 Web 服务器版）：这是一个特别版本的应用程序服务器，只包含 Web 应用，其他角色和 Server Core 都不存在。
- Windows Server 2008 Itanium（Windows Server 2008 安腾版）：这个版本是针对 Itanium（安腾）处理器技术的网络操作系统。

除了以上 5 个版本，Windows Server 2008 在标准版、企业版和数据中心版的基础上还开发出了另外两类版本系统：一类是不拥有虚拟化的 Hyper-V 技术的服务器，称为无 Hyper-V 版；另一类是以命令行方式运行的 Server Core 版本，这种版本的服务器系统能够以更少的系统资源提供各种服务。

1.1.2 Windows Server 2008 的新特性

对于一款网络操作系统而言，Windows Server 2008 无论是底层架构还是表面功能都有了很大的进步，它对服务器的管理能力、硬件组织的高效性、命令行远程硬件管理的便捷性、系统安全模型的增强，都让众多用户非常感兴趣。这里总结了 Windows Server 2008 最引人关注的十大新特性。

1）Server Core：它是 Windows Server 2008 对以往版本的最大的改进。Windows 网络操作系统长期以来的不足之处就是安装一些管理员并不需要运行的程序，如图形驱动以及 DirectX、ADO、OLE 等组件，而且图形界面一直是影响 Windows 稳定性的重要因素。从 Windows Server 2008 开始，在 Server Core 命令行模式下能够架设和管理文件服务器、域控制器、DHCP 服务器等角色，这样就使架设安全稳定的小型专用服务器变得更加简单。

2）PowerShell 命令行：微软公司原计划将 PowerShell 作为 Vista 的一部分，但只是作为免费下载的增强附件，后来成了 Exchange Server 2007 的关键组件，在 Windows Server 2008 中也已经成为不可缺少的一个组成部分。这个新的命令行工具可以作为图形界面管理的补充，也可以彻底取代图形界面。

3）虚拟化技术：在 Windows Server 2008 中，命名为“Hyper-V”的虚拟化技术绝对是一个亮点。Hyper-V 技术能够让 Intel 和 AMD 都提供基于硬件的虚拟化支持，并且提供虚拟硬件支持平台，而这是 WMware 目前难以做到的。在 Windows Server 2008 中使用虚拟化技术，能够加强闲置资源的利用，减少资源浪费。

4）Windows 硬件错误架构：目前，Windows 系统错误报告的一大问题就是设备报错的方式多种多样，各种硬件系统之间没有统一标准，因此编写应用程序的时候很难集合所有的错误资源并统一呈现，这就意味着要编写许多针对各种特定情况的特定代码。在 Windows Server 2008 中，所有的硬件相关错误都使用同样的界面汇报给系统，通过这种应用程序向系统汇报发现错误协议标准化的方法，第三方软件就能轻松管理和消除错误。

5）随机地址空间分布：随机地址空间分布在 64 位的 Windows Vista 版本中已经出现，它可以确保操作系统的任何两个并发实例每次都会载入到不同的内存地址上。根据微软公司的解释，恶意软件其实就是一段不守规矩的代码，不会按照操作系统要求的正常程序执行，但如果它想在用户磁盘上写入文件，就必须知道系统服务所处的位置。在 32 位 Windows XP SP2 系统中，如果恶意软件需要调用 Kernel32.dll，该文件每次都会被载入同一个内存空间地址，因此非常容易被恶意利用。如果使用了随机地址空间分布，每一个系统服务的地址空间都是随机的，因此恶意软件想要找到这些地址难度就很大，从而可以提升系统的安全性。

6）SMB2 网络文件系统：很久以前 Windows 就引入了 SMB（Samba 文件共享/打印服务），但是这个网络文件系统已经太陈旧了，所以 Windows Server 2008 采用了 SMB2，以便更好地管理体积越来越大的媒体文件。据称，SMB2 媒体服务器的速度可以达到 Windows Server 2003 的 4～5 倍，相当于提升了 400%的效率，因此服务器系统的运行效率将会有明显的提升。

7）核心事务管理器：核心事务管理器对开发人员来说非常重要，因为它可以大大减少甚至消除由于多个线程试图访问同一资源而经常导致系统注册表或者文件系统崩溃的情况。在 Windows Vista 中也有核心事务管理器这一新组件，其目的是方便进行大量的错误后的恢复工作，而且过程几乎是透明的。之所以可以做到这一点，是因为它可以作为事务客户端接入的一个事务管理器进行工作。

8）快速关机服务：Windows 的一大历史遗留问题就是关机过程缓慢。例如，在 Windows XP 中，关机开始后系统就会开始一个 20s 的计时，之后提醒用户是否需要手动关闭程序，而在 Windows Server 中，这一问题的影响会更加明显。在 Windows Server 2008 中，20s 的倒计时被一种新服务所取代，可以在应用程序需要被关闭的时候随时且一直发出信号，从而加快关闭计算机的速度。

9）并行会话创建：如果一个终端服务器系统有多个用户同时登录系统，这就可以被理解为并行会话。在 Windows Server 2008 之前，会话的创建都是逐一操作的，对于大型系统而言就是个“瓶颈”。在 Windows Server 2008 中加入了新的会话模型，可以同时发起至少 4 个会话，如果服务器有 4 颗以上的处理器，还可以同时发起更多的会话，而且系统的速度不会受到影响。

10）自修复 NTFS（New Technology File System）：从 DOS 时代开始，文件系统出错就意味着相应的卷必须下线修复，在 Windows Server 2008 中，一个新的系统服务会在后台工作，检测文件系统错误，并且可以在无须关闭服务器的状态下自动将其修复。有了这一新服务，在文件系统发生错误的时候，服务器只会暂时无法访问部分数据，整体运行基本不受影响，所以 CHKDSK 这个功能基本就可以“退休”了。

1.1.3 Windows Server 2008 安装前的准备

安装 Windows Server 2008 之前，应该了解一下计算机系统应具备的基本条件。按照微软公司官方的建议配置，Windows Server 2008 的硬件需求，见表 1-1。

表 1-1　Windows Server 2008 的硬件需求

硬　件	需　求
处理器	最低：1GHz（x86 处理器）或 1.4GHz（x64 处理器） 建议：2GHz 或以上
内　存	最低：512MB RAM 建议：2GB RAM 或以上 最佳：（完整安装）2GB RAM 或以上 （服务器核心 Server Core 安装）1GB RAM 或以上 最大：（32 位系统）4GB（标准版）或 64GB（企业版或数据中心版） （64 位系统）32GB（标准版）或 2TB（企业版、数据中心版及安腾版）
可用磁盘空间	最低：10GB 建议：40GB 或以上
光　驱	DVD-ROM 光驱
显示器	支持 Super VGA（800 × 600 像素）或更高分辨率的屏幕
其　他	键盘及 Microsoft 鼠标或兼容的指向装置

注意：①Itanium-Based Systems 版本需要 Intel Itanium 2 处理器；②内存大于 16 GB 的系统，需要更多的磁盘空间用于页面文件、休眠文件和存储文件；③在安装时必须确定计算机属于 32 位 x86，还是 64 位 x64 的系统，如果计算机属于 32 位的系统，则只能安装 32 位版本的 Windows Server 2008；如果计算机属于 64 位的系统，则可以选择安装 32 位版本或 64 位版本的 Windows Server 2008；而对于 Itanium-Based 的系统，只能安装 Windows Server 2008 for Itanium-Based Systems 的版本。

为了确保可以顺利安装 Windows Server 2008，建议先做好以下准备工作。

- 检查应用程序的兼容性：如果要将现有网络操作系统升级到 Windows Server 2008，请先检查现有应用程序的兼容性，以确保升级后这些应用程序仍然可以正常运行。可以通过 Microsoft Application Compatibility Toolkit 来检查应用程序的兼容性。此工具可以到微软公司的官方网站下载。
- 拔掉 UPS 连接线：如果 UPS（不间断电源供应系统）与计算机之间通过串线电缆（Serial Cable）串接，请拔掉这条线，因为安装程序会通过串线端口（Serial Port）来监测所连接的设备，这可能会让 UPS 接收到自动关闭的错误命令，因而计算机断电。
- 备份数据：安装过程中可能会删除硬盘中的数据，或是可能由于操作不慎造成数据破坏，因此请先备份计算机中的重要数据。
- 停止使用杀毒软件：因为杀毒软件可能会干扰 Windows Server 2008 的安装。例如，杀毒软件可能会因为扫描每一个文件，而使安装速度变得很慢。
- 运行 Windows 内存诊断工具：此程序可以测试计算机内存（RAM）是否正常。内存故障是计算机故障中最常见的。在安装过程出现问题的时候有必要检查一下计算机内存是否正常。执行方法为：从 Windows Server 2008 DVD 光盘来启动计算机，然后在安装界面中执行“修复计算机”→“下一步”→“Windows 内存诊断工具”→“立即重启来测试内容”或“等下一次启动计算机时再测试”命令。
- 准备好大容量存储设备的驱动程序：如果服务器设置厂商提供其他驱动程序文件，请将文件放到软盘、CD、DVD 或 U 盘等媒质的根目录内，或将它们存储到以下文件夹内，分别为 amd64 文件夹（针对 64 位计算机）、i386 文件夹（针对 32 位计算机）或 ia64 文件夹（针对 Itanium 计算机），然后在安装过程中选择这些驱动程序。

- 注意 Windows 防火墙的干扰：Windows Server 2008 的 Windows 防火墙默认是启用的，因此如果有应用程序需要接收接入连接（Incoming Connection），则这些连接会被防火墙阻挡。因此，可能需要在安装完成后，暂时将防火墙关闭或在防火墙设置中打开该应用程序所使用的连接端口。

1.1.4 Windows Server 2008 安装注意事项

了解 Windows Server 2008 的安装注意事项是非常有必要的，服务器网络操作系统毕竟不同于个人计算机系统，无论是安全性还是稳定性都要仔细考虑。

1. 选择安装方式

Windows Server 2008 有多种不同的安装方式，但主要有以下几种方式。

1）利用安装光盘启动进行全新安装：这种安装方式是最常见的，可以让用户利用图形用户界面（GUI）来使用和管理 Windows Server 2008。如果计算机上没有安装 Windows Server 2008 以前版本的 Windows 操作系统（如 Windows Server 2003 等），或者需要把原有的操作系统删除时，这种方式很合适。为了保证计算机能够通过光盘进行启动，除了要保证光盘是可用的以外，还要在安装前将计算机的 BIOS 设定为从 DVD-ROM 启动系统。

2）升级安装：如果原来的计算机已经安装了 Windows Server 2003，可以在不破坏以前的各种设置和已经安装的各种应用程序的前提下对系统进行升级，这样可以大大减少重新配置系统的工作量，同时可保证系统过渡的连续性。

提示：只有使用 Windows Server 2003 版本才可以升级至 Windows Server 2008 系统，如果使用其他版本的 Windows 操作系统（如 Windows 2000 Server），是无法直接升级的。要注意的是：Windows Server 2003 无法升级到 Windows Server 2008 的 Server Core 模式。

3）服务器核心安装：在安装 Windows Server 2008 的过程中，用户将会发现一种“Server Core”的新安装模式，即服务器核心安装模式，其最大特点就是安装完后没有图形化界面，登录后桌面上没有开始菜单，也没有任务栏等常见的桌面图标和工具，只是屏幕中间打开了一个命令行窗口。这种模式提供了一个最小化的环境，它降低了对系统的需求，同时提高了执行效率，并且更加稳定和安全。但是在这种模式下系统仅支持部分服务器的功能，如活动目录服务（Active Directory Domain Services）、DHCP 服务、DNS 服务、文件打印服务、流媒体服务等功能。

2. 选择文件系统

硬盘中的任何一个分区，都必须被格式化成合适的文件系统后才能正常使用。目前 Windows 系统中常用的文件系统有 FAT、FAT32 和 NTFS 等 3 种，但目前 NTFS 已逐步取代了其他两种文件系统，因为它支持更大的磁盘分区、磁盘限额、热修复以及文件压缩等许多功能，提供更好的数据安全保护能力。Windows Server 2008 只能安装在 NTFS 的分区中，否则安装过程中会出现错误提示而无法正常安装。同时安装程序提供两种格式化方式——快速格式化与完全格式化。

- 执行快速格式化：安装程序不会检查扇区的完整性，而只是删除分区中的文件；如果用户确保硬盘中没有坏扇区，且以前没有任何文件损坏的记录，就可以选择“快速格式化”。
- 执行完全格式化：程序就会检查是否有坏扇区，以避免系统将数据存储到坏扇区中；如果硬盘中有坏扇区，或者以前有文件损坏的记录，最好选择“完全格式化”。如果用户无法判断是否有坏扇区，最好也选择“完全格式化”。

3. 硬盘分区的规划

若执行全新安装，需要在运行安装程序之前，规划磁盘分区。磁盘分区是一种划分物理磁盘的方式，以便每个部分都能够作为一个单独的单元使用。当在磁盘上创建分区时，可以将磁盘划分为一个或多个区域，并可以用 NTFS 格式化分区。主分区（或称为系统分区）是安装加载操作系统所需文件的分区。

运行安装程序，执行全新安装之前，需要决定安装 Windows Server 2008 的主分区大小。没有固定的公式计算分区大小，基本规则就是为一起安装在该分区上的操作系统、应用程序及其他文件预留足够的磁盘空间。如安装 Windows Server 2008 的文件需要至少 10GB 的可用磁盘空间，建议要预留比最小需求多一些的磁盘空间，如 40GB 的磁盘空间。这样就为各种项目（如安装可选组件、用户账户、Active Directory 信息、日志、未来的 Service Pack、操作系统使用的分页文件以及其他项目）预留了空间。

在安装过程中，只需创建和规划要安装 Windows Server 2008 的分区，安装完系统之后，可以使用磁盘管理来新建和管理已有的磁盘和卷，包括利用未分区的空间创建新的分区，删除、重命名和重新格式化现有的分区，添加和卸掉硬盘以及在基本和动态磁盘格式之间升级和还原硬盘。

4. 是否使用多重引导操作系统

计算机可以被设置多重引导，即在一台计算机上安装多个操作系统。例如，可以将服务器设置为大部分时间运行 Windows Server 2008，但有时也运行 Windows Server 2003。在系统重新启动的过程中，会列出系统选择选项，如果没有做出选择，将运行默认的操作系统。在安装多重引导的操作系统时，还要注意版本的类型，一般应先安装版本低的，再安装版本高的，否则不能正常安装。例如，在一台计算机上同时安装有 Windows 2000 Server 和 Windows Server 2003 网络操作系统时，应当先安装 Windows 2000 Server 再安装 Windows Server 2003。

设置多重引导操作系统的缺点是：每个操作系统都将占用大量的磁盘空间，并使兼容性问题变得复杂，尤其是文件系统的兼容性。此外，动态磁盘格式并不在多个操作系统上起作用。所以一般情况下不推荐使用多重引导操作系统，如果在比较特殊的环境中确实需要在一台计算机上使用多版本的操作系统，建议使用虚拟机软件来实现多个版本的操作系统。

1.2 【新手任务】Windows Server 2008 的安装

【任务描述】

在网络操作系统安装之前，根据不同的网络与硬件平台确定要安装的操作系统版本后，还应做好安装前的各项准备工作，正确地选择一种安装方式，同时能够应用各种不同的安装方法来启动安装程序，在安装过程中根据组建网络的需要输入必要的信息，独立地完成各种版本的安装过程。

【任务目标】

通过任务应当熟练掌握 Windows Server 2008 的各个版本在各种方式下的安装，并且能够正确设置安装过程中的各项配置参数。

1.2.1 全新安装 Windows Server 2008

在条件许可的情况下，建议用户尽可能采用全新安装的方法来安装 Windows Server 2008。在进行 Windows Server 2008 全新安装的时候，在完成安装前的准备工作之后，将 Windows Server 2008 系统光盘放入 DVD 光驱中，重新启动计算机并由光驱引导系统，可以参照以下步骤完成 Windows Server 2008 的安装操作。

1）当系统通过 Windows Server 2008 DVD 光盘引导之后，将看见如图 1-1 所示的 Windows 系统安装的预加载界面。

2）预加载完成后进入如图 1-2 所示的窗口，需要选择安装的语言、时间格式和键盘类型等，一般情况下直接采用系统默认的中文设置即可。单击“下一步”按钮继续操作。

图 1-1　Windows 预加载阶段

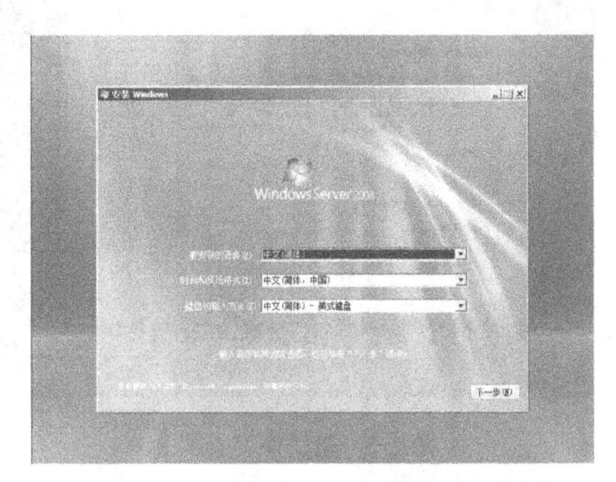

图 1-2　设置语言、时间和键盘类型

3）在如图 1-3 所示的窗口中单击“现在安装”按钮开始 Windows Server 2008 系统的安装。

4）在如图 1-4 所示的对话框中选择需要安装的 Windows Server 2008 的版本，在此例中选择“Windows Server 2008 Enterprise（完全安装）”一项，单击“下一步”按钮，开始安装 Windows Server 2008 企业版。

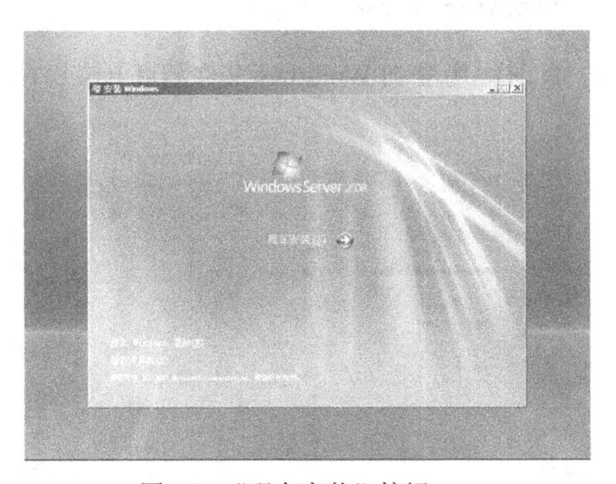

图 1-3　“现在安装”按钮

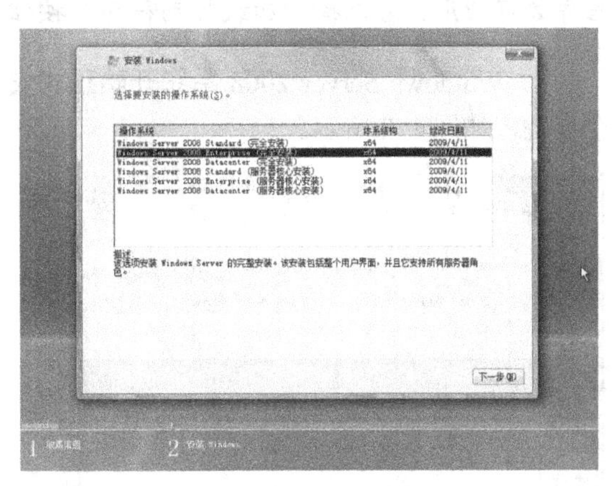

图 1-4　选择安装版本

提示：①如图 1-4 所示的 Windows Server 2008 各个版本中标有“服务器核心安装”的，则表示该版本为 Server Core 版本；②在如图 1-4 所示的 Windows Server 2008 各个版本的体系结构中，若为“x64”，代表服务器 CPU 为 64 位系统；若为“x86”，则代表服务器 CPU 为 32 位系统。

5）在如图 1-5 所示的许可协议对话框中提供了 Windows Server 2008 的许可条款，选中左下部“我接受许可条款”复选框之后，单击“下一步”按钮继续安装。

6）由于是全新安装 Windows Server 2008，因此在如图 1-6 所示的对话框中直接单击“自定义”选项就可以继续安装操作。此时“升级”选项是不可选的，因为计算机内必须有以前版本的 Windows Server 2003 系统才可以进行升级安装。

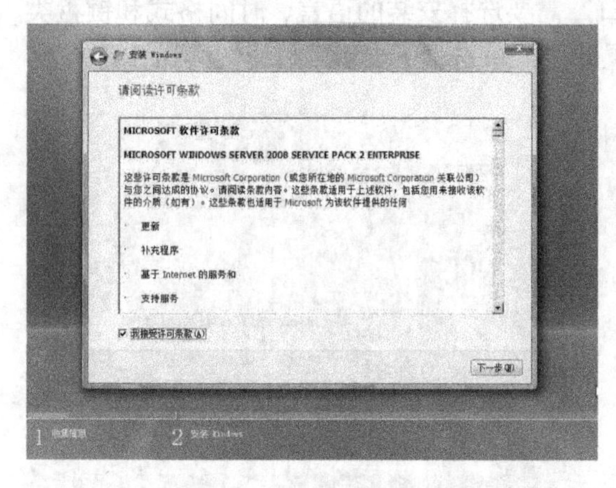

图 1-5　接受许可条款

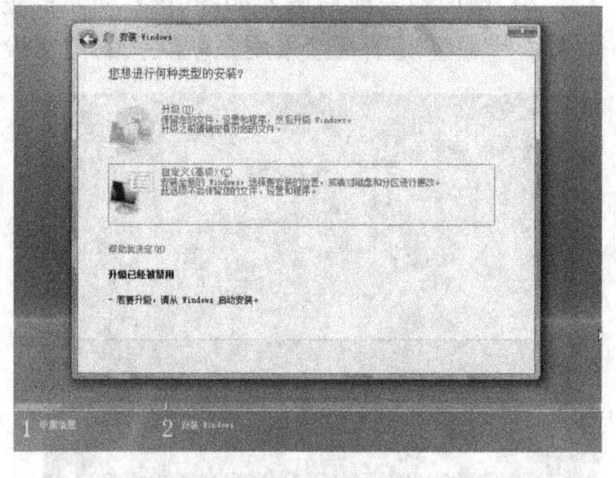

图 1-6　全新安装 Windows Server 2008

7）如图 1-7 所示，在安装过程中需要选取安装系统文件的磁盘或分区，此时从列表中选取拥有足够大小且为 NTFS 结构的分区即可。

提示：如果需要对磁盘进行分区和格式化，可以选择“驱动器选项（高级）”按钮来激活磁盘管理工具，然后对磁盘进行分区、格式化等操作；如果磁盘比较特殊，需要安装驱动程序才可使用，可选择“加载驱动程序”按钮进行驱动程序的安装。

8）Windows Server 2008 系统开始正式安装，此时经历复制 Windows 文件和展开文件两个步骤，如图 1-8 所示。

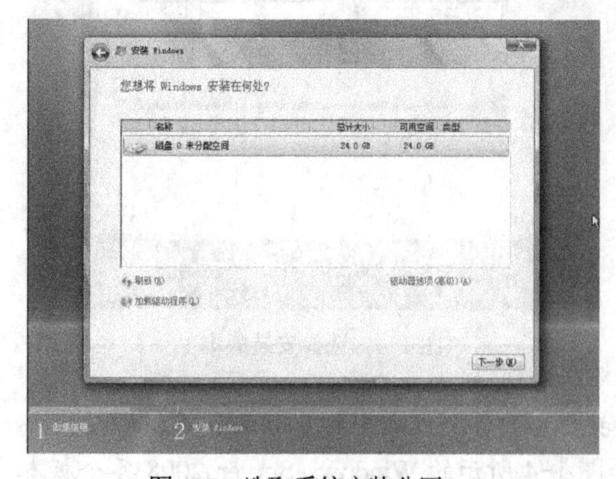

图 1-7　选取系统安装分区

图 1-8　复制和展开文件

9）在复制和展开系统安装所必需的文件之后，计算机会自动重新启动。在重新启动计算机之后，Windows Server 2008 安装程序会自动继续，并且依次完成安装功能、安装更新等步骤。

10）完成安装后，计算机将会自动重启 Windows Server 2008 系统，并会自动以系统管理员用户（Administrator）登录系统，但从安全角度考虑，第一次启动会出现如图 1-9 所示的界面，要求更改系统管理员密码，单击“确定”按钮继续操作。

11）在如图 1-10 所示的界面中，分别在“新密码”文本框和“确认密码”文本框中输入完全一样的密码，完成之后单击“→”按钮确认密码。

图 1-9　首次登录后更改密码

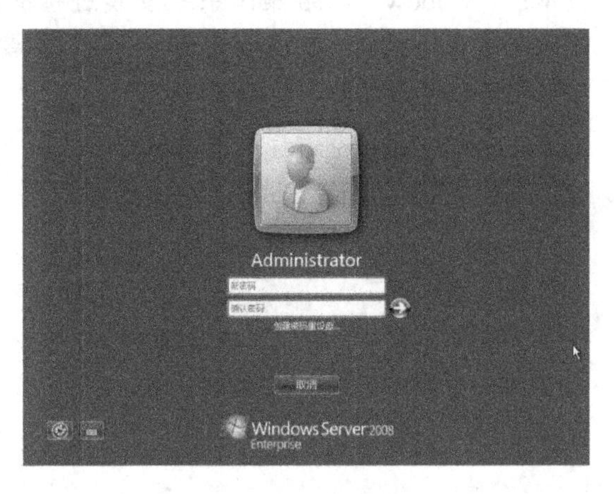

图 1-10　设置用户密码

12）如果看到如图 1-11 所示的窗口，则表示用户密码已经设置成功，此时单击“确定”按钮开始登录 Windows Server 2008 系统。在第一次进入系统之前，系统还会进行诸如准备桌面之类的最后配置，如图 1-12 所示，稍等片刻即可进入系统。

图 1-11　成功设置密码

图 1-12　正在准备桌面

注意：在这里输入的管理员密码必须牢记，否则，将无法登录系统。对于管理员密码，Windows Server 2008 的要求非常严格，管理员密码必须符合以下条件：①至少 6 个字符；②不包含用户账户名称超过两个以上连续字符；③包含大写字母（A~Z）、小写字母（a~z）、数字（0~9）、特殊字符（如#、&、~等）4 组字符中的 3 组。例如，使用类似于这样的密码 Yc@net008，这个密码中有字符、数字和特殊符号，同时密码的长度也在 6 位以上，这样的密码才能满足策略要求，如果是单纯的字符或数字，不管你的密码设置多长都不会满足密码策略要求。

登录成功后将先显示如图 1-13 所示的“初始配置任务”窗口，通过此窗口，用户可以根据需要对系统进行配置。关闭“初始化配置”窗口后，接着还会出现如图 1-14 所示的“服务器管理器”窗口，关闭此窗口后将显示 Windows Server 2008 的桌面。

通过以上 Windows Server 2008 的安装操作步骤可以发现，Windows Server 2008 和以前版本的 Windows 网络操作系统安装过程的区别并不是很大，但是在安装时间上相比，Windows Server 2008 的系统安装比以前版本要快很多，过程也简单许多，通常 20min 之内就可以完成系统的安装。

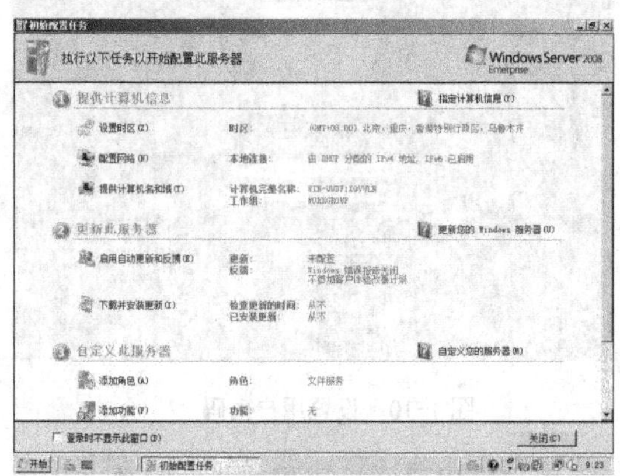

图 1-13 “初始配置任务”窗口

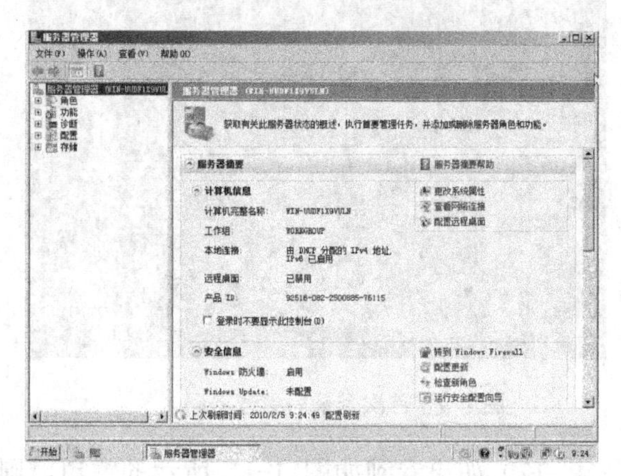

图 1-14 “服务器管理器”窗口

提示：在 Windows Server 2008 安装光盘的“Sources”目录中包含一个名为 install.wim 的文件，这个文件是通过微软公司的 Windows Imaging 技术进行打包压缩的镜像文件，安装过程中系统首先将 wim 文件复制到硬盘，然后对这个文件进行解压缩操作，其实和安装 Ghost 封包的预安装系统具有相同原理，而这就是 Windows Server 2008 安装过程快的主要原因。

1.2.2 升级安装 Windows Server 2008

Windows Server 2008 支持通过旧版本进行升级安装，可以利用 Windows Server 2008 安装光盘直接启动来进行升级，也可以在当前的 Windows Server 2003 系统中运行 Windows Server 2008 安装光盘来进行升级。升级安装和全新安装的过程基本差不多，只有个别选项不同，下面将采用后一种方法来介绍升级安装 Windows Server 2008 的过程，操作步骤如下。

1）启动并登录到现有的 Windows Server 2003 系统，将 Windows Server 2008 安装光盘放入到光驱中，如果当前 Windows Server 2003 系统的“自动运行”功能已启动，系统将会自动启动光盘的安装程序，如图 1-15 所示。

2）在如图 1-3 所示的窗口中单击“现在安装”按钮开始 Windows Server 2008 系统的安装操作。

3）为了保证在安装过程中能获得 Windows Server 2008 最新的更新程序，以确保顺利安装成功，应在如图 1-16 所示的窗口中选择“联机以获取最新安装更新（推荐）”。此时应确定计算机能接入互联网。

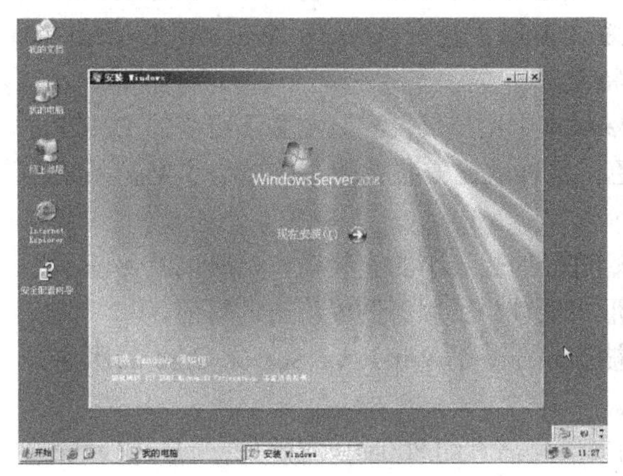

图 1-15　启动安装程序

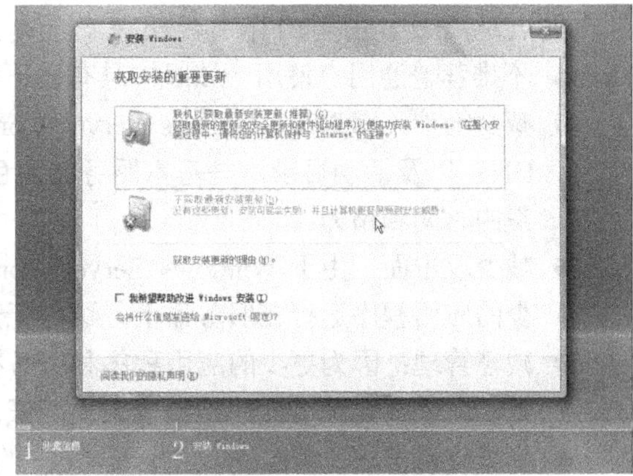

图 1-16　选择安装的重要更新

4）在如图 1-4 所示的对话框中选择需要安装的 Windows Server 2008 的版本，单击“下一步”按钮，开始安装 Windows Server 2008。

5）在如图 1-5 所示的许可协议对话框中提供了 Windows Server 2008 的许可条款，选中下部的“我接受许可条款”复选框之后，单击“下一步”按钮继续安装。

6）在如图 1-17 所示的对话框中选择“升级”选项，当然此时也可以选择“自定义（高级）”选项进行全新安装。

7）图 1-18 所示是系统的兼容性报告。由于 Windows Server 2008 正式发布的时间不长，因此有些第三方应用程序会存在兼容性问题，导致升级完成后无法使用原有的应用程序或存在硬件无法使用的故障。因此这个窗口会提示用户可以决定是否要继续升级安装。如果没有显示兼容性问题，可以单击“下一步”按钮继续操作，否则最好解决相关问题之后再进行安装。

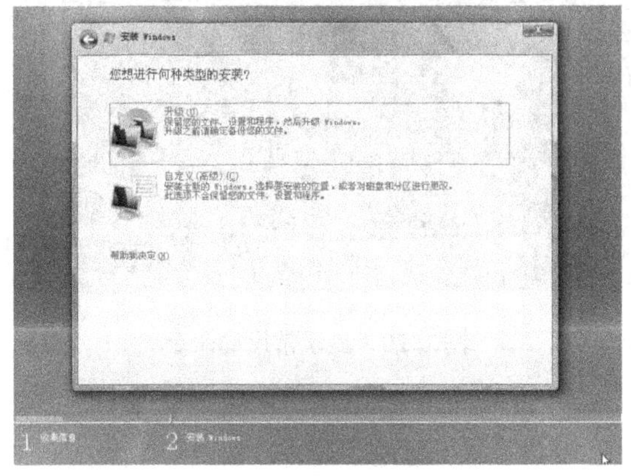

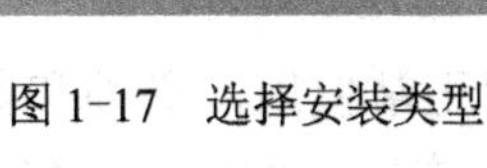
图 1-17　选择安装类型

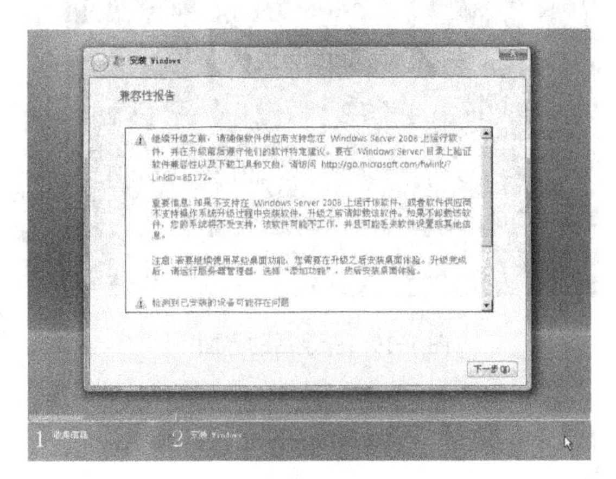

图 1-18　兼容性报告

8）安装程序开始升级安装，后续的安装和全新安装过程是一样的，在此不再介绍。

1.2.3 安装 Windows Server Core

Windows Server Core 版本没有资源管理器，仅包含简单 Console 窗口和一些管理窗口，它的优点是高效、占用内存小，相对安全高效，类似于没有安装 X Window System 的 Linux，不推荐普通用户使用。该版本具有以下特点。

- 减少维护：因为在 Windows Server Core 版本中用户仅仅安装了必不可少的 DHCP、DNS 以及活动目录这些基本服务器角色，这样就比安装完整系统减少了维护系统所需的时间和精力。
- 减少攻击面：由于 Windows Server Core 进行的是最小的安装动作，所以就保证了更少的应用程序运行在服务器上，这样无形中就减少了服务器受攻击的可能。
- 减轻管理：因为更少的应用程序和服务被安装在基于 Windows Server Core 的服务器上，就使得管理方面的开销也大大降低。
- 降低硬件需求：Windows Server Core 的安装只需大约 800MB 的硬盘空间，快速安装则不到 500MB。

它的安装过程和前面介绍的全新安装相似，只是在选择版本时选项不同。安装完毕以管理员的身份登录后，可以看到一个命令行界面，如图 1-19 所示。

在 Windows Server 核心服务器上显示 Windows Server Core 可用的命令，操作步骤如下。

1）在命令行界面输入“cd\”。

2）在 C 盘根目录下输入“cd Windows\System32”。

3）在“C:\Windows\System32”目录下输入“cscript scregedit.wsf /cli”，将会列出 Windows Server Core 中提供的常用命令行汇总，如图 1-20 所示。

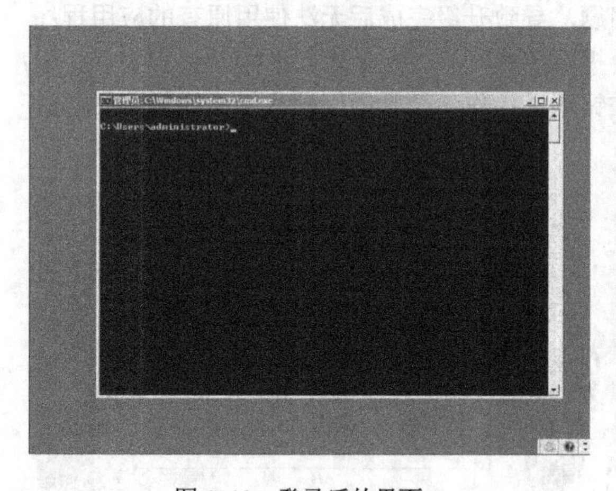

图 1-19　登录后的界面

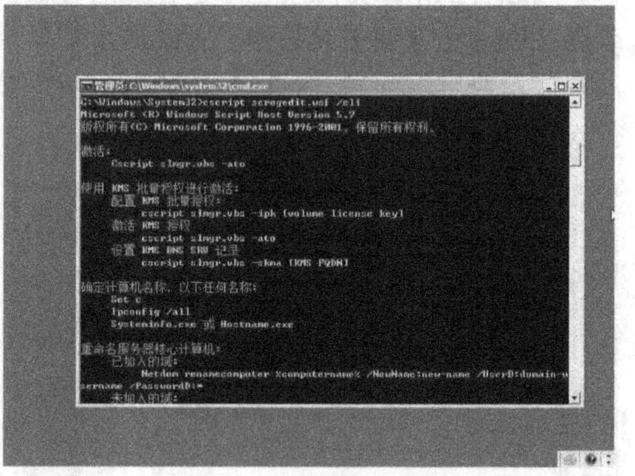

图 1-20　显示常用的命令

1.2.4 激活 Windows Server 2008

Windows Server 2008 安装完成后，为了保证能够长期正常使用，必须和其他版本的 Windows 操作系统一样进行激活，否则只能够试用 60 天，这也是微软防止盗版的一种方法。Windows Server 2008 为用户提供了两种激活方式：密钥联网激活和电话激活。前者可以让用户输入正确的密钥，并且连接到互联网校验激活，后者则是在不方便接入互联网的时候通过客服电话获取代码来激活 Windows Server 2008。

用鼠标右键单击桌面上的“计算机图标”，在弹出的菜单中选择“属性”命令，打开如图 1-21 所示的对话框。在该对话框中单击“现在联机激活 Windows”链接，在打开的如图 1-22 所示的窗口中可看到 Windows Server 2008 激活前还剩余的使用天数。如果在安装时没有输入产品密钥，可以在如图 1-22 所示的窗口中单击“更改产品密钥”，然后输入产品密钥并激活 Windows Server 2008。如果当前无法上网，可以拨打客服电话，通过安装 ID 号来获得激活 ID。

注意：若在安装 Windows Server 2008 的时候不输入产品序列号，只存在宽限为 60 天的激活期限，60 天之后未激活的计算机系统将进入简化功能模式，用户的操作将会被强制退出。若试用期限已到，还可以使用命令 slmgr –rearm 将系统的试用期限再延长 60 天，最多可以延长 3 次，也就是可试用 240 天。通过执行“开始”→“运行”命令，在打开的“运行”对话框中输入“cmd”命令，然后在打开的“命令提示符”窗口中输入“slmgr -rearm”命令后再按〈Enter〉键即可。

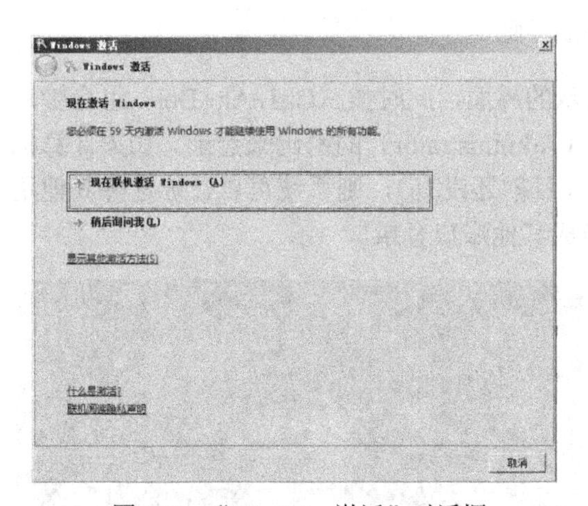

图 1-21 “Windows 激活”对话框

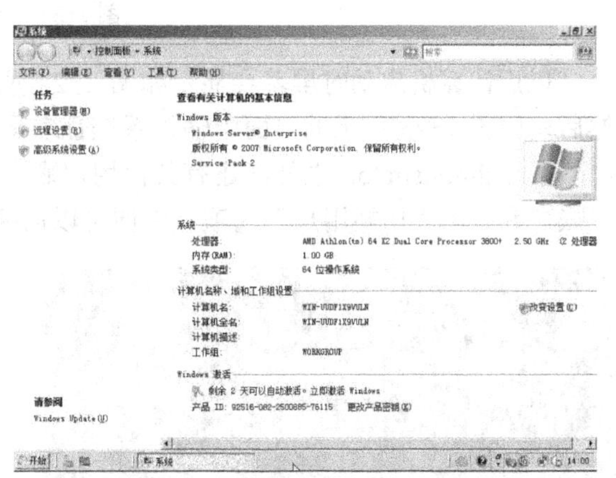

图 1-22 激活 Windows Server 2008

1.2.5 注销、登录与关机

如果想关闭计算机，可在如图 1-23 所示的界面中单击屏幕左下角的“开始”菜单，单击“电源”或选择向右箭头后选择“关机”命令，在关机窗口内输入文字来告诉系统为何要关机，或从列表中选择关机的原因。

如果暂时不想使用此计算机，但又不想关机，此时可以进行如下操作。

- 在如图 1-23 所示的界面中选择“注销”选项，会结束目前正在运行的应用程序，此时若要继续使用此计算机，必须重新登录。
- 在如图 1-23 所示的界面中单击“锁定”图标或“锁定”选项，锁定期间，所有的应用程序仍会继续运行。若要解除锁定，继续使用此计算机，需要重新输入密码。
- 通过同时按着〈Ctrl〉与〈Alt〉键不放，然后再按〈Del〉键，之后从所显示的窗口来选择锁定、注销或关机。

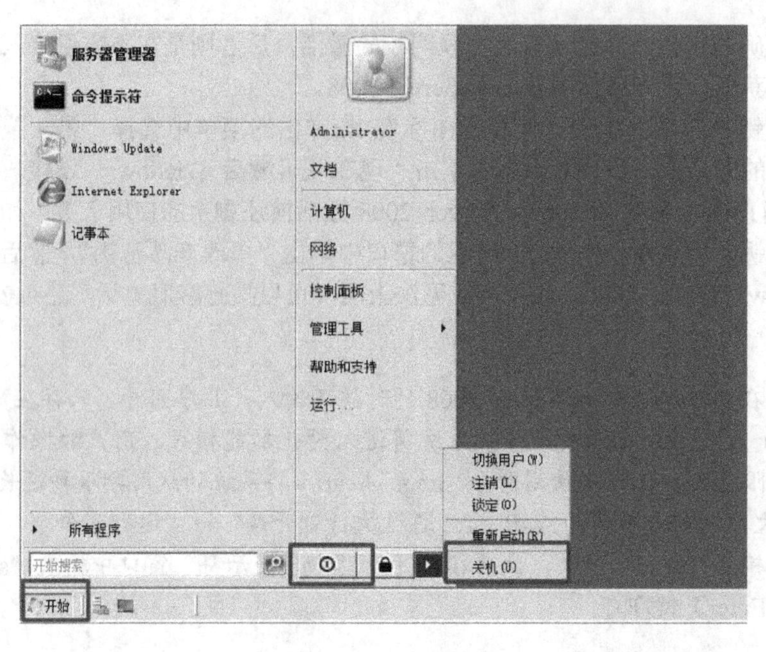

图 1-23　关机界面

以后计算机启动时屏幕会显示如图 1-24 所示的界面，此时按〈Ctrl+Alt+Del〉组合键，然后在如图 1-25 所示的界面中输入系统管理员（Administrator）的密码来登录。如果计算机内除了 Administrator 之外，还有其他用户账户（目前还没有），则系统可以让你选择其他用户账户或显示“切换用户”选项，以便可以切换成其他账户登录。

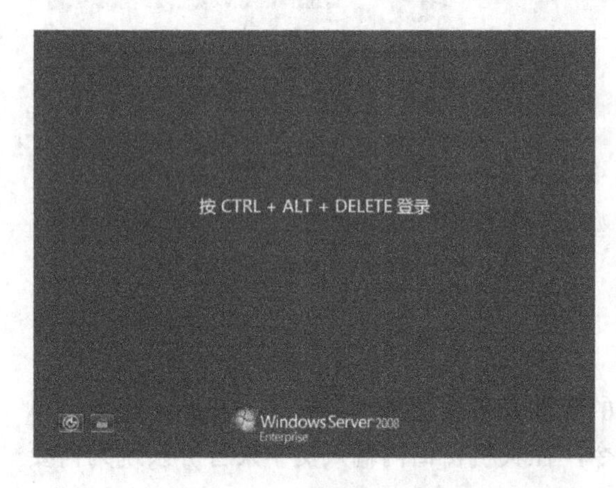

图 1-24　登录界面

图 1-25　输入管理员密码

1.3 【单元实训】Windows Server 2008 的安装

1．实训目标

1）了解 Windows Server 2008 各种不同的安装方式。

2）能根据不同的情况正确选择不同的方式来安装 Windows Server 2008 操作系统。

3）熟悉 Windows Server 2008 安装过程以及系统的启动与登录。

2．实训设备

1）网络环境：已建好的 100Mbit/s 的以太网络，包含交换机（或集线器）、五类（或超五类）UTP 直通线若干、4 台及以上数量的计算机（计算机配置要求 CPU 最低 1.4 GHz，x64 和 x86 系列均有一台及以上数量，内存不小于 1024MB，硬盘剩余空间不小于 10GB，有光驱和网卡）。

2）软件：Windows Server 2008 安装光盘，或硬盘中有全部的安装程序。

3．实训内容

在 4 台计算机裸机（即全新硬盘中）上完成下述操作（注意有两台 CPU 为 x86 系列，另外两台 CPU 为 x64 系列）。

1）进入 4 台计算机的 BIOS，全部设置为从 CD-ROM 上启动系统。

2）在第 1 台计算机（x86 系列）上，将 Windows Server 2008 安装光盘插入光驱，从 CD-ROM 引导，并开始全新的 Windows Server 2008 安装，要求如下：安装 Windows Server 2008 标准版，系统分区的大小为 20GB，管理员密码为 Sadmin2008。

3）在第 2 台计算机（x64 系列）上，将 Windows Server 2008 安装光盘插入光驱，从 CD-ROM 引导，并开始全新的 Windows Server 2008 安装，要求如下：安装 Windows Server 2008 企业版，系统分区的大小为 30GB，管理员密码为 Eadmin2008bak。

4）在第 3 台计算机（x86 系列）上，将 Windows Server 2008 安装光盘插入光驱，从 CD-ROM 引导，并开始全新的 Windows Server 2008 安装。其要求如下：安装 Windows Server 2008Web 版，系统分区的大小为 10GB，管理员密码为 Wadmin2008。

5）在第 4 台计算机（x64 系列）上，安装 Windows Server Core，系统分区的大小为 20GB，管理员密码为 Nosadmin2008core，并利用“cscript scregedit.wsf /cli”命令，列出 Windows Server Core 中提供的常用命令行。

1.4 习题

一、填空题

（1）Windows Server 2008 只能安装在______________文件系统的分区中，否则安装过程中会出现错误提示而无法正常安装。

（2）Windows Server 2008 的管理员密码必须符合以下条件：①至少 6 个字符；②不包含用户账户名称超过两个以上连续字符；③包含________________、小写字母（a～z）、数字（0～9）、________________ 4 组字符中的 3 组。

（3）Windows Server 2008 为用户提供了两种激活方式：________________和电话激活。

（4）Windows Server 2008 安装完成后，为了保证能够长期正常使用，必须和其他版本的 Windows 操作系统一样进行激活，否则只能够试用________________。

二、选择题

（1）有一台服务器的操作系统是 Windows Server 2003，文件系统是 NTFS，无任何分区，现要求对该服务器进行 Windows Server 2008 的安装，保留原数据，但不保留操作系统，应使用下列（　　）种方法进行安装才能满足需求。

A．在安装过程中进行全新安装并格式化磁盘

B．对原操作系统进行升级安装，不格式化磁盘

C．做成双引导，不格式化磁盘

D．重新分区并进行全新安装

（2）下面（　　）不是 Windows Server 2008 的新特性。

A．Active Directory　　B．Server Core　　C．Power Shell　　D．Hyper-V

（3）下面（　　）不是 Windows Server Core 版本的特点。

A．减少维护　　B．降低硬件需求　　C．运行速度快　　D．减少攻击面

（4）下面（　　）密码最能满足密码安全策略要求。

A．20100721　　B．microsoft　　C．hao123　　D．Ycserver008

三、问答题

（1）Windows Server 2008 有哪几个版本？各个版本安装前应注意哪些事项？

（2）Windows Server Core 版本和其他版本相比有什么特点？

（3）如何激活 Windows Server 2008？不激活可以使用 Windows Server 2008 吗？

（4）Windows Server 2008 注销、登录与关机有什么区别？

第 2 单元　Windows Server 2008 的基本环境设置

【单元描述】

安装 Windows Server 2008 之后，用户还要针对工作界面、计算机名称和所属工作组、虚拟内存以及网络环境等方面进行设置，以便 Windows Server 2008 系统能够更好地运行，同时使用户具备基本的排错能力。

【单元情境】

三峡纵横科技信息技术有限公司是一家主要提供计算机网络建设与维护的网络技术服务公司，2005 年为一急救中心建设了医院的内部局域网络，架设了一台医院信息系统服务器并代客户进行维护，操作系统使用的是 Windows Server 2003 网络操作系统。近日由于服务器故障，公司技术人员将系统升级到 Windows Server 2008 之后，发现与以前版本的服务器操作系统相比，Windows Server 2008 有了比较大的变化，用户初次接触遇到了一些问题。为使用户能更快地熟悉 Windows Server 2008 的基本环境以及相关基本操作，你如何配置其工作环境？

2.1 【新手任务】提供计算机信息

【任务描述】

Windows Server 2008 系统登录成功后将显示“初始配置任务”窗口，通过此窗口用户可以根据需要对系统进行初始配置，包括 3 个任务：提供计算机信息、更新服务器、自定义服务器。第 1 个任务为“提供计算机信息”，包括设置时区、配置网络、提供计算机名和域 3 个方面。

【任务目标】

通过任务应当熟练掌握 Windows Server 2008 的初始配置任务——提供计算机信息，理解各项参数配置的含义，并且能够正确设置初始配置的各项信息。

2.1.1 设置时区

单击位于“初始配置任务”窗口的“提供计算机信息”区域中的“设置时区”链接，弹出如图 2-1 所示“日期和时间”对话框，有 3 个选项卡，其作用分别如下。

- 日期和时间：计算机的时钟，用于记录创建或修改计算机中文件的时间，可以更新时钟的时间和地区。
- 附加时钟：Windows 可以显示最多 3 种时钟：第一种是本地时间，另外两种是其他时区时间。
- Internet 时间：可以使计算机时钟与 Internet 时间服务器同步。这意味着可以更新计算机上的时钟，让它和时间服务器上的时钟匹配。时钟通常每周更新一次，而如果要进行同步，必须将计算机连接到 Internet。

2.1.2 配置网络

单击位于“初始配置任务”窗口的“提供计算机信息”区域中的“配置网络”链接，将打开“控制面板”下的“网络连接”窗口，如图 2-2 所示。用鼠标右键单击“本地连接”选项，在弹出的快捷菜单中选择“属性”，弹出“本地连接 属性”对话框，如图 2-3 所示。选中“Internet 协议版本 4（TCP/IPv4）”组件，单击“属性”按钮，弹出“Internet 协议版本 4（TCP/IPv4）属性”对话框，如图 2-4 所示，可以根据需要更改 IP 地址。

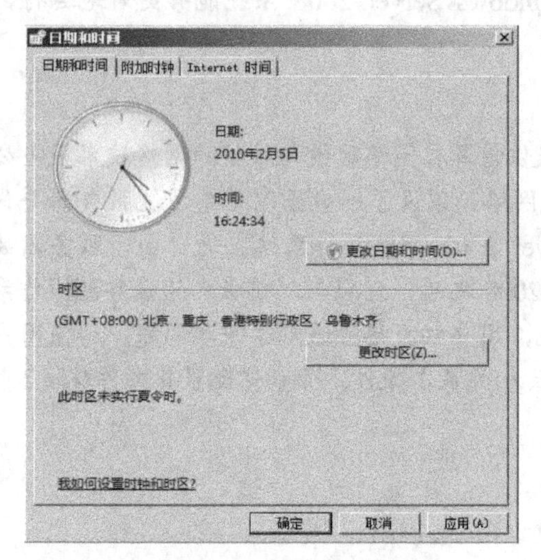

图 2-1 “日期和时间”对话框

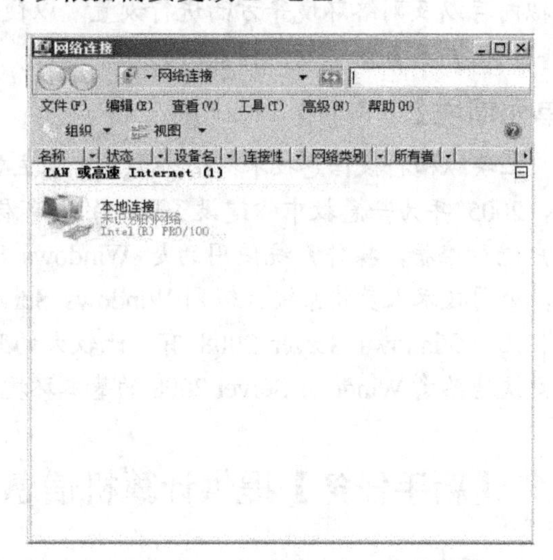

图 2-2 “网络连接”窗口

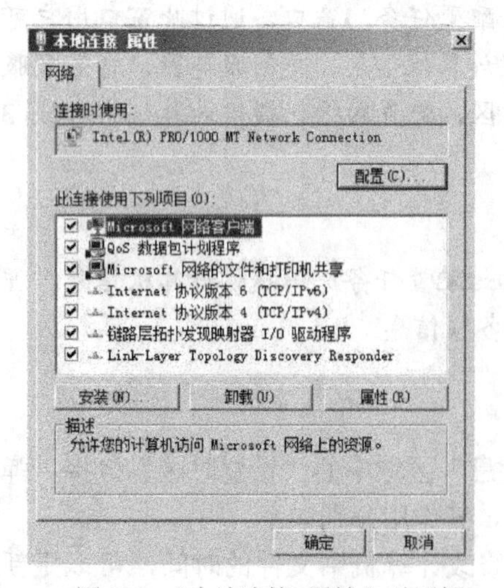

图 2-3 “本地连接 属性”对话框

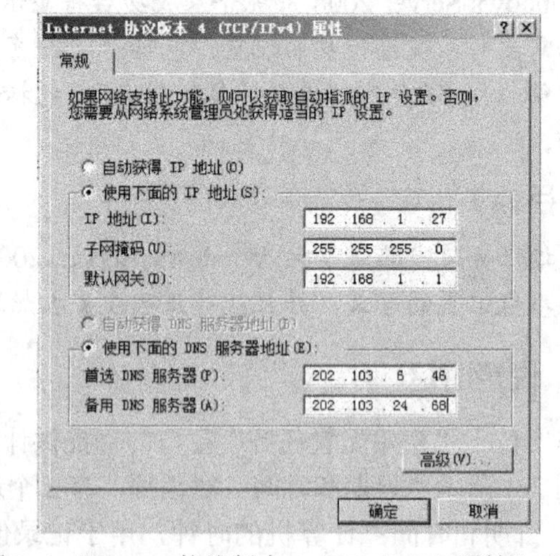

图 2-4 “Internet 协议版本 4（TCP/IPv4）属性”对话框

使用网络和共享中心也可以配置 Windows Server 2008 网络，它是系统新增的一个单元组件，通过选择“控制面板”→“网络和共享中心”命令，可以打开“网络和共享中心”窗口，如图 2-5 所示。在该窗口中可以看到当前网络的连接状况，当前计算机使用的网卡以及各种资源的共享情况。Windows Server 2008 中的网络连接功能非常人性化，不仅可以迅速完成网络连接操作，还能够便捷地对网络中存在的故障进行自我修复，为用户使用网络带来诸多便捷。

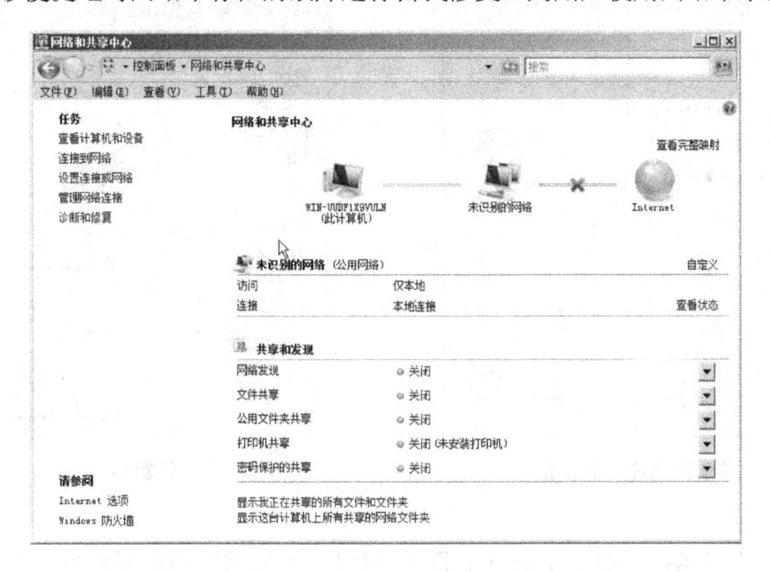

图 2-5 “网络和共享中心”窗口

注意：细心的读者可能会感觉到，在 Windows Server 2008 环境下无论是上网还是进行共享传输，网络速度都没有以前那样一气可成的感觉，好像总比平时慢半拍似的，这是什么原因呢？按理说，Windows Server 2008 系统在网络连接方面的功能应该更加强大，网络连接速度应该更快才对。其实，这种现象是由于 Windows Server 2008 系统新增加了 TCP/IPv6 通信协议引起的。在上网访问共享传输时，Windows Server 2008 系统在默认状态下会优先使用 TCP/IPv6 通信协议进行网络连接，而目前对应 TCP/IPv6 协议通信协议的网络连接是无效的，因为许多网络设备还不支持该协议进行通信。在发现使用 TCP/IPv6 协议通信失败后，系统会尝试使用 TCP/IPv4 协议进行通信。显然，Windows Server 2008 系统的网络连接过程比以前多走了一些弯路，从而导致了网络连接速度比平时慢半拍。要想使网络连接速度恢复到以前的水平，取消 TCP/IPv6 协议的选中状态，可让 Windows Server 2008 系统直接使用 TCP/IPv4 协议进行通信传输。

2.1.3 提供计算机名称和域

在安装 Windows Server 2008 的时候，系统没有提示用户设置计算机名称和所属工作组。如果此时没有正确设置相关内容，虽然不会影响系统的安装，但是安装之后就会出现因为工作组名称不匹配而给局域网的使用造成麻烦的情况。因此，建议在安装 Windows Server 2008 之后对计算机名称以及所属工作组进行相应的设置。

1. 计算机名称

单击位于“初始配置任务”窗口的“提供计算机信息”区域中的“提供计算机名和域”链接，将打开“系统属性”对话框，如图 2-6 所示。在“计算机名”选项卡中，可以查看到当前的计算机名称以及工作组名称，单击“更改”按钮，弹出“计算机名/域更改”对话框，如图 2-7 所示，分别设置计算机名称和所属工作组名称，例如在此将计算机名称设置为“WIN2008”。

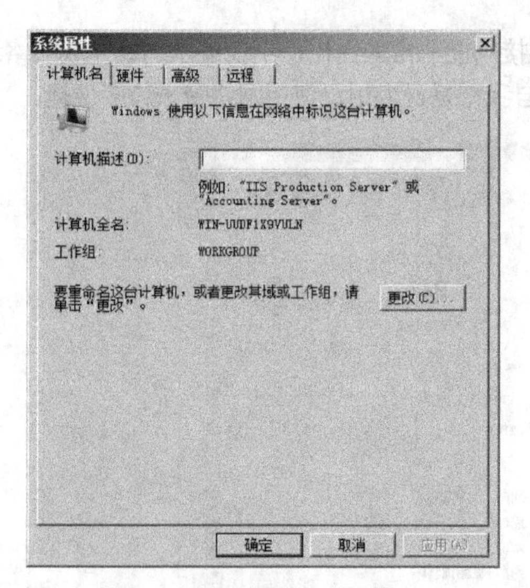

图 2-6 “系统属性”对话框

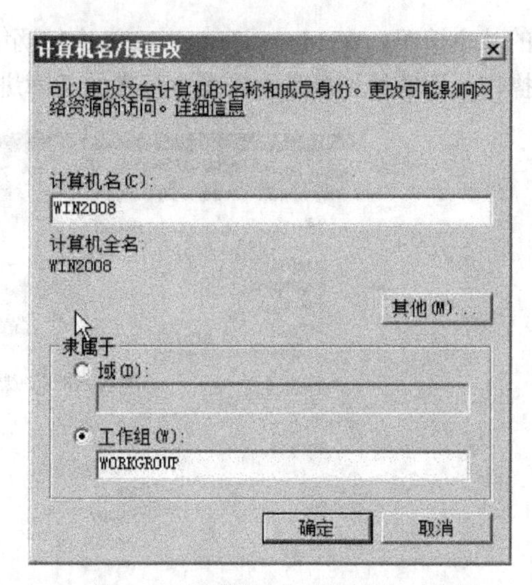

图 2-7 “计算机名/域更改”对话框

2. 硬件

“系统属性”对话框的第二个选项卡是“硬件”，主要用于控制系统硬件和资源设置，如图 2-8 所示。单击“设备管理器”按钮，弹出“设备管理器”窗口，如图 2-9 所示，显示所有设备的列表。

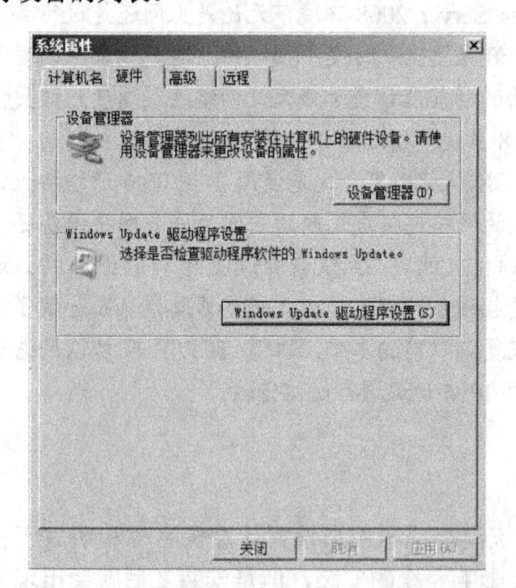

图 2-8 “系统属性”对话框中的“硬件”选项卡

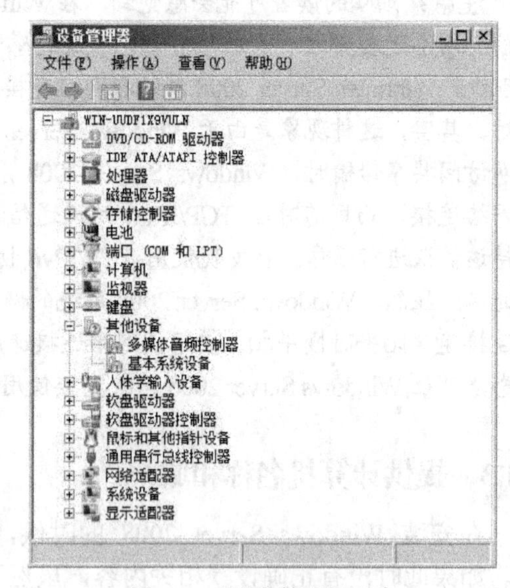

图 2-9 “设备管理器”窗口

单击“Windows Update 驱动程序设置”按钮，打开如图 2-10 所示的对话框，设置是否进行驱动程序的检查。在 Windows Server 2008 中，驱动程序可以具有 Microsoft 的数字签名，证明驱动程序已经被测试并达到 Microsoft 定义的兼容性标准。

3. 高级

“系统属性”对话框的第 3 个选项卡是“高级”，如图 2-11 所示，用于配置计算机的性能选项、查看并设置变量、配置系统启动和恢复选项，以及设置环境变量。

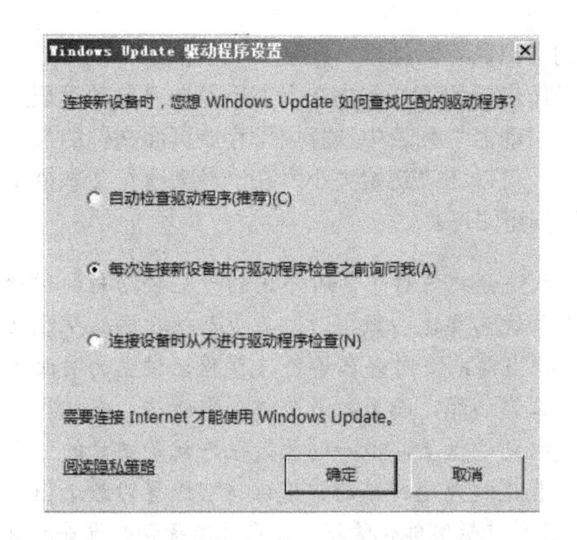

图 2-10 “Windows Update 驱动程序设置”对话框

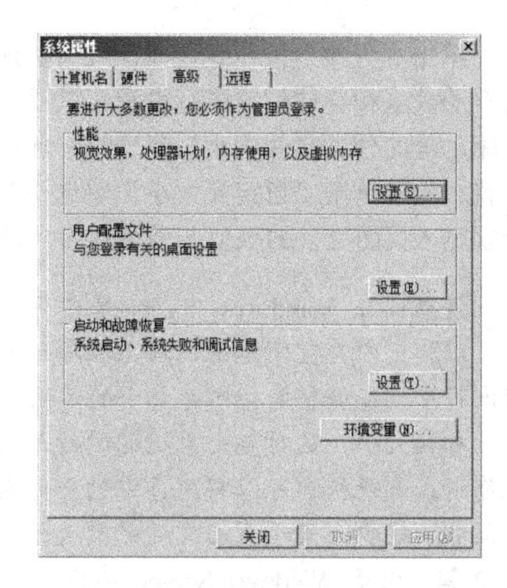

图 2-11 “系统属性”对话框中的“高级”选项卡

（1）性能设置

单击“系统属性”对话框“高级”选项卡的“性能”区域中的“设置”按钮，弹出如图 2-12 所示的“性能选项”对话框。图 2-12 为“视觉效果”选项卡，Windows 为了增强外观，在此选项卡中设置了一系列的方法，如滑动打开组合框、在菜单中显示阴影等。然而，这些措施是以增加系统的负担、降低系统的运行性能为代价的，用户可以选择多个项目，注意平衡 Windows 外观和系统性能之间的关系。

在“性能选项”对话框的“高级”选项卡中可以为应用程序或后台服务分配处理器资源，如图 2-13 所示，如果选择“程序”单选按钮，系统会分配更多的 CPU 时间给在前台运行的应用程序，这样系统对用户的响应会较快；如果选择“后台服务”单选按钮，则系统会分配更多的 CPU 时间给后台服务器，如 Web 服务、FTP 服务等，这样在前台运行程序的用户可能得不到计算机的及时响应。

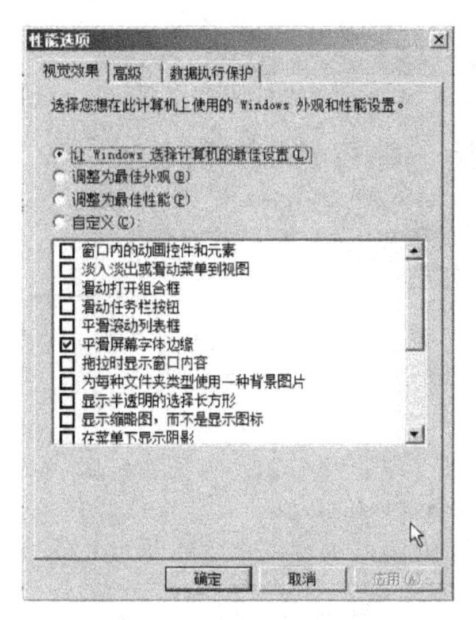

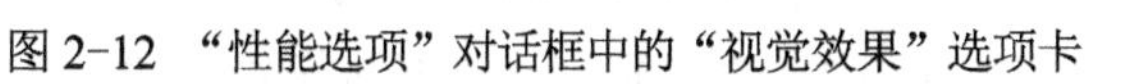

图 2-12 “性能选项”对话框中的“视觉效果”选项卡

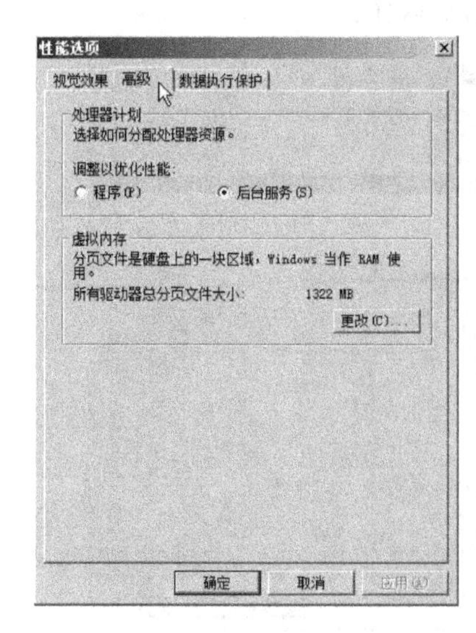

图 2-13 “性能选项”对话框中的“高级”选项卡

单击“更改”按钮弹出如图 2-14 所示的虚拟内存对话框。在这个对话框中可以对虚拟内存的大小和存放位置进行设置。其具体的操作步骤如下：首先在上部不勾选“自动管理所有驱动器的分页文件大小”复选框，然后在“驱动器”列表中选择用于存放页面文件的盘符位置，接着单击“自定义大小”单选按钮之后，可以在“初始大小”和“最大值”文本框中分别输入页面文件的数值，最后单击“设置”按钮即可。

注意：在 Windows 中，如果内存不够，系统会把内存中暂时不用的一些数据写到磁盘上，以腾出内存空间给别的应用程序使用，在系统需要这些数据时，再重新把数据从磁盘读回内存中。在调整虚拟内存大小的时候，建议将当前系统内存容量的 1.5 倍值设置为页面文件的初始大小，这对整个系统的运行是没有什么影响的，而且效果应该会更好些，在操作系统崩溃或是死机前可以将内存中的全部内容复制到硬盘上，唯一的损失也许就是硬盘的可用空间相应减少。至于页面文件的最大值可以设置得越大越好，通常建议将它设置为最小值的 2~3 倍。由于 Windows Server 2008 对于页面文件能够智能化管理，由系统本身动态设置，仅仅在系统需要时才会自动扩充页面的大小，这样可以避免页面文件占用太多的硬盘空间，并避免在复杂操作中因内存不足而出现错误。如果计算机上有多个物理磁盘，建议把虚拟内存放在不同的磁盘上，以增加虚拟内存的读写性能。要设置某一驱动器上的虚拟内存大小，在驱动器列表中选中该驱动器，输入页面文件（即虚拟内存）大小后，单击“设置”按钮即可。虚拟内存的大小可以是自定义大小，即管理员手动指定，或者由系统自行决定。页面文件所使用的文件名是根目录下的 pagefile.sys，不要轻易删除该文件，否则可能导致系统的崩溃。

在“性能选项”对话框中的“数据执行保护”选项卡中，通过设置帮助避免计算机在保留用于不可执行代码的计算机内存区域中插入恶意代码，如图 2-15 所示。与防病毒程序不同，DEP 技术的目的并不是防止在计算机上安装有害程序，而是监视已安装的程序，帮助确定它们是否正在安全地使用系统内存。如果已将内存指定为“不可执行”，但是某个程序试图通过内存执行代码，Windows 将关闭该程序以防止恶意代码，无论代码是不是恶意，都会执行此操作。

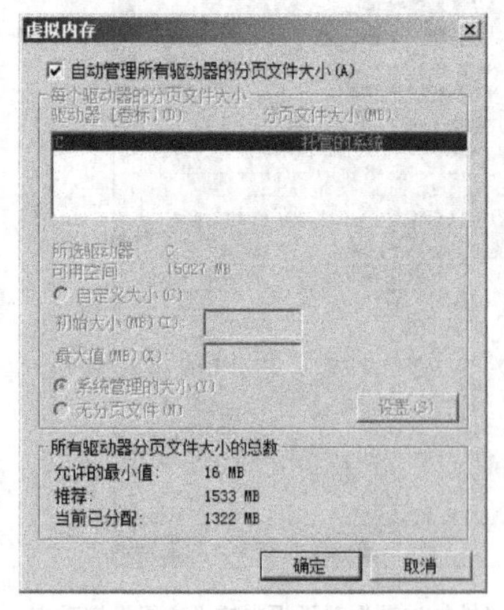

图 2-14 “虚拟内存”对话框

图 2-15 “性能选项”对话框中的“数据执行保护”选项卡

（2）用户配置文件

单击“系统属性”对话框“高级”选项卡的“用户配置文件”区域中的“设置”按钮，弹出如图 2-16 所示的“用户配置文件”对话框。用户配置文件其实是一个文件夹，这个文件夹位于“\Documents and Settings”下，并且以用户名来命名。

该文件夹是用来存放用户工作环境的，如桌面背景、快捷方式等。当用户注销时，系统会把当前用户的这些设置保存到用户配置文件中，下次用户在该计算机登录时，会加载该配置文件，用户的工作环境又会恢复到上次注销时的样子。列表框中列出了本机已经存储的配置文件，如果要删除某个配置文件，选中它，单击“删除”按钮即可；如果要更改配置文件的类型，选中它，单击“更改类型”按钮，弹出“更改配置文件类型”对话框，从中进行更改即可；如果要复制配置文件，可单击“复制到”按钮，弹出“复制到”对话框，选择相应目录后单击“确定”按钮即可。

（3）启动和故障恢复

单击“系统属性”对话框“高级”选项卡的“启动和故障恢复”区域中的“设置”按钮，弹出如图 2-17 所示的“启动和故障恢复”对话框，可以配置启动选项、系统如何处理故障、如何处理调试信息等。在“系统启动”区域可以让用户指定默认使用哪个启动选项、显示操作系统启动列表的时间。这些设置都保存在启动驱动器 Boot.ini 文件中，如果想修改这些值，可以用文本编辑器手动编辑该文件。

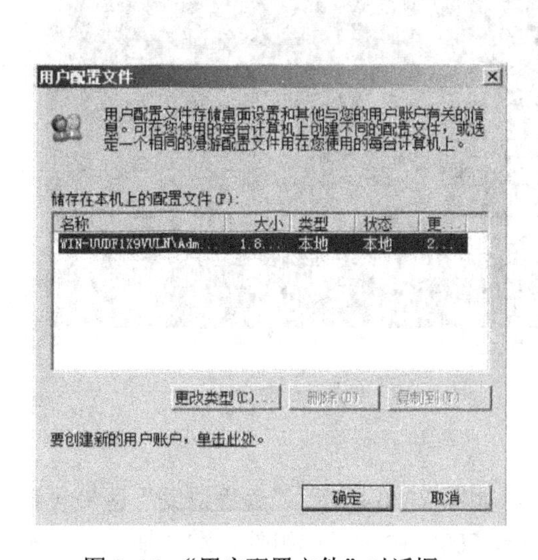

图 2-16 “用户配置文件”对话框

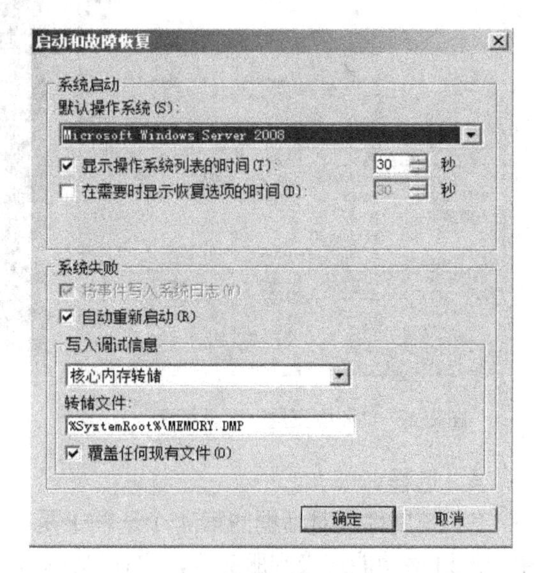

图 2-17 “启动和故障恢复”对话框

虽然管理员精心管理 Windows Server 2008，但是系统也有可能崩溃，在“系统失败”区域中，可以控制系统在失败时如何处理失败。选中“自动重新启动”复选框后，系统失败后会重新引导系统，这对系统管理员不是 24h 职守，而系统需要 24h 运行时十分有用。然而，系统管理员也可能因此而看不到系统故障时的状态。

系统故障的原因常常难以一下子查找清楚，可以让系统在失败时把内存中的数据全部或者部分写到文件中，以便事后专业人员进行详细的分析。要保存的内存数据在“写入调试信息”区域可以控制，可以选择“（无）”、“小内存转储（64KB）”、“核心内存转储”或“完全内存转储”，转储的文件名在“转储文件”文本框中输入。

（4）设置环境变量

在“系统属性”对话框的“高级”选项卡中，单击“环境变量”按钮，可以打开“环境变量”对话框，如图 2-18 所示。在两个列表框中，列出了当前已经设置的环境变量名和变量的值。需要添加新的变量时，单击“Administrator 的用户变量”或者“系统变量”选项区域中的“新建”按钮，弹出新的对话框，输入变量名和变量的值，单击“确定”按钮即可。

提示：在系统变量中，Path 变量定义了系统搜索可执行文件的路径，Windir 定义了 Windows 的目录。不是所有的变量都可以在“环境变量”对话框中设定，有的系统变量因为不能更改而不在对话框中列出。要查看所有的环境变量，可以选择“开始”→“运行”选项，在“运行”窗口中，输入 cmd 命令打开命令提示符窗口，输入 set 命令查看。如图 2-19 所示，set 命令不仅可以显示当前的环境变量，也可以删除和修改变量，具体的使用方法可以用 help set 命令获取。

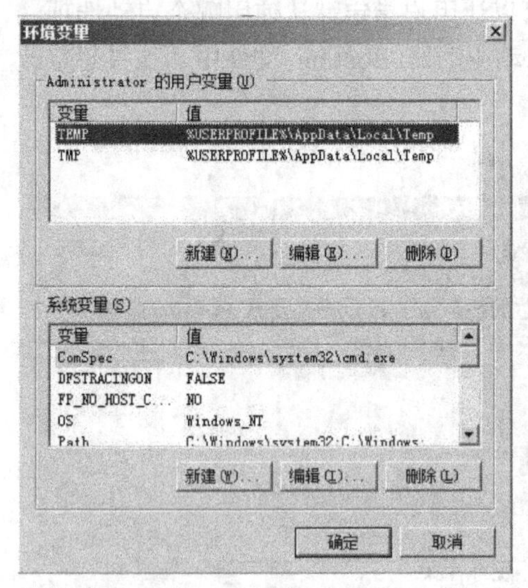

图 2-18 “环境变量”对话框

```
管理员: C:\Windows\system32\cmd.exe
Microsoft Windows [版本 6.0.6002]
版权所有 (C) 2006 Microsoft Corporation。保留所有权利。

C:\Users\Administrator>set
ALLUSERSPROFILE=C:\ProgramData
APPDATA=C:\Users\Administrator\AppData\Roaming
CommonProgramFiles=C:\Program Files\Common Files
CommonProgramFiles(x86)=C:\Program Files (x86)\Common Files
COMPUTERNAME=WIN-UUDF1X9UULN
ComSpec=C:\Windows\system32\cmd.exe
DFSTRACINGON=FALSE
FP_NO_HOST_CHECK=NO
HOMEDRIVE=C:
HOMEPATH=\Users\Administrator
LOCALAPPDATA=C:\Users\Administrator\AppData\Local
LOGONSERVER=\\WIN-UUDF1X9UULN
OS=Windows_NT
Path=C:\Windows\system32;C:\Windows;C:\Windows\System32\Wbem
PATHEXT=.COM;.EXE;.BAT;.CMD;.VBS;.VBE;.JS;.JSE;.WSF;.WSH;.MSC
PROCESSOR_ARCHITECTURE=AMD64
PROCESSOR_IDENTIFIER=AMD64 Family 15 Model 75 Stepping 2, AuthenticAMD
PROCESSOR_LEVEL=15
PROCESSOR_REVISION=4b02
ProgramData=C:\ProgramData
ProgramFiles=C:\Program Files
ProgramFiles(x86)=C:\Program Files (x86)
PROMPT=$P$G
PUBLIC=C:\Users\Public
SESSIONNAME=Console
```

图 2-19 使用 set 命令

4. 远程

“系统属性”对话框的第 4 个选项卡是“远程”，如图 2-20 所示。“远程协助”区域设置用户通过该功能连接到服务器，它在 Windows Server 2008 中为可选组件，默认情况下是不安装的，必须先安装远程协助才能使用它。

远程桌面其实是“终端服务”的精简版本，在“远程桌面”区域启用允许选项，可以让远程用户使用“远程桌面”或“终端服务”连接到服务器。单击“选择用户”按钮可以指定通过此服务登录的用户。Windows XP 和 Windows Vista 中有内置“远程桌面”客户端，可用于连接到 Windows Server 2008，而且用户可以用“终端服务”客户端通过“远程桌面”连接到服务器。

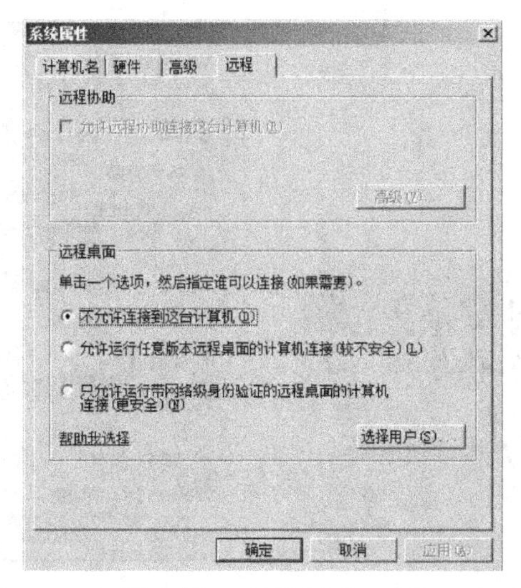

图2-20 “系统属性”对话框中的“远程”选项卡

2.2 【新手任务】更新服务器

【任务描述】

Windows Server 2008“初始配置任务”包括3个任务，其中第2个任务“更新此服务器”，包括启用自动更新和反馈、下载并安装自动更新两个方面。

【任务目标】

通过任务应当熟练掌握Windows Server 2008的初始配置任务——更新服务器，理解各项参数配置的含义，并且能够正确设置初始配置的各项信息。

2.2.1 启用自动更新和反馈

单击位于“初始配置任务”窗口中的“更新此服务器”区域中的“启用自动更新和反馈”链接，弹出如图2-21所示的对话框，推荐启用Windows自动更新和反馈功能。

可以单击“手动配置设置”按钮，打开“手动配置设置”对话框，如图2-22所示。其中要设置的参数其具体含义如下。

- Windows自动更新：系统将检查Microsoft Update网站并找到适用于此计算机操作系统的可用更新，而且可根据首选项自动安装更新，或等待批准安装更新后进行安装。推荐的设置为“自动安装更新”。
- Windows错误报告：系统允许Windows Server 2008将服务器的问题说明发送给Microsoft并寻找为解决问题所采取的措施。默认情况下，Windows Server 2008错误报告处于启用状态。
- 客户体验改善计划：Microsoft Corporation会收集系统配置、Windows某些组件的性能以及某些类型事件的统计信息，系统会定期向Microsoft上载包含所收集信息摘要的小文件。

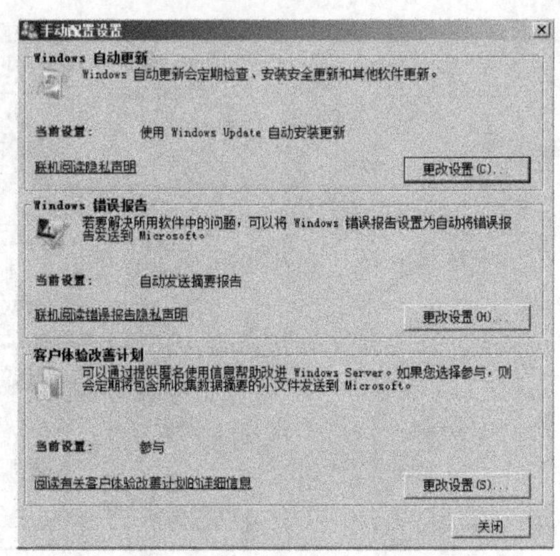

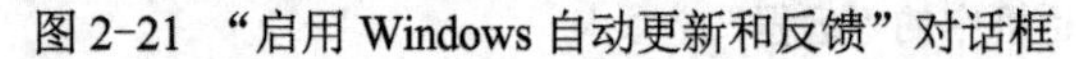

图 2-21 “启用 Windows 自动更新和反馈”对话框　　图 2-22 “手动配置设置”对话框

2.2.2 下载并安装自动更新

单击位于“初始配置任务”窗口的“更新此服务器”区域中的“下载并安装自动更新”链接，打开“控制面板”的“Windows Update”组件，出现如图 2-23 所示的界面。单击“检查更新”链接即可连接到基于 Web 的 Windows 自动更新工具，并验证系统是否安装了最新版本的 Windows 操作系统组件。注意：服务器必须具备可用的 Internet 连接才能下载更新，或配置 Windows 自动更新。

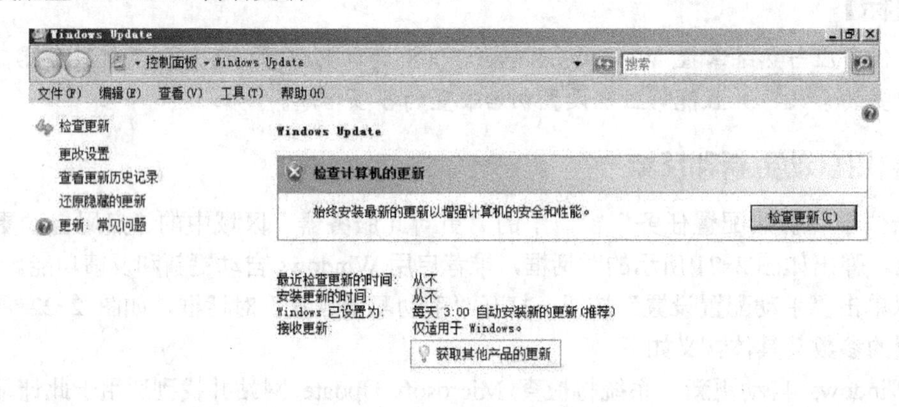

图 2-23 Windows Update

2.3 【新手任务】自定义服务器

【任务描述】

Windows Server 2008“初始配置任务”包括3个任务，其中第3个任务“自定义此服务器”，包括启用添加角色、添加功能、启用远程桌面、配置Windows防火墙4个方面。

【任务目标】

通过任务应当熟练掌握Windows Server 2008的初始配置任务——自定义服务器，理解各项参数配置的含义，并且能够正确设置初始配置的各项信息。

2.3.1 添加角色

角色是出现在Windows Server 2008中的一个新概念，也是Windows Server 2008管理特性的一个亮点。字面指的是角色，实质上指的是服务器角色，它是软件程序的集合，在安装并配置之后，允许计算机为网络内的多个用户或其他计算机执行特定功能。

单击位于“初始配置任务”窗口中的“自定义此服务器”区域中的“添加角色”链接，弹出如图2-24所示的对话框，显示了Windows Server 2008的所有角色，对于管理来说，可以一目了然地看到服务上安装的所有角色和角色的运行情况，而且所有的配置都在一个界面中，管理起来相当方便，比起Windows Server 2003确实强大了许多。在此之前一直需要手动将不同的管理工具添加到一个MMC控制台中，现在Windows Server 2008已经为用户整合好了，而且从这里得到的信息量也比以前多很多。

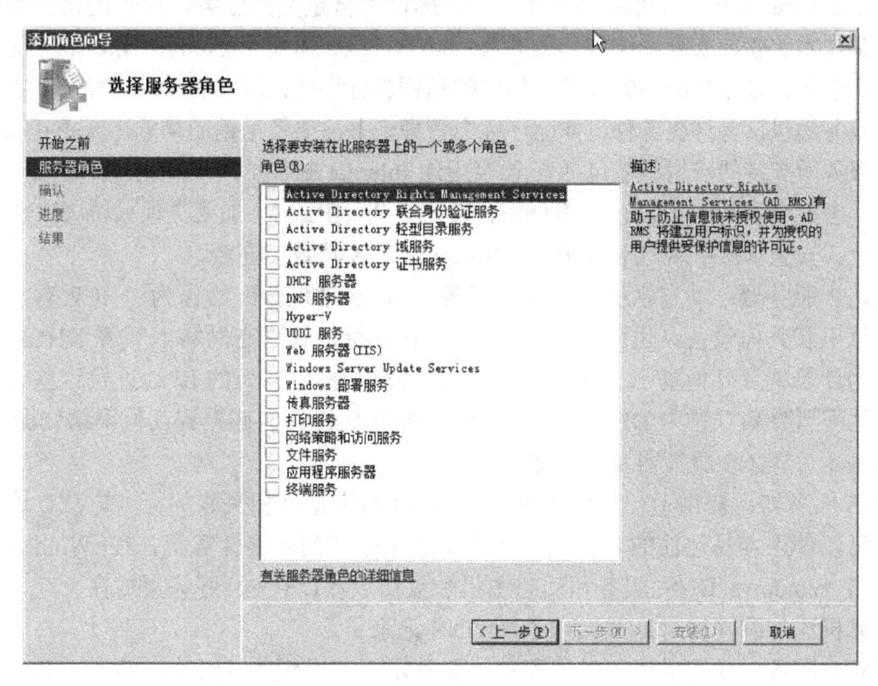

图2-24 Windows Server 2008服务器角色

在 Windows Server 2008 中，总共有 18 个服务器角色，相关的角色描述如下。

- Active Directory Rights Management Services（AD RMS）：Active Directory 权限管理服务是一项信息保护技术，可与启用了 AD RMS 的应用程序协同工作，帮助保护数字信息免遭未经授权的使用。内容所有者可以准确地定义收件人可以使用信息的方式，例如谁能打开、修改、打印、转发或对信息执行其他操作。组织可以创建自定义的使用权限模板，如“机密-只读”，此模板可直接应用到诸如财务报表、产品说明、客户数据及电子邮件之类的信息。
- Active Directory 联合身份验证服务（ADFS）：提供了单一登录（SSO）技术，可使用单一用户账户在多个 Web 应用程序上对用户进行身份验证。ADFS 通过以下方式完成此操作：在伙伴组织之间以数字声明的形式安全地联合或共享用户标识和访问权限。
- Active Directory 轻型目录服务（AD LDS）：对于其应用程序需要用目录来存储应用程序数据的组织而言，可以使用 Active Directory 轻型目录服务作为数据存储方式。AD LDS 作为非操作系统服务运行，因此并不需要在域控制器上对其进行部署。作为非操作系统服务运行，可允许多个 AD LDS 实例在单台服务器上同时运行，并且可针对每个实例单独进行配置，从而服务于多个应用程序。
- Active Directory 域服务（AD DS）：存储有关网络上的用户、计算机和其他设备的信息。AD DS 帮助管理员安全地管理此信息并促使在用户之间实现资源共享和协作。此外，为了安装启用目录的应用程序（如 Microsoft Exchange Server）并应用其他 Windows Server 技术（如“组策略”），还需要在网络上安装 AD DS。
- Active Directory 证书服务（AD CS）：提供可自定义的服务，用于创建并管理在采用公钥技术的软件安全系统中使用的公钥证书。组织可使用 Active Directory 证书服务通过将个人、设备或服务的标识与相应的私钥进行绑定来增强安全性。Active Directory 证书服务还包括允许在各种可伸缩环境中管理证书注册及吊销的功能。Active Directory 证书服务所支持的应用领域包括安全/多用途 Internet 邮件扩展（S/MIME）、安全的无线网络、虚拟专用网络（VPN）、Internet 协议安全（IPsec）、加密文件系统（EFS）、智能卡登录、安全套接字层/传输层安全（SSL/TLS）以及数字签名。
- DHCP 服务器：动态主机配置协议服务，将 IP 地址分配给作为 DHCP 客户端启用的计算机和其他设备，也允许服务器租用 IP 地址。通过在网络上部署 DHCP 服务器，可为计算机及其他基于 TCP/IP 的网络设备自动提供有效的 IP 地址及这些设备所需的其他配置参数（称为 DHCP 选项），这些参数允许它们连接到其他网络资源，如 DNS 服务器、WINS 服务器及路由器。
- DNS 服务器：提供了一种将名称与 Internet 数字地址相关联的标准方法。这样，用户就可以使用容易记住的名称代替一长串数字来访问网络计算机。在 Windows 上，可以将 Windows DNS 服务和动态主机配置协议（DHCP）服务集成在一起，这样在将计算机添加到网络时，就无须添加 DNS 记录了。
- UDDI 服务：通用描述、发现和集成服务用于在组织的 Intranet 内部、Extranet 上的业务合作伙伴之间以及 Internet 上共享有关 Web 服务的信息。UDDI 服务通过更可靠和可管理的应用程序提高开发人员和 IT 专业人员的工作效率。UDDI 服务通过加大现有开发工作的重复利用，可以避免重复劳动。

- Web 服务器（IIS）：使用 IIS 可以共享 Internet、Intranet 或 Extranet 上的信息。它是统一的 Web 平台，集成了 IIS 7.0、ASP.NET 和 Windows Communication Foundation。IIS 7.0 还具有安全性增强、诊断简化和委派管理等特点。
- Windows Server Update Services：允许网络管理员指定应安装的 Microsoft 更新、为不同的更新组创建不同的计算机组，以及获取有关计算机兼容级别和必须安装的更新的报告。
- Windows 部署服务：可以在带有预启动执行环境（PXE）启动 ROM 的计算机上远程安装并配置 Microsoft Windows 操作系统。WdsMgmt 微软管理控制台（Microsoft Manager Console，MMC）管理单元可管理 Windows 部署服务的各个方面，实施该管理单元将减少管理开销。Windows 部署服务还可以为用户提供与使用 Windows 安装程序相一致的体验。
- 传真服务器：可发送和接收传真，并允许管理这台计算机或网络上的传真资源，如作业、设置、报告以及传真设备等。
- 打印服务：管理打印服务器和打印机。打印服务器可通过集中打印机管理任务来减少管理工作负荷。
- 网络策略和访问服务：提供了多种方法，可向用户提供本地和远程网络连接及连接网络段，并允许网络管理员集中管理网络访问和客户端健康策略。使用网络访问服务，可以部署 VPN 服务器、拨号服务器、路由器和受 802.11 保护的无线访问，还可以部署 RADIUS 服务器和代理，并使用连接管理器管理工具包来创建允许客户端计算机连接到网络的远程访问配置文件。
- 文件服务：提供了实现存储管理、文件复制、分布式命名空间管理、快速文件搜索和简化的客户端文件访问等技术。
- 应用程序服务器：提供了完整的解决方案，用于托管和管理高性能分布式业务应用程序。诸如.NET Framework、Web 服务器支持、消息队列、COM+、Windows Communication Foundation 和故障转移群集之类的集成服务有助于在整个应用程序生命周期（从设计与开发直到部署与操作）中提高工作效率。
- 终端服务：所提供的技术允许用户从几乎任何计算机设备访问安装在终端服务器上的基于 Windows 的程序，或访问 Windows 桌面本身。用户可连接到终端服务器来运行程序并使用该服务器上的网络资源。
- Hyper-V：Windows Server 虚拟化提供服务，可以使用这些服务创建和管理虚拟机及其资源。每个虚拟机都是一个在独立执行环境中运行的虚拟化计算机系统，这允许同时运行多个操作系统。注意只能在 64 位的 Windows Server 2008 版本中安装此服务。

2.3.2 添加功能

功能是一些软件程序，这些程序虽然不直接构成角色，但可以支持或增强一个或多个角色的功能，或增强整个服务器的功能，而不管安装了哪些角色。

单击位于“初始配置任务”窗口中的“自定义此服务器”区域中的“添加功能”链接，弹出如图 2-25 所示的对话框，显示了 Windows Server 2008 的功能。

在 Windows Server 2008 中，总共有 35 个服务器功能，相关的功能描述如下。

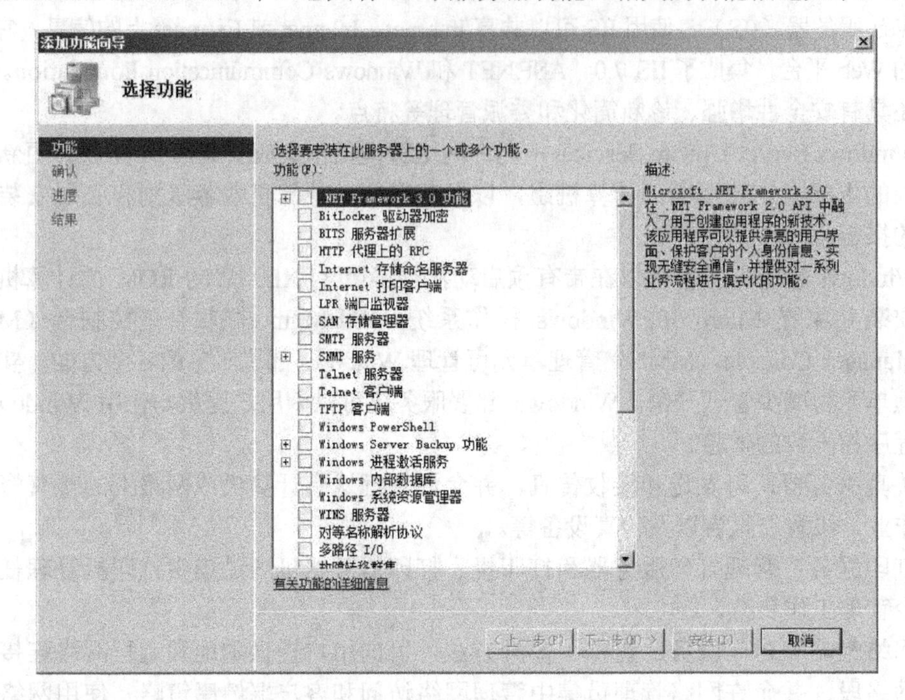

图 2-25　Windows Server 2008 的功能

- .NET Framework 3.0 功能：将.NET Framework 2.0 API 的强大功能与新技术组合在一起，以构建功能强大的应用程序，这些应用程序提供引人注意的用户界面，保护客户的个人标识信息，支持无缝、安全的通信，并提供为一系列业务过程建模的功能。
- BitLocker 驱动器加密：通过加密整个卷并检查早期启动组件的完整性，来帮助保护已丢失、被盗或解除授权不当的计算机上的数据。只有成功验证这些组件且已加密的驱动器位于原始计算机上时，数据才会被解密。完整性检查需要兼容的受信任的平台模块（TPM）。
- BITS 服务器扩展：BITS（后台智能传送服务）服务器扩展允许服务器接收客户端使用 BITS 上载的文件。BITS 允许客户端计算机在前台或后台异步传送文件，保持对其他网络应用程序的响应，并在网络出现故障和计算机重新启动后恢复文件传送。
- HTTP 代理上的 RPC：由通过 HTTP（超文本传输协议）接收远程过程调用（RPC）的对象使用。客户端可借助此代理发现这些对象，即使这些对象在服务器之间移动，或者即使其存在于网络的离散区域中（通常出于安全原因）。
- Internet 存储命令服务器：为 Internet 小型计算机系统接口（iSCSI）存储区域网络提供了发现服务。iSNS 可以处理注册请求、注销请求，以及来自 iSNS 客户端的查询。
- Internet 打印客户端：使客户端可以使用 Internet 打印协议（IPP）连接到 Internet 上的打印机并打印。
- LPR 端口监视器：LPR（Line Printer Remote）端口监视器使计算机能到任何使用 LPD（Line Printer Daemon）服务共享的打印机上打印。LPD 服务通常由基于 UNIX 的计算机和打印机共享的设备使用。

- SAN 存储管理器：存储区域网络可帮助在 SAN 中支持虚拟磁盘服务（VDS）的光纤通道子系统和 iSCSI 磁盘驱动器子系统上创建和管理逻辑单元号（LUN）。
- SMTP 服务器：支持在电子邮件系统之间传送电子邮件。
- SNMP 服务：SNMP（简单网络管理协议）是 Internet 标准协议，用于在管理控制台应用程序（如 HPOpenview、NovellNMS、IBMNetView 或 SunNetManager）和托管实体之间交换管理信息。托管实体可以包括主机、路由器、桥和集线器。
- Telnet 服务器：允许远程用户（包括那些运行基于 UNIX 的操作系统的用户）执行命令行管理任务并通过使用 Telnet 客户端来运行程序。
- Telnet 客户端：可使用 Telnet 协议连接到远程 Telnet 服务器并运行该服务器上的应用程序。
- TFTP 客户端：TFTP（普通文件传输协议）用于从远程 TFTP 服务器中读取文件，或将文件写入远程 TFTP 服务器。TFTP 主要由嵌入式设备或系统使用，它们可在启动过程中从 TFTP 服务器检索固件、配置信息或系统映像。
- Windows PowerShell：是一种命令行 Shell 和脚本语言，可帮助 IT 专业人员提高工作效率。它提供了新的侧重于管理员的脚本语言和 130 多种标准命令行工具，可使系统管理变得更轻松并可加速实现自动化功能。
- Windows Server Backup 功能：允许对操作系统、应用程序和数据进行备份和恢复。可以将备份安排为每天运行一次或更频繁，并且可以保护整个服务器或特定的卷。
- Windows 进程激活服务：通过删除对 HTTP 的依赖关系，可统一 IIS 进程模型。通过使用非 HTTP，以前只可用于 HTTP 应用程序的 IIS 的所有功能现在都可用于运行 Windows Communication Foundation（WCF）服务的应用程序。IIS 7.0 还使用 WAS 通过 HTTP 实现基于消息的激活。
- Windows 内部数据库：Windows Internal Database 是仅可供 Windows 角色和功能（如 UDDI 服务、AD RMS、Windows 服务器更新服务和 Windows 系统资源管理器）使用的关系型数据存储。
- Windows 系统资源管理器：是 Windows Server 操作系统管理工具，可控制 CPU 和内存资源的分配方式。对资源分配进行管理可提高系统性能并减少应用程序、服务或进程因互相干扰而降低服务器效率和系统响应能力的风险。
- WINS 服务器：提供分布式数据库，为网络上使用的计算机和组提供注册和查询 NetBIOS 名称动态映射的服务。WINS 将 NetBIOS 名称映射到 IP 地址，并可解决在路由环境中解析 NetBIOS 名称引起的问题。
- 对等名称解析协议：允许应用程序通过用户计算机进行注册和解析名称，以使其他计算机可与这些应用程序进行通信。
- 多路径 I/O：Microsoft 多路径 I/O（MPIO）与 Microsoft 设备特定模块（DSM）或第三方 DSM 一起，为 Microsoft Windows 上的存储设备使用多个数据路径提供支持。
- 故障转移群集：允许多台服务器一起工作，以实现服务及应用程序的高可用性。故障转移群集常用于文件和打印服务、数据库和电子邮件应用程序。
- 基于 UNIX 应用程序的子系统：将基于 UNIX 应用程序的子系统（SUA）和 Microsoft 网站可供下载的支持实用程序包一起使用，就能够运行基于 UNIX 的程序，并能在 Windows 环境中编译并运行自定义的基于 UNIX 的应用程序。

- 简单 TCP/IP 服务：支持多种 TCP/IP 服务，包括 CharacterGenerator、Daytime、Discard、Echo 和 QuoteoftheDay。简单 TCP/IP 服务用于向后兼容，只应在需要时进行安装。
- 可移动存储管理器：对可移动介质进行管理和编录，并对自动化可移动介质设备进行操作。
- 连接管理器管理工具包：可生成连接管理器配置文件。
- 网络负载平衡：使用 TCP/IP 网络协议在多台服务器中分配流量。当负载增加时，通过添加其他服务器来确保无状态应用程序（如运行 Internet 信息服务 IIS 的 Web 服务器）可以伸缩，此时网络负载平衡特别有用。
- 无线 LAN 服务：不管计算机是否具有无线适配器，无线 LAN（WLAN）服务都可配置并启动 WLAN 自动配置服务。WLAN 自动配置可枚举无线适配器，并可管理无线连接和无线配置文件，这些配置文件包含配置无线客户端以连接到无线网络所需的设置。
- 消息队列：提供安全可靠的消息传递、高效路由和安全性，以及在应用程序间进行基于优先级的消息传递。消息队列还适用于在下列情况下的应用程序之间进行消息传递，即这些应用程序在不同的操作系统上运行，使用不同的网络设施，暂时脱机，或在不同的时间运行。
- 优质 Windows 音频视频体验：是 Internet 协议家庭网络上音频和视频流应用程序的网络平台。通过确保视频应用程序的网络服务质量，增强了视频流的性能和可靠性。它提供了许可控制、运行时监控和强制执行、应用程序反馈以及通信优先级等机制。在 Windows Server 平台上，它只提供流率和优先级服务。
- 远程服务器管理工具：可以从运行 Windows Server 2008 的计算机上对 Windows Server 2003 和 Windows Server 2008 进行远程管理，可以在远程计算机上运行一些角色、角色服务和功能管理工具。
- 远程协助：能让用户（或支持人员）向具有计算机问题或疑问的用户提供协助。远程协助允许用户查看和共享用户桌面的控制权，以解答疑问和修复问题。用户还可以向朋友或同事寻求帮助。
- 桌面体验：包括 Windows Vista 的功能，如 Windows Media Player、桌面主题和照片管理。桌面体验在默认情况下不会启用任何 Windows Vista 功能，必须手动启用它们。
- 组策略管理：可以更方便地了解、部署、管理组策略的实施并解决疑难问题。标准工具是组策略管理控制台（GPMC），这是一种脚本化的 MMC 管理单元，它提供了用于在企业中管理组策略的单一管理工具。
- NFS 服务：网络文件系统（NFS）服务是可作为分布式文件系统的协议，可允许计算机轻松地通过网络访问文件，就像在本地磁盘上访问它们一样。只能在 64 位的 Windows Server 2008 版本中安装此功能；在其他版本的 Windows Server 2008 中，NFS 服务将作为文件服务角色的角色服务。

注意：管理员添加功能不会作为服务器的主要功能，但可以增强安装的角色的功能。如故障转移集群，是管理员可以在安装了特定的服务器角色后安装的功能（如文件服务），以将冗余添加到文件服务并缩短可能的灾难恢复时间。Windows Server 2008 中的角色和功能，相当于 Windows Server 2003 中的 Windows 组件，其中重要的组件划分到了 Windows Server 2008 角色，不太重要的服务和增加服务器的功能被划分到了 Windows Server 2008 功能。

2.3.3 启用远程桌面

当某台计算机开启了远程桌面连接功能后，用户就可以在网络的另一端控制这台计算机了，通过远程桌面功能可以实时地操作这台计算机，在上面安装软件，运行程序，所有的一切都如同直接在计算机上操作。这就是远程桌面的最大功能。通过该功能网络管理员可以在安全控制远程的服务器，而且由于该功能是系统内置的，所以比其他第三方远程控制工具使用更方便、更灵活。

单击位于“初始配置任务”窗口的“自定义此服务器”区域中的“启用远程桌面”链接，弹出如图 2-20 所示的对话框，在前面“系统属性”对话框里已介绍过。具体的远程桌面的操作步骤如下。

1）在要连接的远程服务器上，单击位于“初始配置任务”窗口的“自定义此服务器”区域中的“启用远程桌面”链接，在弹出的对话框中选中“允许运行任意版本远程桌面的计算机连接（较不安全）”按钮，弹出“远程桌面”对话框，如图 2-26 所示，单击“确定”按钮，远程计算机即可使用远程桌面客户端连接到该服务器。

2）选择“开始”→“运行”命令，输入“cmd”，打开命令行，输入“netstat –a”，如图 2-27 所示，此时能够查看启用远程桌面后打开的端口 3389，表明其他计算机可以通过远程桌面连接过来了。

3）远程终端的服务器设置完成，接着可以在客户端计算机通过远程桌面连接访问服务器。以 Windows XP 操作系统为例，执行“开始”→“所有程序”→“附件”→“通讯”→“远程桌面连接”命令，可以打开“远程桌面连接”对话框，如图 2-28 所示，输入终端服务器的计算机名、IP 地址或 DNS 名，单击“连接”按钮，然后输入终端服务器上的用户名和密码即可登录。

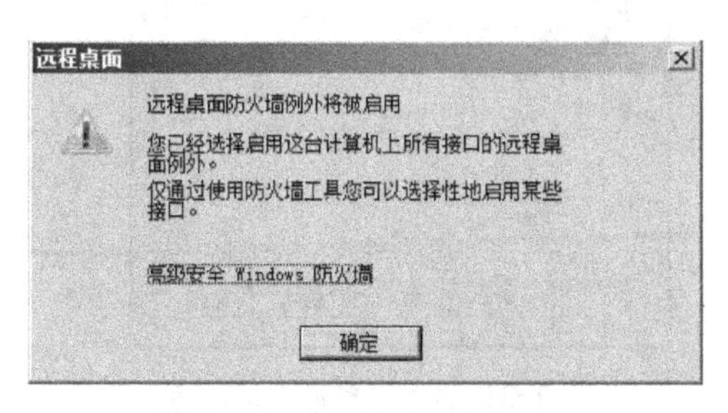

图 2-26　启用远程桌面

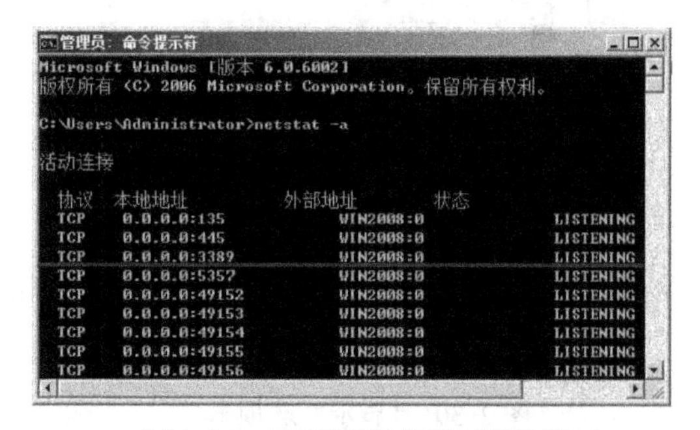

图 2-27　查看远程桌面打开的端口

4）在图 2-28 中，单击“选项”按钮，还可以进一步配置远程桌面连接。

- “常规”设置：如图 2-29 所示，在“登录设置”选项区域中，可以设置连接的计算机、用户名、密码和域名。单击“另存为”按钮，可以把当前的设置进行保存，以后直接双击保存的文件即可进行远程连接。

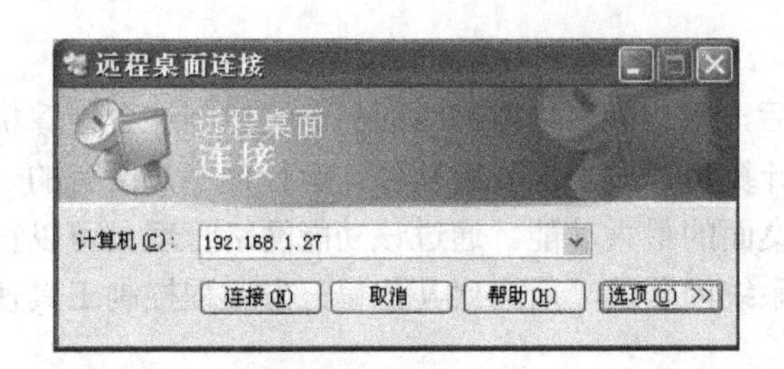

图 2-28 “远程桌面连接”窗口

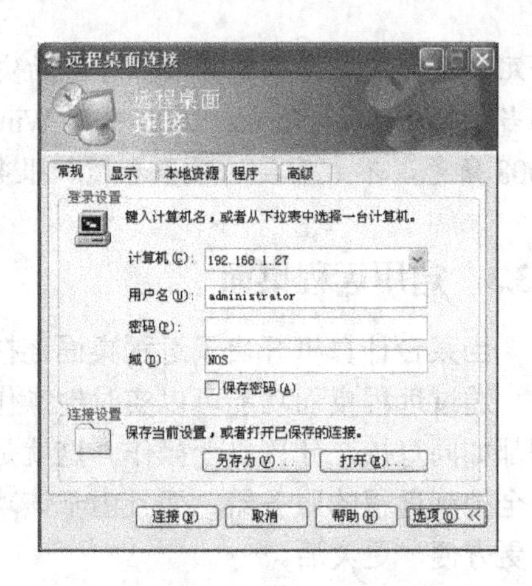

图 2-29 “常规”选项卡

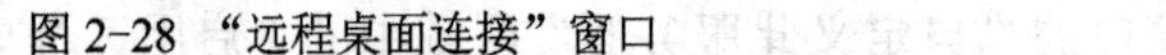

- “显示”设置：如图 2-30 所示，可以调整远程桌面的分辨率、颜色以及全屏幕显示时是否显示连接栏等，最好不要将远程桌面的大小设为全屏显示，这样操作时可以更方便些。
- “本地资源”设置：如图 2-31 所示，可以设置在远程桌面中如何使用本地计算机的资源。在“远程计算机声音”选项区域中，选择“带到这台计算机”，则在远程桌面中播放声音时，声音会传送到本地计算机；选择“不要播放”，则声音不能在终端服务器上播放，也不在远程计算机上播放；选择“留在远程计算机”时，则声音在终端服务器上播放。在“键盘”选项区域中，可以控制应用 Windows 组合键，如〈Alt+Tab〉组合键是用来操作本地计算机还是远程计算机，或者只有在全屏显示时才用来操作远程计算机。在“本地设备”选项区域中，可以控制磁盘驱动器、打印机或者串行口是否可以在远程桌面中使用。

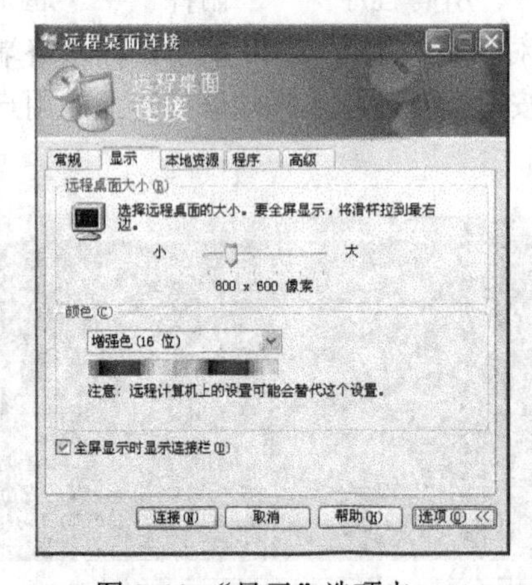

图 2-30 “显示”选项卡

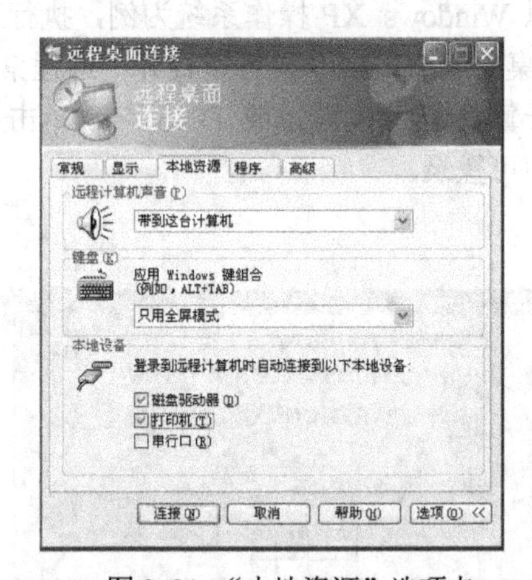

图 2-31 “本地资源”选项卡

- “程序”设置：如图 2-32 所示，可以设置远程桌面连接成功后会自动启动的程序。该程序是在终端服务器上执行的，程序执行完毕，会自动断开远程桌面连接。
- “高级”设置：如图 2-33 所示，可以根据连接线路的带宽来优化连接的性能。实际上是在使用低速连接时关闭一些不重要的功能，如“桌面背景”、“菜单和窗口动画”等，以减小通信量。

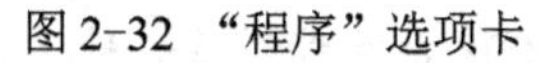

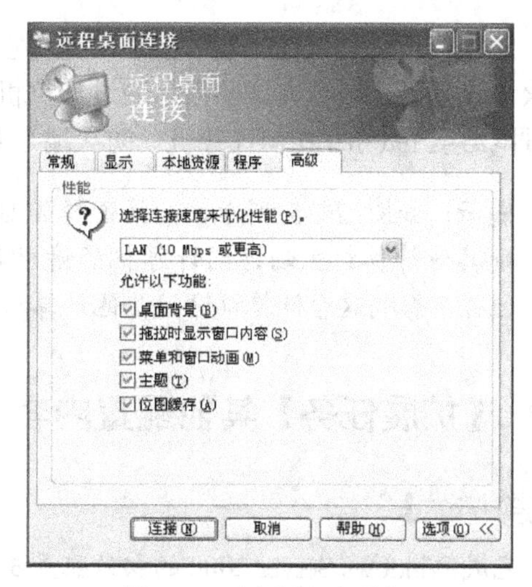

图 2-32 “程序”选项卡　　　　图 2-33 “高级”选项卡

5）用户要结束与终端服务器的连接时，有两种不同的选择。

- 断开：直接关闭“远程桌面”窗口，或者在“远程桌面”窗口中选择“开始”→“关机”→“断开”命令。这种方法并不会结束用户在终端服务器已经启动的程序，程序仍然会继续运行，而且桌面环境也会被保留，用户重新从远程桌面登录时，还是继续上一次的环境。
- 注销：用户在“远程桌面”窗口中按〈Ctrl+Alt+End〉组合键，或者选择“开始”→“关机”→“注销”命令即可。这种方式会结束用户在终端服务器上所执行的程序，建议使用该种方法来断开连接。

2.3.4 配置 Windows 防火墙

单击位于“初始配置任务”窗口的“自定义此服务器”区域中的“配置 Windows 防火墙”链接，弹出如图 2-34 所示的“Windows 防火墙”窗口，单击“更改设置”按钮，弹出如图 2-35 所示的“Windows 防火墙设置”对话框，可以启用防火墙，也可关闭防火墙。

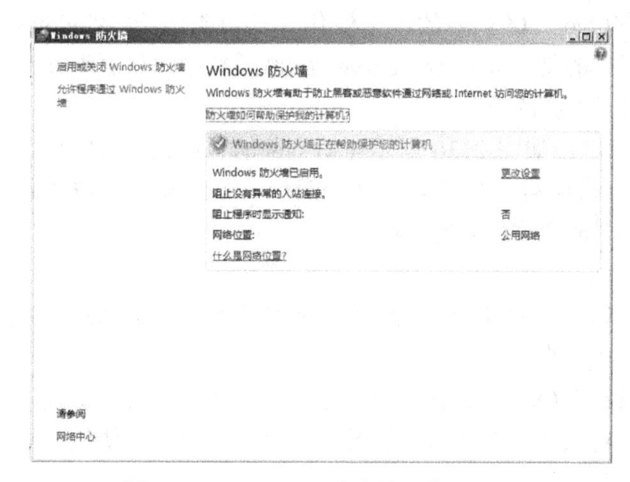

图 2-34 “Windows 防火墙”窗口

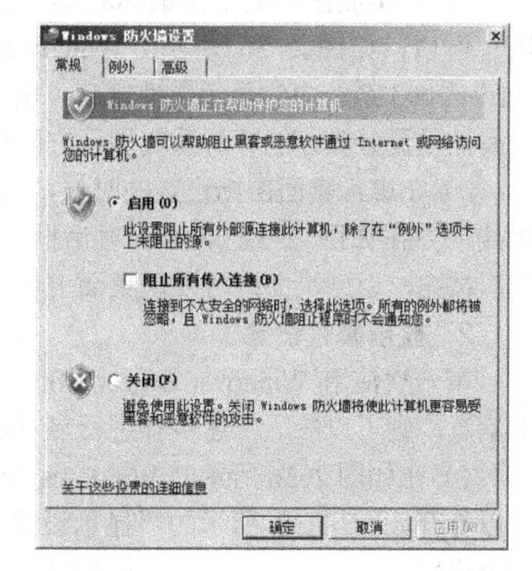

图 2-35 “Windows 防火墙设置”对话框

防火墙可以是软件，也可以是硬件，它能够检查来自 Internet 或网络的信息，然后根据防火墙设置阻止或允许这些信息通过计算机。防火墙有助于防止黑客或恶意软件（如蠕虫）通过网络或 Internet 访问计算机。防火墙还有助于阻止计算机向其他计算机发送恶意软件。

提示：如图 2-35 所示，如果选择了启用防火墙，也选中了“阻止所有传入连接”复选框，则其他计算机主动访问计算机的请求都将被拒绝，这就相当于计算机在网上“隐身”了，但并不影响这台计算机访问其他计算机。

2.4 【扩展任务】其他配置内容

【任务描述】

完成 Windows Server 2008 的初始配置任务之后，用户还要针对工作界面进行设置，熟悉控制面板的使用，以及掌握 MMC 的使用，以便 Windows Server 2008 系统能够更好地运行。

【任务目标】

通过任务应当熟练掌握 Windows Server 2008 的个性化设置，熟悉控制面板各图标的具体含义以及 MMC 的使用。

2.4.1 配置 Windows Server 2008 工作界面

与 Windows Server 2003 等以前版本的网络操作系统相比，Windows Server 2008 工作界面发生了较大的变化，类似于 Windows Vista 的风格，初次接触的用户在设置桌面图标和显示设置等方面会遇到一些问题，因此要对这些与桌面相关的项目进行设置。

1．桌面图标设置

第一次进入 Windows Server 2008 系统，桌面上只有一个“回收站”图标，“我的电脑”、“网上邻居”等用户所熟悉的图标都没有显示在桌面上，可以在桌面上添加这些图标以便用户使用，具体的操作步骤如下。

1）在桌面空白处单击鼠标右键，在弹出快捷菜单中选择“个性化”命令，弹出“个性化”窗口，如图 2-36 所示。Windows Server 2008 中的“个性化”窗口类似于 Windows Server 2003 系统中的显示属性窗口，所不同的是，Windows Server 2008 系统中提供更为细致的属性设置分类，能够对系统显示方面进行单独的设置。

2）在进行桌面图标设置的时候，可以单击如图 2-36 所示窗口上部的“更改桌面图标”链接，并在如图 2-37 所示的对话框中，选择需要在桌面上显示图标的复选框，单击“确定”按钮，返回桌面即可发现桌面上已经出现刚才选取的图标。

2．显示属性设置

第一次使用 Windows Server 2008 的时候，系统会自动设置显示分辨率，如果用户觉得不满意，则可以参照下述步骤进行显示属性更改。

1）在如图 2-36 所示的 Windows Server 2008“个性化”窗口中单击“显示设置”链接，可以打开如图 2-38 所示的“显示设置”对话框。在此可以通过拖曳“分辨率”滑块调整显示分辨率，并且在“颜色”下拉列表中选择合适的参数。

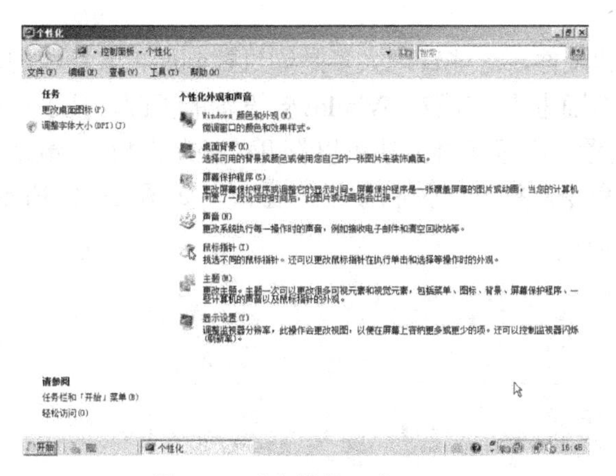

图 2-36 “个性化”窗口

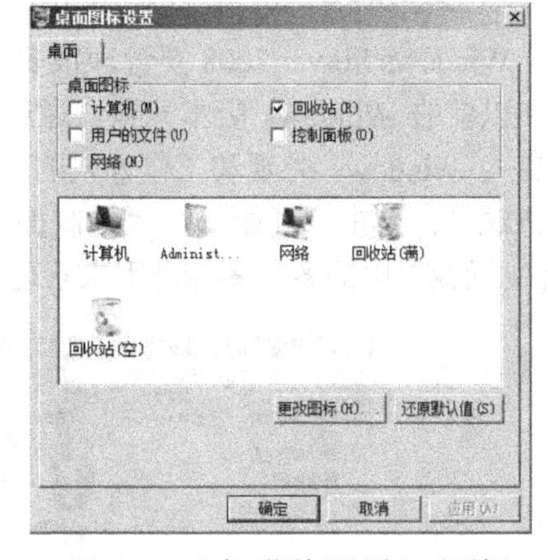

图 2-37 “桌面图标设置”对话框

2）为了能够让显示器工作在最佳状态，还需要在如图 2-38 所示的对话框中单击“高级设置”按钮，并且在打开的对话框中单击“监视器”选项卡进行相关的设置，如图 2-39 所示。

3）如果勾选下部“隐藏该监视器无法显示的模式”复选框之后，可以在“屏幕刷新频率”下拉列表中选取合适的刷新频率。

注意：①显卡和显示器都必须支持所希望的分辨率。若设置的分辨率超出范围，显示器本身会显示警告信息，此时请等待 15s 或按〈N〉键，系统就会恢复先前的设置；②一般情况下，建议用户将显示刷新频率设置为 75Hz 以上；否则，会导致屏幕闪烁，长时间使用则会造成眼睛疲劳。如果列表中没有 75Hz 及其以上的刷新频率，则需要先适当调低显示器分辨率，然后再进行刷新频率的设置。

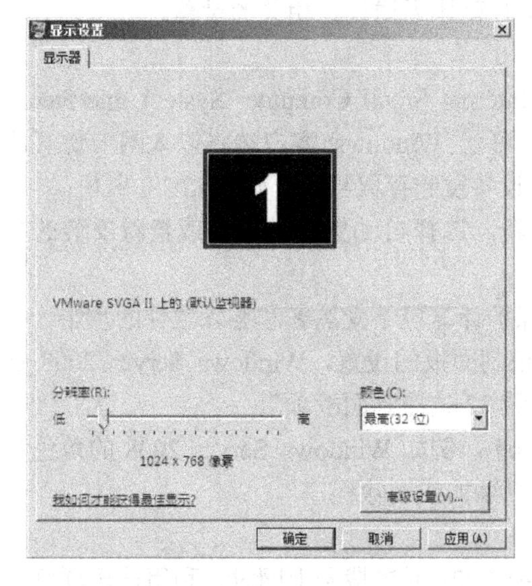

图 2-38　设置分辨率和颜色参数

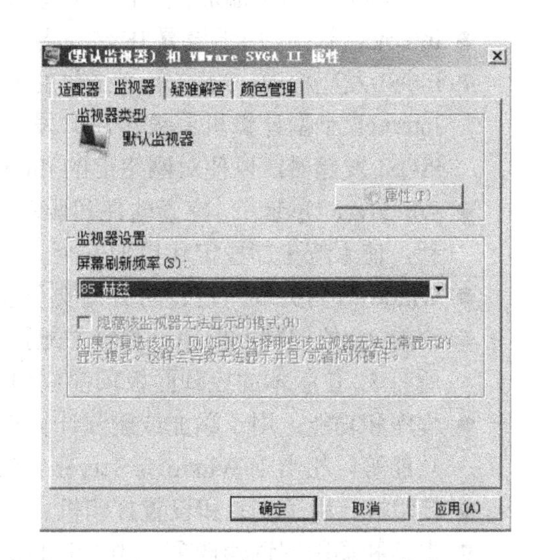

图 2-39　设置显示器屏幕刷新频率

2.4.2 控制面板

Windows Server 2008 要管理很多软件和硬件，这些管理大多是通过控制面板来完成的，这和以前的 Windows 版本一致。通过“控制面板”完成对 Windows 设置的更改，几乎控制了有关 Windows 外观和工作方式的所有设置。有很多种方法可以打开“控制面板”，最常用的方法是：单击“开始”→“控制面板”命令，打开“控制面板”窗口，如图 2-40 所示。“控制面板”中的各种图标是用来管理系统的。

图 2-40 “控制面板”窗口

- Bluetooth：用于添加蓝牙的无线设备，并进行蓝牙无线设备相关的设置。
- Internet 选项：用于设置 IE 浏览器。
- iSCSI 发起程序：Microsoft 提供的 iSCSI（Internet Small Computer System Interface，Internet 小型计算机系统接口）发起程序，可让 Windows 客户端将以太网卡仿真成 iSCSI 发起器，以便对网络上的 iSCSI 目标设备发起存取需求，建立 iSCSI 联机。
- Windows Update：检查软件和驱动程序更新，选择自动更新的设置或查看安装的更新，使系统更加稳定和更加安全。
- Windows 防火墙：设置防火墙安全选项以保护计算机不受黑客和恶意软件的攻击。
- 查看 32 位控制面板项：查看并配置 32 位控制面板的设置，Windows Server 2008 把所有 32 位版本的控制面板项都放到了“查看 32 位控制面板项”。
- 程序和功能：用于添加或删除计算机上的程序，例如 Windows Server 2008 的角色和功能等，相当于 Windows Server 2003 下的“添加或删除程序”。
- 打印机：用于安装和设置打印机。
- 电话和调制解调器选项：当 Windows Server 2008 通过拨号上网时，利用该选项可以设置电话的拨号规则、使用哪个调制解调器等。

- 电源选项：用于配置计算机的节能设置。
- 个性化：类似于 Windows Server 2003 系统中的显示属性窗口，所不同的是它提供更为细致的属性设置分类，能够对系统显示方面进行单独的设置。
- 管理工具：是计算机上各种管理工具的集合，在“控制面板”窗口中，双击“管理工具”图标，可以打开“管理工具”窗口。其中有许多管理工具可以用来对计算机进行配置，管理工具根据所安装的 Windows 程序和服务的不同而不同，将在以后的项目中逐一进行介绍。
- 键盘：用于设置键盘的属性。
- 默认程序：指定打开某种特殊类型的文件（如音乐文件、图像或网页）时 Windows 所使用的程序。例如，如果在计算机上安装了多个电子邮件客户端软件，可以选择 Outlook 作为默认电子邮件客户端软件。
- 轻松访问中心：对以前 Windows 版本“辅助功能”进行了升级，更名为“轻松访问中心”，主要针对身体有障碍的用户，用于设置键盘、鼠标和颜色等的特殊用法。
- 区域和语言选项：用于设置计算机使用的语言、数字、货币、日期和时间的显示属性。
- 任务栏和“开始”菜单：自定义任务栏和“开始”菜单，例如要显示的项目的类型以及如何显示。
- 日期和时间：用于设置计算机使用的日期、时间和时区等信息。
- 设备管理器：用来更新硬件设备驱动程序（或软件）、修改硬件设置和解决相关的疑难问题。
- 声音：用于设置计算机的声音方案和使用的音频设备。
- 鼠标：用于设置鼠标的使用参数。
- 索引选项：此选项将直接影响到用户在使用搜索时的效率，加入到索引选项中的文件夹相比未加入索引选项的文件夹搜索速度差异非常大，它可以将搜索的范围大大减小，从而加快搜索速度、减少搜索花费的时间。
- 添加硬件：用于启动硬件安装向导，在计算机上安装新的硬件。
- 脱机文件：通过脱机文件，即使未与网络连接，也可以继续使用网络文件和程序。如果断开与网络的连接或移除便携式计算机，指定为可以脱机使用的共享网络资源的视图与先前连接到网络时完全相同，可以像往常一样继续工作，对这些文件和文件夹的访问权限与先前连接到网络时相同。当连接状态变化时，“脱机文件”图标将出现在通知区域中，通知区域中会显示一个提示气球，通知这一变化。
- 网络和共享中心：这是 Windows Server 2008 中新增的一个单元组件，利用此组件可以查看到当前网络的连接状况，当前计算机使用的网卡以及各种资源的共享情况。
- 文本到语音转换：更改文本到语音转换和语音识别的设置。
- 文件夹选项：控制着资源管理器中的文件与文件夹的显示，不同用户常常有自己习惯的风格，可以设置适合自己的文件夹选项。
- 问题报告和解决方案：该功能界面显示了 Windows 错误报告中的信息，并且通过 Windows 错误报告与 Internet 进行通信，和解决方案功能一起协作，从而可以更方便地联机查找计算机问题的解决方案。
- 系统：用于对计算机系统的各项信息进行配置。

- 颜色管理：用于更改显示器、扫描仪和打印机的高级颜色管理设置。
- 用户账户：用于更改共享计算机用户的用户账户和密码等。
- 自动播放：是 Windows 给用户提供的一个方便的功能，当移动设备接入电脑时，它会对这个设备进行扫描，让用户选择用何种方式打开，也可以选择以后每次都使用相同方式打开同类文件。
- 字体：用于在计算机中安装新的字体或者删除字体。

2.4.3 微软管理控制台

Windows Server 2008 提供了许多管理工具，用户在使用这些管理工具时需要分别去打开，为了使用户能够更加快捷地使用这些工具，微软公司提供了管理控制台，即 MMC。通过 MMC，用户可以将常用的管理工具集中到一个窗口界面中，从而通过一个窗口就可以管理不同的管理工具。

MMC 允许用户创建、保存并打开管理工具，这些管理工具可以用来管理硬件、软件和 Windows 系统的网络组件等。MMC 本身并不执行管理功能，它只是集成管理工具而已。使用 MMC 添加到控制台中的主要工具类型称为管理单元，其他可添加的项目包括 ActiveX 控件、网页的链接、文件夹、任务板视图和任务等。

使用 MMC 可以管理本地或远程计算机。例如，可以在计算机上安装 Exchange 2007 的管理工具，然后通过 MMC 管理远程的 Exchange 2007 服务器。当然，也可以在一台普通计算机上，通过安装 Windows Server 2008 的管理工具，实现对服务器的远程管理。

用户可通过添加管理工具的方式来使用 MMC。下面以在 MMC 中添加“计算机管理”和“磁盘管理”这两个管理工具为例，介绍具体的操作步骤。

1）选择“开始”→“运行”命令，打开“运行”对话框，在该对话框中，输入“mmc”命令，可以打开管理控制台，如图 2-41 所示。

2）在“控制台”窗口中选择“文件”→“添加/删除管理单元”命令，然后在打开的“添加或删除管理单元”对话框中，选择需要的“计算机管理”单元，如图 2-42 所示，再单击“添加”按钮。

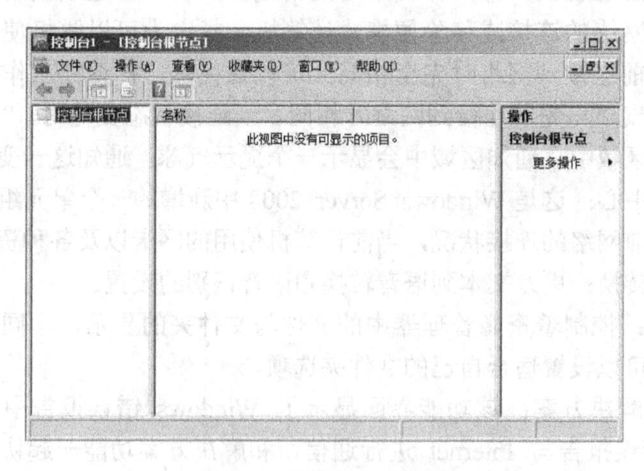

图 2-41 “控制台”窗口

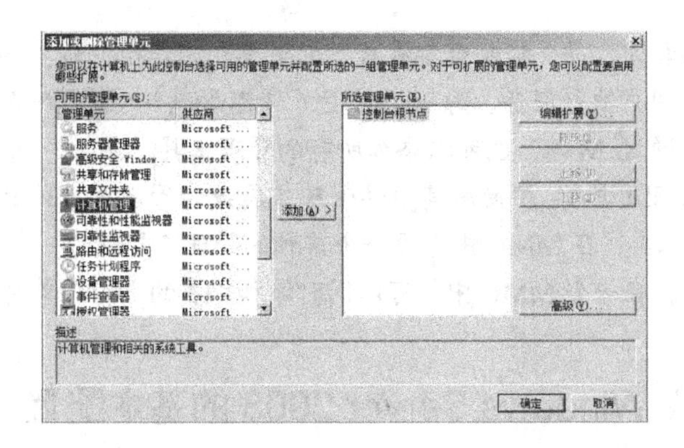

图 2-42 “添加或删除管理单元”对话框

3）在打开的“计算机管理”对话框中选择“本地计算机”单选按钮，如图 2-43 所示，再单击“完成”按钮。用同样的方法添加“磁盘管理”这个管理工具。

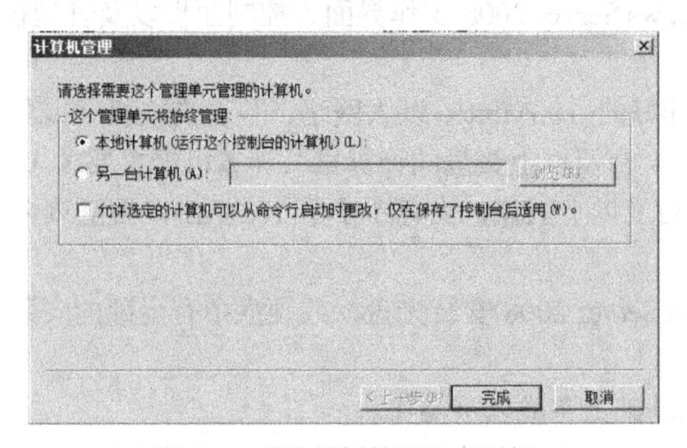

图 2-43 “计算机管理”对话框

4）管理单元添加完成后自动返回“控制台”窗口，此时可以看到“计算机管理”单元已被添加进来，如图 2-44 所示。如果需要经常使用添加到窗口中的管理单元，可通过“文件”→“保存”命令，将此 MMC 保存起来，以后可以直接通过此文件打开这个 MMC。

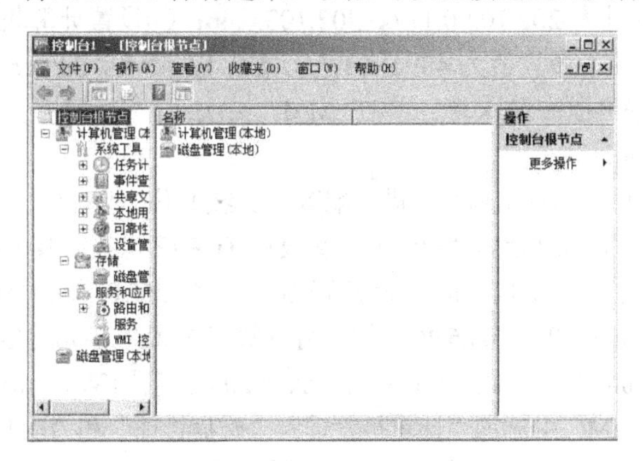

图 2-44 添加了管理单元的“控制台”窗口

提示： MMC 有统一的管理界面。MMC 由分成两个窗格的窗口组成。左侧窗格为控制台树，显示控制台中可以使用的项目；右侧窗格则列出左侧项目的详细信息和有关功能，包括网页、图形、图表、表格和列。每个控制台都有自己的菜单和工具栏，与主MMC窗口的菜单和工具栏分开，从而有利于用户执行任务。每一个管理工具都是一个“精简”的MMC，即使不使用系统自带的管理工具，通过MMC也可以添加所有的管理工具。例如，“管理工具”只列出了一些最常用的命令（或管理工具），要使用其他的管理工具或者管理非本地的计算机，就需要使用MMC来添加这些管理工具。在MMC中，每一个单独的管理工具称为一个“管理单元”，每一个管理单元完成一个任务。在一个MMC中，可以同时添加许多的“管理单元”。

2.5 【单元实训】Windows Server 2008的基本配置

1. 实训目标

1）熟练掌握Windows Server 2008初始配置的3项任务：提供计算机信息、更新服务器、自定义服务器。

2）熟练掌握Windows Server 2008工作界面、控制面板以及管理控制台的使用。

2. 实训设备

1）网络环境：已建好的100Mbit/s以太网络，包含交换机（或集线器）、五类（或超五类）UTP直通线若干、4台及以上数量的计算机（计算机配置要求CPU最低为1.4 GHz，x64和x86系列均有1台及以上数量，内存不小于1024MB，硬盘剩余空间不小于10GB，有光驱和网卡）。

2）软件：Windows Server 2008安装光盘，或硬盘中有全部的安装程序。

3. 实训内容

在第1单元实训的基础上完成以下操作。

1）进入4台计算机的BIOS，并全部设置为从硬盘启动系统。

2）在第1台计算机（x86系列）上进行配置，要求如下：①对系统进行初始配置，计算机名称为“Nos_win2008”，工作组为“office”；②设置TCP/IP，其中要求禁用TCP/IPv6，服务器的IP地址为192.168.1.1，子网掩码为255.255.255.0，网关设置为192.168.1.254，DNS地址为202.103.0.117、202.103.6.46；③设置计算机虚拟内存为自定义方式，其初始值为2048MB，最大值为4096MB；④激活Windows Server 2008，启用Windows自动更新；⑤启用远程桌面和防火墙；⑥在MMC中添加“计算机管理”、“磁盘管理”和“DNS”这3个管理单元。

3）在第2台计算机（x64系列）上进行配置，要求如下：①对系统进行初始配置，计算机名称为“Nos64_win2008”，工作组为“office”；②设置TCP/IP协议，其中要求禁用TCP/IPv6协议，服务器的IP地址为192.168.1.10，子网掩码为255.255.255.0，网关设置为192.168.1.254，DNS地址为202.103.0.117、202.103.6.46；③设置计算机虚拟内存为自定义方式，其初始值为1560MB，最大值为2130MB；④激活Windows Server 2008，启用Windows自动更新；⑤启用远程桌面和防火墙；⑥在MMC中添加“计算机管理”、“磁盘管理”和“DNS”这3个管理单元。

4）在第3台计算机（x86系列）上进行配置，要求如下：①对系统进行初始配置，计算机名称为“Web_win2008”，工作组为“office”；②设置TCP/IP协议，其中要求禁用TCP/IPv6协议，服务器的IP地址为192.168.1.20，子网掩码为255.255.255.0，网关设置为192.168.1.254，DNS地址为202.103.0.117、202.103.6.46；③设置计算机虚拟内存为自定义方式式，其初始值为1560MB，最大值为2130MB；④激活Windows Server 2008，启用Windows自动更新；⑤启用远程桌面和防火墙；⑥在MMC中添加“计算机管理”、“磁盘管理”和“DNS”这3个管理单元。

5）分别查看第1台、第2台和第3台计算机上“添加角色”和“添加功能”向导以及控制面板，找出三台计算机初始配置不同的地方。

6）在第4台计算机（x64系列）上调用MMC。

2.6 习题

一、填空题

（1）Windows Server 2008中的________________，相当于Windows Server 2003中的Windows组件，其中重要的组件划分成了角色，不太重要的服务和增加服务器的功能被划分成了功能。

（2）系统变量中，__________变量定义了系统搜索可执行文件的路径，____________定义了Windows的目录。

（3）用户配置文件其实是一个文件夹，这个文件夹位于____________________下，并且以用户名来命名。

（4）通过____________________，用户可以将常用的管理工具集中到一个窗口界面中，从而通过一个窗口就可以管理不同的管理工具。

二、选择题

（1）在Windows Server 2008系统中，如果要输入DOS命令，则在“运行”对话框中输入（　　）。

A．CMD　　B．MMC　　C．AUTOEXE　　D．TTY

（2）Windows Server 2008系统安装时生成的Documents and Settings、Windows以及Windows\System32文件夹是不能随意更改的，因为它们是（　　）。

A．Windows的桌面

B．Windows正常运行时所必需的应用软件文件夹

C．Windows正常运行时所必需的用户文件夹

D．Windows正常运行时所必需的系统文件夹

（3）启用Windows自动更新和反馈功能，不能进行手动配置设置的是（　　）。

A．Windows 自动更新　　B．Windows 错误报告

C．Windows激活　　D．客户体验改善计划

（4）远程桌面被启用后，服务器操作系统被打开的端口为（　　）。

A．80　　B．3389　　C．8080　　D．1024

三、问答题

（1）如果服务器主要提供Web服务，则在系统性能选项中“处理器计划”应如何设置？

（2）Windows Server 2008中角色和功能有什么区别？

（3）Windows Server 2008中虚拟内存的设置应注意什么？

（4）如何使用远程桌面连接远程计算机？

第3单元　虚拟机技术及应用

【单元描述】

网络实验做起来相对比较麻烦，因为很多实验具有“破坏性”，也有一些需要多台计算机设备或者一些实验室根本不具备条件。如果使用虚拟机软件，就可以模拟一些实验环境。本单元介绍如何使用 Windows Server 2008 下的 Hyper-V 和 VMware。

【单元情境】

三峡纵横科技信息技术有限公司是一家主要提供计算机网络建设与维护的网络技术服务公司，2009 年计划为湖北三峡职业技术学院建设计算机专业和网络专业的网络实训室，主要向全院师生提供网络操作系统等课程的实训环境。由于网络实训室建设资金有限，仅能配置 30 台台式机和部分网络设备，很多网络实验环境无法提供，且有的实验具有一定的“破坏性”，使网络实训室的管理非常麻烦。作为公司的技术人员，你如何设计方案，以利用现有设备与虚拟机来构建和模拟网络实验环境，来满足教师和学生进行网络操作系统实训的需求？

3.1 【知识导航】虚拟机技术概述

3.1.1 虚拟机基础知识

虚拟机的概念主要有两种：一种是指像 Java 那样提供介于硬件和编译程序之间的软件；另一种是指利用软件“虚拟”出来的一台计算机。本单元所指的虚拟机是后者。

虚拟机是指以软件模块的方式，在某种类型的计算机（或其他硬件平台）及操作系统（或相应的软件操作平台）的基础上，模拟出另外一种计算机（或其他硬件平台）及其操作系统（或相应的软件操作平台）的虚拟技术。换言之，虚拟机技术的核心在于“虚拟”二字。虚拟机提供的“计算机”和真正的计算机一样，也包括 CPU、内存、硬盘、光驱、软驱、显卡、声卡、SCSI 卡、USB 接口、PCI 接口、BIOS 等。在虚拟机中可以和真正的计算机一样安装操作系统、应用程序，也可以对外提供服务。

Microsoft 和 VMware 公司都提供虚拟机软件（Microsoft 公司的虚拟机软件收购自 Connectix 公司）。Microsoft 提供 Microsoft Virtual PC 和 Microsoft Virtual Server 虚拟机，同时在 Windows Server 2008 中提供“Hyper-V”服务，能够让用户在不使用第三方虚拟化软件的情况下，直接在系统中创建虚拟主机操作系统，成为其最具有吸引力的特点之一。VMware 的虚拟机软件包括 Workstation、GSX Server、ESX Server，VMware 较为普遍 Workstation 7.0 是目前使用较为普通的虚拟机产品。

虚拟机的主要功能有两个：一个是用于生产；另一个是用于实验。用于生产的虚拟机主要包括以下功能。

1）用虚拟机可以组成产品测试中心。通常的产品测试中心都需要大量的、具有不同环境和配置的计算机及网络环境，如有的测试需要 Windows 98、Windows 2000 Server、Windows XP 甚至 Windows Server 2003 的环境，而每个环境，例如 Windows XP，又需要 Windows XP（无补丁）、Windows XP 安装 SP1 补丁、Windows XP 安装 SP2 补丁这样的多种环境。如果使用“真正”的计算机进行测试，则需要大量的计算机。而使用虚拟机可以降低和减少企业在这方面的投资而不影响测试的进行。

2）用虚拟机可以“合并”服务器。许多企业会有多台服务器，但有可能每台服务器的负载比较轻或者服务器总的负载比较轻。这时候就可以使用虚拟机的企业版，在一台服务器上安装多个虚拟机，其中的每台虚拟机都用于代替一台物理的服务器，从而为企业减少投资。

用于实验是指用虚拟机可以完成多项单机、网络和不具备真实实验条件、环境的实验。虚拟机可以做多种实验，主要包括以下功能。

1）一些“破坏性”的实验，例如需要对硬盘进行重新分区、格式化，重新安装操作系统等操作。如果在真实的计算机上进行这些实验，可能会产生的问题是，实验后系统不容易恢复，因为在实验过程中计算机上的数据被全部删除了。由于这个原因，导致这样的实验需要专门占用一台计算机。

2）一些需要“联网”的实验，例如做 Window Server 2008 联网实验时，需要至少 3 台计算机、1 台交换机、3 条网线。如果是个人做实验，则不容易找到这 3 台计算机；如果是学生上课做实验，也很难实现。而使用虚拟机，可以让学生在“人手一机”的情况下很“轻松”地组建出实验环境。

3）一些不具备条件的实验，例如 Windows 群集类实验，需要“共享”的磁盘阵列柜，而一个最便宜的磁盘阵列柜也需要几万元，如果再加上群集主机，则一个实验环境大约需要十万元以上的投资。如果使用虚拟机，只需要一台配置比较高的计算机就可以了。另外，使用 VMware 虚拟机，还可以实现一些对网络速度、网络状况有要求的实验，例如需要在速率为 64kbit/s 的网络环境中做实验，在以前是很难实现的，而使用 VMware Workstation 7.0 的 Team 功能，则很容易实现从 28.8kbit/s～100Mbit/s 之间各种速率的实验环境。

在学习虚拟机软件之前，需要首先了解一些基本的名词和概念。

- 主机和主机操作系统：安装 VMware Workstation（或其他虚拟机软件，如 Virtual PC，下同）软件的物理计算机称为“主机”，它的操作系统称为“主机操作系统”。
- 虚拟机：使用 VMware Workstation（或其他虚拟机软件）软件，并由 VMware Workstation“虚拟”出来一台计算机，这台虚拟的计算机符合 x86 PC 标准，也有自己的 CPU、硬盘、光驱、软驱、内存、网卡、声卡等一系列设备。这些设备是由软件“虚拟”出来的，但在操作系统与应用程序看来，这些“虚拟”出来的设备也是标准的计算机硬件设备，它也会把这些虚拟出来的硬件设备当成真正的硬件来使用。虚拟机在 VMware Workstation 的窗口中运行，也可以在虚拟机中安装操作系统及软件，如 Linux、MS-DOS、Windows、Netware 及 Office、VB、VC 等。
- 客户机系统：在一台虚拟机内部运行的操作系统称为“客户机操作系统”或者“客

户操作系统”。

- 虚拟机硬盘：由 VMware Workstation（或其他虚拟机）在主机硬盘上创建的一个文件，在虚拟机中被“看成”一个标准硬盘来使用。VMware 虚拟机可以直接使用主机物理硬盘来做虚拟机使用的硬盘。Microsoft Virtual Server 2005 也具有这项功能，而目前的 Microsoft Virtual PC 不能使用物理硬盘。
- 虚拟机内存：由 VMware Workstation（或其他虚拟机）在主机上提供的一段物理内存，这段物理内存被作为虚拟机的内存。
- 虚拟机配置：配置虚拟机的硬盘（接口、大小）、内存（大小）、是否使用声卡、网卡的连接方式等。
- 虚拟机配置文件：记录 VMware Workstation（或其他虚拟机）创建的某一个虚拟机的硬件配置、虚拟机的运行状况等的文本文件，与虚拟机的硬盘文件等在同一个目录中保存。
- 休眠：计算机在关闭前首先将内存中的信息存入硬盘的一种状态。将计算机从休眠中唤醒时，所有打开的应用程序和文档都会恢复到桌面上。

3.1.2 Hyper-V 虚拟机简介

Hyper-V 是 Windows Server 2008 中的一个角色，提供可用来创建虚拟化服务器计算环境的工具和服务，它能够在用户不使用 VMware、Virtual PC 等第三方虚拟化软件的情况下，直接在系统中创建虚拟操作系统。例如，主机操作系统是 Windows Server 2008，而虚拟机系统运行的则是 Windows Vista 或是 Windows Server 2003，这对从事网络研究和开发的用户来说无疑是非常强大的功能。

和 VMware、Virtual PC 等第三方虚拟化软件相比，Hyper-V 虚拟化技术对计算机系统要求较高，一套完整的 Hyper-V 虚拟化技术方案需要系统在硬件和软件这两方面的支持。

1．虚拟化技术的硬件要求

在 Windows Server 2008 中使用 Hyper-V 虚拟化技术，硬件系统方面的要求比较高，除了硬盘有足够可用空间用于创建虚拟系统，内存足够大以便流畅运行系统之外，CPU 和主板等方面也有较高的要求。Windows Server 2008 虚拟化需要特定的 CPU，只有满足以下特征的 CPU 才可以支持 Hyper-V 虚拟化技术。

- 指令集能够支持 64 位 x86 扩展。
- 硬件辅助虚拟化，需要具有虚拟化选项的特定 CPU，也就是包含 Inter VT（Vanderpool Technology）或者 AMD Virtualization（AMD-V，代号“Pacifica”）功能的 CPU。
- 安全特征需要支持数据执行保护（DEP），如果 CPU 支持则系统会自动开启。

和 CPU 相比，Hyper-V 对主板要求并不太高，只要确保主板支持硬件虚拟化即可，用户可以通过查阅主板说明书或者登录厂商的官方网站进行查询。一般来说，从 P35 芯片组开始，所有的主板都支持硬件虚拟化技术，因此只要主板型号不太陈旧就应该支持 Hyper-V 技术。

提示： 对于大部分用户来说，可能并不知道自己计算机的 CPU 是否满足 Hyper-V 虚拟化技术的要求，可以使用 EVEREST Corporate Edition 软件来查看 CPU 是否满足相关的要求。该软件无须安装，可以直接运行，然后依次单击展开左侧“主板”、“CPUID”项目，此时可以在右侧窗口具体信息中查看“指令集”部分的“64 位 x86 扩展（AMD64，Inter64）”是否支持，如图 3-1 所示。在“安全特征”部分查看“数据执行保护（DEP）(DEP，NX，EDB)”项目是否支持；在“CPUID 特征”部分查看“Virtual Machine Extensions（Vanderpool)”项目是否支持。通过以上步骤可得知计算机的 CPU 是否支持 Hyper-V 技术。

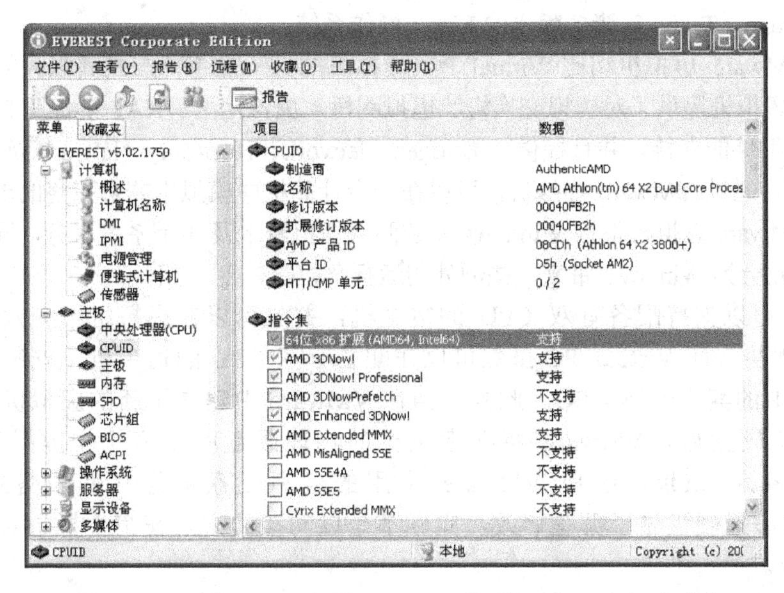

图 3-1　查看支持“64 位 x86 扩展（AMD64，Inter64）”指令集

2．虚拟化技术的软件要求

虽然 Windows Server 2008 有多个版本，但是并不是每个版本的 Windows Server 2008 都支持 Hyper-V 技术，只有 64 位版本的 Windows Server 2008 标准版、企业版和数据中心版才能安装使用 Hyper-V 服务。如果用户需要使用 Hyper-V，那么在安装操作系统的时候一定要选择正确的版本进行安装。

3.1.3　VMware 虚拟机简介

VMware 虚拟机是 VMware 公司开发的专业虚拟机软件，分为面向客户机的 VMware Workstation 及面向服务器的 VMware GSX Server、VMware ESX Server（本书主要介绍 VMware Workstation，在以后的单元中如果没有特殊说明，所说的 VMware 即是 VMware Workstation）。目前 VMware 虚拟机软件的最高版本是 VMware 7.0。

VMware 虚拟机拥有 VMware 公司自主研发的 Virtualization Layer（虚拟层）技术，它可以将真实计算机的物理硬件设备完全映射为虚拟的计算机设备，在硬件仿真度及稳定性方面做得非常出色。此外，VMware 虚拟机提供了独特的 Snapshot（还原点）功能，可以在 VMware 虚拟机运行的时候随时使用 Snapshot 功能将 VMware 虚拟机的运行状态保存为还原点，以便可以在任何时候迅速恢复 VMware 虚拟机的运行状态，这个功能非常类似于某些游戏软件提供的即时保存游戏进度功能，而且通过 VMware 虚拟机提供的 VMware Tools 组件，可以在 VMware 虚拟机与真实的计算机之间实现鼠标箭头的切换、文件的拖拽及复制粘贴等，操作非常方便。

在支持的操作系统类型方面，VMware 虚拟机可以支持的操作系统的种类比 Virtual PC 虚拟机更为丰富。VMware 虚拟机软件本身可以安装在 Windows 2000 / XP / Server 2003、Windows Vista 或 Linux 中，并支持在虚拟机中安装 Microsoft Windows 全系列操作系统、MS-DOS 操作系统、Novell Netware 操作系统、Sun Solaris 操作系统，以及 Red Hat、SUSE、Mandrake、Turbo 等诸多版本的 Linux 操作系统。

此外，VMware 虚拟机相比 Virtual PC 虚拟机的另一显著特点是其强大的虚拟网络功能。VMware 虚拟机提供了对虚拟交换机、虚拟网桥、虚拟网卡、NAT 设备及 DHCP 服务器等一系列网络组件的支持，并且提供了 Bridged Network、Host-only Network 及 NAT 三种虚拟的网络模式。通过 VMware 虚拟机，可以在一台计算机中模拟出非常完整的虚拟计算机网络。然而，VMware 虚拟机将为 Windows 安装两块虚拟网卡及 3 个系统服务，同时还会常驻 3 个进程，因此会为 Windows 带来一些额外的运行负担。

VMware 可以支持配备有双 CPU 的宿主机，并且可以在虚拟机中有效地发挥出双 CPU 的性能优势，而 Virtual PC 虽然可以在配备有双 CPU 的宿主机中安装，但却只能利用双 CPU 中的其中一颗 CPU。此外，当在 VMware 中建立了新的虚拟机，并为虚拟机设置了虚拟硬盘后，VMware 将在宿主机的物理硬盘中生成一个虚拟硬盘镜像文件，其扩展名为.vmdk，这是 VMware 专用的虚拟硬盘镜像文件的格式。无论在 VMware 中对虚拟硬盘做了哪些修改，实际都是以间接的方法在宿主机中对.vmdk 镜像文件进行修改。

VMware 本身对计算机硬件配置的要求不高，凡是能够流畅地运行 Windows 2000/XP/Server 2003/Vista/Server 2008 的计算机基本都可以安装运行 VMware。然而，VMware 对计算机硬件配置的需求并不仅限于将 VMware 在宿主操作系统中运行起来，还要考虑计算机硬件配置能否满足每一台虚拟机及虚拟操作系统的需求。宿主机的物理硬件配置直接决定了 VMware 的硬件配置水平，宿主机的物理硬件配置水平越高，能够分配给 VMware 的虚拟硬件配置就越强，能够同时启动的虚拟机也就越多，建议在实验环境中使用较高档次配置的宿主机。

总的来说，VMware 对 CPU、内存、硬盘、显示分辨率等方面要求较高。最好为宿主机配备并行处理能力较强、二级缓存容量较大的 CPU，以便使虚拟机达到最佳运行效果；最好为宿主机配备较大容量的物理内存与物理硬盘，以便可以为虚拟机分配更多的内存空间与硬盘空间；最好为宿主机配备支持高分辨率的显卡与显示器，以便尽可能完整地、更多地显示虚拟机窗口。

3.1.4 Virtual PC 虚拟机简介

Virtual PC 虚拟机原来是由 Connectix 公司开发的虚拟机软件，其最初的设计目的是用在苹果（Mac）计算机中，为苹果计算机提供一个模拟的 Windows 平台，以便兼容 Windows 平台应用软件。2003 年 2 月 19 日，Microsoft 出于加强 Windows 向下兼容性的考虑收购了 Virtual PC，从此 Virtual PC 虚拟机更名为 Microsoft Virtual PC。目前，Microsoft Virtual PC 虚拟机的最高版本是 Microsoft Virtual PC 2007。此外，Virtual PC 虚拟机还拥有专门面向服务器的版本 Microsoft Virtual Server。

Virtual PC 虚拟机支持最大 4GB 物理内存、支持最多 4 个虚拟的网络适配器、支持 3 种类型的虚拟硬盘镜像文件、支持 XMLST 格式的虚拟机配置文件，并提供了 Virtual Machine Additions 附加功能组件。在支持的操作系统类型方面，Virtual PC 虚拟机软件本身可以安装在 Windows XP、Windows Server 2003 或 Windows Vista 中，并支持在虚拟机中安装 Microsoft Windows 全系列操作系统、MS-DOS 操作系统及 OS/2 操作系统。

总的来说，Virtual PC 虚拟机的特点在于其较快的运行速度以及较小的资源占用率。

3.2 【新手任务】Hyper-V 服务的安装与使用

【任务描述】

在 Windows Server 2008 安装过程中，默认情况下并没有安装 Hyper-V 服务，因此需要另外安装相应的服务。通过启动 Hyper-V 服务，可以进行虚拟机属性、虚拟网卡等的设置，同时可进行创建并管理虚拟机等相关操作。

【任务目标】

通过任务应当掌握 Hyper-V 服务的安装，熟悉在 Windows Server 2008 Hyper-V 服务中建立、管理与配置各种操作系统，了解 Hyper-V 的一些基本技巧。

3.2.1 安装 Hyper–V 服务

在 64 位的服务器上安装 Windows Server 2008 企业版，在 BIOS 中启用对虚拟化技术的支持，打上最新的 Hyper-V 补丁，然后安装 Hyper-V 服务，用户可以参照下述步骤进行操作。

1）设置服务器的 BIOS，启用 CPU 对虚拟化技术的支持（绝大多数主板的 BIOS 是默认开启 CPU 对虚拟化技术的支持），然后重新启动服务器进入操作系统的桌面。

2）从微软站点下载并安装 Windows Server 2008 的 64 位版本的 3 个 Hyper-V 补丁，分别为 Windows 6.0-KB952627-x64.msu、Windows 6.0-KB951636-x64.msu、Windows 6.0-KB950050-x64.msu，依次双击安装。如果在 Windows Server 2008 中不安装补丁而直接安装 Hyper-V，那么将会出现部分服务无法正常运行的故障，并且导致无法创建虚拟机系统。

3）选择“开始”→“服务器管理器”命令打开服务器管理窗口，选择左侧的“角色”一项之后，在右侧区域中单击“添加角色”链接打开向导对话框，在“选择服务器角色”对话框中选中“Hyper-V”复选框，如图 3-2 所示，单击“下一步”按钮继续。

4）在如图 3-3 所示的对话框中，有 Hyper-V 服务简单介绍以及安装注意事项，确认之后单击“下一步”按钮，进入如图 3-4 所示的对话框，列表显示当前系统中存在的网卡设备，选择用于虚拟系统创建网络的网卡的复选框即可，然后单击“下一步”按钮继续。

5）系统会提供安装过程中需要安装的组件信息，如图 3-5 所示，确认之后单击“安装”按钮，开始安装 Hyper-V 服务。

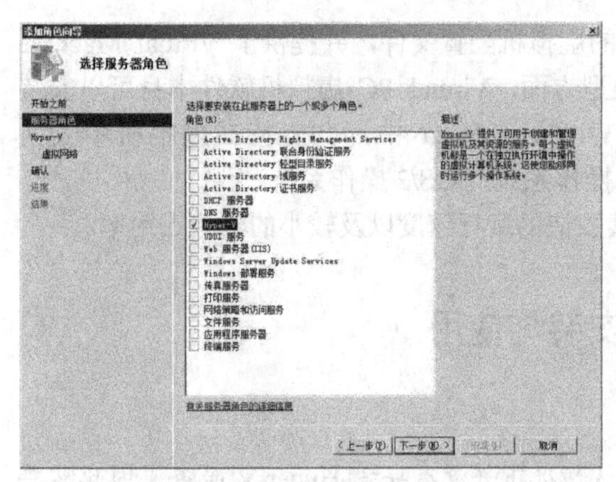

图 3-2 选中“Hyper-V”复选框

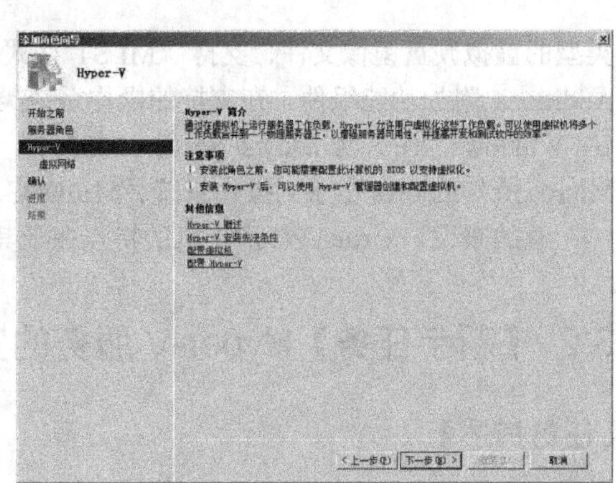

图 3-3 Hyper-V 简介及注意事项

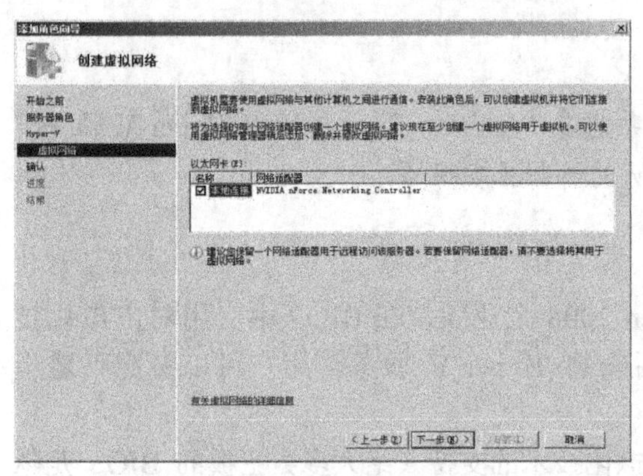

图 3-4 选择创建虚拟网络的网卡

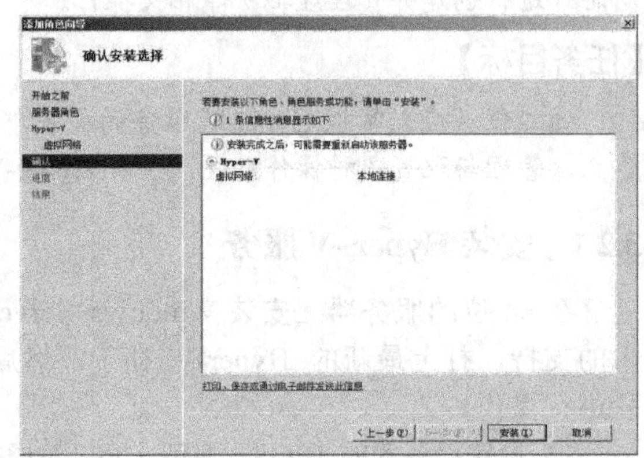

图 3-5 安装的组件信息

6）当 Hyper-V 服务所必需的文件复制完成之后，在如图 3-6 所示的对话框中会提示重新启动计算机以完成安装，此时单击“关闭”按钮，将重新启动计算机。

7）在计算机重新启动之后，系统还要对 Hyper-V 服务进行最后的配置，如图 3-7 所示，最终显示 Hyper-V 服务安装完成的提示。

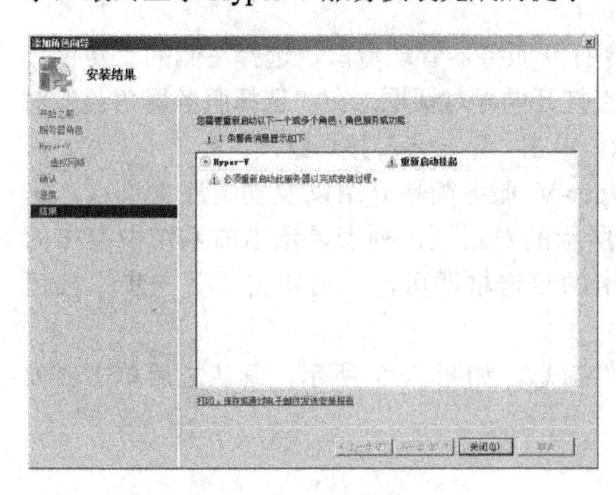

图 3-6 重新启动计算机

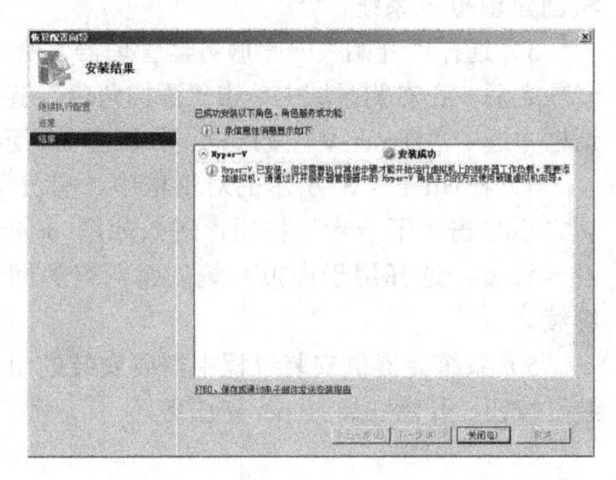

图 3-7 Hyper-V 服务安装完成

8）Hyper-V 服务安装完成之后，在服务器管理中选择左侧的“角色”一项，可在右侧区域查看到 Hyper-V 服务已经安装完成，如图 3-8 所示，而且展开左侧的“角色”→“Hyper-V”项目，还能够查看到 Hyper-V 服务的具体运行状况，如图 3-9 所示。

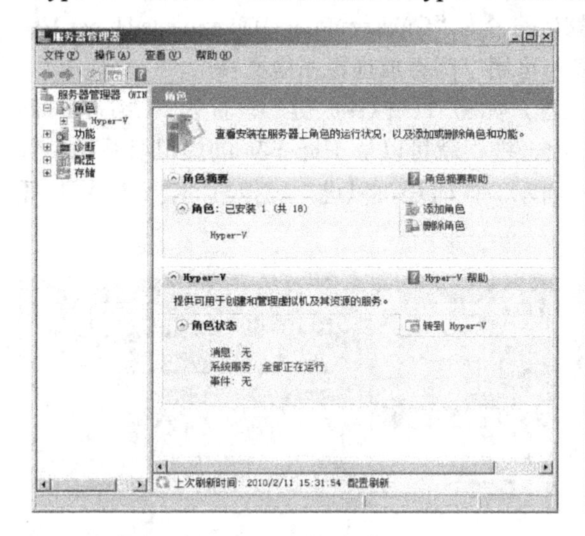

图 3-8　安装完成的 Hyper-V 服务

图 3-9　Hyper-V 服务详细信息

3.2.2　在 Hyper-V 中建立、管理与配置虚拟机

1. 虚拟机属性设置

安装好 Hyper-V 服务后，可以通过依次选择“开始”→“管理工具”→“Hyper-V”命令来创建虚拟机，以便在其中安装虚拟操作系统。在“服务器管理器”窗口左侧依次展开“Hyper-V”→“当前计算机名称（本例为 WIN2008）”，此时在右侧区域查看到并没有虚拟机存在，如图 3-10 所示。

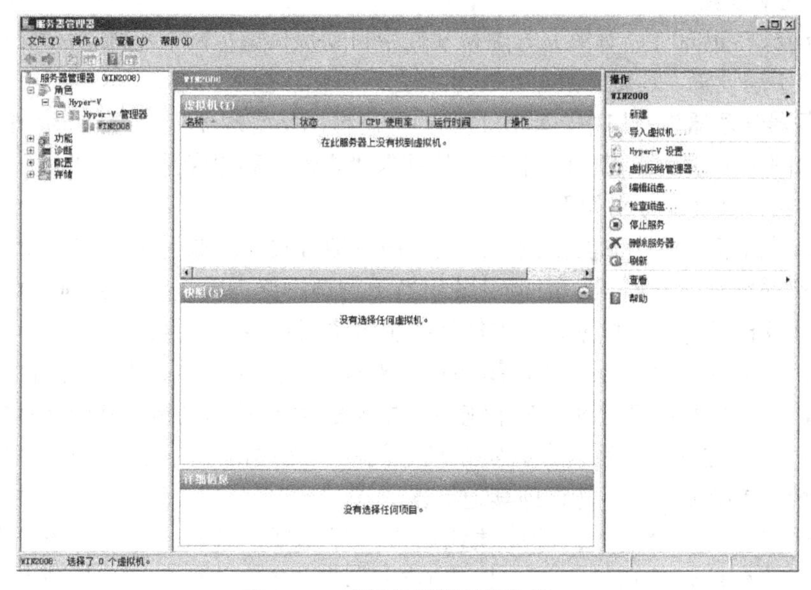

图 3-10　“服务器管理器”窗口

为了确保虚拟机能够顺利创建，建议用户先对其进行相应的设置，在“服务器管理器”窗口依次选择“操作”→“Hyper-V 设置”命令，打开“Hyper-V 设置”窗口，如图 3-11 所示。

在此设置窗口中可以设定虚拟系统文件的存放路径以及用户的其他相关设置，例如，“虚拟硬盘”表示虚拟系统文件的存放路径，通常的默认路径为“C:\Users\Public\Documents\Hyper-V\Virtual Hard Disks”，因此要确保该分区有较多的可用空间存放虚拟系统文件。

在 Hyper-V 设置窗口中还有一些其他的设置，如将“鼠标释放键”设置为〈Ctrl+Alt+向左键〉组合键，则表示按〈Ctrl+Alt+向左键〉组合键，就可以从 Hyper-V 的虚拟机系统中释放焦点，转而使用真实操作系统，如图 3-12 所示。同时还可以进行虚拟机的键盘、用户凭据等方面的设置，以方便用户的使用。

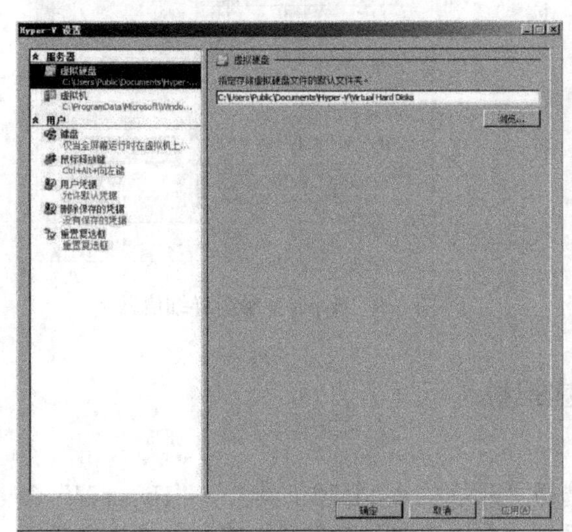

图 3-11　设置虚拟系统文件存放路径

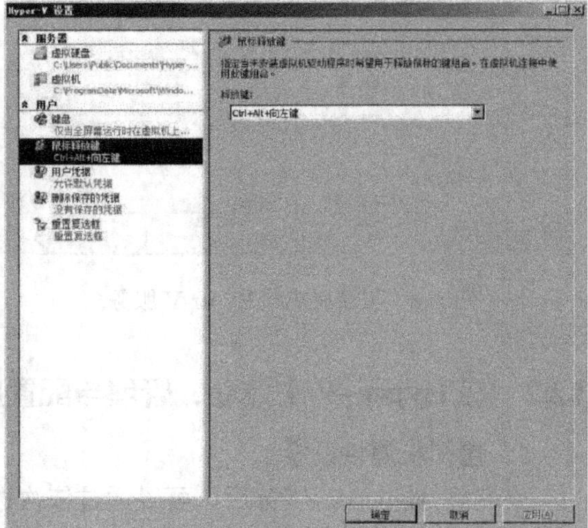

图 3-12　用户相关设置

2. 虚拟网卡设置

与 VMware、Virtual PC 等第三方虚拟软件中自动提供虚拟网卡不同，Hyper-V 中的虚拟网卡需要用户手动设置，否则安装好虚拟系统之后将无法接入网络。

在“服务器管理器”窗口中，单击右侧的“虚拟网络管理器”链接打开“虚拟网卡管理器”窗口，如图 3-13 所示。虚拟网卡有“外部”、“内部”和“专用”3 种类型，分别适用于不同的虚拟网络，其功能分别如下。

- 外部：表示虚拟网卡和真实网卡之间采用桥接方式，虚拟系统的 IP 地址可以设置成与真实系统在同一网段，虚拟系统相当于物理网络内的一台独立的计算机，网络内其他计算机可访问虚拟系统，虚拟系统也可访问网络内其他计算机。
- 内部：可以实现真实系统与虚拟系统的双向访问，但网络内其他机器不能访问虚拟系统，而虚拟系统可通过真实系统并通过 NAT 协议访问网络内其他计算机。
- 专用：只能进行虚拟系统和真实系统之间的网络通信，网络内其他机器不能访问虚拟系统，虚拟系统也不能访问其他机器。

由于“外部”功能最强大，因此建议用户选择此项，单击“添加”按钮创建虚拟网卡，在如图 3-14 所示的窗口中，可以查看到新增的名为“新建虚拟网络”虚拟网卡，在右侧区域选择“外部”一项之后，还可以从下拉列表框中选择需要桥接方式的真实物理网卡。

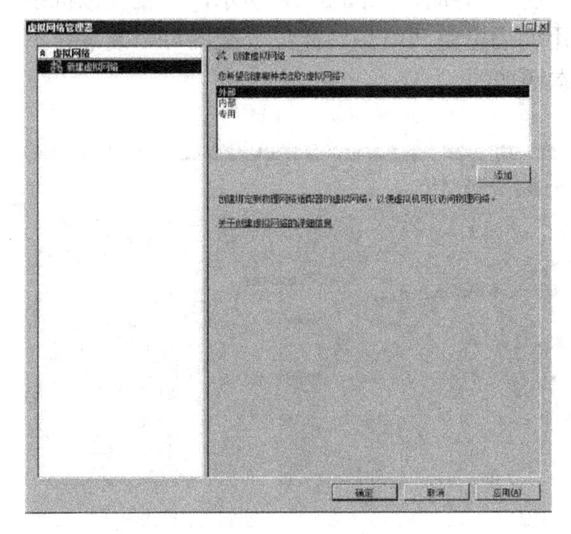

图 3-13 选择虚拟网卡类型

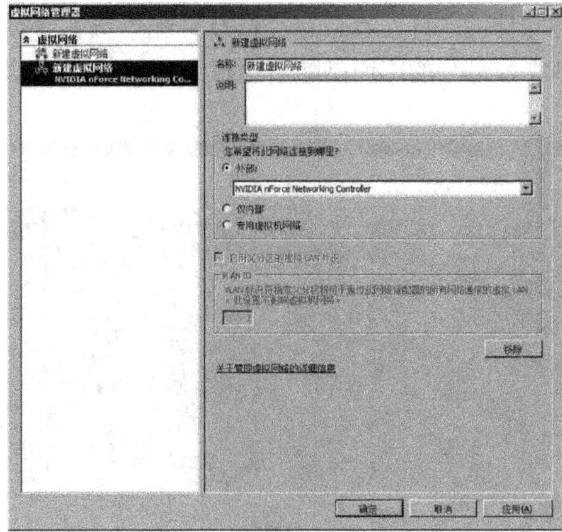

图 3-14 选择桥接方式的网卡

3. 创建虚拟机

完成虚拟机和虚拟网卡的相关设置之后，可以开始使用 Hyper-V 服务创建虚拟机，用户可以参照下述步骤进行操作。

1）在“服务器管理器”窗口左侧依次展开“Hyper-V”→“当前计算机名称”，选择“操作”→“新建”→“虚拟机”命令，打开“新建虚拟机向导”对话框，单击“下一步”按钮创建自定义配置的虚拟机，进入“指定名称和位置”界面，如图 3-15 所示，设置虚拟机的名称为“Windows Server 2008 Core”。

2）单击“下一步”按钮，进入“分配内存”界面，如图 3-16 所示。如果将要在虚拟机中安装 Windows Server 2008 或者 Windows Vista 之类对资源要求较高的虚拟系统，建议用户在确保主机系统能够稳定运行的情况下尽可能给虚拟机分配一些内存。

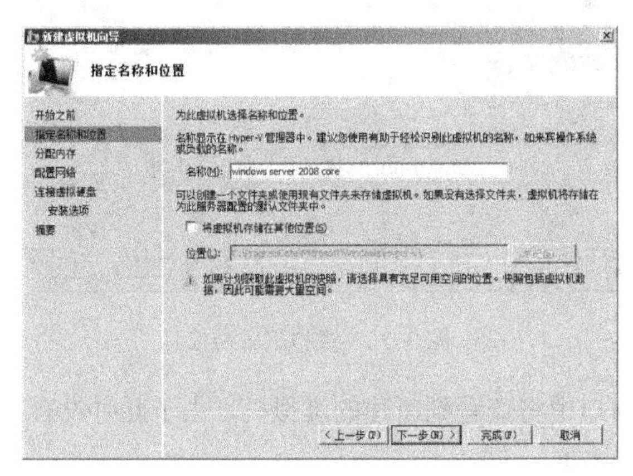

图 3-15 设置虚拟机名称

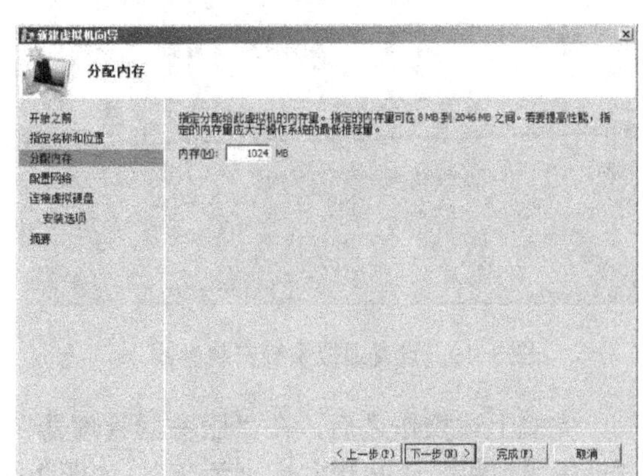

图 3-16 分配虚拟机使用的内存

3）单击“下一步”按钮，进入“配置网络”界面，如图 3-17 所示，设置虚拟机所使用的虚拟网卡。

4）单击“下一步”按钮，进入“连接虚拟硬盘”界面，如图 3-18 所示，设置虚拟机系统文件的名称、存放路径以及分配给该系统使用的硬盘空间限额。此处分配的可用硬盘并不是立即划分的，而是随着虚拟系统的使用而动态增加的。

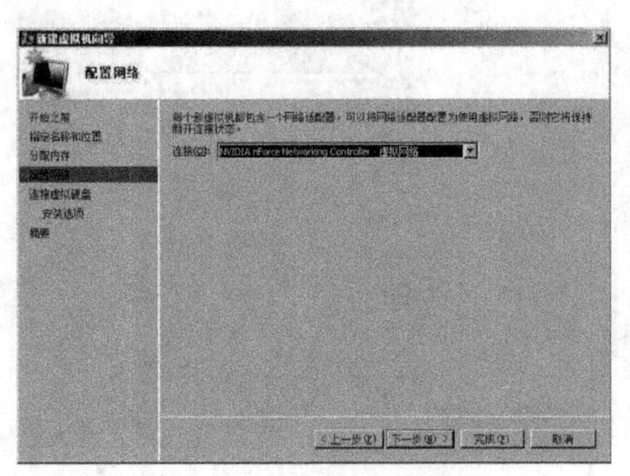

图 3-17　选择虚拟网卡

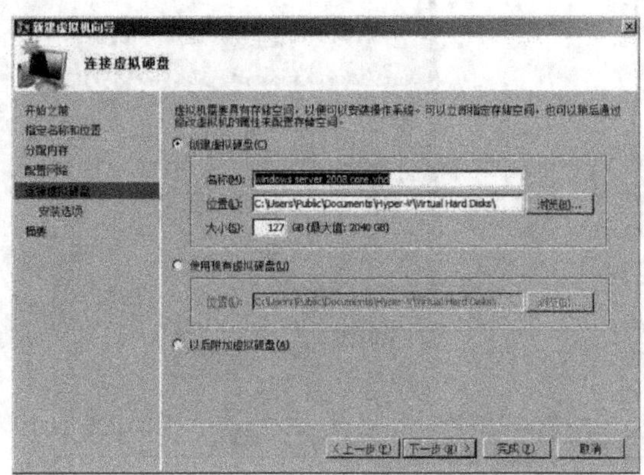

图 3-18　设置虚拟机系统文件

5）单击“下一步”按钮，进入“安装选项”界面，如图 3-19 所示，可以设置从某个设备引导虚拟机系统启动。此处提供了物理光盘、存放在硬盘中的光盘镜像文件以及从虚拟软盘中启动。

6）单击“下一步”按钮，进入“正在完成新建虚拟机向导”界面，如图 3-20 所示，显示虚拟机安装的具体信息，确认无误之后单击下部的“完成”按钮结束虚拟机的创建操作。

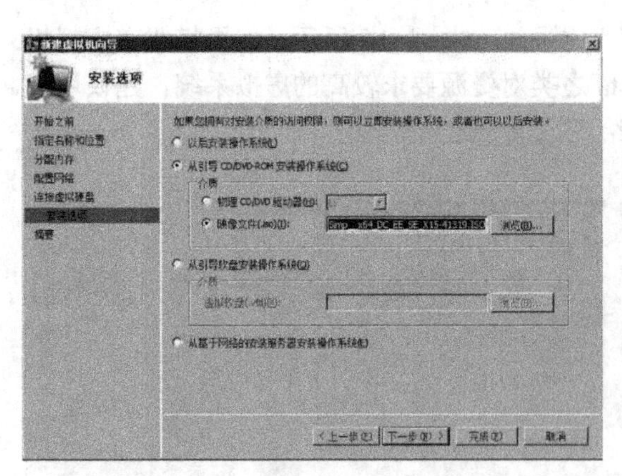

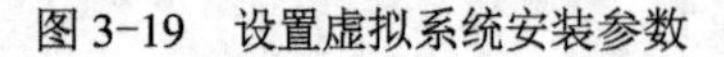
图 3-19　设置虚拟系统安装参数

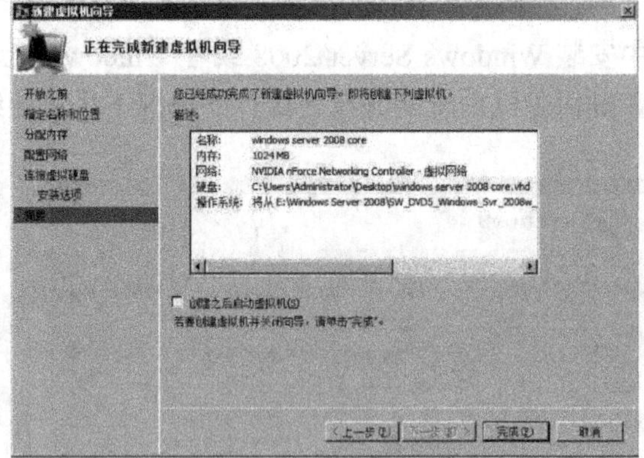

图 3-20　虚拟机安装信息

完成上述操作之后，在“服务器管理器”窗口中将查看到新建的虚拟机，由于此时没有启动该虚拟机，因此状态为“关闭”，如图 3-21 所示。

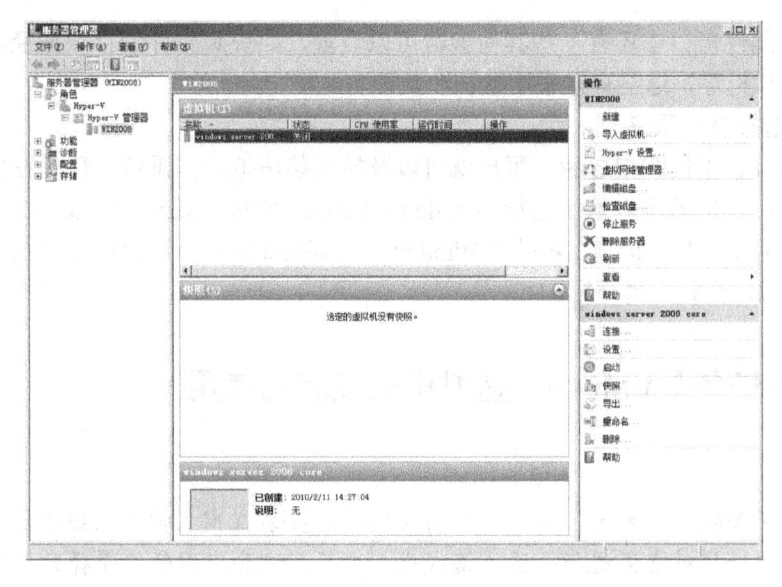

图 3-21　创建好的虚拟机

4．设置虚拟机

在虚拟机创建完成之后，为了能够顺利安装虚拟操作系统，建议用户还要对虚拟机进行简单的设置，具体的操作步骤如下。

1）在“服务器管理器”窗口左侧依次展开“Hyper-V”→“当前计算机名称”，用鼠标右键单击创建好的虚拟机，从弹出的快捷菜单中选择“设置”命令。

2）在虚拟机属性设置窗口可以针对虚拟硬件以及管理项目进行相关设置，如图 3-22 所示，选中“BIOS”一项，设置光驱、硬盘、网络或者是软盘等优先启动方式。

3）如图 3-23 所示，选中“处理器”一项，可以设置 CPU 内核数量，如果客户机操作系统使用 Windows Server 2003 和 Windows Server 2008 时才能启用多内核 CPU，在其他系统中需要将 CPU 内核数量设置为“1”，同时还可以设置虚拟系统使用资源的限制，通常使用默认值即可。

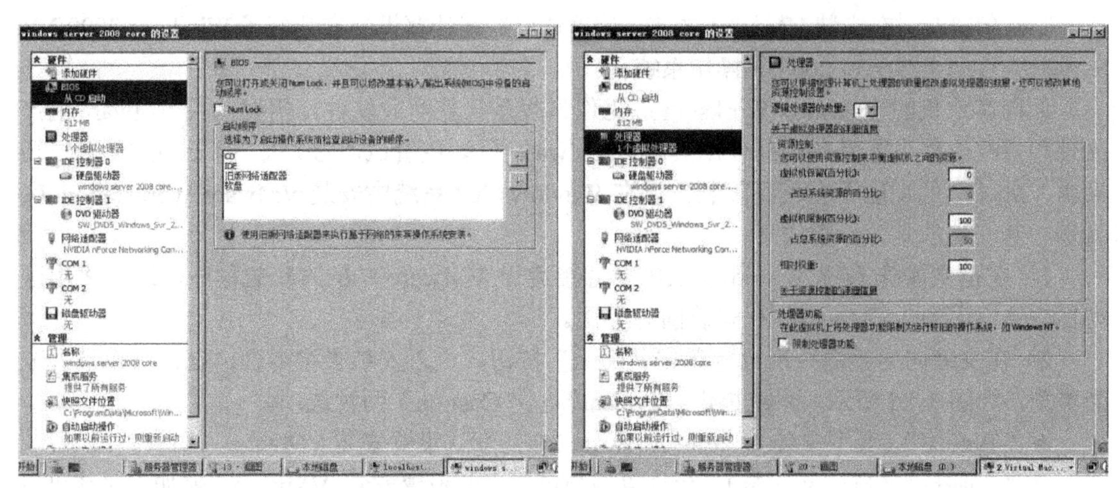

图 3-22　设置启动优先级　　　　图 3-23　设置 CPU 内核数量

在虚拟机属性窗口中还有一些其他参数可以设置，如快照文件的存放路径、自动启动虚拟机和关闭虚拟机等，这些直接采用默认参数即可。

5．安装虚拟操作系统

在所有的准备工作完成之后，用户就可以开始安装虚拟操作系统。但是在安装之前需要注意，Hyper-V 支持的操作系统包括 Windows Server 2003、SUSE Linux Enterprise Server 10、Windows Vista、Windows XP 以及 Windows Server 2008 等，而这些系统的安装过程和在 VMware 中相似，在此不再介绍。

3.3 【扩展任务】VMware 虚拟机的安装与使用

【任务描述】

在开始使用 VMware 之前，首先需要将 VMware 安装在宿主操作系统中，然后用户可以像使用普通机器一样对它们进行分区、格式化、安装系统和应用软件等操作，还可以将这几个操作系统连接成一个网络。虚拟机软件不需要重新开机，就能在同一台计算机上同时使用几个操作系统，不但方便，而且安全，同时虚拟机崩溃之后可直接删除而不影响本机系统，本机系统崩溃后也不影响虚拟系统，下次可以重新加入以前安装的虚拟系统。

【任务目标】

通过任务应当掌握 VMware 虚拟机软件的安装，熟悉在 VMware 中建立、管理与配置各种操作系统，以及 VMware 的一些高级应用技巧。

3.3.1 VMware 虚拟机的安装

在开始使用 VMware 之前，首先需要将 VMware 安装在宿主操作系统中。VMware 分为 Windows 与 Linux 两种发行版本，分别面向 Windows 与 Linux 两种不同的宿主操作系统。在本单元如没有特别说明，介绍的 VMware 都是指 VMware 的 Windows 版本。Windows 版本的 VMware 可以安装在 Windows 2000/XP/ Server 2003/Vista/Server 2008 中，但不支持 Windows 9X/Me。在安装 VMware 之前，请确认已经在计算机中安装好了 Windows 2000/XP/ Server 2003/Vista/Server 2008 等操作系统。

面向客户机的 VMware Workstation 工作站版是一款商业软件，需要购买 VMware 的产品使用授权。如果不具备产品使用授权，VMware 只能免费试用 30 天，不过在 30 天试用期内 VMware 的功能不会受到限制。以在 Windows XP 系统中安装 VMware Workstation 7.0 为例，其安装的具体步骤如下。

1）在宿主操作系统 Windows XP 中直接运行 VMware 7.0 的安装程序，这时将出现如图 3-24 所示的 VMware 7.0 安装向导界面。

2）在安装向导界面中用鼠标单击“Next”按钮，进入安装类型界面，在此可以选择安装类型，如图 3-25 所示，系统提供“Typical”和“Custom”两种选项。

- “Typical”（典型安装）：按照 VMware 7.0 的默认设置安装 VMware。
- “Custom”（自定义安装）：允许以用户自定义的设置安装 VMware。例如，系统可以自行设置安装 VMware 的哪些组件，自定义 VMware 的安装文件夹等，一般建议选择“Custom”方式。

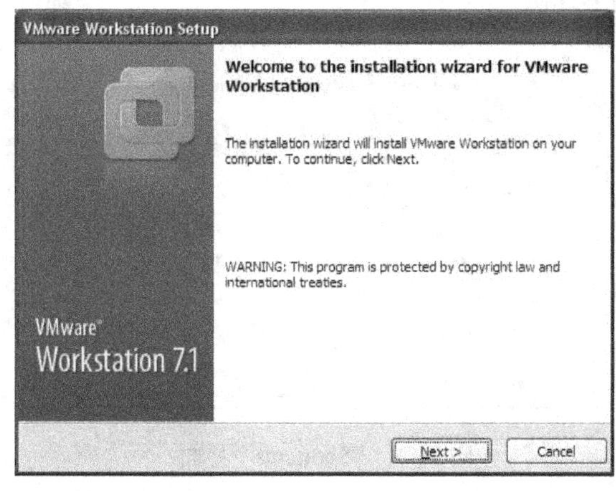

图 3-24 安装向导界面

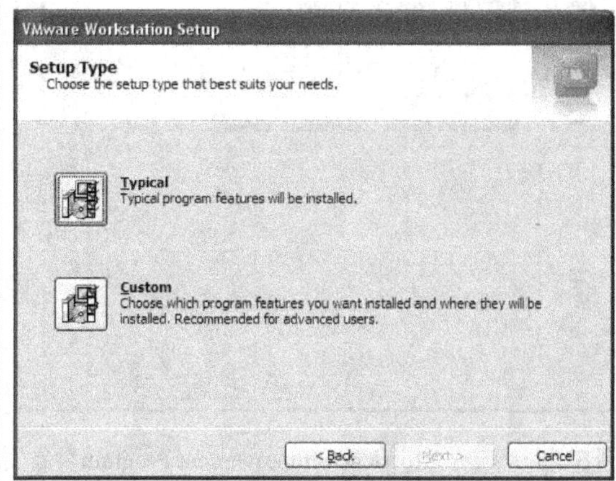

图 3-25 安装类型界面

3）选择“Custom”安装方式，单击“Next”按钮，进入“VMware Workstation Features”界面，如图 3-26 所示，在此设置安装的相关组件，并可以单击“Change”按钮，更改默认的安装文件夹。

4）自定义安装相关的组件之后，单击“Next”按钮，进入“Software Updates”界面，如图 3-27 所示。在此通过复选框，可以选择当启动 VMware 软件时，检查应用程序的新版本和安装组件的新版本。

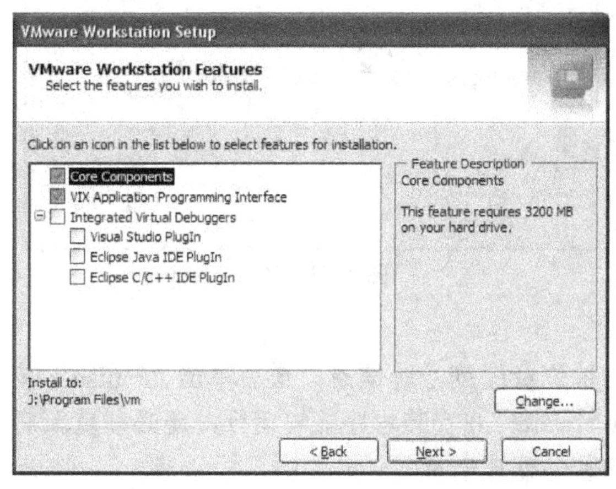

图 3-26 “VMware Workstation Features”界面

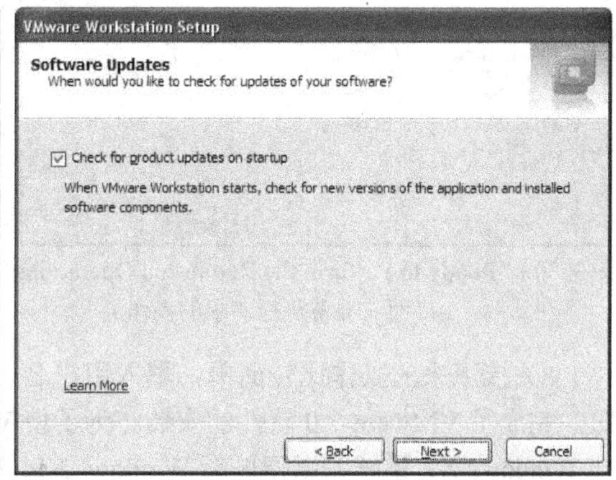

图 3-27 “Software Updates”界面

5）单击“Next”按钮，进入“User Experience Improvement Program”界面，如图 3-28 所示。在此通过复选框设置用户体验改进计划，发送匿名的使用统计数据和系统数据到 VMware。

6）单击“Next”按钮，进入“Shortcuts”界面，如图 3-29 所示。在此通过复选框设置运行此软件的快捷方式，如桌面、开始菜单以及快速启动工具栏。

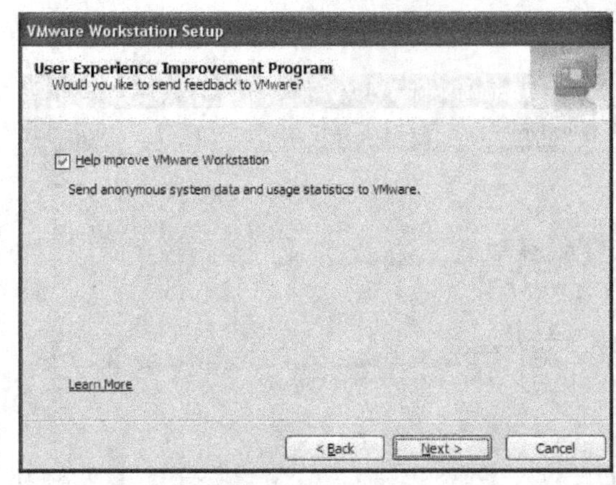

图 3-28 “User Experience Improvement Program”界面

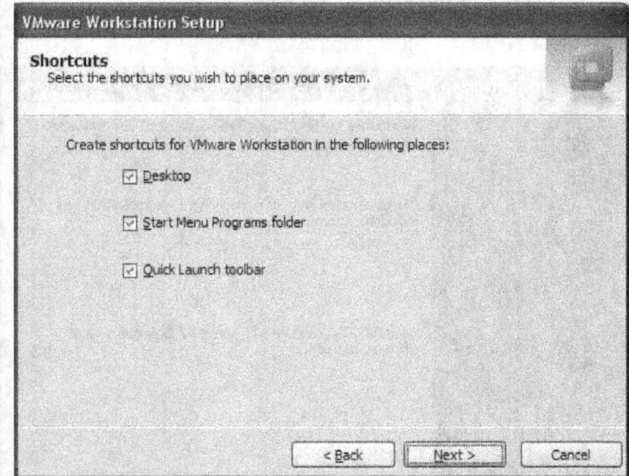

图 3-29 “Shortcuts”界面

7）单击“Next”按钮，进入“Ready to Perform the Requested Operations”界面，如图 3-30 所示。如果已确定准备好安装软件的相关操作，单击“Continue”按钮，VMware 7.0 即可开始执行复制文件、更新 Windows 注册表等操作，如图 3-31 所示。

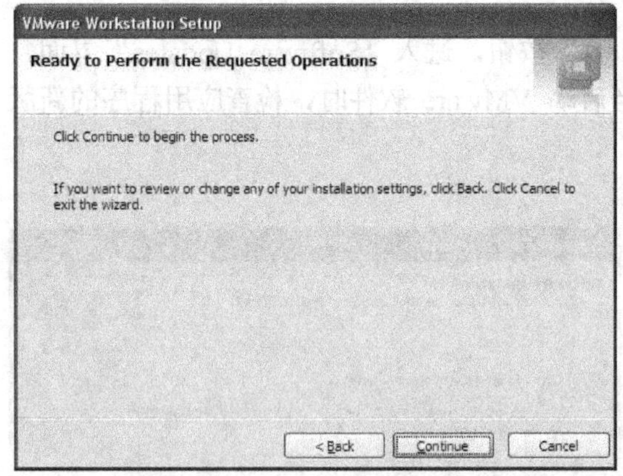

图 3-30 “Ready to Perform the Requested Operations”界面（准备执行请求的操作）

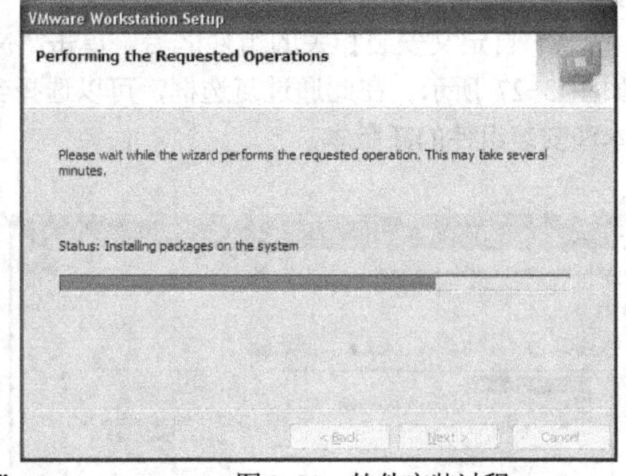

图 3-31 软件安装过程

8）接下来的操作比较简单，填入用户名、单位及序列号等信息，最后单击“Finish”按钮，完成了 VMware 7.0 软件的安装。为了使 VMware 7.0 安装程序能够运行，还必须重新启动 Windows XP 系统，以便更新 Windows XP 的硬件配置信息。

9）重新启动后在 Windows XP 系统桌面上双击 VMware Workstation 快捷方式，即可开始使用 VMware Workstation 软件。

注意： VMware 安装程序还会在宿主操作系统 Windows XP 安装两块虚拟网卡，分别为“VMware Network Adapter VMnet1”和“VMware Network Adapter VMnet8”。当完成安装重新启动计算机后，在“网络连接”里即可看到，如图 3-32 所示。这两个虚拟网卡非常重要，不要禁用或删除，否则会影响虚拟机的正常运行。同时，为了让虚拟机可以正常地使用这两块网卡，建议对 Windows XP 的防火墙进行配置，将其禁用。

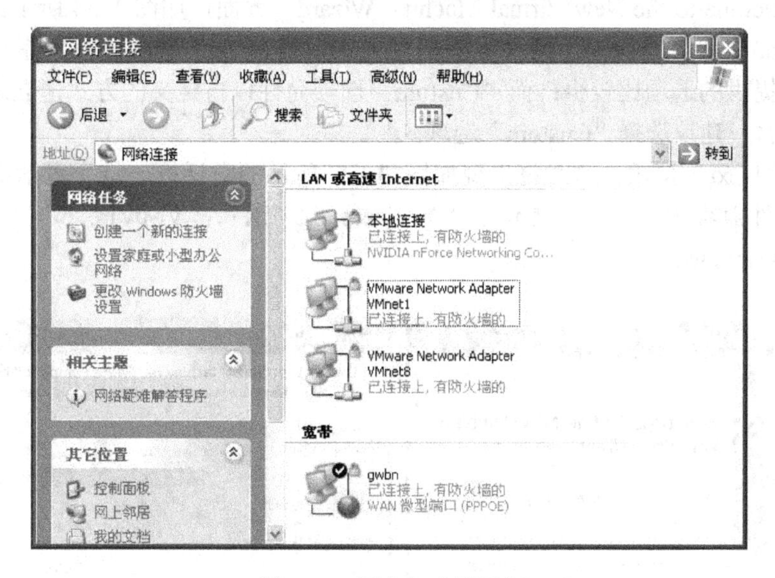

图 3-32　网卡与虚拟网卡

3.3.2　在 VMware 中建立、管理与配置虚拟机

当在 Windows XP 的“开始”菜单中执行“VMware Workstation”快捷方式，启动 VMware，其程序主界面如图 3-33 所示。VMware 的基本操作并不是很复杂，只要清楚工具栏各个按钮的具体含义即可。本节主要介绍如何在 VMware 中建立、管理和配置虚拟机。

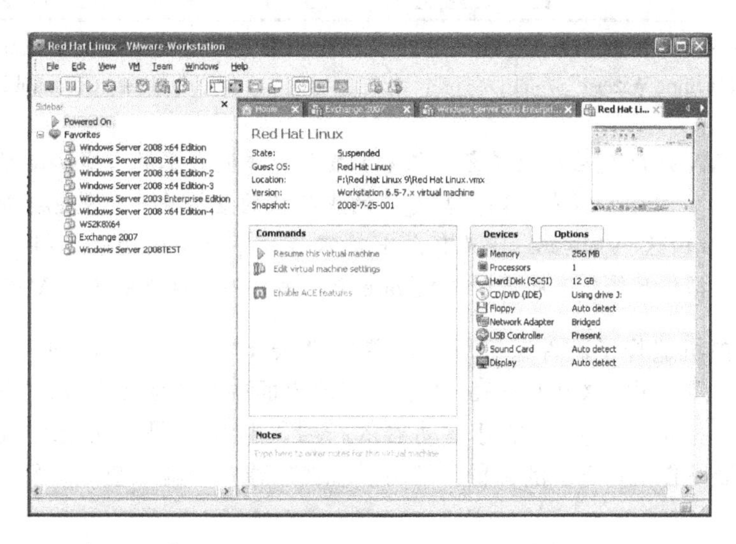

图 3-33　VMware 程序主界面

1．在 VMware 中建立虚拟机

在 VMware 中建立虚拟机的具体操作步骤如下。

1）用鼠标依次选择 VMware 菜单栏中的“File”→“New”→“Virtual Machine”菜单项，弹出“Welcome to the New Virtual Machine Wizard”界面，如图 3-34 所示。在该界面中提供了“Typical”和“Custom”两种类型配置选项，“Typical”选项将按照系统的默认设置建立虚拟机，提供的选项比较少；而“Custom”选项允许以自定义的方式建立虚拟机，提供的选项较为丰富，建议选择“Custom”选项。

2）单击“Next”按钮，这时将出现如图 3-35 所示的对话框。这个对话框中可以指定 VMware 的硬件兼容版本，并且提供了“VMware 6.5-7.X”、“VMware 6”、“VMware 5”、“VMware 4”4 个选项。

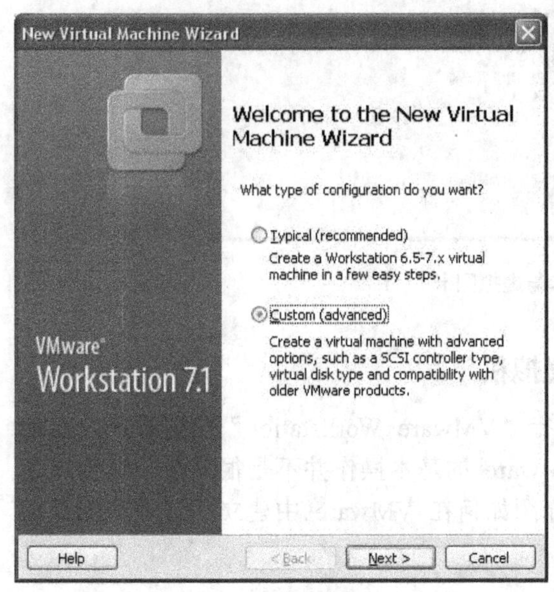

图 3-34 “Welcome to the New Virtual Machine Wizard”界面

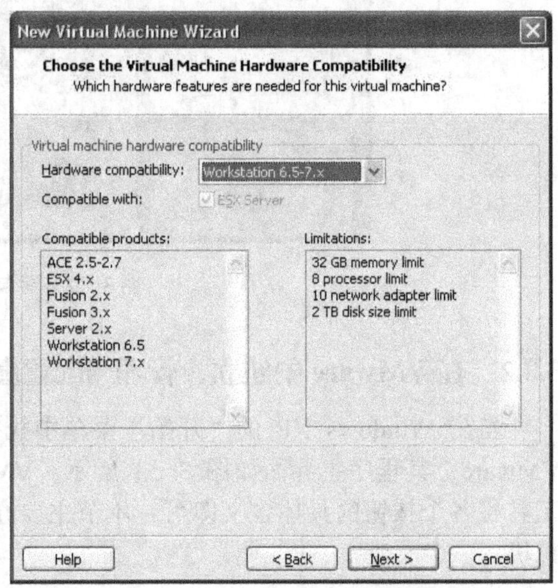

图 3-35 “Choose the Virtual Machine Hardware Compatibility”界面

注意：由于 VMware 先后经历了若干版本的发展，不同版本的 VMware 建立的虚拟机，其版本有所不同。VMware 版本越高，其建立的虚拟机的虚拟硬件配置也就越高，虚拟机的功能也越强大。但由于 VMware 只具有向下兼容性，不具备向上兼容性，因此高版本的 VMware 建立的虚拟机只能在高版本的 VMware 中使用，不能在低版本的 VMware 中使用。

3）为新虚拟机选择了硬件兼容版本，单击“Next”按钮，将出现“Guest Operating System Installation”界面，如图 3-36 所示。在此界面中指定源安装文件的位置，可以是“Installer disc”，指定放有安装光盘驱动器的符号，也可以是“Installer disc image file (iso)”，指定安装映像文件.iso 的位置，还可以现在创建一个虚拟空白硬盘，等以后再来安装操作系统。

4）单击“Next”按钮，进入“Easy Install Information”界面，如图 3-37 所示。该界面主要是用于设置安装系统时需要的一些信息，如序列号、安装的版本、用户的名称及密码等。

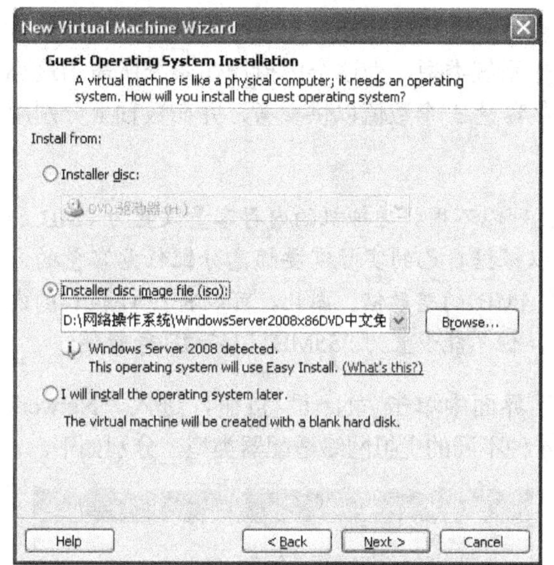

图 3-36 “Guest Operating System Installation”界面

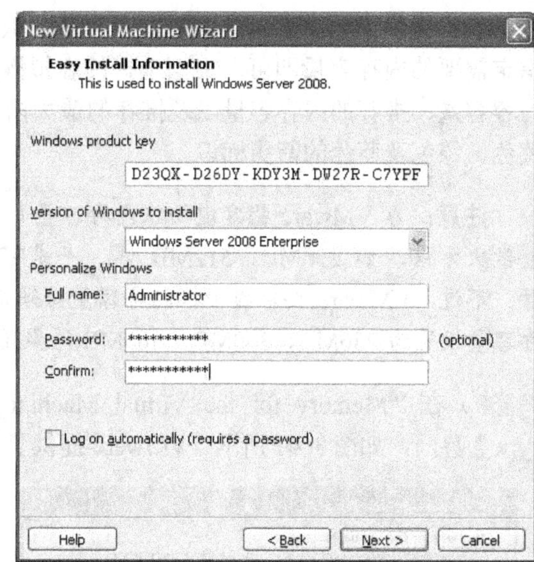

图 3-37 “Easy Install Information”界面

5）单击“Next”按钮，进入“Name the Virtual Machine”界面，如图 3-38 所示，可以设置新虚拟机在 VMware 列表中的显示名称，以及.vmx 虚拟机配置文件的所在位置。

6）单击“Next”按钮，进入“Processor Configuration”界面，如图 3-39 所示，提示为新虚拟机设置单 CPU 还是双 CPU。如果宿主机配置有两个 CPU，则可以选择“2”，以便在虚拟机中充分发挥双 CPU 的性能，如果宿主机只配备了单 CPU，选择“1”即可。

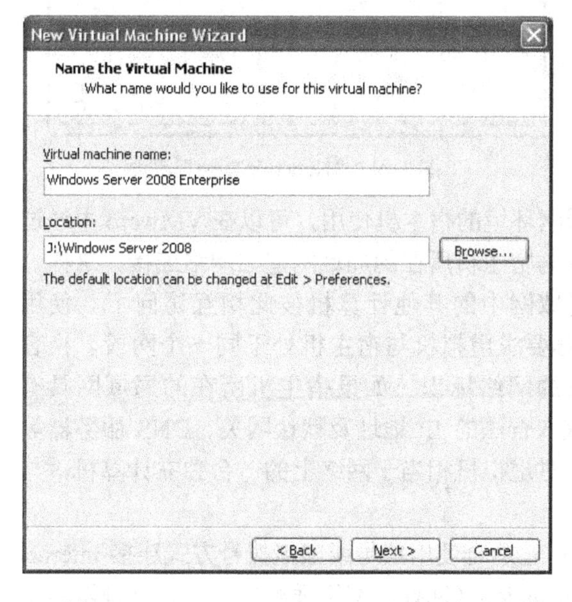

图 3-38 “Name the Virtual Machine”界面

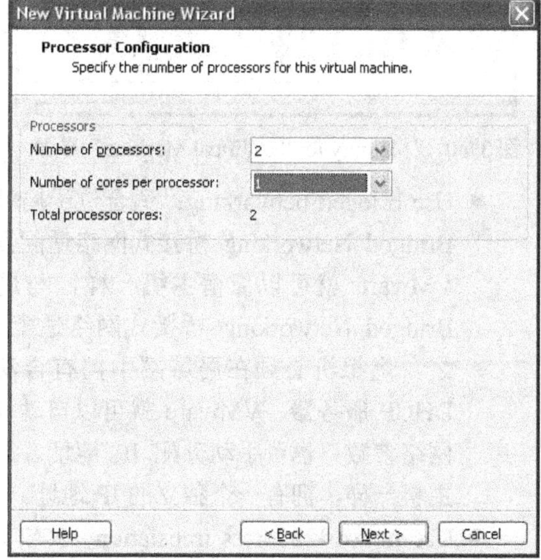

图 3-39 “Processor Configuration”界面

7）在“Processor Configuration”界面中单击“Next”按钮，进入“Memory for the Virtual Machine”界面，如图 3-40 所示。该界面中提示为新虚拟机指定虚拟机的内存容量。

VMware 提供了一个表示虚拟机内存容量的数轴，只需用鼠标拖动数轴上的滑块，为虚拟机指定需要的内存容量即可。根据选择的虚拟操作系统类型，为这个虚拟操作系统所需的最小内容容量、推荐的内存容量以及推荐的最大内存容量 3 个数值以供参考，并在数轴上分别用黄色、绿色及蓝色的箭头标识。

注意：为 VMware 指定虚拟机内存容量时，可以不用将虚拟机的内存容量设置为 2MB 的整数次方倍，如 256MB、512MB 等，而是可以根据自己的实际需要随意分配任意容量的内存。不过，VMware 要求虚拟机内存容量必须是 4MB 的整数倍。因此，可以将 VMware 的内存容量设置为 256MB、360MB、400MB 等数值，但不能设置为 255MB、357MB 等数值。

8）在“Memory for the Virtual Machine”界面中单击“Next”按钮，进入“Network Type”界面，如图 3-41 所示，VMware 提供了 4 种不同的虚拟网络适配器类型，分别如下。

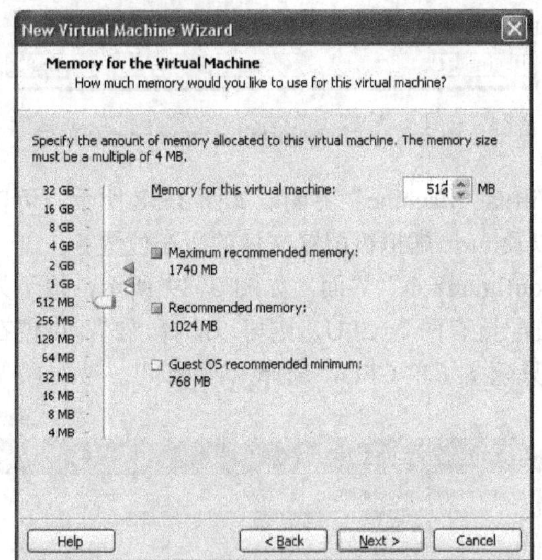

图 3-40 “Memory for the Virtual Machine”界面

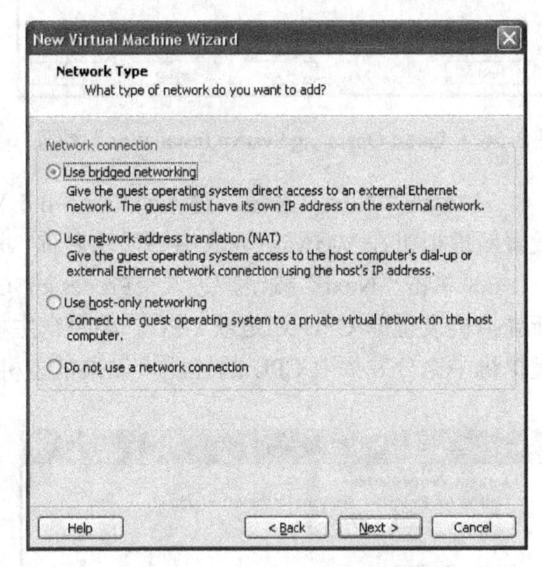

图 3-41 “Network Type”界面

- Use bridged networking：适合位于局域网环境的宿主机使用，可以在 VMware 中通过 Bridged Networking 桥接式网络适配器与宿主机所在的局域网建立网络连接。这样，VMware 就可以像宿主机一样，与局域网中的其他计算机彼此相互访问了。使用 Bridged Networking 桥接式网络适配器要求虚拟机与宿主机处于同一个网段。换言之，虚拟机必须在局域网中拥有合法的网络标识。如果宿主机所在的局域网具有 DHCP 服务器，VMware 就可以自动获取合法的 IP 地址及默认网关、DNS 服务器等网络参数，也可手动分配 IP 地址。此时虚拟机相当于网络上的一台独立计算机，与主机一样，拥有一个独立的 IP 地址。
- Use network address translation（NAT）：它适合使用拨号或虚拟拨号方式连接 Internet 的宿主机使用。Use network address translation（NAT）网络适配器无须在外部网络中获取合法的网络标识，VMware 将在宿主操作系统中添加一个叫做“VMware DHCP”的服务，通过这个服务建立一个私有 NAT 网络，帮助虚拟机获取 IP 地址。此时虚拟机可以通过主机单向访问网络上的其他工作站（包括 Internet 网络），其他工作站不能访问虚拟机。

● Use host-only networking：可以将多台不同的 VMware 与宿主机组成一个与外部网络完全隔绝的 VMware 的专用网络，虚拟机与宿主机将把 VMware 在宿主操作系统中安装的 VMware Network Adapter VMnet1 虚拟网卡设置为 host-only 仅宿主式网络的虚拟交换机，无论是虚拟机还是宿主机都将通过 VMware 在宿主操作系统中添加“VMware DHCP”服务获取 IP 地址。此时虚拟机只能与虚拟机、主机互连，不能访问网络上的其他工作站。

● Do not use a network connection：表示不为 VMware 配置任何虚拟网络连接，此时虚拟机中没有网卡，相当于“单机”使用。

9）在“Network Type”界面中单击“Next”按钮，进入“Select I/O Controller Types”界面，如图 3-42 所示，在此界面中设置 I/O 适配器的类型，建议选择系统的默认值。

10）在“Select I/O Controller Types”界面中单击“Next”按钮，进入“Select a Disk”界面，如图 3-43 所示。在此界面中设置虚拟硬盘，其实也就是为虚拟机设置.vmdk 虚拟硬盘镜像文件的过程，有 3 个选项分别如下。

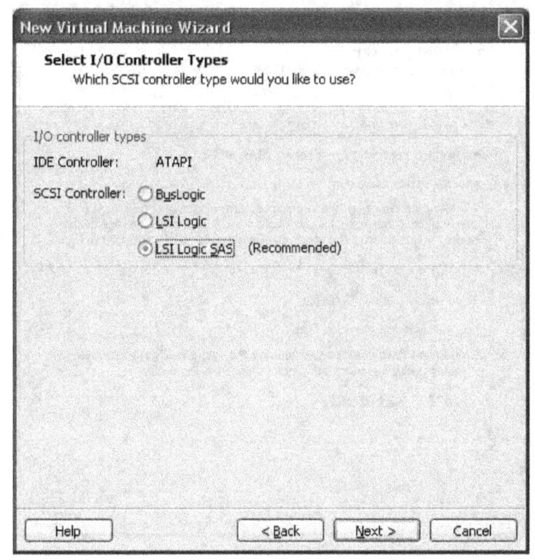
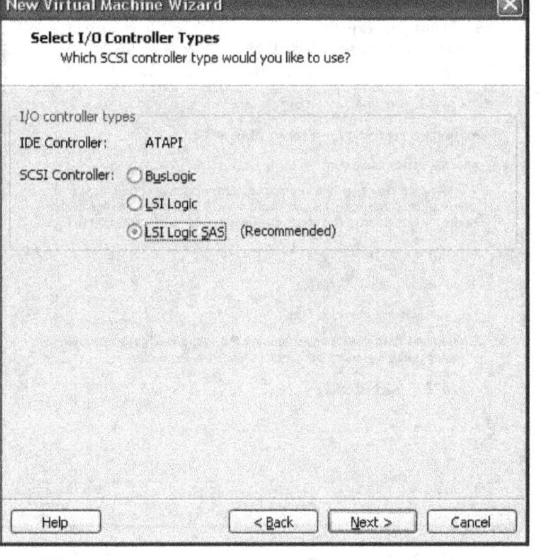

图 3-42 “Select I/O Controller Types”界面

图 3-43 “Select a Disk”界面

● Create a new virtual disk：建立新的.vmdk 虚拟硬盘镜像文件，一般新用户建议选择此项。

● Use an existing virtual disk：如果已经有一个现成的.vmdk 虚拟硬盘镜像文件，只需要在弹出的对话框中指定.vmdk 虚拟镜像文件的名称及所在位置即可，可以省去大量重复安装虚拟机操作系统的时间。

● Use a physical disk（for advanced users）：此选项允许将虚拟硬盘链接到宿主机的物理硬盘。由于链接到物理硬盘可以直接访问位于宿主机物理硬盘的数据，容易对宿主机物理硬盘中的数据造成破坏，所以一般不推荐选择这个选项。

11）在“Select a Disk”界面中单击“Next”按钮，进入“Select a Disk Type”界面，如图 3-44 所示，在此界面中将虚拟硬盘设置为虚拟 IDE 硬盘还是 SCSI 硬盘，这是 VMware

一个独特的功能。

12）在“Select a Disk Type”界面中单击“Next”按钮，进入“Specify Disk Capacity”界面，如图 3-45 所示。在此界面中指定虚拟硬盘的容量，输入容量数值即可。此界面还提供了 3 个选项，分别如下。

- Allocate all disk space now：选中此复选框，将按照 Disk size 中指定的大小从主机硬盘分配空间作为虚拟机硬盘。该复选框只有在做“群集”系统实验用于“仲裁磁盘”或者“共享磁盘”时才用到，如果想提高虚拟机的硬盘性能，也可以选中此选项。
- Store virtual disk as a single files：此选项表示将根据指定虚拟硬盘容量，在主机上创建一个单独的文件。
- Split virtual disk into multiple files：如果虚拟机硬盘保存在 FAT32 或者 FAT 分区中，此选项表示每 2GB 的虚拟硬盘空间将会在主机上创建一个文件，如创建 8GB 虚拟硬盘，则会在主机上创建 4 个文件；如果设置为 160GB 大小，则创建 80 个文件。如果工作目录为 NTFS 分区时，不需要选中该选项。

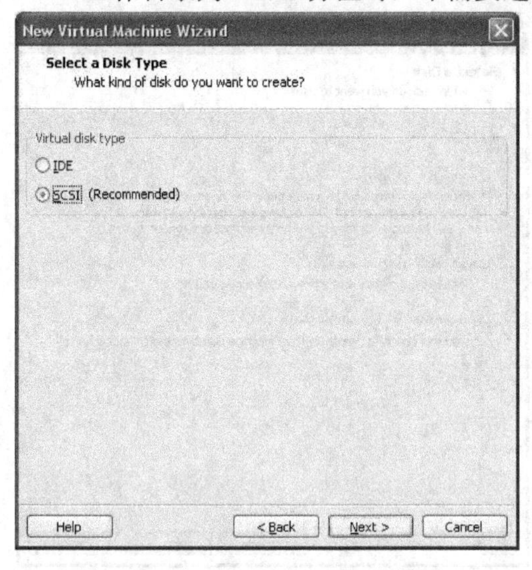

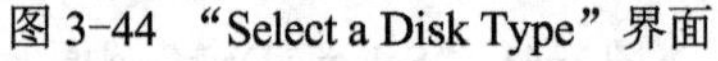
图 3-44 “Select a Disk Type”界面

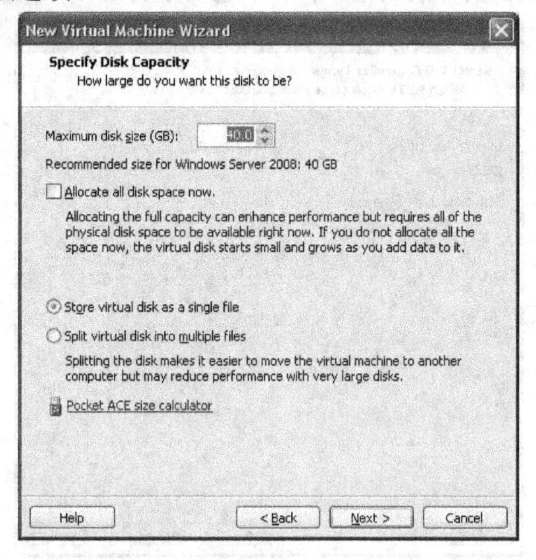

图 3-45 “Specify Disk Capacity”界面

注意：在指定虚拟机硬盘容量时，最好指定“大”一点的虚拟硬盘，在虚拟机没有使用时，占用的主机硬盘空间不会太大。如果创建的虚拟硬盘太小，当以后实验过程中不够用时，则还需要使用工具进行调整，非常不方便。在没有选中“Allocate all disk space now”复选框时，不管创建多大的硬盘，在主机上将占用很少的空间，实际占用硬盘空间将随着虚拟机的使用而增加。VMware Workstation 7.0 支持 0.1~950GB 之间任意大小的虚拟机硬盘。

13）在“Specify Disk Capacity”界面中单击“Next”按钮，进入“Specify Disk File”界面，如图 3-46 所示。在此界面中指定虚拟镜像文件的名称及所在位置，可以用鼠标单击“Browse”按钮进行设置。

14）在“Specify Disk File”界面中单击“Next”按钮，进入“Ready to Create Virtual Machine”界面，如图 3-47 所示。此界面提示需要为新虚拟机安装虚拟操作系统及 VMware

Tools 组件，并列举出前面所有步骤中与虚拟机相关的配置，可以单击“Customize Hardware”按钮，再次对虚拟机的相关配置进行修改。选中“Power on this virtual machine after creation”复选框，在完成新虚拟机的向导配置后，返回到 VMware 的主程序界面时，会自动接通虚拟机的电源启动刚刚配置好的虚拟机。

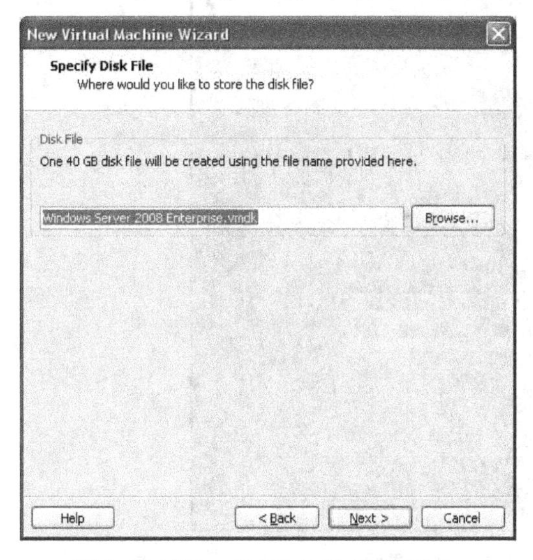

图 3-46 “Specify Disk File”界面

图 3-47 “Ready to Create Virtual Machine”界面

2. 在 VMware 虚拟机中安装系统

在 VMware 虚拟机中建立好新的虚拟机之后，接下来就可以启动 VMware，在虚拟机中可以安装各种操作系统。在此以安装 Windows Server 2008 为例，介绍具体的操作步骤。

1）选择刚建立好的虚拟机“Windows Server 2008”，然后单击工具栏上的“开机”按钮，则虚拟机系统开始启动了，出现系统开机自检画面，如图 3-48 所示。

2）如果需要在虚拟机调整一下虚拟机的启动顺序，将虚拟机设置为优先从光驱启动，可以在 VMware 出现开机自检画面时按下键盘上的〈F2〉键，即可进入 VMware 的虚拟主板 BIOS 设置。

3）将 VMware 的虚拟机主板 BIOS 设置切换到“Boot”菜单，将“CD-ROM Drive”设置为优先启动的设备即可，如图 3-49 所示。

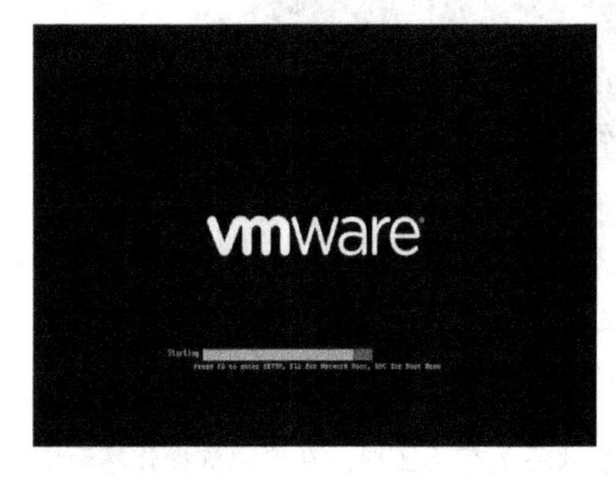

图 3-48 虚拟机开机自检画面

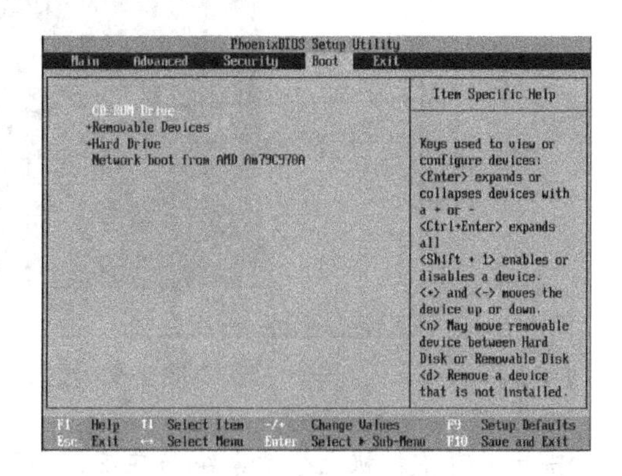

图 3-49 虚拟机 BIOS 启动设置

4）再次启动 VMware 时，VMware 即可优先从虚拟机光驱启动，之前在设置中将 ISO 光盘镜像文件设置为虚拟机的光驱，所以 VMware 启动之后即可自动加载该镜像文件，虚拟机窗口也将出现 Windows Server 2008 安装界面，如图 3-50 所示。

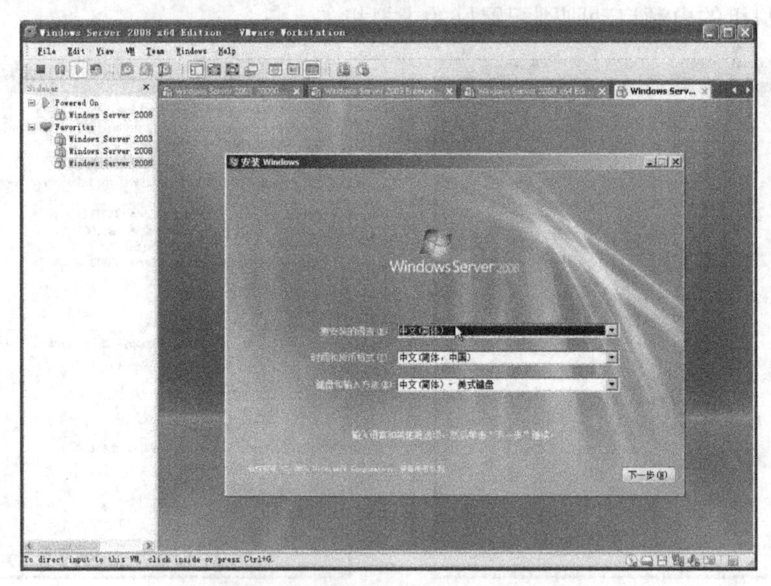

图 3-50　虚拟机启动安装操作系统界面

5）Windows Server 2008 在虚拟机的安装和前面第 1 单元中介绍的安装过程没有区别，经过重新启动，安装程序全部运行完毕之后，就可以在虚拟机里运行 Windows Server 2008，如图 3-51 所示。

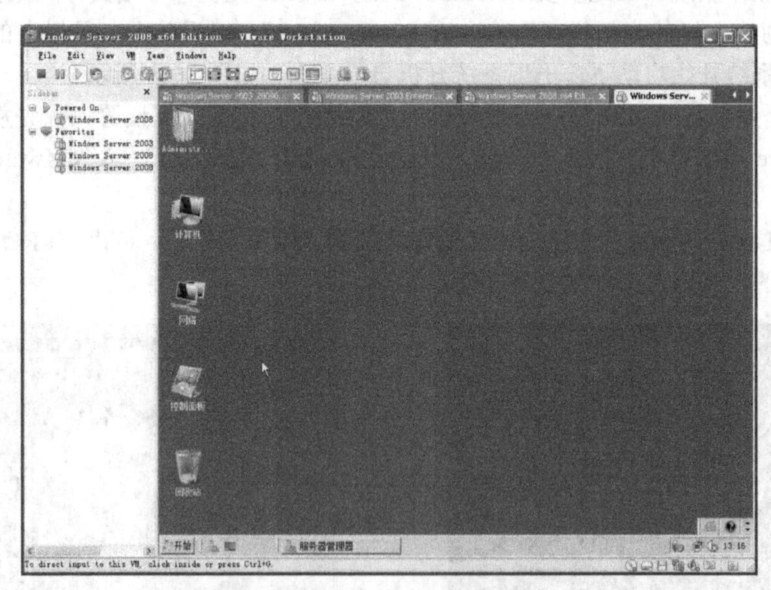

图 3-51　虚拟机运行操作系统界面

提示：在虚拟机上登录系统与在正常的系统中登录还是有所区别，在虚拟机操作界面中用鼠标依次选择 VMware 菜单栏中的“VM”→“Send Ctrl+Del+Alt”菜单项，即可输入用户名和密码登录进入虚拟机上的 Windows Server 2008 系统，或使用〈Ctrl+Alt+Insert〉组合键登录。

3. 安装、使用 VMware Tools 组件

VMware Tools 组件是 VMware 专门为虚拟操作系统准备的附加功能模块组件，将使虚拟操作系统“了解”到自己的“身份”是虚拟操作系统，而且只有安装了 VMware Tools 组件后，方可在 VMware 中实现一些特殊的功能。

VMware Tools 组件的功能主要体现在以下几个方面。

- 虚拟硬件设备驱动程序支持：VMware Tools 组件为虚拟操作系统提供了完整的虚拟硬件设备驱动程序支持，可以为那些无法被虚拟操作系统自行识别的虚拟硬件设备安装驱动程序。特别是 VMware 模拟的虚拟显卡 VMware SVGA Ⅱ，必须安装 VMware Tools 组件提供的专用显示驱动程序，才可以被虚拟操作系统正确识别。
- 日期与时间同步：VMware Tools 组件在虚拟机与宿主机之间提供了同步日期与时间的功能，免除了必须为虚拟机单独设置日期与时间的烦恼。
- 自动切换鼠标箭头：VMware 存在着虚拟机窗口与宿主操作系统之间切换键盘鼠标操作对象的问题，如果希望将鼠标箭头移动到 VMware 的窗口范围之内，单击一下鼠标左键，即可将键盘鼠标的操作切换为对虚拟机生效。若安装有 VMware Tools 组件，即可自动将键盘鼠标的操作切换为对虚拟机生效。
- 虚拟硬盘压缩：VMware Tools 组件提供了虚拟硬盘压缩功能，可以通过它对.vmdk 虚拟硬盘镜像文件进行压缩，以便节省宿主机物理硬盘的可用空间。

虚拟操作系统安装 VMware Tools 组件的步骤如下。

1）首先启动 VMware，加载虚拟操作系统，VMware Tools 组件的安装程序通常保存在“windows.iso”光盘镜像文件里面，存放于“C:\Program Files\VMware\VMware Workstation\”目录下。VMware Tools 组件一共提供了 Windows、Linux、FreeBSD、Netware 4 种不同版本的安装程序，分别适用于不同的虚拟操作系统。将这个.iso 光盘镜像文件暂时设置为虚拟机光驱，加载.iso 光盘镜像文件，如图 3-52 所示。

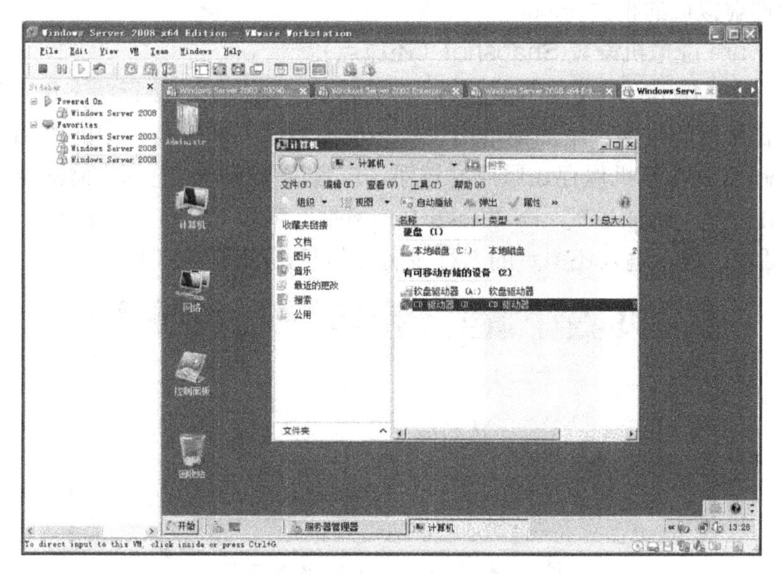

图 3-52　加载 VMware Tools 组件光盘镜像文件

2）双击虚拟机里操作系统的光盘驱动器，会自动安装 VMware Tools 组件，安装过程很简单，只需用鼠标依次单击“Next”按钮即可。VMware Tools 组件安装程序运行完毕将提示重新启动虚拟操作系统 Windows Server 2008。重新启动之后，VMware Tools 组件的安装操作完成，VMware Tools 组件还将为虚拟操作系统的控制面板添加一个叫做“VMware Tools”的控制面板选项，同时会在虚拟操作系统的任务栏通知区域显示 VMware Tools 的图标，以便在虚拟操作系统中随时调整 VMware Tools 组件的相关设置，如图 3-53 所示。

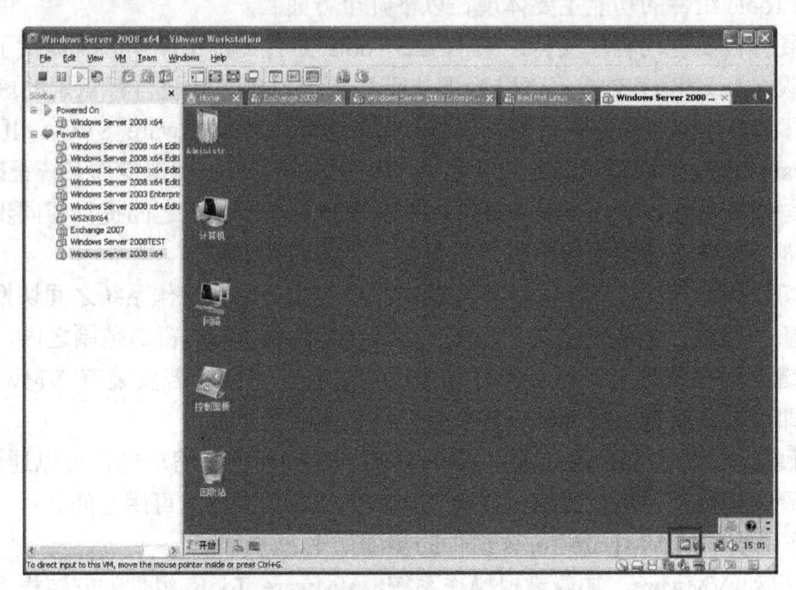

图 3-53　调整 VMware Tools 组件的设置

3.3.3　VMware 虚拟机的高级应用技巧

本小节主要介绍 VMware 的一些高级应用技巧，运用这些技巧可以更加方便地使用虚拟机，更好地管理虚拟机的相关资源。

1. 为 VMware 虚拟机设置 Snapshot（还原点）

如果需要在 VMware 中使用 Snapshot 功能将某台虚拟机的运行状态保存为还原点，可以在虚拟机正在运行的时候，用鼠标单击 VMware 主程序界面工具栏中的“Take Snapshot of Virtual Machine”（为虚拟机保存还原点）按钮，或者用鼠标依次选择 VMware 主程序界面菜单栏中的“VM”→“Snapshot” →“Take Snapshot”菜单项，这时 VMware 将弹出“Take Snapshot”对话框，提示输入还原点的名称及备注信息，如图 3-54 所示。

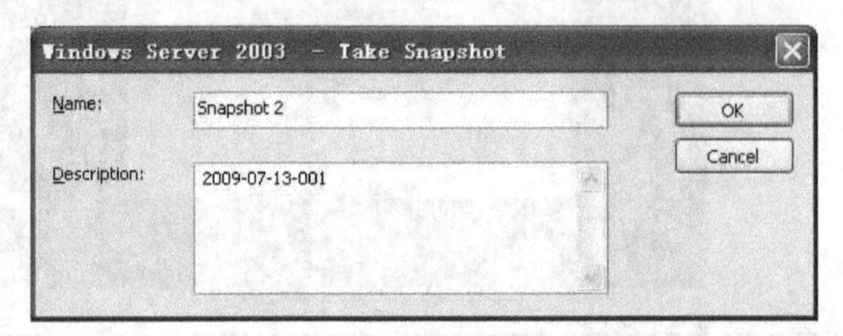

图 3-54　“Take Snapshot”对话框

在这个对话框的“Name”文本框中输入还原点的名称，然后在“Description”文本框中输入还原点的备注信息（备注信息可以为空），最后单击“OK”按钮即可。

Snapshot 功能是 VMware 的一个特色功能，它可以将 VMware 中的虚拟操作系统及应用软件的运行状态保存为还原点，以便随时重新加载以前保存的还原点，将 VMware 还原到之前的运行状态。Snapshot 功能与某些游戏软件提供的即时保存游戏进度的功能非常相似，例如，在某游戏软件中，假设运行到游戏的第 4 关时保存了游戏进度，那么即使重新启动了游戏，或者在游戏中进入了其他的关卡，也可以随时加载之前保存的游戏进度，返回到第 4 关。VMware 的 Snapshot 还原点功能也可以实现类似的功能，假设在 VMware 中安装了 Windows Server 2008，并为虚拟机保存了 Snapshot 还原点，那么即使在虚拟机中删除了 Windows Server 2008，只要为虚拟机重新加载之前保存的还原点，就可以立即恢复已删除的虚拟操作系统 Windows Server 2008。同样都是保存虚拟机的运行状态，VMware 的 Snapshot 功能与 Suspend（挂起）功能有什么不同呢？

两者的区别主要体现在以下两个方面。

首先，Suspend 功能只是 VMware 的一种关机方式，当在某台正在运行的虚拟机中执行了 Suspend 操作后，这台虚拟机就会停止运行，虚拟机的运行状态也将被自动保存，只有重新启动这台虚拟机，才可以将虚拟机恢复为先前的运行状态；Snapshot 功能则可以随时保存或者恢复还原点，即使为正在运行的虚拟机保存了还原点，这台虚拟机也不会停止运行，如同在游戏软件中保存了游戏进度，也可以继续进行游戏一样。

其次，Suspend 功能只能一次性地暂时保存虚拟机的运行状态，当重新启动了处于挂起状态的虚拟机之后，Suspend 功能保存的运行状态就自动作废了；Snapshot（功能）则可以不限次数地保存及恢复虚拟机的运行状态，可以为一台虚拟机同时保存多个不同的还原点，并且每一个还原点都可以不限次数地反复使用，如同在游戏软件中可以同时保存多个不同的游戏进度、每一个游戏进度都可以不限次数地反复使用一样。

如果需要在 VMware 中使用 Snapshot 功能将某台虚拟机的运行状态恢复到之前保存的还原点，可以用鼠标单击 VMware 主程序界面工具栏中的“Revert Virtual Machine to its Parent Snapshot”（将虚拟机恢复为还原点）按钮，或者用鼠标依次选择 VMware 主程序界面菜单栏中的“VM” →“Snapshot” →“Revert to Snapshot”菜单项。这时 VMware 将自动弹出一个操作确认对话框，提醒在恢复还原点之后，虚拟机当前的运行状态将会丢失，如图 3-55 所示。如果确认需要恢复还原点，只需用鼠标单击“Yes”按钮即可。

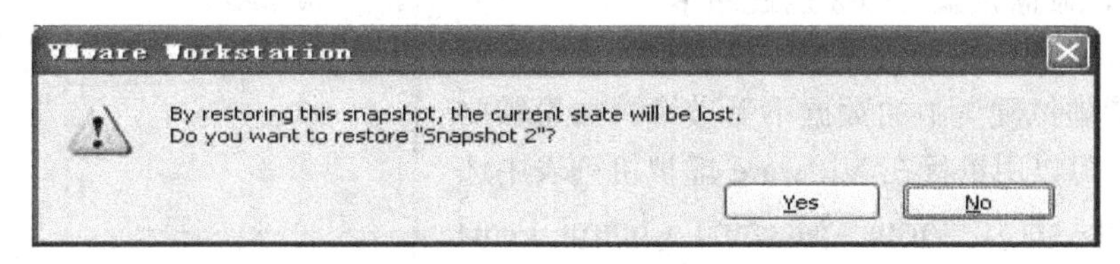

图 3-55　恢复还原点警告信息

此外，还可以使用 VMware 提供的 Snapshot Manager（还原点管理器）程序，对已有的还原点进行管理。用鼠标单击 VMware 主程序界面工具栏中的“Manage Snapshots for Virtual Machine”（管理虚拟机还原点）按钮，或者用鼠标依次选择 VMware 主程序界面菜单栏中的

“VM”→“Snapshot”→“Snapshot Manager”菜单项，即可启动 Snapshot Manager（还原点管理器），如图 3-56 所示。可以看到，Snapshot Manager 列出了虚拟机已保存的所有还原点，不仅显示了还原点的保存时间、名称、备注信息、保存还原点时虚拟机的运行状态缩略图，而且还以一个很直观的流程图列出了所有还原点之间的依存关系，可以通过流程图看出哪个还原点是在哪个还原点的基础上建立的。

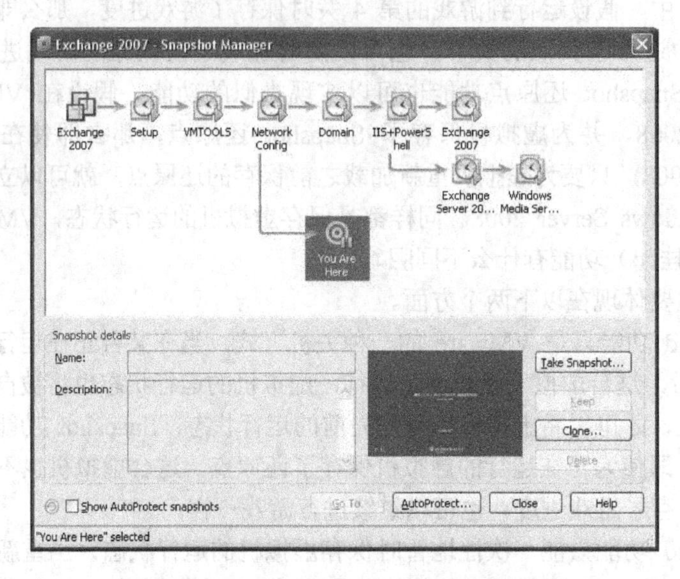

图 3-56　Snapshot Manager（还原点管理器）

在 Snapshot Manager 的帮助下，可以对某台虚拟机保存的所有还原点一目了然，并且可以通过 Snapshot Manager 对话框中的“Go To”（转向）按钮，随时加载任何一个还原点，如同在游戏软件的游戏进度菜单中随时加载任何一个游戏进度一样。此外，Snapshot Manager 还提供了“Clone”（复制）及“Delete”（删除）两个按钮，可以通过它们复制或删除已有的还原点，非常方便。

2．为虚拟硬盘设置虚拟硬盘还原卡

为 VMware 的虚拟硬盘添加一块模拟的硬盘还原卡，以便保护虚拟硬盘中的数据不受破坏。如果需要实现此功能，可以用鼠标在 VMware 虚拟机列表中选中一台虚拟机，打开 Virtual Machine Control Panel（虚拟机控制面板），切换到“Hardware”选项卡，然后在“Hard Disk 1”选项中单击“Advanced”（高级）按钮，这时将出现如图 3-57 所示的对话框。

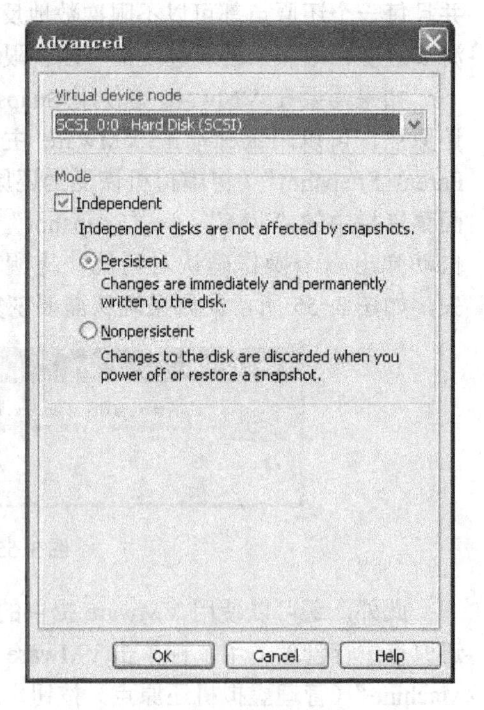

图 3-57　“Advanced”对话框

在这个对话框中用鼠标选中“Independent”（独立硬盘）复选框，将虚拟硬盘设置为独立工作模式，这样虚拟硬盘将不再受到 Snapshot 还原点功能的影响。

在“Independent”复选框下方有两个选项：“Persistent”（持久）模式或者“Nonpersistent”（非持久）模式，这两个选项分别表示是否允许（保存）对虚拟硬盘所做的修改。选择后者，即可为虚拟硬盘添加模拟硬盘还原卡。这样当每次关闭虚拟机时，对虚拟硬盘所做的修改都将被自动撤销。

3.4 【单元实训】虚拟机软件的安装与使用

1. 实训目标

1）了解 VMware Workstation 7.0 软件的安装过程。

2）熟悉在 VMware Workstation 7.0 中建立、管理与配置各种虚拟机。

3）掌握 VMware Workstation 7.0 的一些高级应用技巧。

4）掌握 Hyper-V 的安装与使用。

2. 实训设备

1）网络环境：已建好的 100Mbit/s 以太网络包含交换机（或集线器）、五类（或超五类）UTP 直通线若干、4 台及以上数量的计算机（计算机配置要求 CPU 为 1.4 GHz 或以上，x64 和 x86 系列均有 1 台或以上数量，内存不小于 1024MB，硬盘剩余空间不小于 10GB，有光驱和网卡）。

2）软件：①Windows Server 2008 安装光盘，或硬盘中有全部的安装程序；②Windows XP 安装光盘，或硬盘中有全部的安装程序；③VMware Workstation 7.0 安装源程序。

3. 实训内容

在计算机裸机（即全新硬盘）中完成下述操作。

1）进入第 1 台计算机的 BIOS，设置从 CD-ROM 上启动系统，将 Windows XP 安装光盘插入光驱，在选定的计算机上从 CD-ROM 引导，并开始 Windows XP 的安装，设置计算机的名称为“nos-xp”，工作组为“office”，IP 地址为 192.168.1.200，子网掩码为 255.255.255.0，网关设置为 192.168.1.254，DNS 地址为 202.103.0.117、202.103.6.46，其他使用系统默认值。

2）在第 1 台计算机上安装 VMware Workstation 7.0，使用系统的默认设置，安装完成后重新启动计算机，然后在桌面上启动 VMware Workstation 7.0 软件。

3）在第 1 台计算机 VMware 虚拟机中，建立虚拟机“Windows Server 2008”，将 Windows Server 2008 安装光盘插入光驱，从 CD-ROM 引导，在虚拟机中开始 Windows Server 2008 的安装，要求如下：①安装 Windows Server 2008 企业版（32 位），系统分区的大小为 20GB，管理员密码为 Nosadmin2008；②对系统进行初始配置，计算机名称为“nos-win2008-v”，工作组为“office”；③设置 TCP/IP，其中要求禁用 TCP/IPv6，计算机的 IP 地址为 192.168.1.1，子网掩码为 255.255.255.0，网关设置为 192.168.1.254，DNS 地址为 202.103.0.117、202.103.6.46；④设置计算机虚拟内存为自定义方式，其初始值为 1560MB，最大值为 2130MB；⑤激活 Windows Server 2008，启用 Windows 自动更新；⑥启用远程桌面和防火墙；⑦在 MMC 中添加“计算机管理”、“磁盘管理”和“DNS”这 3 个管理单元。

4）在第 2 台计算机（x64 系列）上，将 Windows Server 2008 安装光盘插入光驱，从 CD-ROM 引导，并开始 Windows Server 2008 的安装，要求如下：①安装 Windows Server 2008 企业版（64 位），系统分区的大小为 20GB，管理员密码为 Nosadmin2008bak；②对系统进行初始配置，计算机名称为“nos-win2008”，工作组为“office”；③设置 TCP/IP，其中要求禁用 TCP/IPv6，计算机的 IP 地址为 192.168.1.201，子网掩码为 255.255.255.0，网关设置为 192.168.1.254，DNS 地址为 202.103.0.117、202.103.6.46；④设置计算机虚拟内存为自定义方式，其初始值为 1560MB，最大值为 2130MB；⑤激活 Windows Server 2008，启用 Windows 自动更新；⑥启用远程桌面和防火墙；⑦在 MMC 中添加“计算机管理”、“磁盘管理”和“DNS”这 3 个管理单元。

5）在第 2 台计算机上安装 Hyper-V 服务，启动 Hyper-V 服务，在其中创建一个“Windows XP”的虚拟机，并利用 Windows XP 安装光盘完成虚拟机操作系统的安装，设置计算机的名称为“nos-xp-v”，工作组为“office”，计算机的 IP 地址为 192.168.1.2，子网掩码为 255.255.255.0，网关设置为 192.168.1.254，DNS 地址为 202.103.0.117、202.103.6.46，其他使用系统的默认值。

6）分别在两台计算机以及这两台计算机上的虚拟机操作系统中，双击桌面上的“网上邻居”图标，查看网络上的计算机以及共享的资源。

3.5 习题

一、填空题

（1）VMware 安装程序会在宿主操作系统上安装两块虚拟网卡，分别为“VMware Network Adapter VMnet1”和________________。

（2）在虚拟机中安装源操作系统时，可以使用光盘驱动器和源安装文件光盘来安装，也可以使用________来安装。

（3）VMware Tools 组件在虚拟机与宿主机之间提供了__________功能，免除了必须为虚拟机单独设置日期与时间的烦恼。

（4）VMware Tools 组件一共提供了 Windows、______________、FreeBSD、________4 种不同版本的安装程序，分别适用于不同的虚拟操作系统。

二、选择题

（1）为 VMware 指定虚拟机内存容量时，下列哪个值不能设置（　　）。

A．512MB　　B．360MB　　C．400MB　　D．357MB

（2）如果需要在虚拟机中调整一下虚拟机的启动顺序，将虚拟机设置为优先从光驱启动，可以在 VMware 出现开机自检画面时按下键盘上的（　　）键，即可进入 VMware 的虚拟主板 BIOS 设置。

A．〈Delete〉　　B．〈F2〉　　C．〈F10〉　　D．〈Home〉

（3）如果虚拟机硬盘保存在 FAT32 或者 FAT 分区中，虚拟机硬盘设置为 160GB，同时虚拟机设置为“Split virtual disk into 2 GB files”，则会在主机上创建（　　）个文件。

A．1　　B．40　　C．80　　D．160

（4）下列中（　　）不是 Windows Server 2008 Hyper-v 服务支持的虚拟网卡类型。

A．外部　　　　　　B．桥接　　　　　C．内部　　　　　　D．专用

三、问答题

（1）虚拟机的主要功能是什么？分别适应于什么环境？

（2）VMware 提供了几种不同的虚拟网络适配器类型？分别适用于什么环境？

（3）如何在 VMware 虚拟机中登录 Windows Server 2008？

（4）VMware Tools 组件在虚拟机中有什么功能？

（5）Windows Server 2008 Hyper-v 服务对硬件和软件各有什么要求？

进阶篇——Windows Server 2008 系统管理

第 4 单元　域与活动目录的管理

【单元描述】

当管理的是中型以上规模的计算机网络时，通常不再采用对等式工作的网络，而会采用 C/S 工作模式的网络，并应用 B/S 的模式来组建网络的应用系统。有时，网络虽然不大，但是需要的服务种类比较多，也需要组建具备强大管理功能的 C/S 网络。在单域、域树、域林等多种网络的组织结构中，企业只有规划一个合理的网络结构，才能很好地管理与使用网络。活动目录是域的核心，通过活动目录可以将网络中各种完全不同的对象以相同的方式组织到一起。活动目录不但更有利于网络管理员对网络的集中管理，方便用户查找对象，也使网络的安全性大大增强。

【单元情境】

三峡纵横科技信息技术有限公司是一家主要提供计算机网络建设与维护的网络技术服务公司，2007 年为一集团建设了集团总部的内部局域网络，覆盖了集团 4 幢办公大楼，近 1000 个结点，拥有各种类型的服务器 30 余台。由于各种网络与硬件设备分布在不同的办公大楼和楼层，网络资源和权限的管理非常麻烦，网络管理人员疲于处理各种日常网络问题。作为技术人员，如何设计网络，才能使网络更易于集中管理，并在为公司减少管理上的开支的同时减轻网络管理人员的工作负担？

4.1 【知识导航】域与活动目录概述

4.1.1 Windows Server 2008 网络类型

组建局域网就是要实现资源的共享。随着网络规模的扩大及应用的需要，共享的资源就会逐渐增多。如何来管理这些在不同机器上的资源呢？工作组和域就是在这样的环境中产生的两种不同的网络资源管理模式。

1. 工作组（Work Group）

工作组就是将不同的计算机按功能分别列入不同的组中，以方便管理。在一个网络内，可能有成百上千台工作计算机，如果这些计算机不进行分组，都列在“网上邻居”内，可想而知，会有多么乱。为了解决这一问题，Windows 引用了“工作组”这个概念，例如，一个公司会分为诸如行政部、市场部、技术部等几个部门，然后行政部的计算机全都列入行政部的工作组中，市场部的计算机全部都列入市场部的工作组中。如果要访问别的部门的资源，就在“网上邻居”里找到那个部门的工作组名，双击就可以看到其他部门的计算机了。

在安装 Windows 操作系统的时候，工作组名一般使用默认的“workgroup”，也可以任意起个名字，在同一工作组或不同工作组在访问时也没有什么分别。相对而言，处在同一个工作组的内部成员相互交换信息的频率最高，所以一进入“网上邻居”，首先看到的是所在工作组的成员。如果要访问其他工作组的成员，需要双击“整个网络”，才会看到网络上其他的工作组，然后双击其他工作组的名称，这样才可以看到里面的成员，与之实现资源交换。

退出某个工作组的方法也很简单，只要将工作组的名称改变一下即可。不过，这样在网上别人照样可以访问你的共享资源，只不过换了一个工作组而已，工作组名并没有太多的实际意义，只是在“网上邻居”的列表中实现一个分组而已。也就是说，可以随时加入同一网络上的任何工作组，也可以随时离开一个工作组。“工作组”就像一个自由加入和退出的俱乐部一样，它本身的作用仅仅是提供一个“房间”，以方便网上计算机共享资源的浏览。

在 Windows Server 2008 系统中要启用网络发现功能，否则将无法找到网络中的任何“邻居”主机，也不会被其他的“邻居”主机发现。用鼠标右键单击 Windows Server 2008 桌面中的“网络”图标，在弹出的快捷菜单中选择“属性”命令（也可以依次单击 Windows Server 2008 桌面中的“开始”→“设置”→“控制面板”命令，双击“网络和共享中心”图标），打开“网络和共享中心”管理窗口，如图 4-1 所示。单击“网络发现”设置项右侧的箭头按钮，展开“网络发现”功能设置区域，选中“启用网络发现”单选按钮，单击“应用”按钮，这样就可以寻找网络的“邻居”主机了。

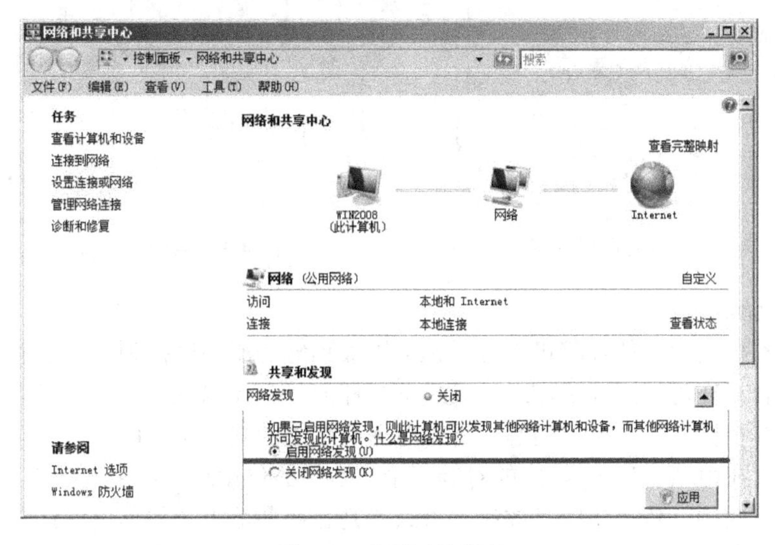

图 4-1　启用网络发现

如果上述设置不能从网络中寻找到“邻居”主机，那就有必要检查一下 Windows Server 2008 系统是否安装了“启用文件和打印机共享”功能组件。在“网络和共享中心”管理窗口中，单击左边的“管理网络连接”，在列表中选择本地连接，进入如图 4-2 所示的“本地连接 属性”对话框。在该对话框的网络功能组件列表中，确保“Windows 网络的文件和打印机共享”功能选项处于选中状态。

此外，还需要检查 TCP/IP 属性参数是否设置正确，以保证 Windows Server 2008 系统主机的 IP 地址，与要寻找的“邻居”主机的 IP 地址处于同一个网段。

如果仍然无法在“网络和共享中心”管理窗口中查看到网络中的工作组信息，可以检查系统相关的“Computer Browser”服务信息，其操作步骤如下：选择“开始”→“运行”命令，在弹出的系统运行文本框中，输入命令“services.msc”，单击“确定”按钮后，进入系统服务列表窗口，找到系统服务“Computer Browser”，双击该服务器选项，打开如图 4-3 所示的“Computer Browser 的属性”对话框。设置该服务的启动类型为“自动”，单击“应用”按钮，然后单击“启动”按钮，将服务状态设置为“已启动”。还应及时检查“Computer Browser”服务所依赖的另外两个系统服务“Workstation”和“Server”是否运行正常，这两个系统服务提供了最基本的网络访问支持。

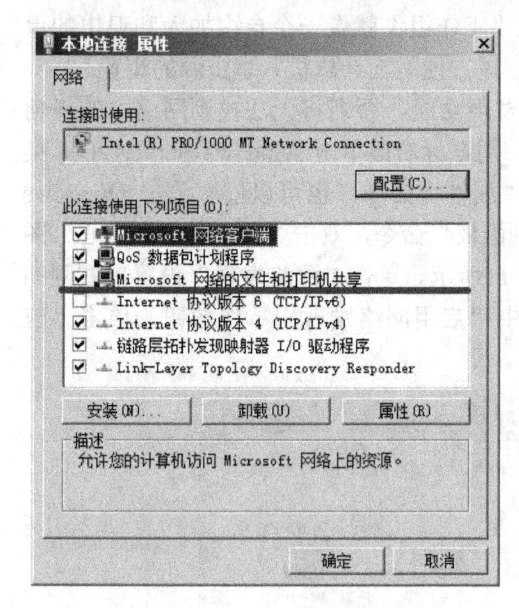

图 4-2　启用文件和打印机共享

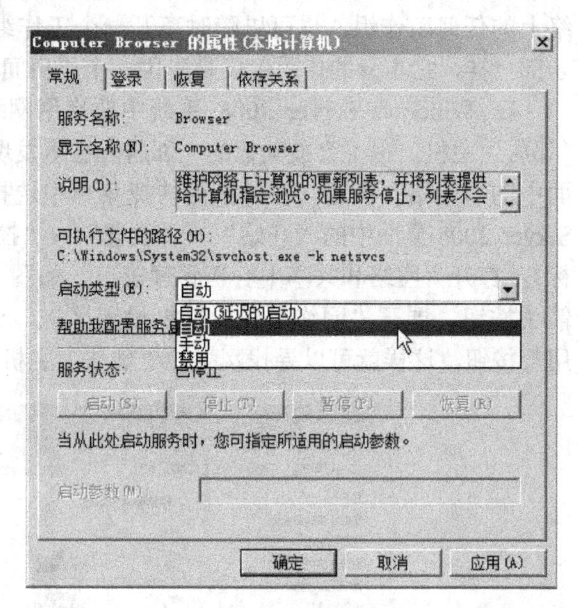

图 4-3　启用 Computer Browser 服务

2. 域（Domain）

域是一个有安全边界的计算机集合，也可以被理解为服务器控制网络上的计算机能否加入的计算机组合。在对等网（工作组）模式下，任何一台计算机只要接入网络，其他机器就都可以访问共享资源，如共享上网等。尽管对等网络上的共享文件可以加访问密码，但是非常容易被破解。在由 Windows 构成的对等网中，数据的传输是非常不安全的。

在主从式网络中，资源集中存放在一台或者几台服务器上，如果仅仅只有一台服务器，问题就很简单，在服务器上为每一位员工建立一个账户即可，用户只需登录该服务器就可以使用服务器中的资源。然而，如果资源分布在多台服务器上呢？如图 4-4 所示，要在每台服务器上分别为每一个员工建立一个账户（共 $M\times N$ 个），用户需要在每台服务器（共 M 台）上登录，感觉又回到了对等网的模式。

在使用了域之后，如图 4-5 所示，服务器和用户的计算机都在同一域中，用户在域中只要拥有一个账户，用账户登录后即取得一个身份，有了该身份便可以在域中漫游，访问域中任一台服务器上的资源。在每一台存放资源的服务器上并不需要为每一用户创建账户，而只需要把资源的访问权限分配给用户在域中的账户即可。

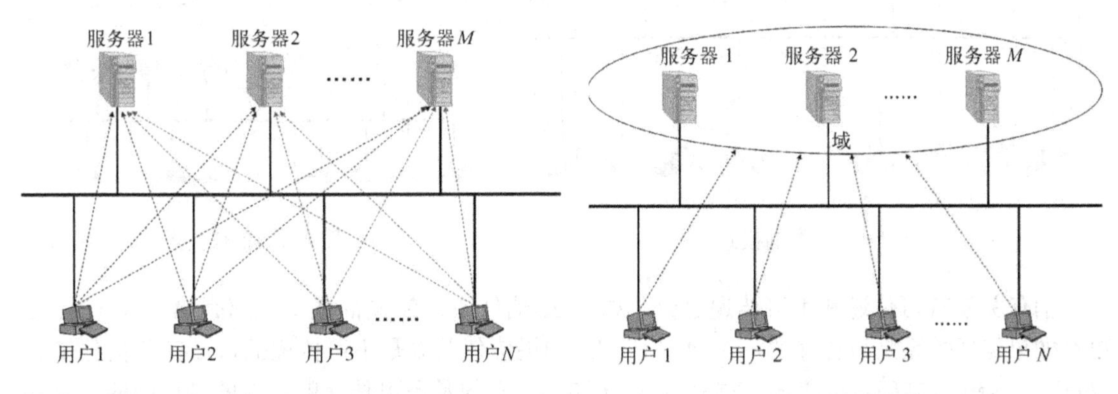

图 4-4　资源分布在多台服务器上

图 4-5　域的模式

不过在“域”模式下，至少有一台服务器负责每一台接入网络的计算机和用户的验证工作，相当于一个单位的门卫，它被称为“域控制器（Domain Controller，DC）”，包含了由这个域的账户、密码、属于这个域的计算机等信息构成的数据库。当计算机接入网络时，域控制器首先要鉴别这台计算机是否属于这个域，用户使用的登录账号是否存在、密码是否正确。如果以上信息有一样不正确，那么域控制器就会拒绝这个用户从这台计算机登录。不能登录，用户就不能访问服务器上有权限保护的资源，只能以对等网用户的方式访问 Windows 共享出来的资源，这样就在一定程度上保护了网络上的资源。

然而随着网络的不断发展，有的企业的网络大得惊人，当网络有十万个用户甚至更多时，域控制器存放的用户数据量很大，更为关键的是如果用户频繁登录，域控制器可能因此不堪重负。在实际的应用中，可以在网络中划分多个域，每个域的规模控制在一定的范围内，同时也是出于管理上的要求，将大的网络划分成小的网络，每个小的网络管理员管理自己所属的账户，如图 4-6 所示。

划分成小的网络（域）后，域 A 中的用户登录后可以访问域 A 中的服务器上的资源，域 B 中的用户可以访问域 B 中的服务器上的资源，但域 A 中的用户访问不了域 B 中服务器上的资源，域 B 中的用户也访问不了域 A 中服务器上的资源。

域是一个安全的边界，实际上就是这层意思：当两个域独立的时候，一个域中的用户无法访问另一个域中的资源，如同国家与国家之间的关系一样。当然在实际的应用中，一个域常常有访问另一个域中的资源的需要。为了解决用户跨域访问资源的问题，可以在域之间引入信任，有了信任关系，域 A 中的用户想要访问域 B 中的资源，让域 B 信任域 A 就行了。

信任关系分为单向和双向，如图 4-7 所示。图 4-7a 所示是单向的信任关系，箭头指向被信任的域，即域 A 信任域 B，域 A 称为信任域，域 B 称为被信任域，因此域 B 中的用户可以访问域 A 中的资源。图 4-7b 所示是双向的信任关系，域 A 信任域 B 的同时域 B 也信任域 A，因此域 A 的用户可以访问域 B 的资源，反之亦然。

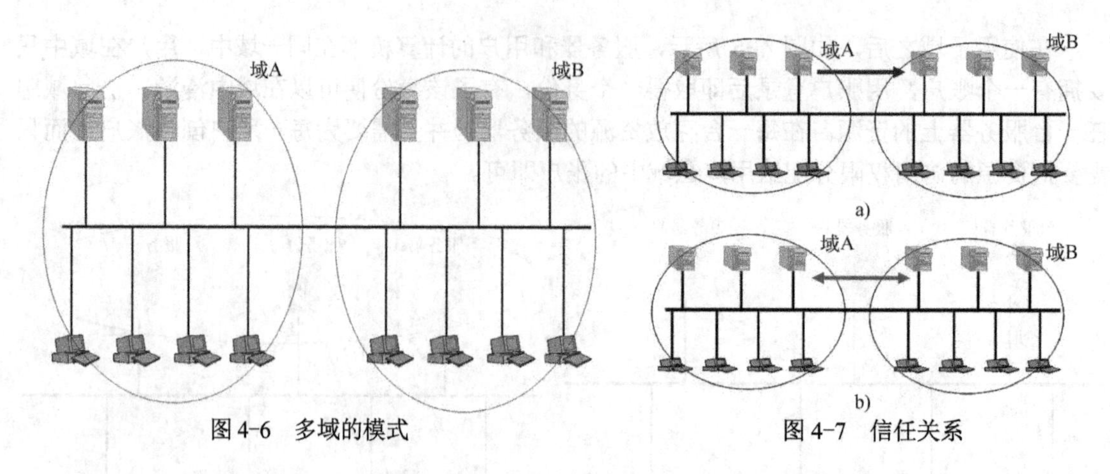

图 4-6　多域的模式　　　　图 4-7　信任关系

信任关系有可传递和不可传递之分，如果 A 信任 B，B 又信任 C，那么 A 是否信任 C 呢？如果信任关系是可传递的，A 就信任 C；如果信任关系是不可传递的，A 就不信任 C。Windows Server 2008 中有的信任关系是可传递的，有的是不可传递的，有的是单向的，有的是双向的，在使用时要注意。

注意：工作组与域二者有着不同的特点，主要体现在：① 工作组无须运行 Windows Server 的计算机来容纳集中的安全性信息；② 相对于域而言，工作组设计和实现简单，无须广泛的计划和管理；③ 对于计算机数量较少或在一个较小空间内的有限数量计算机的网络来说，工作组更方便；④ 工作组较适合由技术用户组成的无须进行集中管理的小组；⑤ 因为所有的用户信息都被集中存储，所以域提供了集中的管理；⑥ 只要用户有对资源访问的适当权限，就能从任一台计算机登录到域，并能访问域网络中另一台计算机资源；⑦ 每个域仅存储该域中各对象的有关信息，通过这样区分目录，活动目录可将规模扩展到拥有大量的对象。

4.1.2　活动目录概述

活动目录（Active Directory，AD）是一种目录服务，它存储有关网络对象（如用户、组、计算机、共享资源、打印机和联系人等）的信息，并将结构化数据存储作为目录信息逻辑和分层组织的基础，使管理员比较方便地查找并使用这些网络信息。

活动目录是在 Windows 2000 Server 就推出的技术，它最大的突破性和成功就在于它全新引入了活动目录服务（AD Directory Service），使 Windows 2000 Server 与 Internet 上的各项服务和协议联系得更加紧密。通过在 Windows 2000 Server 的基础上进一步扩展，Windows Server 2003 提高了活动目录的多功能性、可管理性及可靠性。

而在 Windows Server 2008 中，活动目录服务有了一个新的名称：Active Directory Domain Service（ADDS）。名称的改变意味着微软公司对 Windows Server 2008 的活动目录进行了较大的调整，增加了功能强大的新特性，例如，只读域控制器（RODC）的域控制器类型、更新的活动目录域服务安装向导、可重启的活动目录域服务、快照查看以及增强的 Ntdsutil 命令等，并对以前版本所具有的特性进行了增强。

活动目录并不是 Windows Server 2008 中必须安装的组件，并且其运行时占用系统资源较多。设置活动目录的主要目的就是为了提供目录服务功能，使网络管理更简便，安全性更高。另外，活动目录的结构比较复杂，适用于用户或者网络资源较多的环境。

提示：活动目录源于“目录服务”的概念，与 Windows 操作系统中的“文件夹目录”以及 DOS 下的“目录”在含义上完全不同。活动目录是指网络中用户以及各种资源在网络中的具体位置及调用和管理方式，就是把原来固定的资源存储层次关系与网络管理以及用户调用关联起来，从而提高了网络资源的使用效率。

活动目录结构是指网络中所有用户、计算机以及其他网络资源的层次关系，就像是一个大型仓库中分出若干小的储藏间，每一个小储藏间分别用来存放不同的东西一样。通常情况下，活动目录的结构可以分为逻辑结构和物理结构，了解这些也是用户理解和应用活动目录的重要的一步。

1. 活动目录的逻辑结构

在活动目录中，代表网络资源的被明确命名的一组属性集合称为对象。例如，“用户”对象的属性包括用户的姓名、地址等。根据对象本身能否包含其他对象，可以将活动目录中的对象分为容器对象和叶对象两大类。容器并不代表一个实体，容器内可以包含一组对象及其他的容器。在活动目录的逻辑组件中，域、组织单元、域树、域林等都属于容器对象，而域中的用户、组、计算机、共享文件夹、打印机等都属于叶对象。活动目录内的对象类别与属性数据定义在架构内。在一个域目录林中的所有域目录树共享相同的架构。

（1）组织单元

组织单元是一个容器对象，可以把域中的对象组织成逻辑组，以简化管理工作。组织单元可以包含各种对象，如用户账户、用户组、计算机、打印机等，甚至可以包括其他的组织单元，所以可以利用组织单元把域中的对象组成一个完全逻辑上的层次结构，如图 4-8 所示。对于企业来讲，可以按部门把所有的用户和设备组成一个组织单元层次结构，也可以按地理位置形成层次结构，还可以按功能和权限分成多个组织层次结构。

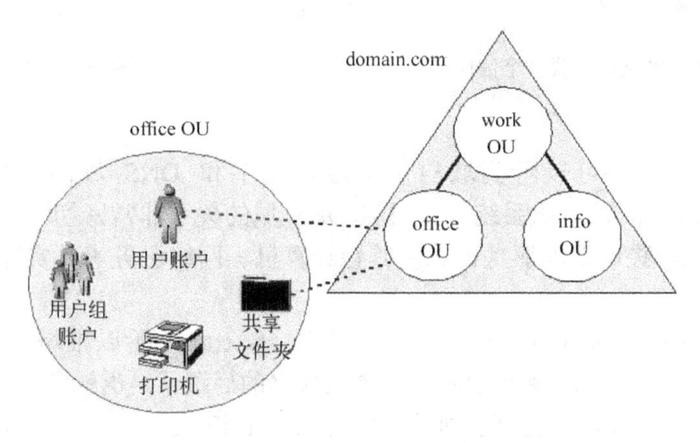

图 4-8　组织单元示意图

由于组织单元层次结构局限于域的内部，所以一个域中的组织单元层次结构，与另一个域中的组织单元层次结构没有任何关系，就像是 Windows 资源管理器中位于不同目录下的文件，可以重名或重复。

（2）域树

微软公司的网络操作系统是考虑在大型企业中构建网络和扩展网络而设计的。在一个企业中可能会有分布在全世界的分公司，分公司下又有各个部门存在，企业可能有十几万的用户、上千的服务器以及上百个域，资源的访问常常可能跨过许多域。在 Windows NT 4.0 时，域和域之间的信任关系是不可传递的，考虑在一个网络中如果有多个域的情况，如果要实现多个域中的用户可以跨域访问资源，必须创建多个双向信任关系：$n\times(n-1)/2$，如图 4-9 所示。之所以会这样，是因为域 A、B、C、D、E 均被看成独立的域，所以信任关系被看成不可传递的，而实际上域 A、B、C、D、E 又都在同一企业网络中，很可能域 B 是域 A 的主管单位，域 C 又是域 B 的主管单位。

从 Windows 2000 Server 起，域树（Domain Tree）开始出现，如图 4-10 所示。域树中的域以树的形式出现，最上层的域名为 abc.com，是这个域树的根域，根域下有两个子域：asia.abc.com 和 europe.abc.com，asia.abc.com 和 europe.abc.com 子域下又有自己的子域。

在域树中，父域和子域的信任关系是双向可传递的，因此域树中的一个域隐含地信任域树中所有的域。图 4-10 中共有 7 个域，所有域相互信任，也只需要 6 个信任关系。

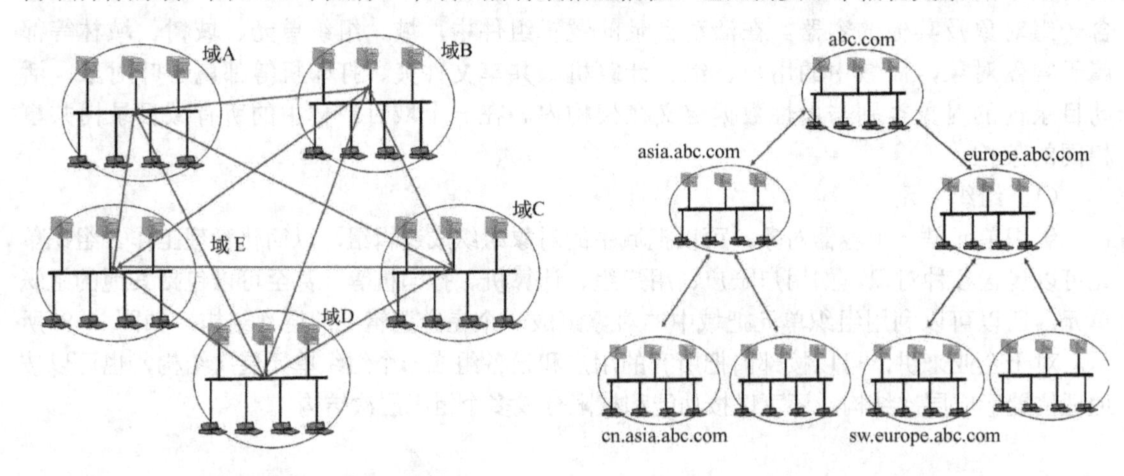

图 4-9　多个域的资源互访需要多个信任关系　　图 4-10　域树

（3）域林

在域树的介绍中，可以看到域树中的域的名字和 DNS 域的名字非常相似，在 Windows 2000 Server 以后的系统中，域和 DNS 域的关系非常密切，因为域中的计算机使用 DNS 来定位域控制器和服务器以及其他计算机、网络服务等。实际上，域的名字就是 DNS 域的名字。

企业向 Internet 组织申请了一个 DNS 域名 abc.com，所以根域就采用了该名，在 abc.com 域下的子域也就只能使用 abc.com 作为域名的后缀了。也就是说，在一个域树中，域的名字是连续的。然而，企业可能同时拥有 abc.com 和 abc.net 两个域名，如果某个域用 abc.net 作为域名，abc.net 将无法挂在 abc.com 域树中，这个时候只能单独创建另一个域树，如图 4-11 所示，新的域树的根域为 abc.net，这两个域树共同构成了域林（Domain Forest）。在同一域林中的域树的信任关系，也是双向可传递的。

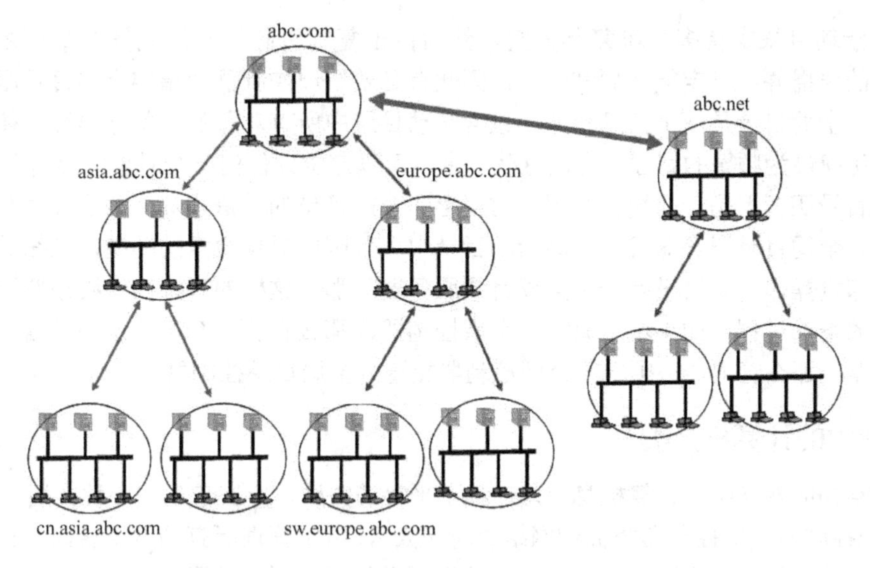

图 4-11　域林

2．活动目录的物理结构

活动目录的物理结构与逻辑结构有很大不同，它们是彼此独立的两个概念。逻辑结构侧重于网络资源的管理，而物理结构则侧重于网络的配置和优化。活动目录的物理结构，主要着眼于活动目录信息的复制和用户登录网络时的性能优化。物理结构的两个重要概念是站点和域控制器。

（1）站点

站点由一个或多个 IP 子网组成，这些子网通过高速网络设备连接在一起。站点往往由企业的物理位置分布情况决定，可以依据站点结构配置活动目录的访问和复制拓扑关系，这样能使网络更有效地连接，并且可使复制策略更合理，用户登录更快速。活动目录中的站点与域是两个完全独立的概念，一个站点中可以有多个域，多个站点也可以位于同一域中。

活动目录站点和服务可以通过使用站点提高大多数配置目录服务的效率，也可以通过使用活动目录站点和服务并向活动目录发布站点的方法提供有关网络物理结构的信息，活动目录使用该信息确定如何复制目录信息和处理服务的请求。

计算机站点是根据其在子网或一组已连接好子网中的位置指定的，子网提供一种表示网络分组的简单方法，这与常见的邮政编码将地址分组类似。将子网格式化成可方便发送有关网络与目录连接物理信息的形式，将计算机置于一个或多个连接好的子网中，充分体现了站点所有计算机必须连接良好这一标准，原因是同一子网中计算机的连接情况通常优于网络中任意选取的计算机。

（2）域控制器

域控制器是指运行 Windows Server 2008 的服务器，它保存了活动目录信息的副本。域控制器管理目录信息的变化，并把这些变化复制到同一个域中的其他域控制器上，使各域控制器上的目录信息同步。域控制器也负责用户的登录过程以及其他与域有关的操作，如身份鉴定、目录信息查找等。一个域可以有多个域控制器。规模较小的域可以只需要两个域控制器，一个实际使用，另一个用于容错性检查，规模较大的域可以使用多个域控制器。

尽管活动目录支持多主机复制方案，然而由于复制引起的通信流量以及网络潜在的冲突，变化的传播并不一定能够顺利进行，因此有必要在域控制器中指定全局目录服务器以及操作主机。全局目录是一个信息仓库，包含活动目录中所有对象的一部分属性，往往是在查询过程中访问最为频繁的属性。利用这些信息，可以定位到任何一个对象实际所在的位置。

全局目录服务器是一个域控制器，它保存了全局目录的一份副本，并执行对全局目录的查询操作。全局目录服务器可以提高活动目录中大范围内对象检索的性能，如在域林中查询所有的打印机操作。如果没有一个全局目录服务器，那么这样的查询操作必须要调动域林中每一个域的查询过程。如果域中只有一个域控制器，那么它就是全局目录服务器；如果有多个域控制器，那么管理员必须把一个域控制器配置为全局目录控制器。

4.1.3 域中的计算机分类

在域结构的网络中，计算机身份是一种不平等的关系，存在着以下 4 种类型。

1）域控制器：域控制器类似于网络“看门人”，用于管理所有的网络访问，包括登录服务器、访问共享目录和资源。域控制器存储了所有的域范围内的账户和策略信息，包括安全策略、用户身份验证信息和账户信息。在网络中，可以将多台计算机配置为域控制器，以分担用户的登录和访问。多个域控制器可以一起工作，自动备份用户账户和活动目录数据，即使部分域控制器瘫痪，网络访问仍然不受影响，提高了网络安全性和稳定性。

2）成员服务器：成员服务器是指安装了 Windows Server 2008 操作系统，又加入了域的计算机，但没有安装活动目录，这时服务器的主要目的是为了提供网络资源，也被称为现有域中的附加域控制器。成员服务器通常具有文件服务器、应用服务器、数据库服务器、Web 服务器、证书服务器、防火墙、远程访问服务器、打印服务器等各种类型服务器的功能。

3）独立服务器：独立服务器和域没有什么关系，如果服务器不加入到域中也不安装活动目录，就称为独立服务器。独立服务器可以创建工作组，和网络上的其他计算机共享资源，但不能获得活动目录提供的任何服务。

4）域中的客户端：域中的计算机还可以是安装了 Windows XP/Windows 2000 Server 等其他操作系统的计算机，用户利用这些计算机和域中的账户，就可以登录到域，成为域中的客户端。域用户账号通过域的安全验证后，即可访问网络中的各种资源。

服务器的角色可以改变，如服务器在删除活动目录时，如果是域中最后一个域控制器，则使该服务器成为独立服务器，如果不是域中唯一的域控制器，则将使该服务器成为成员服务器。同时，独立服务器既可以转换为域控制器，也可以加入到某个域成为成员服务器。

4.2 【新手任务】安装 Windows Server 2008 域控制器

【任务描述】

企业网络采用域的组织结构，可以使得局域网的管理工作变得更集中、更容易、更方便。虽然活动目录具有强大的功能，但是安装 Windows Server 2008 操作系统时并未自动生成活动目录。因此，管理员必须通过安装活动目录来建立域控制器，并通过活动目录的管理来实现针对各种对象的动态管理与服务。同时客户机登录域的操作也是组建域网络必不可少的部分，也是网络管理员应该熟练掌握的基本技能之一。

【任务目标】

作为网络管理员，只有明确安装域控制器的条件和准备工作，掌握域网络的组建流程和操作技术，才能在服务器上安装好 Windows Server 2008 操作系统。为此，可以启用活动目录安装向导，成功安装活动目录后，将使得一个独立服务器升级为域控制器。同时通过任务，还应能够区分登录窗口，例如是登录域而不是登录本机的登录框。

4.2.1 创建第一台域控制器

活动目录是 Windows Server 2008 非常关键的服务，它不是孤立的，与许多协议和服务有着非常紧密的关系，并涉及整个操作系统的结构和安全。因此，活动目录的安装并非像安装一般 Windows 组件那样简单，必须在安装前完成一系列的准备，并要注意事项如下。

1）文件系统和网络协议：Windows Server 2008 所在的分区必须是 NTFS，活动目录需要一个 SYSVOL 文件夹来存储域共享文件，该文件夹必须创建在 NTFS 磁盘内，系统默认是将其新建在系统磁盘（安装 Windows Server 2008 的磁盘，它是 NTFS 磁盘）。如果要将其存储到其他磁盘的话，该磁盘必须是 NTFS 磁盘，同时计算机上要正确安装了网卡驱动程序，并启用了 TCP/IP。

2）域结构规划：活动目录可包含多个域，只有合理地规划目录结构，才能充分发挥活动目录的优越性。在组建一个全新的 Windows Server 2008 网络时，所安装的第一台域控制器将生成第一个域，这个域也被称为根域。选择根域最为关键。根域名字的选择可以有以下几种方案。

- 使用一个已经注册的 DNS 域名作为活动目录的根域名，以使企业的公共网络和私有网络使用同样的 DNS 名称。
- 使用一个已经注册的 DNS 域名的子域名作为活动目录的根域名。
- 活动目录使用与已经注册的 DNS 域名完全不同的域名，使企业网络在内部和互联网上呈现出两种完全不同的命名结构。

3）域名策划：目录域名通常是该域的完整 DNS 名称，如“abc.net”。同时，为了确保向下兼容，每个域还应当有一个与 Windows 2000 Server 以前版本相兼容的名称，如“abc”。

提示：在 TCP/IP 网络中，DNS（Domain Name System，域名解析）是用来解决计算机名字和 IP 地址的映射关系的。活动目录和 DNS 的关系密不可分，它使用 DNS 服务器来登记域控制器的 IP、各种资源的定位等，因此在一个域林中至少要有一个 DNS 服务器存在。Windows Server 2008 中的域也是采用 DNS 的格式来命名的。

为了本单元说明的方便，以图 4-12 所示的拓扑图为样本，在该网络的域林中有两个域树：cninfo.com 和 information.com，其中 cninfo.com 域树下有 hb.cninfo.com 子域，在 cninfo.com 域中有两个域控制器：a.cninfo.com 和 b.cninfo.com；hb.cninfo.com 子域中除了有一个域控制器（a.hb.cninfo.com）外，还有一个成员服务器（b.hb.cninfo.com）。首先创建 cninfo.com 域树，然后再创建 information.com 域树，将其加入到林中。

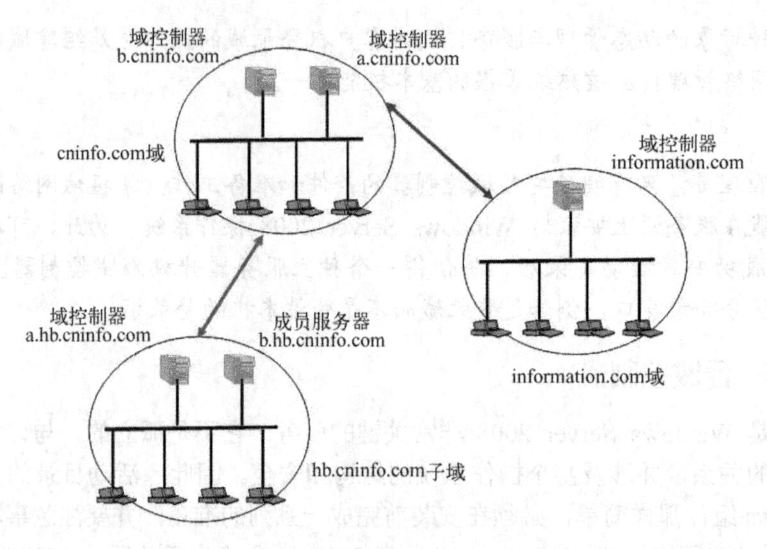

图 4-12　网络规划拓扑图

用户要将自己的服务器配置成域控制器，应该首先安装活动目录，以发挥活动目录的作用。系统提供的活动目录安装向导，可以帮助用户配置自己的服务器，如果网络没有其他域控制器，可将服务器配置为域控制器，并新建子域、新建域目录树。如果网络中有其他域控制器，可以把服务器设置为附加域控制器，加入旧域、旧目录树。

在 Windows Server 2008 中安装活动目录可以参照下述步骤进行操作。

1）首先确认“本地连接”属性 TCP/IP 首选 DNS 是否指向了本机（本例为 192.168.1.27），然后选择“开始”→“服务器管理器”命令打开“服务器管理器”，在左侧选择“角色”一项之后，单击右部区域的“添加角色”链接，并且在如图 4-13 所示的对话框中选中“Active Directory 域服务”复选框。

2）单击“下一步”按钮继续操作，在如图 4-14 所示的对话框中，针对域服务进行了相关的介绍。

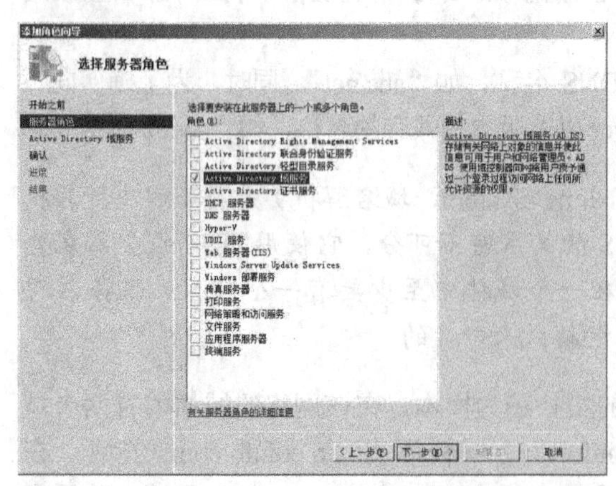

图 4-13　选择“Active Directory 域服务”复选框

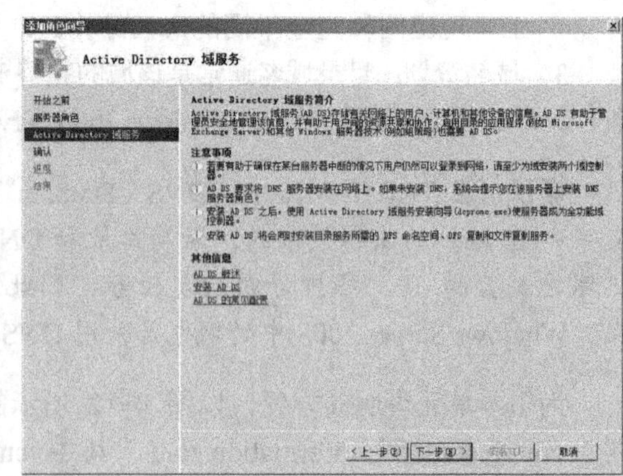

图 4-14　域服务简介

3）单击“下一步”按钮继续操作，在如图 4-15 所示的对话框中显示了安装域服务的相关信息，确认安装可以单击“安装”按钮。

4）域服务安装完成之后，可以在如图 4-16 所示的对话框中查看到当前计算机已经安装了 Active Directory 域控制器，单击“关闭”按钮退出添加角色向导。

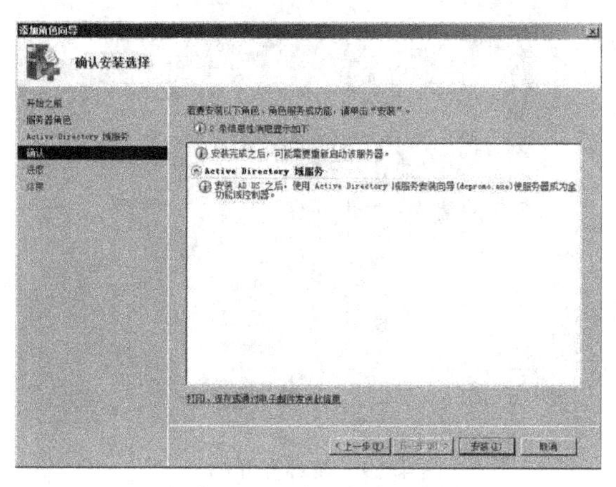

图 4-15　域服务安装信息

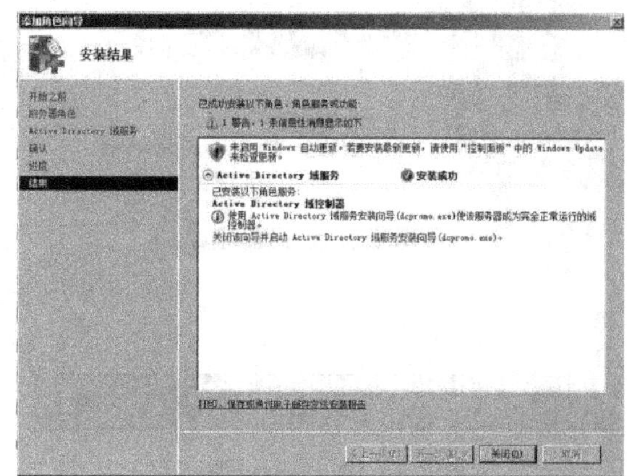

图 4-16　域服务安装成功

5）返回“服务器管理器”窗口，在如图 4-17 所示的窗口中可以查看到 Active Directory 域服务已经安装，但是还没有将当前服务器作为域控制器运行，因此需要单击右部窗格中蓝色的“运行 Active Directory 域服务安装向导（dcpromo.exe）”链接来继续安装域服务。也可以单击“开始”菜单 ，在搜索栏中输入 dcpromo.exe 命令打开域服务安装向导。

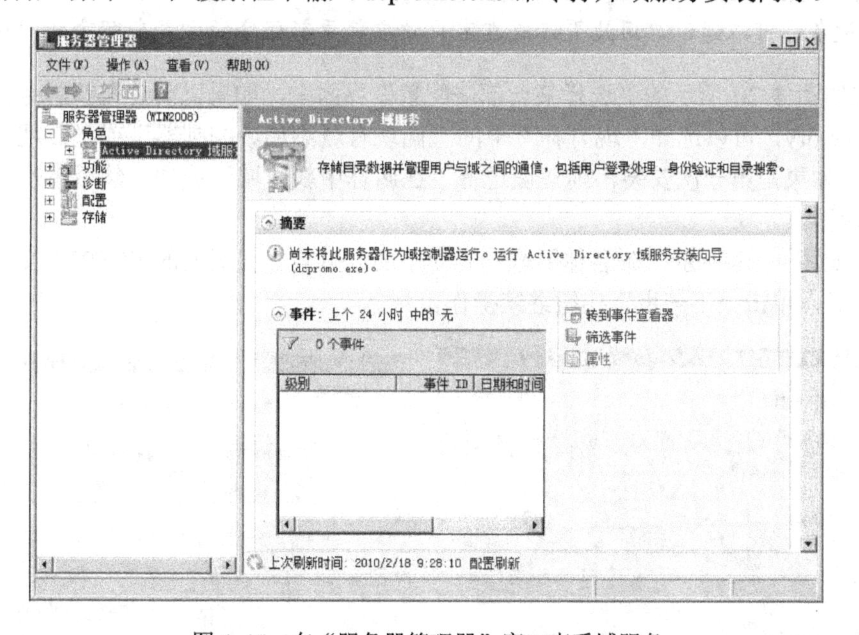

图 4-17　在“服务器管理器”窗口查看域服务

6）在域服务安装向导的欢迎界面中可以选中“使用高级模式安装”复选框，这样可以对域服务器中更多的高级选项部分进行设置，如图 4-18 所示。单击“下一步”按钮继续操作。

7）在如图 4-19 所示的“操作系统兼容性”界面中，简单介绍了 Windows Server 2008 域控制器和以前版本的 Windows 之间有可能存在的兼容性问题，可以了解相关知识，然后单击“下一步”按钮。

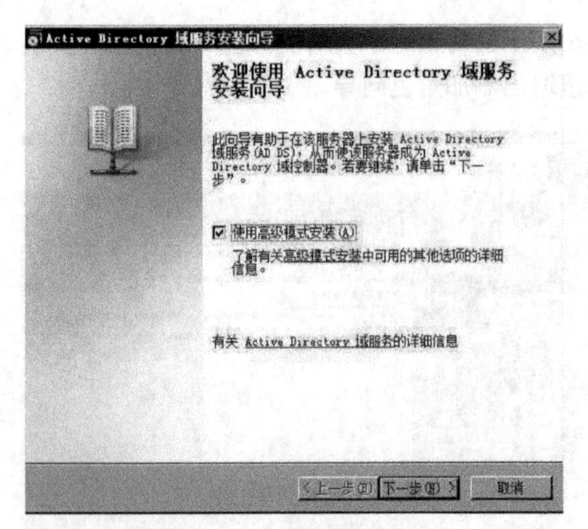

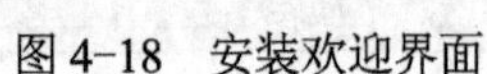
图 4-18 安装欢迎界面

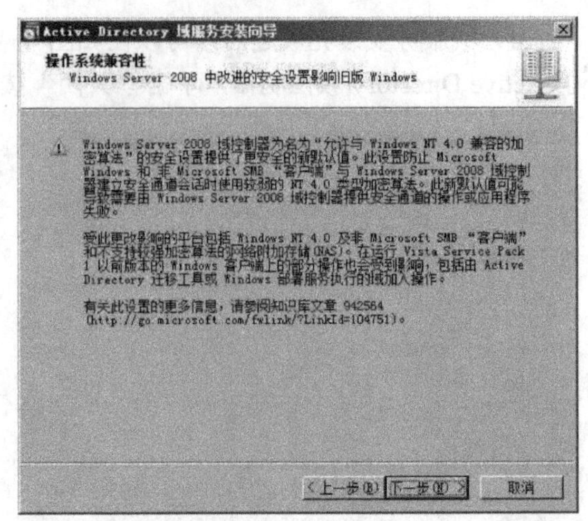

图 4-19 兼容性介绍

提示：由于 Windows Server 2008 域控制器的“允许与 Windows NT 4.0 兼容的密码编译算法”策略默认是不允许客户端采用安全性较差的旧式密码编译算法来跟 Windows Server 2008 域控制器通信。因此它会让 Windows NT 4.0 等采用旧式算法的客户端无法与 Windows Server 2008 域控制器连接。这个策略也会影响到 SAMBA 等非 Microsoft 的 SMB 客户端与 NAS 存储设备。可以通过启用此策略或在客户端安装更新程序的方式来解决此问题。

8）在如图 4-20 所示的“选择某一部署配置”界面中，如果以前曾在该服务器上安装过 Active Directory，可以选择“现有林”下的“向现有域添加域控制器”或“在现有林中新建域”选项；如果是第一次安装，则建议选择“在新林中新建域”选项，然后单击“下一步”按钮继续操作。

9）在如图 4-21 所示“命名林根域”界面中的“目录林根级域的 FQDN”文本框中输入“cninfo.com”，单击“下一步”按钮继续操作。

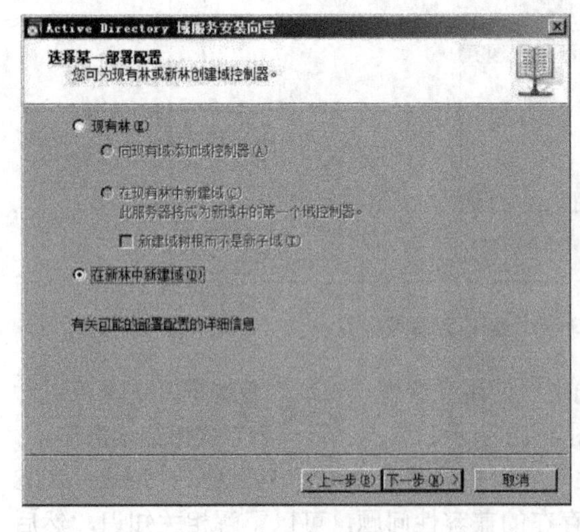

图 4-20 选择“在新林中新建域”选项

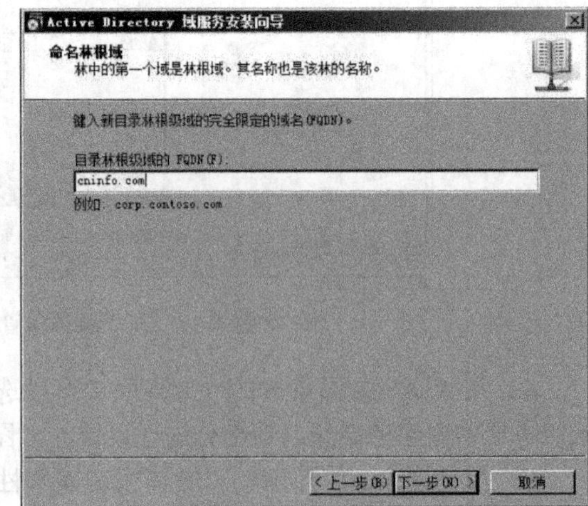

图 4-21 输入域名

提示：FQDN（Fully Qualified Domain Name，完全合格域名/全称域名）是指主机名加上全路径，全路径中列出了序列中所有域成员。它可以从逻辑上准确地表示出主机在什么地方。也可以说，FQDN 是主机名的一种完全表示形式。完全合格域名在实际使用过程中是非常有用的，电子邮件就使用它作为收信人的电子邮件地址，例如 lbj7681@ angel.com.cn。

10）在如图 4-22 所示的“域 NetBIOS 名称”界面中，系统会自动出现默认的域 NetBIOS 名称，此时可以直接单击“下一步”按钮。

提示：除了 DNS 域名 cninfo.com 之外，系统会另外创建一个 NetBIOS 域名，它让不支持 DNS 域名的旧版的 Windows 系统（如 Windows 98、Windows NT）能够通过 NetBIOS 域名来与此域通信。系统默认的 NetBIOS 域名为 DNS 域名第 1 个句点左边的文字，例如，DNS 域名为 cninfo.com，则 NetBIOS 域名为 CNINFO。安装程序会检查 DNS 与 NetBIOS 域名是否已被使用。

11）在如图 4-23 所示的“设置林功能级别”界面中，可以选择多个不同的林功能级别：“Windows 2000”、“Windows Server 2003”、“Windows Server 2008”，考虑到网络中有低版本的 Windows 系统计算机，此时建议选择“Windows 2000”一项，然后单击“下一步”按钮。

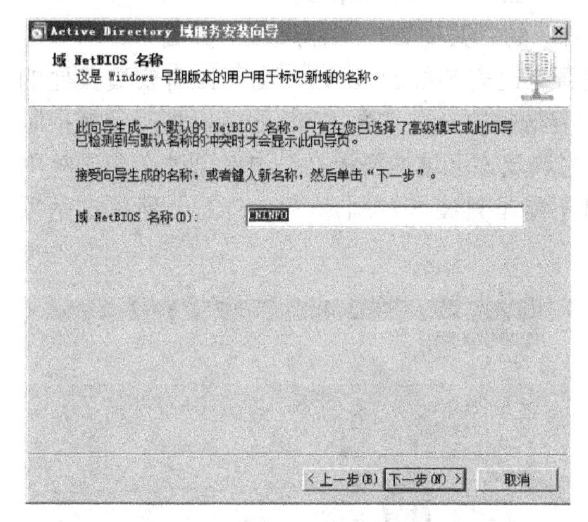

图 4-22　设置 NetBIOS 信息

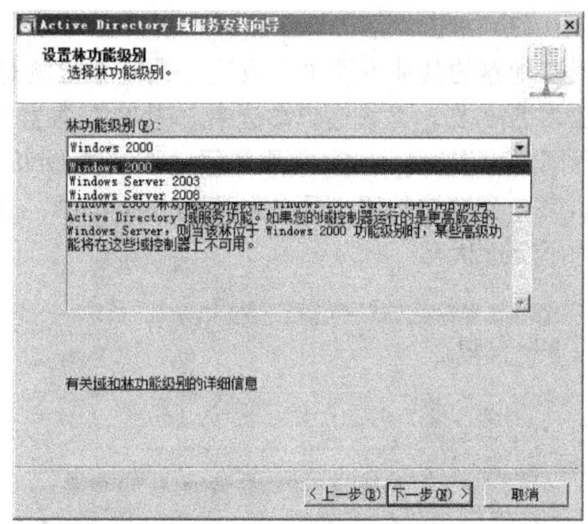

图 4-23　选择林功能级别

提示：林和域的功能级别越高，兼容性越小，但是能使用更多域的功能，表 4-1 和表 4-2 分别阐述了域和林的每一个功能级别启用的重要特性，也展示了被每一个功能级别支持的域控制器操作系统。要注意的是，功能级别的提升是单向的。例如，选择 Windows Server 2008 的林功能级别，就不能再降为 Windows Server 2003 或是 Windows 2000。

表 4-1　林功能级

林功能级	启用的特性	支持操作系统
Windows 2000	所有默认活动目录特性及以下特性：①启用通信组及安全组的通用组作用域；②组嵌套；③支持组类型转换	Windows 2000 Windows Server 2003 Windows Server 2008
Windows Server 2003	所有默认活动目录特性及以下特性：①林信任；②域重命名；③链接值复制；④部署运行只读域控制器；⑤支持基于角色的授权	Windows Server 2003 Windows Server 2008
Windows Server 2008	提供了 Windows Server 2003 林功能级中所有有效的特性，并没有额外增加特性。所有在后续操作中添加进林的域，将会默认在 Windows Server 2008 域功能级下工作	Windows Server 2008

表 4-2　域功能级

域功能级	启用的特性	支持操作系统
Windows 2000 纯模式	所有默认活动目录特性及以下特性：①启用通信组及安全组的通用组作用域；②组嵌套；③支持组类型转换	Windows 2000 Windows Server 2003 Windows Server 2008
Windows Server 2003	所有默认活动目录特性、所有来自 Windows 2000 纯模式的特性及以下特性：①提供域控制器重命名的域管理工具 netdom.exe；②更新登录时间戳；③重定向用户及计算机容器的能力；④使授权管理器在 AD 域服务中储存授权策略成为可能；⑤包括强制授权；⑥支持选择性验证	Windows Server 2003 Windows Server 2008
Windows Server 2008	所有默认活动目录特性、所有来自 Windows Server 2003 的特性及以下特性：①SYSVOL 支持分布式文件系统手电筒（DFSR）；②Kerberos 协议支持高级加密服务；③详细记录最后一次交互登录信息；④细致灵活的多元密码策略	Windows Server 2008

12）在如图 4-24 所示的“设置域功能级别”界面中，可以选择多个不同的域功能级别：“Windows 2000 纯模式”、“Windows Server 2003”、“Windows Server 2008”，考虑到网络中有低版本的 Windows 系统计算机，此时建议选择“Windows 2000 纯模式”一项。

13）单击“下一步”按钮，在如图 4-25 所示的“其他域控制器选项”界面中，可以对域控制器的其他方面进行设置。系统会检测是否有已安装好的 DNS，由于没有安装其他的 DNS 服务器，系统会自动选中“DNS 服务器”复选框来一并安装 DNS 服务，使得该域控制器同时也作为一台 DNS 服务器，该域的 DNS 区域及该区域的授权会被自动创建。由于林中的第一台域控制器必须是全局编录服务器，且不能是只读域控制器（RODC），所以这两项为不可选状态。

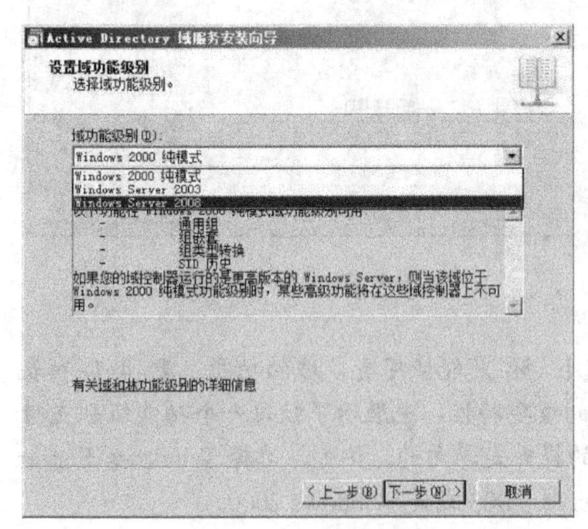

图 4-24　选择域功能级别

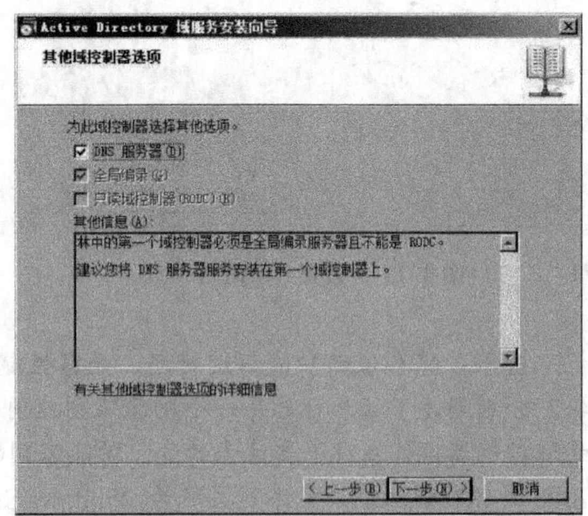

图 4-25　设置其他域控制选项

提示：①有了域林之后，同一域林中的域控制器共享一个活动目录。这个活动目录是分散存放在各个域的域控制器上的，每个域中的域控制器存有该域的对象的信息。如果一个域的用户要访问另一个域中的资源，这个用户要能够查找到另一个域中的资源才行。为了让每一用户能够快速查找到另一个域内的对象，微软公司设计了全局编录（Global Catalog，GC）。全局编录包含了整个活动目录中每一个对象的最重要的属性（即部分属性，而不是全部），这使得用户或者应用程序即使不知道对象位于哪个域内，也可以迅速找到被访问的对象。②只读域控制器必须从域内运行 Windows Server 2008 的可写域控制器进行复制，因此仅当域内存在 Windows Server 2008 的可写域控制器的情况下添加一台只读域控制器至域时，该选项有效。

14）单击“下一步”按钮，在如图 4-26 所示的信息提示对话框中，单击“是”按钮继续安装，之后在活动目录的安装过程中，将在这台计算机上自动安装和配置 DNS 服务，并且自动配置自己为首选 DNS 服务器。

15）单击“下一步”按钮，在如图 4-27 所示的“数据库、日志文件和 SYSVOL 的位置”界面中，需要指定包含这些文件所在的卷及文件夹的位置。

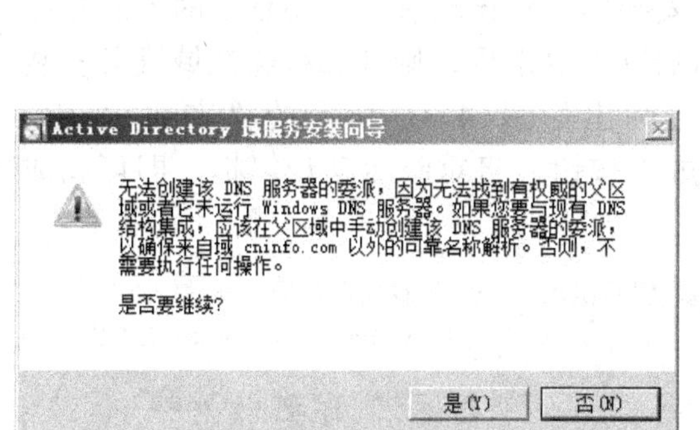

图 4-26　信息提示

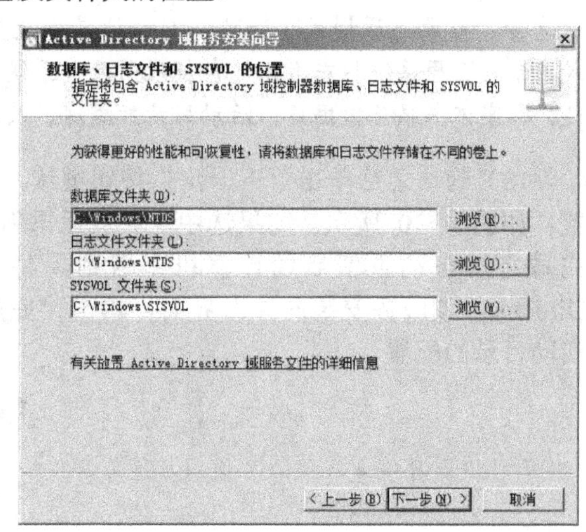

图 4-27　指定数据库、日志文件以及 SYSVOL 的位置

提示：数据库存储有关用户、计算机和网络中的其他对象的信息；日志文件记录与活动目录服务有关的活动，例如有关当前更新对象的信息；SYSVOL 存储组策略对象和脚本。默认情况下，SYSVOL 是位于%windir%目录中的操作系统文件的一部分，必须位于 NTFS 分区。如果在计算机上安装有 RAID（独立冗余磁盘阵列）或几块磁盘控制器，为了获得更好的性能和可恢复性，建议将数据库和日志文件分别存储在不包含程序或者其他非目录文件的不同卷（或磁盘）上。

16）单击“下一步”按钮，在如图 4-28 所示的“目录服务还原模式的 Administrator 密码”界面中输入两次完全一致的密码，用以创建目录服务还原模式的超级用户账户密码。

17）单击“下一步”按钮，在如图 4-29 所示的“摘要”界面中，可以查看在以上各步骤中配置的相关信息。

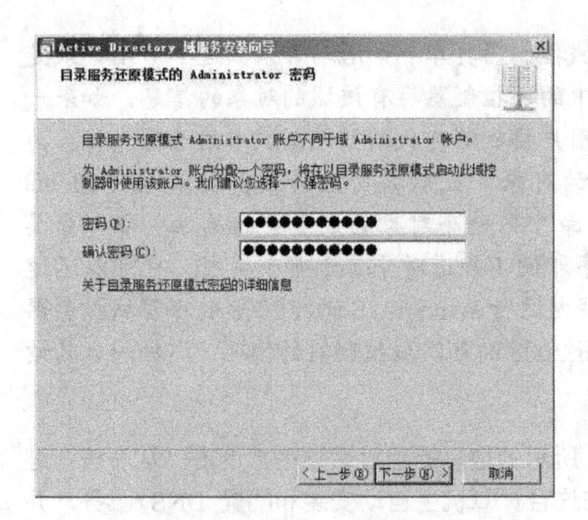

图 4-28　创建目录服务还原模式的账户密码

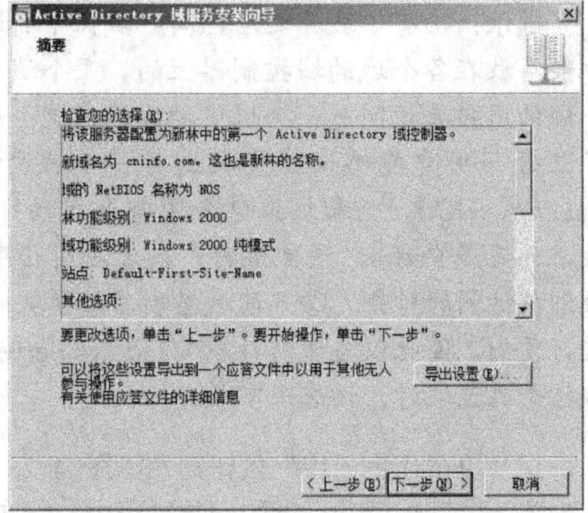

图 4-29　域服务安装摘要信息

提示：当启动 Windows Server 2008 时，在键盘上按〈F8〉键，在出现的启动选择菜单中选择“目录还原模式”选项，启动计算机就要输入该密码。目录还原模式是一个安全模式，允许还原系统状态数据，包括注册表、系统文件、启动文件、Windows 文件保护下的文件、数字证书服务数据库、活动目录数据库、共享的系统卷等。

18）确认之后单击“下一步”按钮继续，安装向导将自动进行活动目录的安装和配置，如图 4-30 所示。如果选中“完成后重新启动”复选框，则计算机会在域服务安装完成之后自动重新启动计算机；否则，将会弹出如图 4-31 所示的“完成 Active Directory 域服务安装向导”界面，单击“完成”按钮，将重新启动计算机，即可完成活动目录的配置。

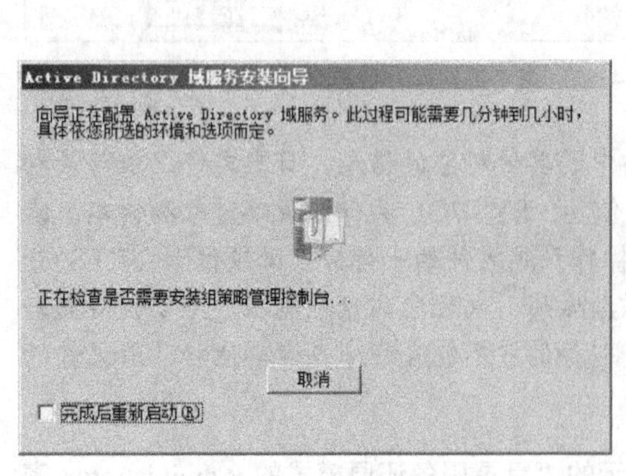

图 4-30　活动目录配置过程

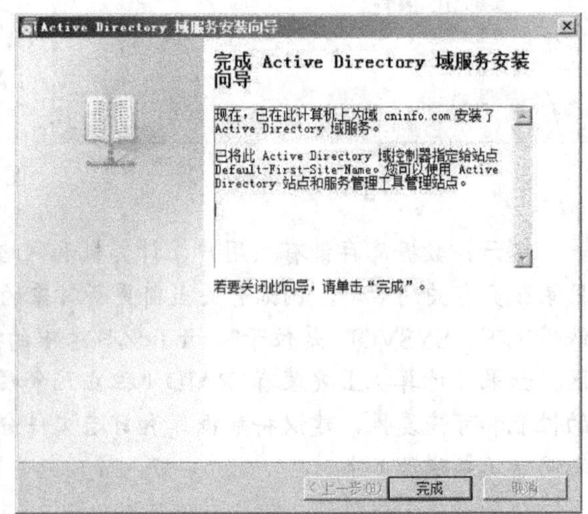

图 4-31　完成服务向导

活动目录安装好之后，可以选择“开始”→“管理工具”命令，查看 Windows Server 2008 的管理工具安装之后出现的变化，如图 4-32 所示。菜单中增加了有关活动目录的几个管理工具，其中“Active Directory 用户和计算机”用于管理活动目录的对象、组策略和权限等；“Active Directory 域和信任关系”用于管理活动目录的域和信任关系；“Active Directory 站点和服务”用于管理活动目录的物理结构站点。

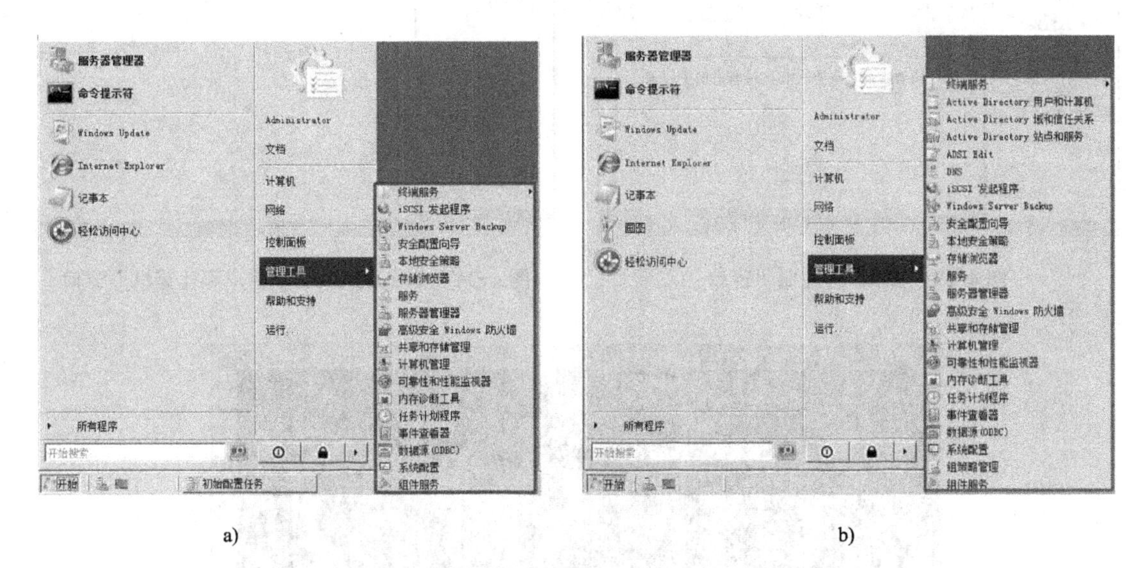

图 4-32　管理工具菜单安装活动目录之后的变化

a) 安装前　b) 安装后

注意：在活动目录安装之后，不但服务器的开机和关机时间变长，而且系统的执行速度也变慢，所以如果用户对某个服务器没有特别要求或不把它作为域控制器来使用，可将该服务器上的活动目录删除，使其降级为成员服务器或独立服务器。要删除活动目录，需打开“开始”菜单，选择“运行”命令，在打开的“运行”对话框中输入“dcpromo”命令，然后单击“确定”按钮，打开“Active Directory 安装向导”对话框，并按着向导的步骤进行删除，这里不再介绍其过程。

在服务器上确认域控制器成功安装的方法如下。

1）由于域中的所有对象都依赖于 DNS 服务，因此，首先应该确认与域控制器集成的 DNS 服务器的安装是否正确。测试方法：选择“开始”→“所有程序”→“管理工具”→“DNS”命令，打开如图 4-33 所示的窗口，选择“正向查找区域”选项，可以见到与域控制器集成的正向查找区域的多个子目录，这是域控制器安装成功的标志。

2）选择“开始”→“管理工具”命令，在“管理工具”菜单选项的列表中，可以看到系统已经有域控制器的若干菜单选项。选择其中的“Active Directory 用户和计算机”选项，打开如图 4-34 所示的“Active Directory 用户和计算机”窗口，选择“Domain Controllers”选项，可以看到安装成功的域控制器。此外，在“控制面板”的“系统属性”对话框中，选择“计算机名”选项卡，也可以看到域名表示的域控制器的完整域名。

3）选择“开始”→“命令提示符”命令，进入 DOS 命令提示符状态，输入“ping cninfo.com”，若能 ping 通，则代表域控制器安装成功，如图 4-35 所示。

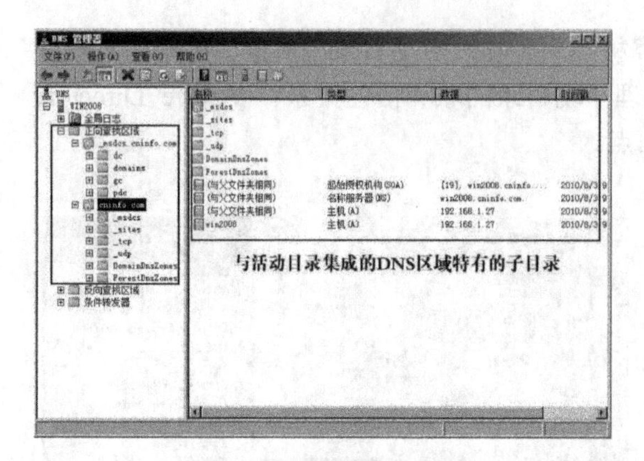

图 4-33 “DNS 管理器“窗口

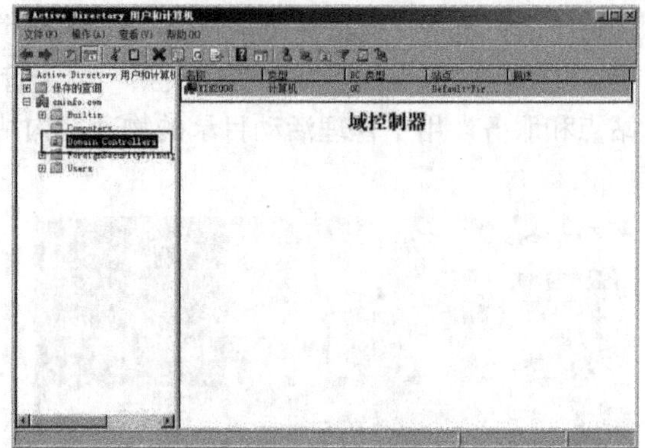

图 4-34“Active Directory 用户和计算机”窗口

```
管理员: C:\Windows\system32\cmd.exe
Microsoft Windows [版本 6.0.6002]
版权所有 (C) 2006 Microsoft Corporation。保留所有权利。

C:\Users\Administrator>ping cninfo.com

正在 Ping cninfo.com [192.168.1.27] 具有 32 字节的数据:
来自 192.168.1.27 的回复: 字节=32 时间=1ms TTL=128
来自 192.168.1.27 的回复: 字节=32 时间=2ms TTL=128
来自 192.168.1.27 的回复: 字节=32 时间=1ms TTL=128
来自 192.168.1.27 的回复: 字节=32 时间=1ms TTL=128

192.168.1.27 的 Ping 统计信息:
    数据包: 已发送 = 4, 已接收 = 4, 丢失 = 0 (0% 丢失),
往返行程的估计时间(以毫秒为单位):
    最短 = 1ms, 最长 = 2ms, 平均 = 1ms

C:\Users\Administrator>_
```

图 4-35　DOS 命令提示符窗口

提示：Ping (Packet Internet Grope，Internet 包探测器) 是 Windows 系统自带的一个可执行命令，用于测试网络连接量的程序。Ping 发送一个 ICMP 回声请求消息给目的地，并报告是否收到所希望的 ICMP 回声应答。它是用来检查网络是否通畅或者网络连接速度的命令，用时延来表示，其值越大，速度越慢。作为网络管理员来说，这是第一个必须掌握的 DOS 命令。它的原理是这样的：网络上的机器都有唯一的 IP 地址，给目标 IP 地址发送一个数据包，对方就要返回一个同样大小的数据包，根据返回的数据包可以确定目标主机的存在。用好它可以很好地分析判定网络故障。其应用格式为：Ping　IP 地址或域名。该命令还可以附加许多参数使用，具体方法是：输入 Ping 命令，然后按〈Enter〉键，即可看到详细说明。

4.2.2　创建子域

为了使文件分类更加详细，管理更加简便，往往需要在指定文件夹下创建多个不同名称的子文件夹。企业网络的管理同样可以采用这种方法，可以根据内部分工的不同为每个部门创建不同的域，进而为同一部门下不同的小组创建子域，这样不仅可以方便管理，而且可以对不同的小组进行横向比较。

1．创建子域注意事项

创建子域时稍有不慎就会导致操作失败，通常情况下应注意以下 4 个方面。

- 使用具有充分权限的用户账户登录域控制器：被提升为子域的计算机必须是已加入域的成员，并且以 Active Directory 中 Domain Admins 组或 Enterprise Admins 组的用户账户登录到域控制器，否则将会被提示无权提升域控制器。
- 操作系统版本的兼容性：被提升为子域控制器的计算机必须安装 Windows Server 2008（Windows Server 2008 Web Edition 除外）或 Windows Server 2003 操作系统。
- 正确配置 DNS 服务器：必须将当前计算机的 DNS 服务器指向主域控制器，并且保证域控制器的 DNS 已经被正确配置，否则将会被提示无法联系到 Active Directory 域控制器。
- 域名长度：Active Directory 域名最多包含 64 个字符或 155 字节。

2．创建子域

当需要更为详细地划分某个域范围或者空间时，可以为其创建子域。建成子域后，该域也就成了父域，其下所有的子域名称中均包含其（父域）名称。创建子域的过程和创建主域控制器的过程基本相似，以在 cninfo.com 的域下面创建的 hb 子域为例，其具体的操作步骤为如下。

1）首先确认“本地连接”属性 TCP/IP 首选 DNS 是否指向了域控制器（本例为 192.168.1.27），同时确认本地 IP 地址（本例设置为 192.168.1.28）和域控制器在同一个网段，以及本计算机被加入到域并成为到域的成员。

2）选择“开始”→“服务器管理器”命令，打开服务器管理器，按照上述“安装活动目录”的方法启动“Active Directory 域服务安装向导”，在“选择某一部署配置”界面中，选择“现有林”下的 “在现有林中新建域”选项，单击“下一步”按钮，进入“网络凭据”界面，如图 4-36 所示。在文本框中输入域控制器的域名称，此处为“cninfo.com”。

3）单击“设置”按钮，弹出如图 4-37 所示的“Windows 安全”对话框，输入登录到域控制器的用户名和密码，“域”文本框中会默认显示当前主域控制器的完整域名。

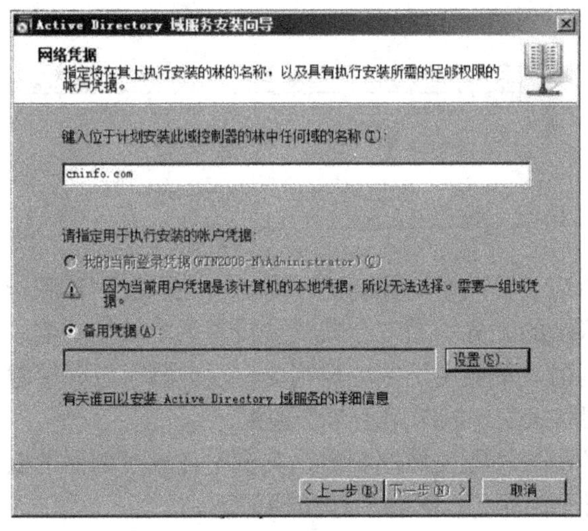

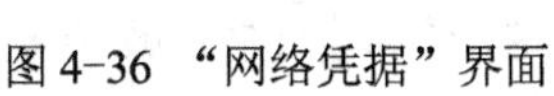
图 4-36 “网络凭据”界面

图 4-37 账户凭据

4）单击“下一步”按钮，进入“命名新域”界面，在“父域的 FQDN”文本框中输入当前域控制器的 DNS 全名“cninfo.com”，在“子域的单标签 DNS 名称”文本框中输入子域名称“hb”，如图 4-38 所示。

5）单击“下一步”按钮，进入“NetBIOS 域名”界面，要求指定子域的 NetBIOS 名称，系统会出现默认的 NetBIOS 名称，建议不要更改。建成后的子域虽然仍要接受来自父域的管理，但是它已经是一台全新的域控制器，其下所有的用户均可直接登录到该域控制器。

6）接下来的操作和全新域控制器的安装完全相同，利用安装向导连续单击“下一步”按钮，直至进入“摘要”界面，此时会发现新的域名中包含父域的域名，可以单击“上一步”按钮，返回前面的界面重新设置。

7）单击“下一步”按钮即可开始安装子域，同样需要几分钟或者更长的时间，并且安装完成后需要重新启动计算机，即可完成子域的创建。

注意：重新启动计算机后，使用安装子域时设定的用户名和密码登录到子域，检查服务器上子域是否成功安装，同时还要在域控制器上检查父域和子域之间是否建立了关系，依次单击“开始”→“管理工具”→“Active Directory 域和信任关系”后，需要展开“cninfo.com”，方可显示子域“hb.cninfo.com”，如图 4-39 所示。

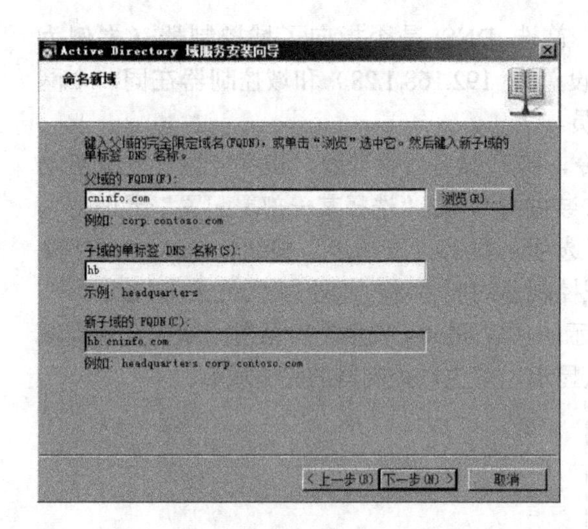

图 4-38 “命名新域”界面

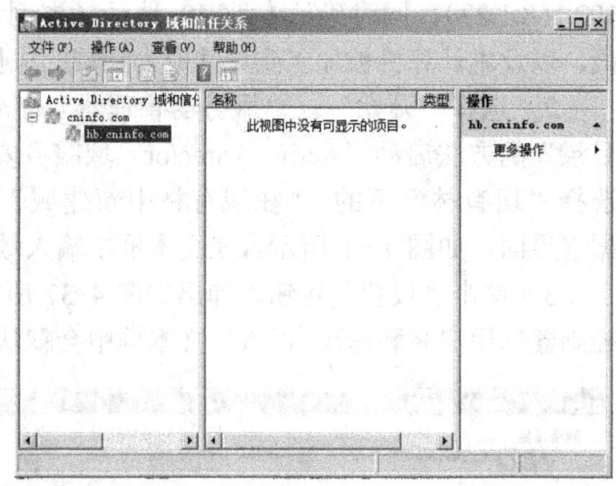

图 4-39 域与子域的关系

4.2.3 创建附加的域控制器

通常情况下，一个功能强大的网络中至少应设置两台域控制器，即一台主域控制器和一台附加域控制器。网络中的第一台安装活动目录的服务器通常会默认被设置为主域控制器，其他域控制器（可以有多台）称为附加域控制器，主要用于主域控制器出现故障时及时接替其工作，继续提供各种网络服务，不致造成网络瘫痪，同时用于备份数据。

前面已经介绍了如何创建一台全新的域控制器，即主域控制器，其实附加域控制器的安装过程与之类似，只是在选择域控制器类型时不同而已，具体操作步骤如下。

1）首先确认“本地连接”属性 TCP/IP 首选 DNS 是否指向了域控制器（本例为

192.168.1.27)，同时确认本地 IP 地址（本例设置为 192.168.1.29）和域控制器在同一个网段，然后选择“开始”→“服务器管理器”命令打开“服务器管理器”，按照上述“安装活动目录”的方法启动“Active Directory 域服务安装向导”，进行至“选择某一部署配置”界面中，选择“现有林”下的 “在现有域添加域控制器”选项，将该计算机设置为域外控制器。

2）单击“下一步”按钮，在“网络凭据”界面中输入主域控制器的名称以及用户名和密码。该用户名必须隶属于目的域的 Domain Admins 组、Enterprise Admins 组，或者是其他授权用户。其他安装过程，请参见上述“安装活动目录”相关内容。

注意：一旦将该计算机升级为额外的域控制器后，原有的本机账户将被删除，密钥（Cryptographic Keys）也将被删除，因此，应当先进行数据备份。另外，已被加密的数据（如文件和电子邮件）也将无法读取，应当先将这些数据解密并备份。

4.2.4 创建域林中的第二棵域树

在活动目录的安装部分多次介绍域控制器的安装和 DNS 服务器有密切的关系，所以当在域林中安装第二棵域树 information.com 时，DNS 服务器要进行一定的设置才能创建域林中的第二棵域树。

在 cninfo.com 域树中，首选 DNS 服务器 IP 地址为 192.168.1.27，仍然使用该 DNS 服务器作为 information.com 域的 DNS 服务器，然后在 cninfo.com 服务器上创建新的 DNS 域 information.com，其具体操作步骤如下。

1）选择“开始”→“管理工具”→“DNS 选项”，弹出“DNS 管理器”窗口，如图 4-40 所示，展开左部的列表，用鼠标右键单击“正向查找区域”，在弹出的快捷菜单中选择“新建区域”命令。

2）在“欢迎使用新建区域向导”窗口中，单击“下一步”按钮，进入“区域类型”界面中，如图 4-41 所示，单击“主要区域”单选按钮。

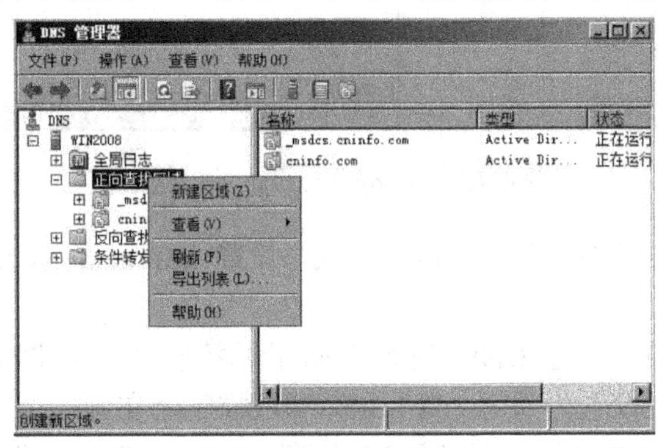

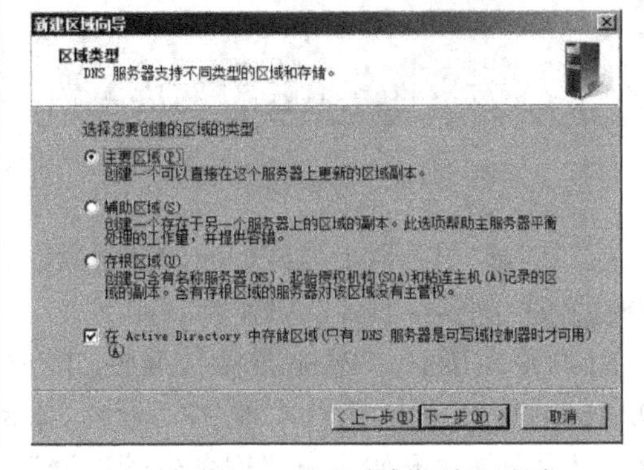

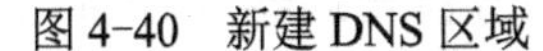
图 4-40 新建 DNS 区域　　　　图 4-41 “区域类型”界面

3）单击“下一步”按钮，进入“Active Directory 区域传送作用域”界面，如图 4-42 所示，根据需要选择如何复制 DNS 区域数据，这里选择第二项“至此域中的所有 DNS 服务器：cninfo.com”。

4）单击“下一步”按钮，进入“区域名称”界面，如图 4-43 所示，输入 DNS 区域名称“information.com”。

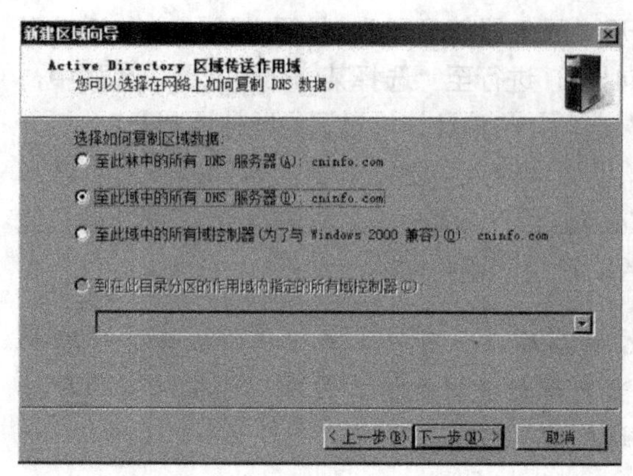

图 4-42　选择如何复制区域数据

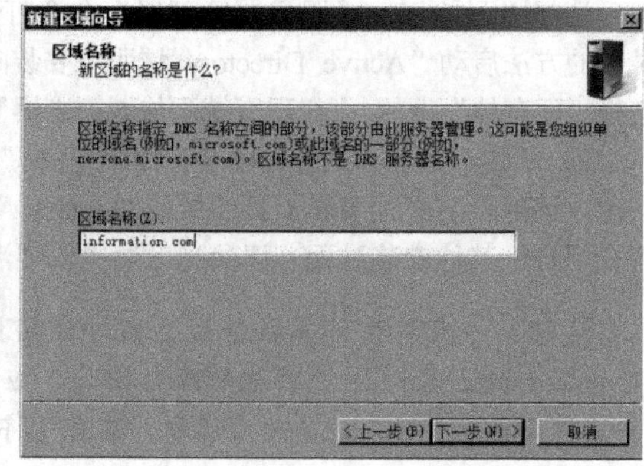

图 4-43　“区域名称”界面

5）单击“下一步”按钮，如图 4-44 所示，选择“只允许安全的动态更新”或者“允许非安全和安全动态更新”单选按钮中的任一个，不要选择“不允许动态更新”单选按钮。

6）单击“下一步”按钮，在“新建区域向导”窗口中单击“完成”按钮，然后在“DNS 管理器”窗口中，可以看到已经创建的 DNS 域 information.com，如图 4-45 所示。

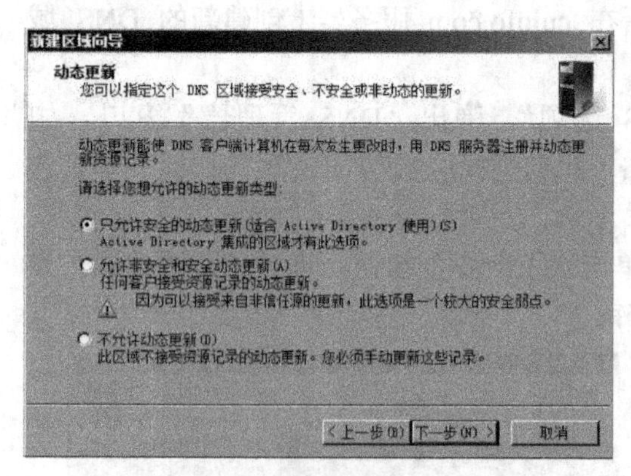

图 4-44　“动态更新”界面

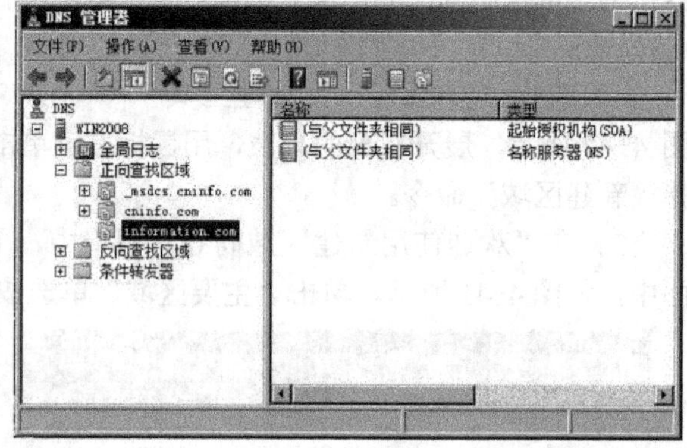

图 4-45　information.com 域创建完成

在 DNS 服务器上做好相应的准备后，在另外一台服务器上安装与设置 information.com 域树的域控制器，具体的操作步骤如下。

1）首先确认“本地连接”属性 TCP/IP 首选 DNS 是否指向了域控制器（本例为 192.168.1.27），同时确认本地 IP 地址（本例设置为 192.168.1.30）和域控制器在同一个网段，然后选择“开始”→“服务器管理器”命令打开“服务器管理器”，按照上述“安装活动目录”的方法启动“Active Directory 域服务安装向导”，进行至“选择某一部署配置”界面中，选择“现有林”下的 “在现有林中新建域”选项，并选中“新建域树根而不是新子域”复选框。

2）单击“下一步”按钮，输入已有域树的根域的域名和管理员的账户、密码，这里已有域树的根域的域名为 cninfo.com，单击“下一步”按钮，如图 4-46 所示，输入新域树根域的 DNS 名，这里应为 information.com。

3）单击“下一步”按钮，新域的 NetBIOS 名为“INFORMATION”，单击“下一步”按钮，后继步骤和创建域林中的第一个域控制器的步骤类似，不再赘述。一一确定后，安装向导开始安装过程。

4）安装完毕重新启动计算机，选择“开始”→“管理工具”→“Active Directory 域和信任关系”命令打开如图 4-47 所示的窗口，可以看到 information.com 域已经存在了。

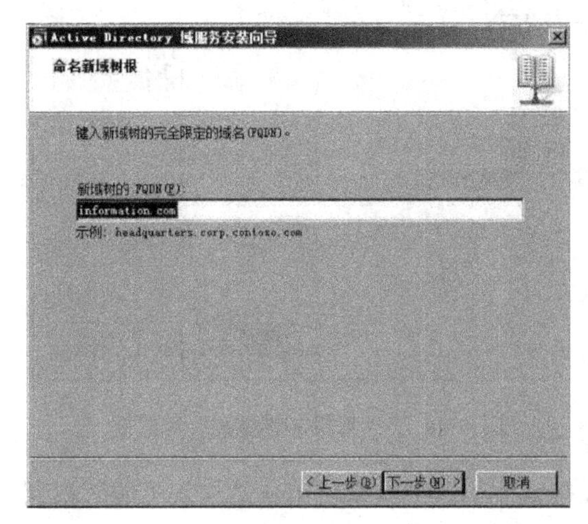

图 4-46　命名新域树根

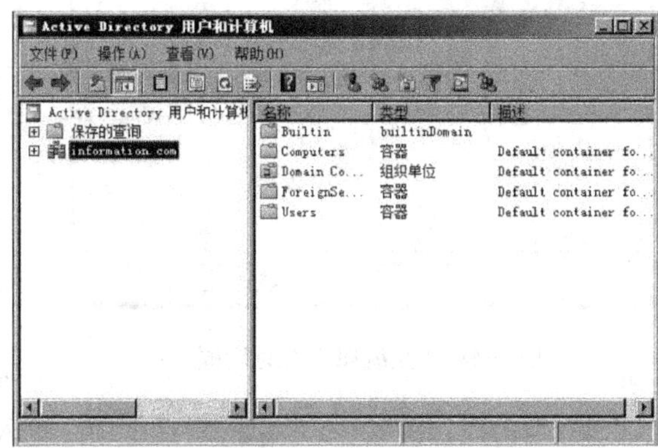

图 4-47　information.com 域

4.2.5　客户机登录到域

域中的客户机既可以是安装了 Windows XP 专业版操作系统的计算机，也可以是 Windows Server 2008 操作系统的服务器。前者成为普通的域工作站，后者将成为域的成员服务器。安装微软公司操作系统的各类客户机加入域的操作过程十分相似。

下面仅以安装 Windows XP 专业版操作系统的客户机为例，对于安装了其他操作系统的客户机，可以参照进行。在域中添加客户机使其成为域的成员之后再按照如下步骤操作。

1）先以 Windows XP 专业版（注意：家庭版不能登录到域）计算机管理员的身份登录本机。由于在设置客户端时，会更改本机的设置。因此在 Windows XP 专业版客户端，必须先以本机管理员的身份登录，否则系统的许多选项为查看模式，不能更改设置。登录本机时，在“用户名”文本框中应输入“Administrator”，在“密码”文本框中应输入在系统安装过程中确定的管理员密码。此时，登录使用的用户名及密码，会在本机的目录数据库中进行登录验证。

2）在需要加入域的计算机上，选择“开始”→“控制面板”命令，在打开的“控制面板”窗口中，双击“系统”图标，在打开的“系统属性”对话框中，选择“计算机名”选项卡，如图 4-48 所示。

3）单击“更改”按钮，打开如图 4-49 所示的“计算机名称更改”对话框。在此对话框中，确认计算机名正确。在“隶属于”选项区中，选中“域”单选按钮，并在文本框中输入 Windows XP 专业版工作站要加入的域名，本例为“cninfo.com”，最后单击“确定”按钮。

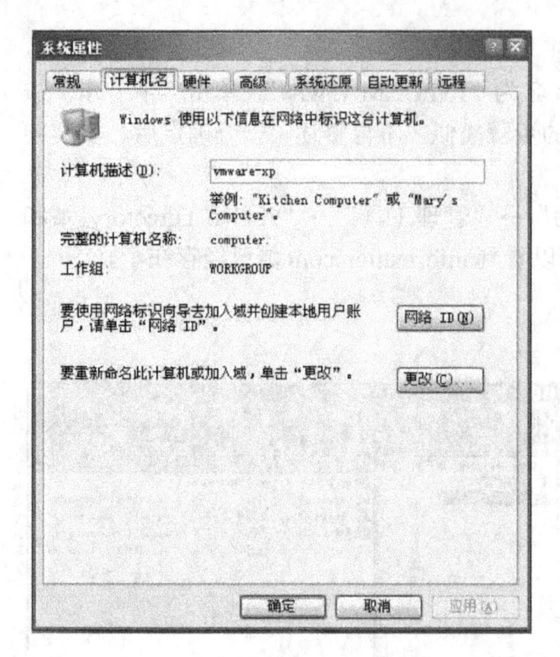

图 4-48 “系统属性”对话框

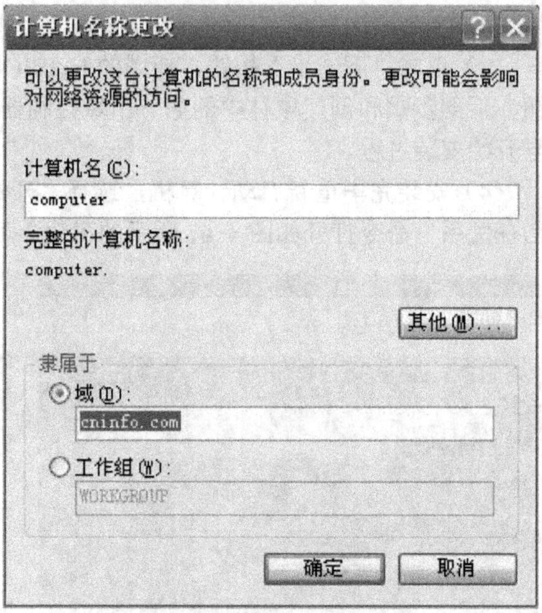

计算机名称更改
可以更改这台计算机的名称和成员身份。更改可能会影响对网络资源的访问。
计算机名(C):
computer
完整的计算机名称:
computer.
其他(M)...
隶属于
域(D):
cninfo.com
工作组(W):
WORKGROUP
确定
取消

图 4-49 “计算机名称更改”对话框

4）当出现如图 4-50 所示的对话框中，输入在域控制器中具有将工作站加入“域”权利的用户账号，而不是工作站本身的系统管理员账户或其他账户。

5）如果成功地加入了域，将打开提示对话框，显示“欢迎加入 cninfo.com 域”的信息，否则提示出错信息，最后单击“确定”按钮。

6）当出现关于“计算机名更改”的重新启动计算机的询问对话框时，单击“确定”按钮，重新启动计算机后，出现如图 4-51 所示的 3 栏登录界面。由于此时的目的是登录域，因此先在“登录到”下拉列表框中选择拟加入域的域控制器的 NetBIOS 名称，本例为“CNINFO”，前两栏则应输入在活动目录中有效的用户名及相应的密码，即可登录到该域。

注意： 当出现如图 4-51 所示的登录界面时，表示该计算机既可以选择登录到域，也可以选择登录到本机。其中的“用户名”与“密码”会通过网络上传到域控制器中的活动目录数据库中进行验证，而“登录到”则使用本机的目录数据库进行登录数据的验证。

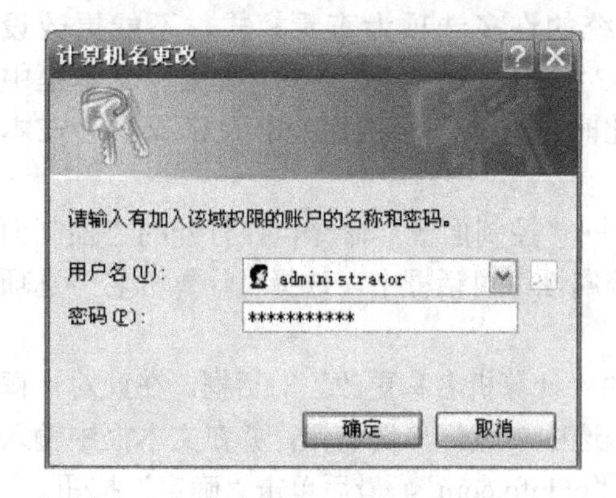

图 4-50 输入用户名和密码

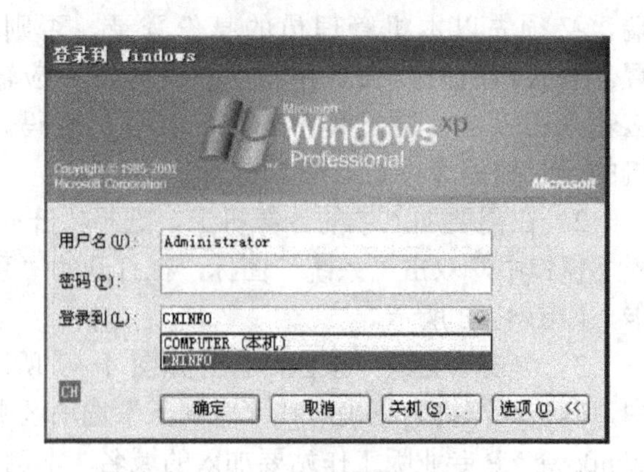

图 4-51 “登录到 Windows”界面

4.3 【扩展任务】Windows Server 2008 活动目录的管理

【任务描述】

活动目录安装后，管理工具里增加了“Active Directory 用户和计算机”、“Active Directory 域和信任关系”、“Active Directory 站点和服务”3 个菜单，主要用于活动目录的相关管理。

【任务目标】

通过任务熟悉活动目录用户和计算机的管理，熟悉活动目录域和信任关系的建立以及掌握活动目录域站点间与站点内的复制及管理。

4.3.1 活动目录用户和计算机

对活动目录用户和计算机进行管理的具体操作步骤如下。

1）选择“开始”→“管理工具”→“Active Directory 用户和计算机”命令，可以打开“Active Directory 用户和计算机”窗口。在该窗口的左部，选择“Computers”，可以显示当前域中的计算机，即成员服务器和工作站，如图 4-52 所示，本例登录的客户端工作站为“Computer”。

2）在“Active Directory 用户和计算机”窗口左部，选择“Domain Controllers”，可以显示当前域中的域控制器，如图 4-53 所示。

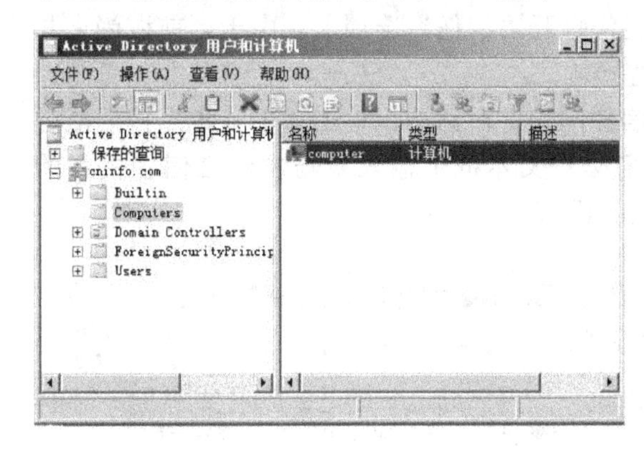

图 4-52　显示当前域中的计算机

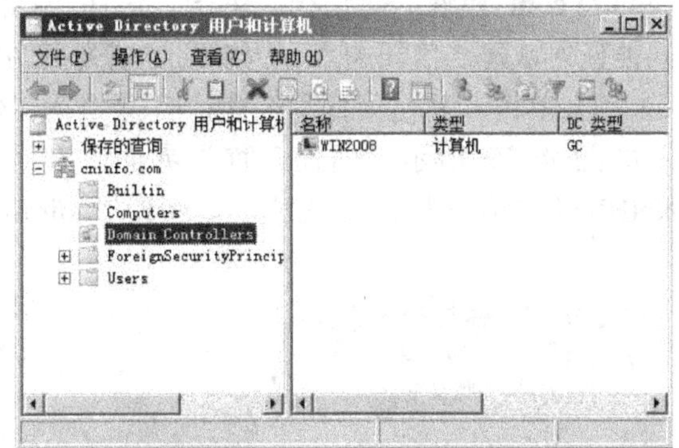

图 4-53　显示域控制器

3）在“Active Directory 用户和计算机”窗口左部，选择“Users”或“Builtin”，可以分别显示域中的用户或组等情况，有关用户和组的内容详见本书的第 5 单元。

4）活动目录的逻辑结构非常灵活，包括域、域树、域林和组织单元（Organizational Unit，OU），它是一个容器对象，可以把域中的对象（用户、组、计算机等）组织成逻辑组，以简化管理工作，反映了企业行政管理的实际框架。具体的创建方法为：在“Active Directory 用户和计算机”窗口左部，选中 information.com，右击，选择“新建”→“组织单元”命令，在“新建对象—组织单元”对话框中，输入组织单元名称，单击“确定”按钮即可。

4.3.2 活动目录域和信任关系

任何一个网络中都可能存在两台甚至多台域控制器，对于企业网络更是如此，因此域和域之间的访问安全自然就成了主要问题。Windows Server 2008 的活动目录为用户提供了信任关系功能，可以很好地解决这些问题。

1．信任关系

信任关系是两个域控制器之间实现资源互访的重要前提，任何一个 Windows Server 2008 域被加入到域目录树后，这个域都会自动信任父域，同时父域也会自动信任这个新域，而且这些信任关系具备双向传递性。由于这个信任关系的功能是通过 Kerberos 安全协议完成的，因此有时也被称为 Kerberos 信任。有时候信任关系并不是由加入域目录树或用户创建产生的，而是由彼此之间的传递得到的，这种信任关系也被称为隐含的信任关系。

2．创建信任关系

当网络中有多个不同的域，又想要让每个用户都可以自由访问网络中的每台服务器（不管用户是否属于这个域）时，域之间需要创建信任关系。在前面的章节中，已创建了一个 cninfo.com 域，主域计算机名为 Win2008，TCP/IP 地址为 192.168.1.27，现在再创建一个 information.com 域，主域计算机名为 Win2008-N，TCP/IP 地址为 192.168.1.32。

下面就以这两个域为例，介绍信任关系的创建。创建信任关系时，首先在计算机 Win2008-N 上进行操作，具体的操作步骤如下。

1）单击“开始”→“管理工具”→“Active Directory 域和信任关系”，在主窗口中使用鼠标右键单击 information.com 域名，从弹出的菜单中选择“属性”，打开如图 4-54 所示“cninfo.com 属性”对话框。单击“信任”标签，打开“信任”选项卡。由于当前域尚未与其他任何域建立信任关系，所以此时域列表为空。

2）单击“新建信任”按钮，打开“新建信任向导”对话框，单击“下一步”按钮，进入如图 4-55 所示“信任名称”界面，在“名称”文本框中输入要与之建立信任关系的 NetBIOS 名称或者 DNS 名称，本例为“cninfo.com”。

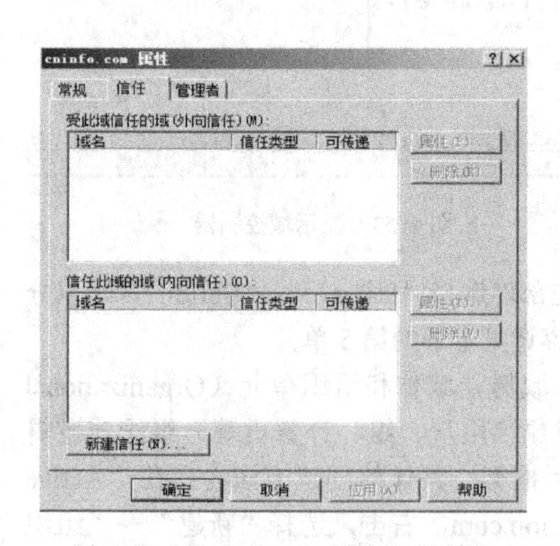

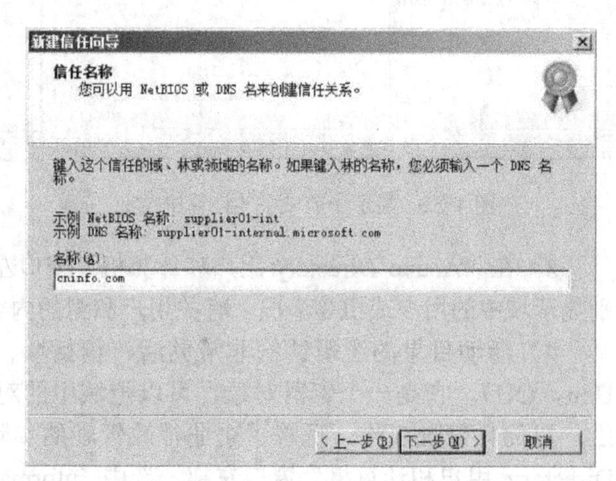

图 4-54 “cninfo.com 属性”对话框　　　　图 4-55 “信任名称”界面

3）单击“下一步”按钮，进入如图 4-56 所示“信任方向”界面，选择信任关系的方向，可以是“双向”、“单向：内传”、“单向：外传”。双向的信任关系实际上是由两个单向的信任关系组成的，因此也可以通过分别建立两个单向的信任关系来建立双向的信任关系。这里为了方便，选择“双向”单选按钮，然后单击“下一步”按钮。

4）如图 4-57 所示，由于信任关系要在一方建立传入，在另一方建立传出，为了方便，可以选择“此域和指定的域”单选按钮，同时创建传入和传出信任，然后单击“下一步”按钮，否则必须在 cninfo.com 域上重复以上的步骤。

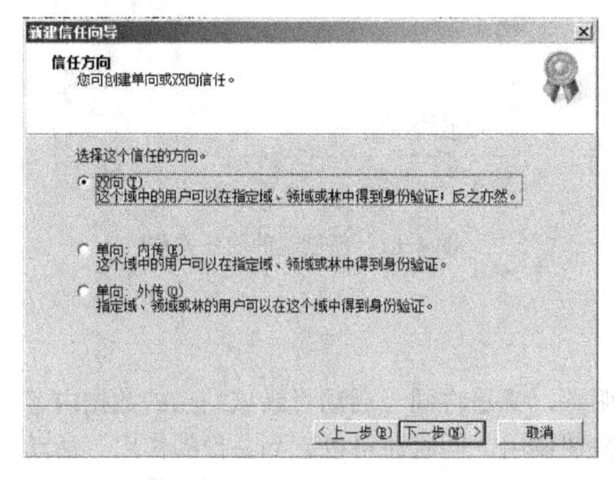

图 4-56 “信任方向”界面

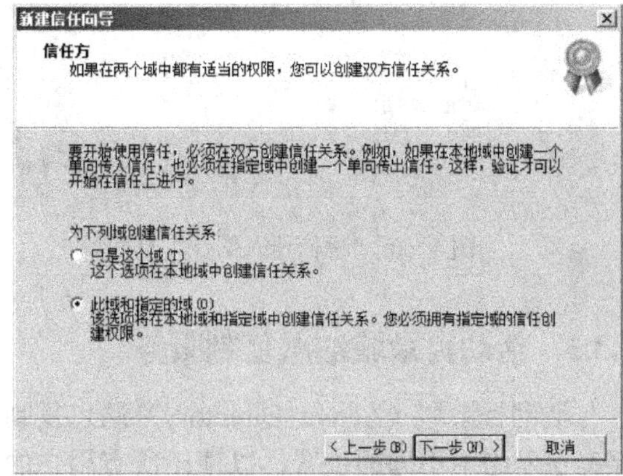

图 4-57 “信任方”界面

5）在如图 4-58 所示的界面中输入 cninfo.com 域中管理员的账户用户名和密码，单击“下一步”按钮。

6）在如图 4-59 所示的界面选择“是，确认传出信任”单选按钮，即确认 information.com 域信任 cninfo.com 域，单击“下一步”按钮。

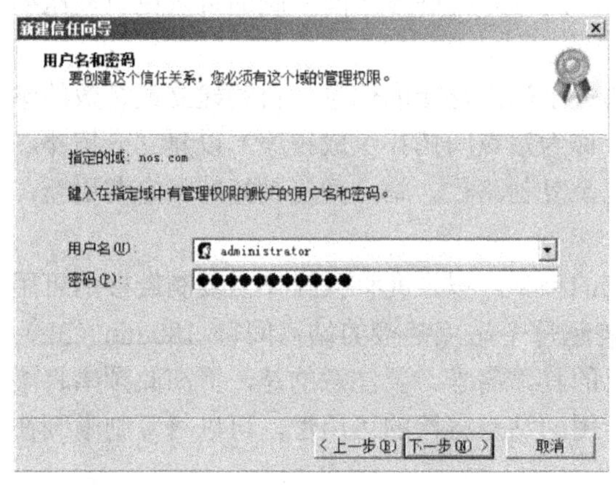

图 4-58 “用户名和密码”界面

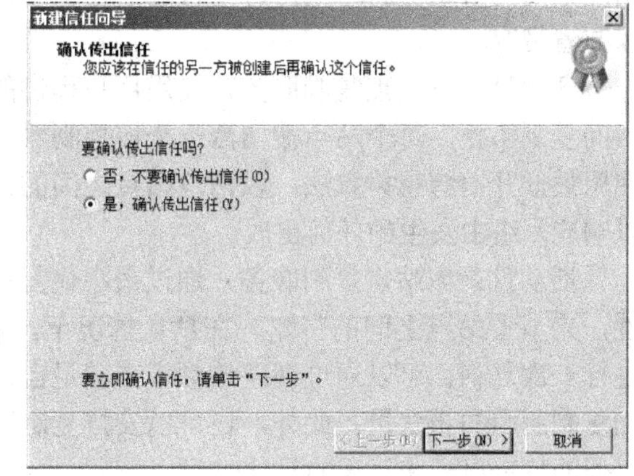

图 4-59 “确认传出信任”界面

7）在如图 4-60 所示的界面选择“是，确认传入信任”单选按钮，即确认 cninfo.com 域信任 information.com 域，单击“下一步”按钮，信任关系成功创建，如图 4-61 所示。此时在“受此域信任的域”和“信任此域的域”列表框中均可看到刚才创建的信任关系。

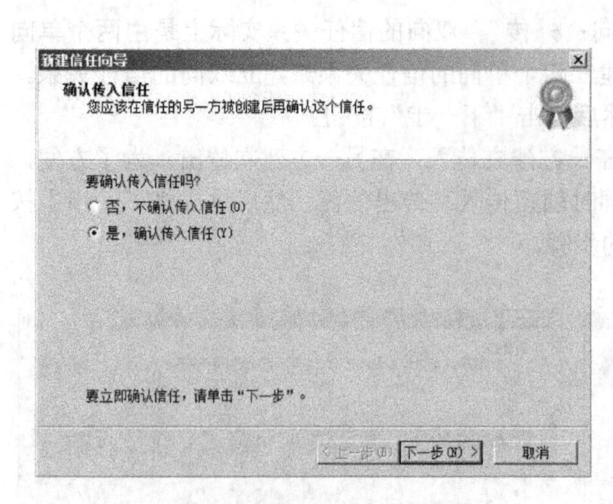

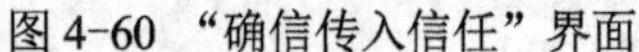

图 4-60 “确信传入信任”界面

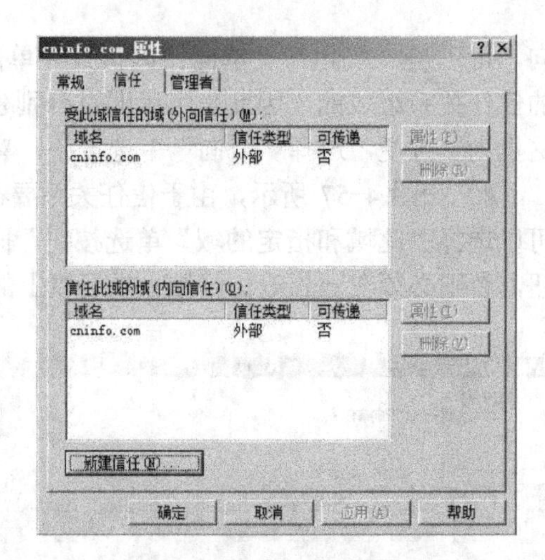

图 4-61 新创建的信任关系

4.3.3 活动目录域站点复制服务

活动目录域（Active Directory）站点复制服务，就是将同一活动目录域站点的数据内容保存在网络中不同的位置，以便于所有用户的快速调用，同时还可以起到备份的作用。活动目录域站点复制服务使用的是多主机复制模型，允许在任何域控制器上（而不只是委派的主域控制器上）更改目录。活动目录域依靠站点概念来保持复制的效率，并依靠知识一致性检查器（KCC）来自动确定网络的最佳复制拓扑。

活动目录域站点复制可以分为站点间的复制和站点内的复制。

1. 站点间的复制

站点间的复制，主要是指发生在处于不同地理位置的主机之间的活动目录域站点复制。站点之间的目录更新可根据可配置的日程安排自动进行。在站点之间复制的目录更新被压缩以节省带宽。

活动目录域站点复制服务，使用用户提供的关于站点连接的信息，自动建立最有效的站点间复制拓扑。每个站点被指派一个域控制器（称为站点间拓扑生成程序）以建立该拓扑，使用最低开销跨越树算法，以消除站点之间的冗余复制路径。站点间复制拓扑将定期更新，以响应网络中发生的任何更改。

活动目录域站点复制服务，通过最小化复制的频率，以及允许安排站点复制链接的可用性，来节省站点之间的带宽。在默认情况下，跨越每个站点链接的站点间每 180min（3h）进行一次复制，可以通过调整该频率来满足自己的具体需求。要注意的是，提高此频率将增加复制所用的带宽量。此外，还可以安排复制所用的站点链接的可用性，可以将复制限制在每周的特定日子和每天的具体时间。

2. 站点内的复制

站点内的复制可实现速度优化，站点内的目录更新根据更改通知自动进行。在站点内复制的目录更新并不压缩。

每个域控制器上的知识一致性检查器（KCC）使用双向环式设计自动建立站内复制的最有效复制拓扑。这种双向环式拓扑至少将为每个域控制器创建两个连接（用于容错），任意两个域控制器之间不多于 3 个跃点（以减少复制滞后时间）。为了避免出现多于 3 个跃点的连接，此拓扑可以包括跨环的快捷连接。

KCC 定期更新复制拓扑，站点内的复制根据更改通知而自动进行。当在某个域控制器上执行目录更新时，站内复制就开始了。默认情况下，源域控制器等待 15s，然后将更新通知发送给最近的复制伙伴。如果源域控制器有多个复制伙伴，在默认情况下将以 3s 为间隔向每个伙伴相继发出通知。当接收到更改通知后，伙伴域控制器将向源域控制器发送目录更新请求，源域控制器以复制操作响应该请求。3s 的通知间隔可避免来自复制伙伴的更新请求同时到达，而使源域控制器应接不暇。

对于站点内的某些目录更新，复制会立即发生。这种立即复制称为紧急复制，应用于重要的目录更新，包括账户锁定的指派以及账户锁定策略、域密码策略或域控制器账户上密码的更改。

3. 管理复制

Active Directory（活动目录）依靠站点配置信息来管理和优化复制过程。在某些情况下，Active Directory 可自动配置这些设置。此外，用户可以使用“Active Directory 站点和服务”为自己的网络配置与站点相关的信息，包括站点链接、站点链接桥和桥头服务器的设置等。

4.4 【单元实训】活动目录的安装与管理

1. 实训目标

1）理解域环境中计算机的 4 种不同类型。

2）熟悉 Windows Server 2008 域控制器、额外域控制器以及子域的安装。

3）掌握确认域控制器安装成功的方法。

4）了解活动目录的信任关系。

5）熟悉创建域之间的信任关系。

2. 实训设备

1）网络环境：已建好的 100Mbit/s 以太网络包含交换机（或集线器）、五类（或超五类）UTP 直通线若干、6 台及以上数量的计算机（计算机配置要求 CPU 最低为 1.4 GHz，x64 和 x86 系列均有一台及以上数量，内存不小于 1024MB，硬盘剩余空间不小于 10GB，有光驱和网卡）。

2）软件：①Windows Server 2008 安装光盘，或硬盘中有全部的安装程序；②Windows XP 安装光盘，或硬盘中有全部的安装程序。

3. 实训建议

针对各高职高专院校网络实验室的现状，对本单元及以后单元的相关实训提出如下建议：① 学生每 4～6 人组成一个小组，每小组配置 2～3 台计算机，内存配置要求高于普通计算机 1～2 倍；② 每台计算机上均安装虚拟机软件 VMware Workstation 7.0，利用虚拟机虚拟多个操作系统并组成虚拟局域网来完成各项实训的相关设置；③ 利用虚拟机每做完一个实验保存一个还原点，以方便后续实训的相关操作。

4．实训内容

分别安装 5 台 Windows Server 2008 独立服务器和 1 台 Windows XP Professional（专业版）的客户机，要求这 6 台服务器在同一个局域网中，并分别进行如下设置。

1）为计算机 WIN2008A（WIN2008A 为计算机名，后同）安装操作系统 Windows Server 2008 Enterprise Edition（企业版），IP 地址为 192.168.0.1，子网掩码为 255.255.255.0，首选 DNS 服务器为 192.168.0.1，在服务器上安装域名为 student.com 的域控制器。

2）为计算机 WIN2008B 安装操作系统 Windows Server 2008 Enterprise Edition，IP 地址为 192.168.0.2，子网掩码为 255.255.255.0，首选 DNS 服务器为 192.168.0.1，在服务器上安装域 student.com 的额外域控制器。

3）为计算机 WIN2008C 安装操作系统 Windows Server 2008 Enterprise Edition，IP 地址为 192.168.0.3，子网掩码为 255.255.255.0，首选 DNS 服务器为 192.168.0.1，在服务器上安装域名为 teacher.com 的域控制器，teacher.com 和 student.com 在同一域林中。

4）为计算机 WIN2008D 安装操作系统 Windows Server 2008 Enterprise Edition，IP 地址为 192.168.0.4，子网掩码为 255.255.255.0，首选 DNS 服务器为 192.168.0.1，在服务器上安装域名为 test.student.com 的域控制器。

5）为计算机 WIN2008E 安装操作系统 Windows Server 2008 Enterprise Edition，IP 地址为 192.168.0.5，子网掩码为 255.255.255.0，首选 DNS 服务器为 192.168.0.1，此为 test.student.com 中的成员服务器。

6）为计算机 WIN2008-Client 安装操作系统 Windows XP Professional，IP 地址为 192.168.0.6，子网掩码为 255.255.255.0，首选 DNS 服务器为 192.168.0.1，此为域 student.com 的客户机。

7）分别测试域 student.com、域 teacher.com 以及子域 test.student.com 是否安装成功。

8）分别将计算机 WIN2008E 和 WIN2008-Client 加入到域 student.com 中。

9）建立 student.com 和 teacher.com 域的双向快捷信任关系。

4.5 习题

一、填空题

（1）域树中的子域和父域的信任关系是__________、__________。

（2）活动目录存放在__________中。

（3）Windows Server 2008 服务器的 3 种角色是________、________、________。

（4）独立服务器上安装了__________就升级为域控制器。

（5）域控制器包含了由这个域的__________、__________以及属于这个域的计算机等信息构成的数据库。

（6）活动目录中的逻辑单元包括__________、__________、域林和组织单元。

（7）SYSVOL 是位于操作系统系统分区%windir%目录中的操作系统文件的一部分，必须位于__________分区。

（8）网络中的第一台安装活动目录的服务器通常会默认被设置为主域控制器，其他域控制器（可以有多台）称为__________，主要用于主域控制器出现故障时及时接替其工作，继续提供各种网络服务，不致造成网络瘫痪，同时用于备份数据。

二、选择题

（1）下列（　　）不是域控制器存储所有的域范围内的信息。

A．安全策略信息　　B．用户身份验证信息

C．账户信息　　D．工作站分区信息

（2）活动目录和（　　）的关系密不可分，使用此服务器来登记域控制器的 IP、各种资源的定位等。

A．DNS　　B．DHCP　　C．FTP　　D．HTTP

（3）下列（　　）不属于活动目录的逻辑结构。

A．域树　　B．域林　　C．域控制器　　D．组织单元

（4）活动目录安装后，管理工具里没有增加（　　）菜单。

A．Active Directory 用户和计算机　　B．Active Directory 域和信任关系

C．Active Directory 域站点和服务　　D．Active Directory 管理

三．问答题

（1）为什么需要域？域、域林以及域树之间有什么联系与区别？

（2）建立信任关系的目的是什么？如何创建两个域以及多域之间的信任关系？

（3）为什么在域中常常需要 DNS 服务器？

（4）活动目录存放了何种信息？

第5单元 用户与组的管理

【单元描述】

Windows Server 2008 系统是一个多用户多任务的分时操作系统，任何一个要使用系统资源的用户，都必须首先向管理员申请一个账号，然后以这个账号的身份进入系统。一方面可以帮助管理员对使用系统的用户进行跟踪，并控制他们对系统资源的访问，另一方面也可以利用组账户帮助管理员简化操作的复杂程度，降低管理的难度。

【单元情境】

三峡纵横科技信息技术有限公司是一家主要提供计算机网络建设与维护的网络技术服务公司，2007 年为一集团建设了集团总部的内部局域网络，覆盖了集团 4 幢办公大楼，近 1000 个结点，拥有各种类型的服务器 30 余台。集团各公司的网络早期都使用的是工作组的管理模式，计算机没有办法集中管理，用户访问网络资源也没有办法统一进行身份验证。网络扩建后开始使用域模式来进行管理。作为技术人员，你如何在域环境中实现集中管理集团各公司计算机和域用户，以及实现集中的身份验证?

5.1 【知识导航】用户与组的概念

5.1.1 账户概念

在计算机网络中，计算机的服务对象是用户，用户通过账户访问计算机资源，所以用户也就是账户，因此用户的管理也就是账户的管理。每个用户都需要有一个账户，以便登录到域访问网络资源或登录到某台计算机访问该机上的资源。组是用户账户的集合，管理员通常通过组来对用户的权限进行设置从而简化管理过程。

账户由一个账户名和一个密码来标识，二者都需要用户在登录时输入。账户名是用户的文本标签，密码则是用户的身份验证字符串，是在 Windows Server 2008 网络上的个人的唯一标识。账户通过验证后登录到工作组或是域内的计算机上，通过授权访问相关的资源，它也可以作为某些应用程序的服务账户。

账户名的命名规则如下。

- 账户名必须唯一，可以不用区分大小写。
- 最多包含 20 个大小写字符和数字，输入时可超过 20 个字符，但只识别前 20 个字符。
- 不能使用保留字字符：”、/、\、[、]、:、;、|、=、,、+、*、？、》、@。
- 账户名不能只由句点（.）和空格组成。
- 可以是字符和数字的组合。
- 账户名不能与被管理的计算机上任何其他用户名或组名相同。

为了维护计算机的安全，每个账户必须有密码，设立密码时应遵循以下规则。

- 必须为 Administrator 账户分配密码，防止未经授权就使用。
- 明确是管理员还是用户管理密码，最好用户管理自己的密码。
- 密码的长度最好在 8～127 之间。如果网络包含运行 Windows 95 或 Windows 98 的计算机，应考虑使用不超过 14 个字符的密码。如果密码超过 14 个字符，则可能无法从运行 Windows 95 或 Windows 98 的计算机登录到网络。
- 使用不易猜出的字母组合，例如不要使用自己的名字、生日以及家庭成员的名字等。
- 密码可以使用大小写字母、数字和其他合法的字符，并且严格区分大小写。
- 密码最好不要为空白，若为空白，则系统默认此用户账户只能够本地登录，无法网络登录（无法从其他计算机使用此账户来联机）。

5.1.2 账户类型

Windows Server 2008 服务器有两种工作模式：工作组模式和域模式。域和工作组都是由一些计算机组成的。例如，可以把企业的每个部门组织成一个域或者一个工作组，这种组织关系和物理上计算机之间的连接没有关系，仅仅是逻辑意义上的。企业的网络中可以创建多个域和多个工作组，域和工作组之间的区别可以归结为以下 3 点。

1）创建方式不同：工作组可以由任何一个计算机的管理员来创建，用户在系统的“计算机名称更改”对话框中输入新的组名，重新启动计算机后就创建了一个新组，每一台计算机都有权创建一个组；而域只能在域控制器上由管理员来创建，然后才允许其他的计算机加入这个域。

2）安全机制不同：在域中有可以登录该域的账户，这些由域管理员来建立与管理；在工作组中不存在工作组的账户，只有本机上的账户和密码。

3）登录方式不同：在工作组方式下，计算机启动后自动就在工作组中；登录域时要提交域用户账户名和密码，直到用户登录域成功之后，才被赋予相应的权限。

Windows Server 2008 针对这两种工作模式提供了 3 种不同类型的用户账户，分别是本地用户账户、域用户账户和内置用户账户。

1．本地账户

本地账户对应对等网的工作组模式，建立在非域控制器的 Windows Server 2008 独立服务器、成员服务器以及 Windows XP 客户端的计算机上。本地账户只能在本地计算机上登录，无法访问域中其他计算机资源。

本地计算机上都有一个管理账户数据的数据库，称为安全账户管理器（Security Accounts Managers，SAM）。SAM 数据库文件路径为系统盘下\Windows\system32\config\SAM。在 SAM 中，每个账户被赋予唯一的安全识别号（Security Identifier，SID），用户要访问本地计算机，都需要经过该机 SAM 中的 SID 验证。在系统内部，是使用 SID 来代表该用户，同时权限也都是通过 SID 来记录，而不是账户名。例如，某个文件的权限列表内会记录哪一些 SID 具有哪种权限，而不是哪一些账户名有哪种权限。若账户删除，然后再添加一个相同名称的账户，此时系统会分配给这个新账户一个新的 SID，它与原账户的 SID 不同，因此这个新账户不会拥有原账户的权限。本地的验证过程，都由创建本地账户的本地计算机完成，没有集中的网络管理。

2. 域账户

域账户对应于域模式网络，域账户和密码存储在域控制器上 Active Directory 数据库中，域数据库的路径为域控制器中的系统盘下\Windows\NTDS\NTDS.DIT。因此，域账户和密码被域控制器集中管理。用户可以利用域账户和密码登录域，访问域内资源。域账户建立在 Windows Server 2008 域控制器上，域账户一旦建立，会自动地被复制到同域中的其他域控制器上。复制完成后，域中的所有域控制器都能在用户登录时提供身份验证功能。

3. 内置账户

Windows Server 2008 中还有一种账户叫内置账户，它与服务器的工作模式无关。当 Windows Server 2008 安装完毕，系统会在服务器上自动创建一些内置账户，分别如下。

- Administrator（系统管理员）拥有最高的权限，管理着 Windows Server 2008 系统和域，用户可以用它来管理计算机，例如创建、更改、删除用户与组账户，设置安全原则、添加打印机、设置用户权限等。系统管理员的默认名字是 Administrator，可以更改系统管理员的名字，但不能删除该账户。该账户无法被禁止，永远不会到期，且不受登录时间和只能使用指定计算机登录的限制。
- Guest（来宾）是为临时访问计算机的用户提供的，该账户自动生成，且不能被删除，但可以更改名字。Guest 只有很少的权限，默认情况下，该账户被禁止使用。例如，当希望局域网中的用户都可以登录到自己的计算机，但又不愿意为每一个用户建立一个账户时，就可以启用 Guest。

5.1.3 组的概念

有了用户之后，为了简化网络的管理工作，Windows Server 2008 中提供了用户组的概念。用户组就是指具有相同或者相似特性的用户集合，可以把组看做一个班级，用户便是班级里的学生。当要给一批用户分配同一个权限时，就可以将这些用户都归到一个组中，只要给这个组分配此权限，组内的用户就都会拥有此权限。就好像给一个班级发了一个通知，班级内的所有学生都会收到这个通知一样。组是为了方便管理用户的权限而设计的。

组是指本地计算机或 Active Directory 中的对象，包括用户、联系人、计算机和其他组。在 Windows Server 2008 中，通过组来管理用户和计算机对共享资源的访问。如果赋予某个组访问某个资源的权限，这个组的用户都会自动拥有该权限。例如，网络部的员工可能需要访问所有与网络相关的资源，这时不用逐个向该部门的员工授予对这些资源的访问权限，而是可以使员工成为网络部的成员，以使用户自动获得该组的权限。如果某个用户日后调往另一部门，只需将该用户从组中删除，所有访问权限即会随之撤销。与逐个撤销对各资源的访问权限相比，该技术比较容易实现。

一般组用于以下 3 个方面：① 管理用户和计算机对于共享资源的访问，如网络各项文件、目录和打印队列等；② 筛选组策略；③ 创建电子邮件分配列表等。

Windows Server 2008 同样使用唯一安全标识符（SID）来跟踪组，权限的设置都是通过 SID 进行的，而不是利用组名。更改任何一个组的账户名，并没有更改该组的 SID，这意味着在删除组之后又重新创建该组，不能期望所有权限和特权都与以前相同。新的组将有一个新的安全标识符，旧组的所有权限和特权已经丢失。在 Windows Server 2008 中，用组账户来表示组，用户只能通过用户账户登录计算机，不能通过组账户登录计算机。

注意：我们在前面介绍过组织单元（OU），两者是相同的概念吗？组织单元是域中包含的一类目录对象，它包括域中的一些用户、计算机和组、文件与打印机等资源。由于活动目录服务把域详细地划分成组织单元，而组织单元还可以再划分成下级组织单元，因此组织单元的分层结构可用来建立域的分层结构模型，进而可使用户把网络所需的域的数量减至最小。组织单元具有继承性，子单位能够继承父单位的访问许可树。域管理员可以使用组织单元来创建管理模型，该模型可调整为任何尺寸，而且域管理员可授予用户对域中所有组织单元或单个组织单元的管理权限。组和组织单元有很大的不同，组主要用于权限设置，而组织单元则主要用于网络构建；另外，组织单元只表示单个域中的对象集合（可包括组对象），而组可以包含用户、计算机、本地服务器上的共享资源，单个域、域目录树或目录林。

5.1.4 组的类型和作用域

与用户账户一样，可以分别在本地和域中创建组账户。

- 创建在本地的组账户：可以在 Windows Server 2008/2003/2000/NT 独立服务器或成员服务器、Windows XP、Windows NT Workstation 等非域控制器的计算机上创建本地组。这些组账户的信息被存储在本地安全账户数据库（SAM）内。本地组只能在本地机使用，它有两种类型：用户创建的组和系统内置的组。
- 创建在域的组账户：该账户创建在 Windows Server 2008 的域控制器上，组账户的信息被存储在 Active Directory 数据库中，这些组能够被使用在整个域中的计算机上。

组分类方法有很多，根据权限不同，组可以分为安全组和分布式组。

- 安全组：安全组主要用于控制和管理资源的安全性。如果某个组是安全性的组，则可以在共享资源的属性对话框中，选择“共享”选项卡，并为该组的成员分配访问控制权限，例如设置该组的成员对特定文件夹具有“写入”的访问权限。除此之外，还可以使用该组进行管理，如可以将信使所发送的信息发送给该组的所有成员。
- 分布式组：通常分布式组管理与安全性质无关的任务。例如，可以将信使所发送的信息发送给某个分布式组，但是却不能为其设置资源的权限，即不能在某个文件夹属性对话框的“共享”选项卡中为该组的成员分配访问控制权限。

提示：① 仅在支持活动目录的计算机上才能使用分布式组；② 用户建立的应用型组和系统内置或预定义的内置组与用户组大都是安全组；③ 一个账户可以不隶属于任何的组，也可以同时隶属于多个组，使用组账户可以方便和简化账户的管理，因为在赋予组的权限和许可时，对于组中所有账户的成员都会生效。

在域中，每个安全组和分布式组均有作用范围。根据组的作用范围，Windows Server

2008 域内的组又分为通用组、全局组和本地域组，这些组的特性说明如下。

1. 通用组

通用组可以指派所有域中的访问权限，以便访问每个域内的资源。通用组具有以下特性。

- 可以访问任何一个域内的资源。
- 成员能够包含整个域目录林中任何一个域内的用户、通用组、全局组，但无法包含任何一个域内的本地域组。

2. 全局组

全局组主要用来组织用户，即可以把多个即将被赋予相同权限的用户账户加入到同一个全局组中。全局组具有以下特性。

- 可以访问任何一个域内的资源。
- 成员只能包含与该组相同域中的用户和其他全局组。

3. 本地域组

本地域组主要被用来指派在其所属域内的访问权限，以便可以访问该域内的资源。本地域组具有以下特性。

- 只能访问同一域内的资源，无法访问其他不同域内的资源。
- 成员能够包含任何一个域内的用户、通用组、全局组以及同一个域内的本地域组，但无法包含其他域内的本地域组。

5.2 【新手任务】账户的创建与管理

【任务描述】

在 Windows Server 2008 中，如果想让网络中的其他计算机能够登录服务器，就必须给这些计算机分配相关的账户，这样才能构建出客户机/服务器模式的网络。通过对这些账户的管理，来满足网络管理员的日常管理需要。

【任务目标】

通过任务掌握本地账户与域账户的创建与管理，特别是对账户进行重新设置密码、修改和重新命名等相关操作。

5.2.1 创建与管理本地账户

1. 创建本地账户

本地账户是工作在本地机上的，只有系统管理员才能在本地创建账户。下面举例说明如何创建本地用户。例如，在 Windows 独立服务器上创建本地账户 User 的操作步骤如下。

1）选择“开始”→“管理工具”→“计算机管理”→“本地用户和组”命令，在弹出的“计算机管理”窗口中，使用鼠标右键单击“用户”，在弹出的快捷菜单中选择“新用户”命令，如图 5-1 所示。

2）弹出“新用户”对话框，如图 5-2 所示。该对话框中的选项介绍如下。

- 用户名：系统本地登录时使用的名称。
- 全名：用户的全称。

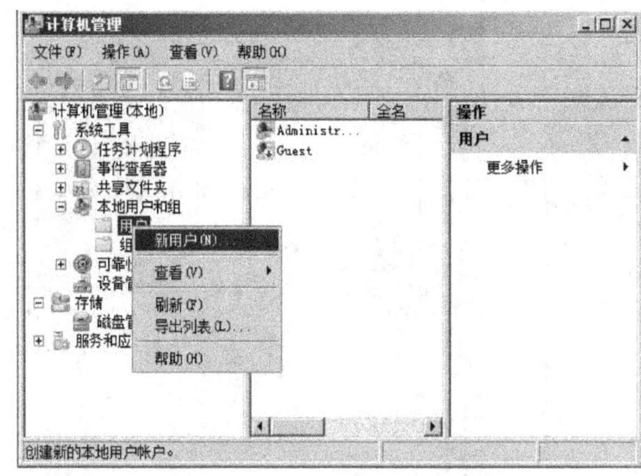

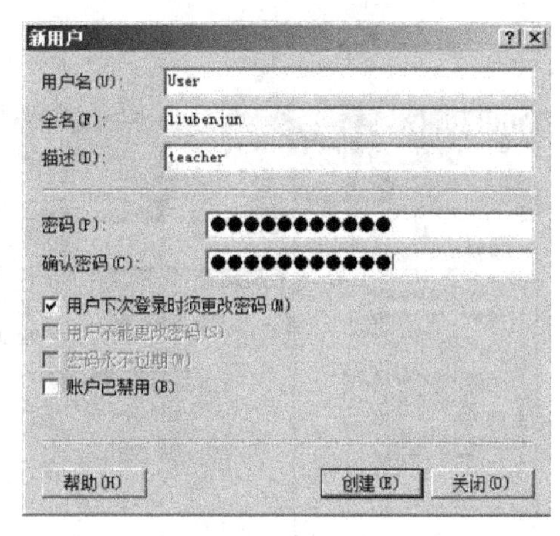

图 5-1 “计算机管理”窗口　　　　图 5-2 “新用户”对话框

- 描述：关于该用户的说明文字。
- 密码：用户登录时使用的密码。
- 确认密码：为防止密码输入错误，需再输入一遍。
- 用户下次登录时须更改密码：用户首次登录时，使用管理员分配的密码，当用户再次登录时，强制用户更改密码，用户更改后的密码只有自己知道，这样可保证安全使用。
- 用户不能更改密码：只允许用户使用管理员分配的密码。
- 密码永不过期：密码默认的有效期为 42 天，超过 42 天系统会提示用户更改密码，选中此项表示系统永远不会提示用户修改密码。
- 账户已禁用：选中此项表示任何人都无法使用这个账户登录，适用于企业内某员工离职时，防止他人冒用该账户登录。

2．更改账户

要对已经建立的账户更改登录名，具体的操作步骤为：在“计算机管理”窗口中，选择“本地用户和组”→“用户”命令，在列表中选择并使用鼠标右键单击该账户，在弹出的快捷菜单中选择“重命名”命令，输入新名字，如图 5-3 所示。

3．删除账户

如果某用户离开公司，为防止其他用户使用该账户登录，就要删除该用户的账户，具体的操作步骤为：在“计算机管理”窗口中，选择“本地用户和组”→“用户”命令，在列表中选择并使用鼠标右键单击该账户，在弹出的快捷菜单中选择“删除”命令；单击“是”按钮，即可删除。

4．禁用与激活账户

当某个用户长期休假或离职时，就要禁用该用户的账户，不允许该账户登录，该账户信息会显示为“X”。禁用与激活一个本地账户的操作基本相似，具体的操作步骤如下：在“计算机管理”窗口中，选择“本地用户和组”→“用户”命令，在列表中选择并使用鼠标右键单击该账户，在弹出的快捷菜单中选择“属性”命令，弹出“User 属性”对话框，选择“常规”选项卡，选中“账户已禁用”复选框，如图 5-4 所示，单击“确定”按钮，该账户即被禁用。如果要重新启用某账户，只要取消选中“账户已禁用”复选框即可。

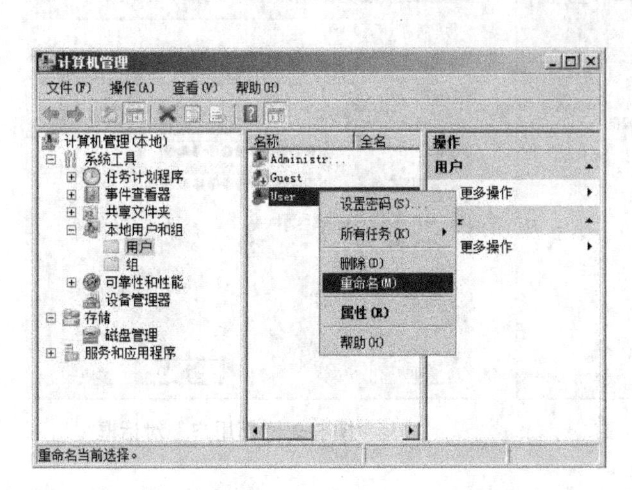

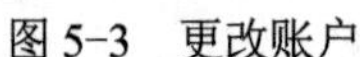
图 5-3　更改账户

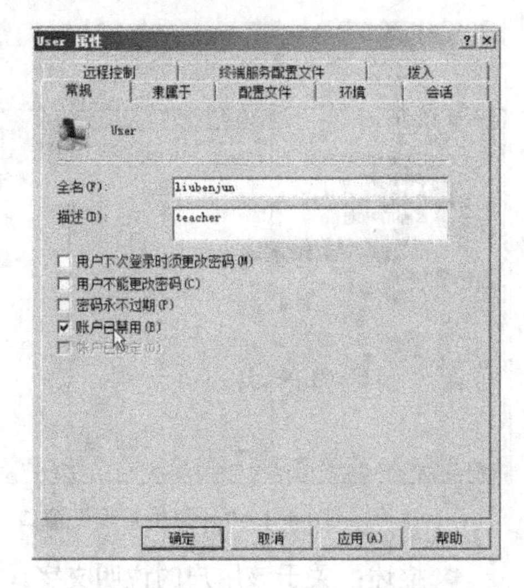

图 5-4　禁用本地账户

5. 更改账户密码

重设密码可能会造成不可逆的信息丢失，要更改用户的密码一般分以下两种情况。

- 如果用户在知道密码的情况下想更改密码，登录后按<Ctrl+Alt+Del>组合键，输入正确的旧密码，然后输入新密码即可。
- 如果用户忘记了登录密码，可以使用“密码重设（置）盘”来进行密码重设，密码重设只能用于本地计算机。

创建“密码重设盘”的具体操作步骤如下。

1）系统登录后按<Ctrl+Alt+Del>组合键，进入系统界面，如图 5-5 所示，单击“更改密码”按钮，弹出“更改密码”界面，如图 5-6 所示。

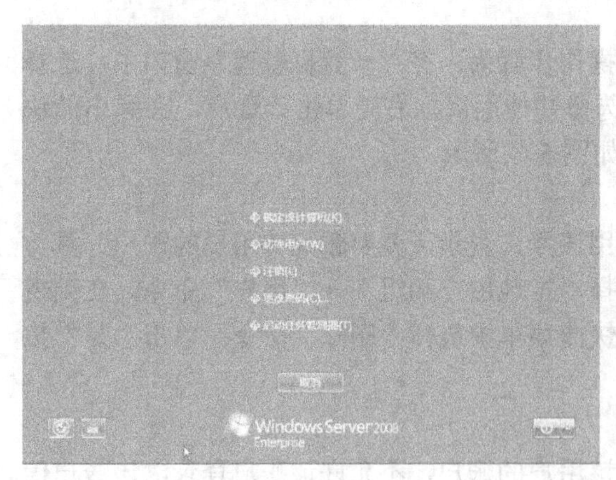

图 5-5　系统界面

图 5-6　“更改密码”界面

2）单击“创建密码重设盘”按钮，进入“欢迎使用忘记密码向导”对话框，对使用密码重设盘进行了简要介绍，单击“下一步”按钮，进入“创建密码重置盘”界面，如图 5-7

所示，按照提示，在软驱中插入一张软盘或是在USB接口中插入U盘。

3）单击“下一步”按钮，进入“当前用户账户密码”界面，如图5-8所示，输入当前的密码，单击“下一步”按钮，开始创建密码重设盘，创建完毕，进入“正在完成忘记密码向导”对话框，单击“完成”按钮，即可完成密码重设盘的创建。

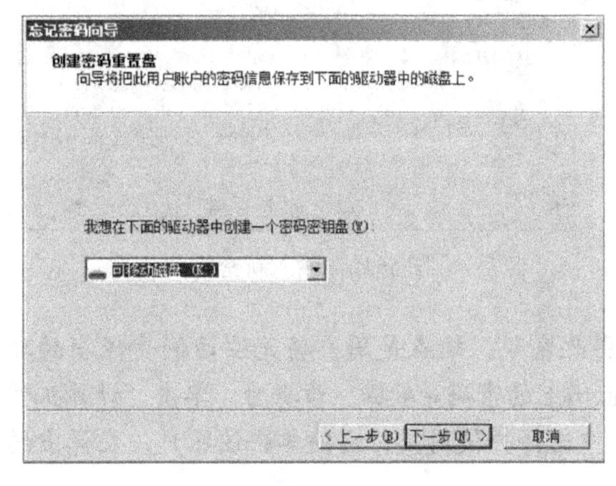

图5-7 “创建密码重置盘”界面

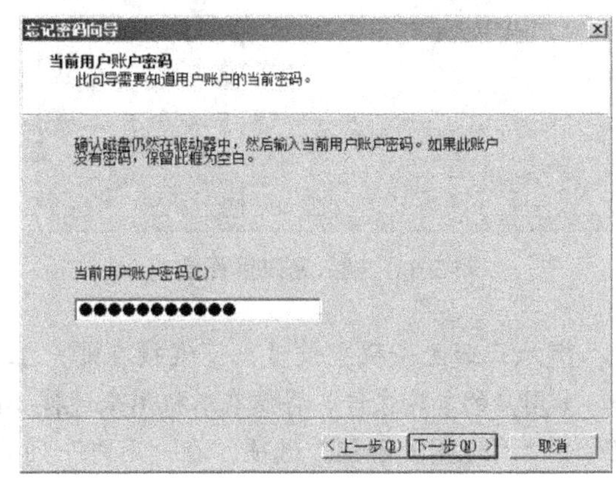

图5-8 “当前用户账户密码”界面

创建密码重设盘后，如果忘记了密码，可以插入这张制作好的“密码重设盘”来设置新密码，具体的操作步骤如下。

1）在系统登录时输入密码有误时，会进入如图5-9所示的密码错误提示界面。

2）单击“确定”按钮，进入如图5-10所示的密码出错后登录界面，单击“重设密码”按钮，进入“欢迎使用密码重置向导”界面，此时将密码重设盘插入软驱或者USB接口中。

图5-9 密码错误提示界面

图5-10 密码出错后登录界面

3）单击“下一步”按钮，进入“插入密码重置盘”界面，如图5-11所示。

4）单击“下一步”按钮，进入“重置用户账户密码”界面，如图5-12所示，输入新密码及密码提示，单击“下一步”按钮，进入“正在完成密码重设向导”界面，单击“完成”按钮即可完成设置新密码的操作。

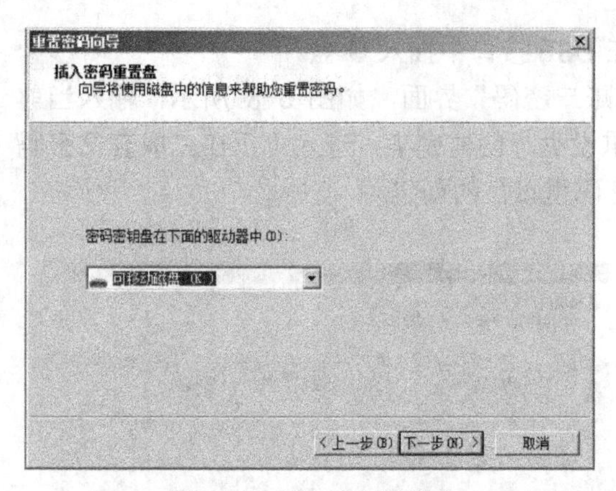

图 5-11　插入密码重置盘

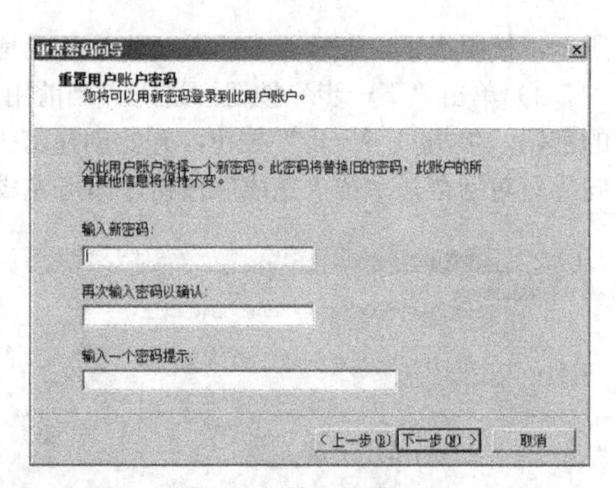

图 5-12　输入新密码

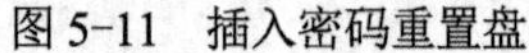

提示： 若无密码重设盘，可直接在账户上更改密码，缺点是用户将无法访问受保护的数据，如用户的加密文件、存储在本机用来连接 Internet 的密码等数据。步骤为：单击“计算机管理”→“本地用户和组”选项，在“用户”列表中选择并使用鼠标右键单击该账户，在弹出的快捷菜单中选择“设置密码”命令。

5.2.2　创建与管理域账户

1. 创建域账户

当有新的用户需要使用网络上的资源时，管理员必须在域控制器中为其添加一个相应的账户，否则该用户无法访问域中的资源。另一方面，当有新的客户计算机要加入到域中时，管理员必须在域控制器中为其创建一个账户，以使它有资格成为域成员。创建域账户的具体操作步骤如下。

1）在域控制器或者已经安装了域管理工具的计算机上的“控制面板”中，双击“管理工具”，选择“Active Directory 用户和计算机”选项，弹出“Active Directory 用户和计算机”窗口，如图 5-13 所示，在窗口的左侧选中“Users”对象，使用鼠标右键单击它并在弹出的快捷菜单中选择“新建”→“用户”命令。

2）进入“新建对象—用户”对话框，如图 5-14 所示，输入用户的姓名以及登录名等资料，注意登录名才是用户登录系统所需要输入的。

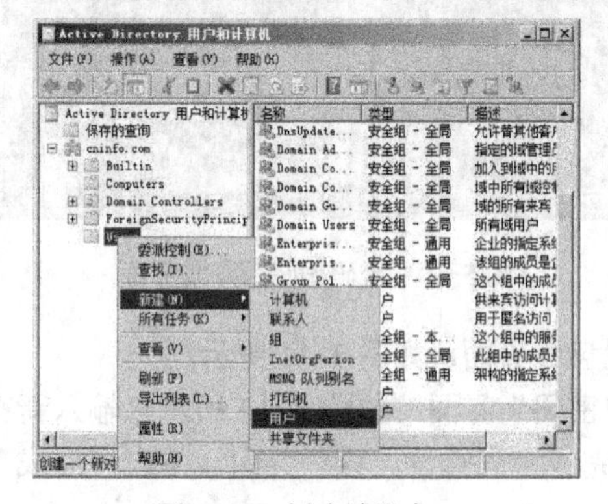

图 5-13　创建域账户

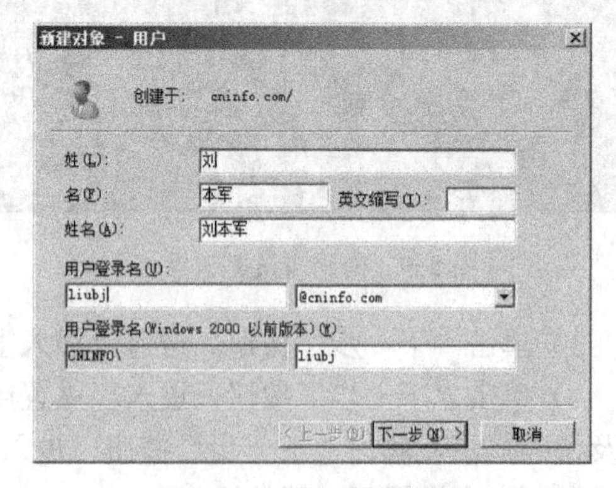

图 5-14　输入用户登录名

3）单击“下一步”按钮，打开密码对话框，如图 5-15 所示，输入密码并选择对密码的控制项，单击“下一步”按钮，单击“完成”按钮。

4）创建完毕，在窗口右侧的列表中会有新创建的用户。域用户是用一个人头像来表示的，和本地用户的差别在于域的人头像背后没有计算机图标，如图 5-16 所示，利用新建立的用户可以直接登录到 Windows Server 2008/2003/XP/2000/NT 等非域控制器的成员计算机上。

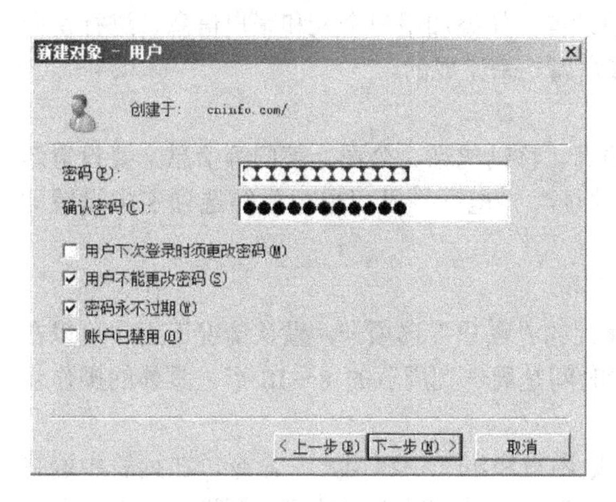

图 5-15　输入密码

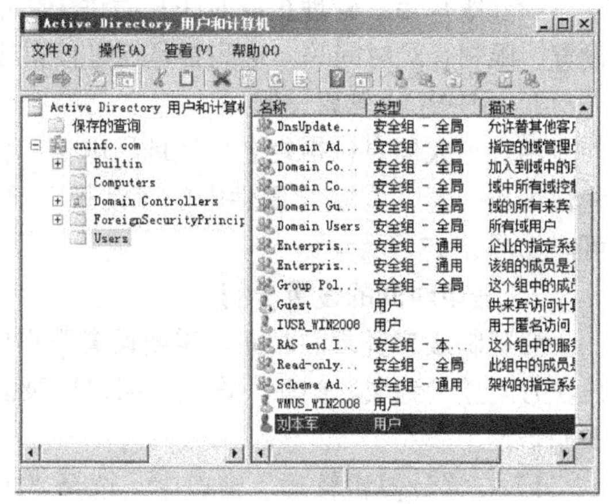

图 5-16　创建用户结束

2. 删除域账户

在删除域账户之前，要确定计算机或网络上是否有该账户加密的重要文件，如果有则先将文件解密再删除账户，否则该文件将不会被解密。删除域账户的操作步骤为：在“计算机管理”窗口中，选择“本地用户和组”→“用户”命令，在列表中选择并使用鼠标右键单击要删除的账户名，在弹出的快捷菜单中选择“删除”命令即可。

3. 禁用域账户

如果某用户离开公司，就要禁用该账户，操作步骤为：在“计算机管理”窗口中，选择“本地用户和组”→“用户”命令，在列表中选择并使用鼠标右键单击要禁用的账户名，在弹出的快捷菜单中选择“禁用账户”命令即可。

4. 复制域账户

同一部门的员工一般都属于相同的组，有基本相同的权限，系统管理员无须为每个员工建立新账户，只需要建好一个员工的账户，然后以此为模板，复制出多个账户即可，操作步骤如下：在“计算机管理”窗口中，选择“本地用户和组”→“用户”命令，在列表中选择并使用鼠标右键单击作为模板的账户，选择“复制”命令，进入“复制对象—用户”对话框，与新建域账户步骤相似，依次输入相关信息即可。

5. 移动域账户

如果某员工调动到新部门，系统管理员需要将该账户移到新部门的组织单元中去，只需用鼠标将账户拖拽到新的组织单元即可移动域账户。

6. 重设密码

当用户忘记密码时，系统管理员也无法知道该密码是什么，这时就需要重设密码，操作步骤为：在“计算机管理”窗口中，选择“本地用户和组”→“用户”命令，在列表中选择并使用鼠标右键单击要改密码的账户，在弹出的快捷菜单中选择“重设密码”命令，进入“重设密码”对话框，输入新密码。建议用户选中“用户下次登录时须更改密码”复选框，单击“确定”按钮，这样用户下次登录时，可重新设置自己的密码。

5.2.3 账户属性的设置

新建账户后，管理员要对账户做进一步的设置，如添加用户个人和账户信息、进行密码设置、限制登录时间等，这些都是通过设置账户属性来完成的。

1．用户个人信息设置

用户个人信息包括姓名、地址、电话、传真、移动电话、公司、部门等信息，要设置这些详细的信息，在账户属性中的“常规”、“地址”、“电话”及“单位”等选项卡中设置即可，如图 5-17 所示。

2．登录时间的设置限制

要限制账户登录的时间，需要设置账户属性的“账户”选项卡，默认情况下用户可以在任何时间登录到域。例如，设置某用户登录的时间是周一到周五的 8～18 点，具体的操作步骤如下。

1）在“计算机管理”窗口中，选择“本地用户和组”→“用户”命令，在列表中选择并使用鼠标右键单击要更改登录时间的账户，在弹出的快捷菜单中选择“属性”命令，单击“账户”选项卡，如图 5-18 所示，单击“登录时间（L）...”按钮。

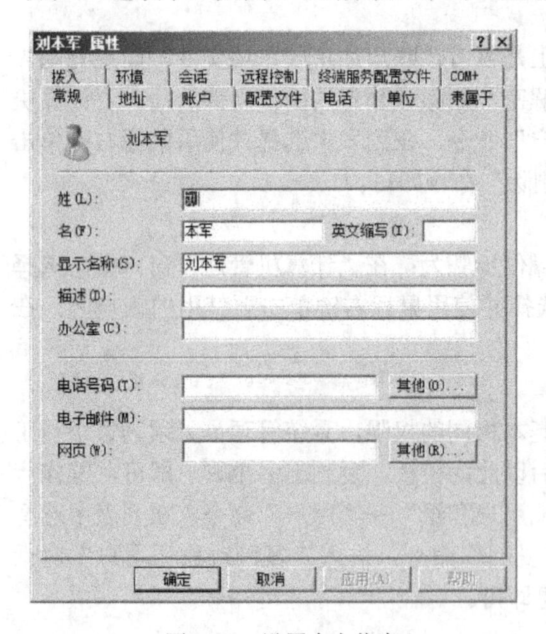

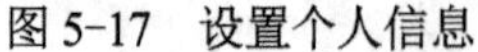
图 5-17　设置个人信息

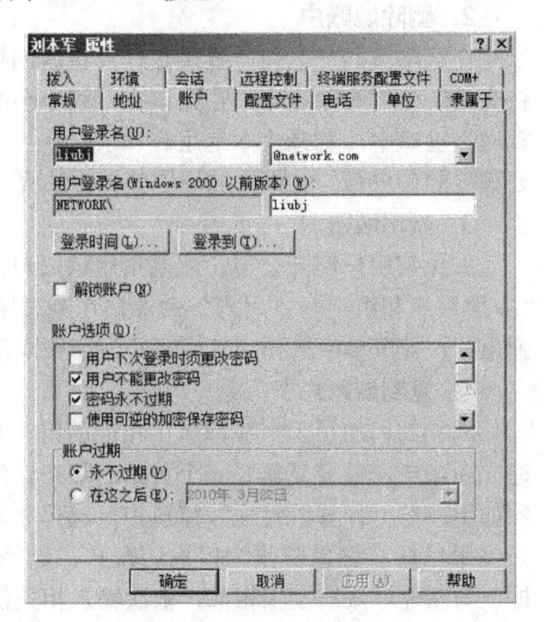

图 5-18　设置登录时间

2）打开“登录时间”对话框，如图 5-19 所示，选择周一到周五从 8 点到 18 点时间段，单击“允许登录”单选按钮，然后单击“确定”按钮即可。注意：这里只能限制用户登录域的时间，如果用户在允许时间段登录，但一直连到超过时间，系统不能自动将其注销。

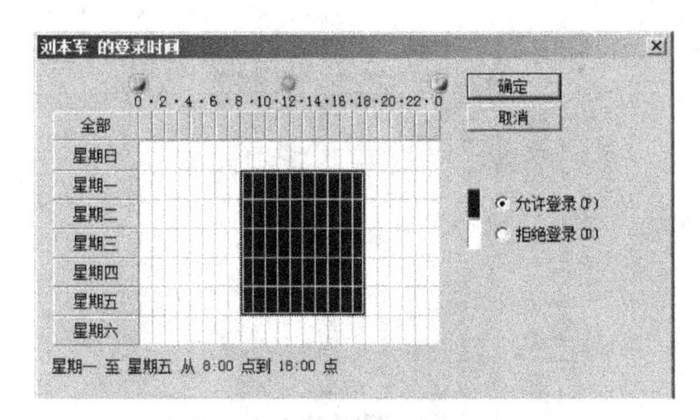

图 5-19　设置允许登录时间

3. 设置账户只能从特定计算机登录

系统默认用户可以从域内任一台计算机登录域，也可以限制账户只能从特定计算机登录，操作步骤为：在“计算机管理”窗口中，选择“本地用户和组”→“用户”命令，在列表中选择并使用鼠标右键单击账户，在弹出的快捷菜单中选择“属性”命令，单击“账户”选项卡，单击“登录到（T）...”按钮，在“登录工作站”对话框中，设置登录的计算机名，如图5-20所示。注意这里的计算机名称只能是NetBIOS名称，不支持DNS名和IP地址。

4. 设置账户过期日

设置账户过期日，一般是为了不让临时聘用的人员在离职后继续访问网络，通过对账户属性事先进行设置，可以使账户到期后自动失效，省去了管理员手工删除该账户的操作。设置的步骤是：在“计算机管理”窗口中，选择“本地用户和组”→“用户”命令，在列表中选择并使用鼠标右键单击账户，在弹出的快捷菜单中选择“属性”→“账户”→“账户过期”命令，输入合适的时间即可。

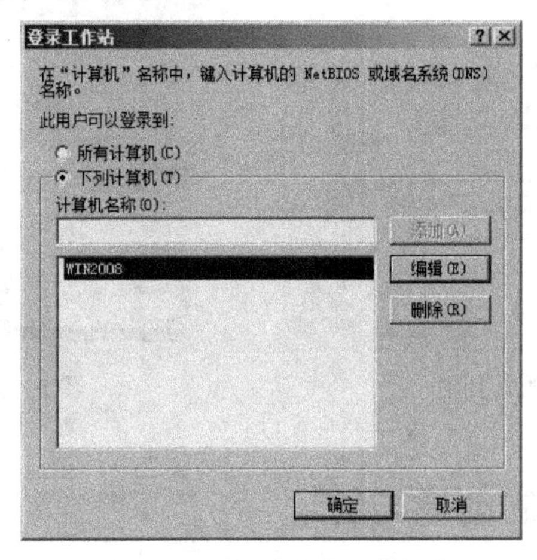

图 5-20　设置登录的计算机名

5. 将账户加入到组

默认在域控制器上新建的账户是 Domain Users 组的成员，如果让该用户拥有其他组的权限，可以将该用户加入到其他组中。例如将用户刘本军加入到“技术部”组中，操作步骤为：

1）在“计算机管理”窗口中，选择“本地用户和组”→“用户”命令，在列表中选择并使用鼠标右键单击账户“刘本军”，在弹出的快捷菜单中选择“属性”命令，弹出“刘本军 属性”对话框，切换到“隶属于”选项卡，如图5-21所示。

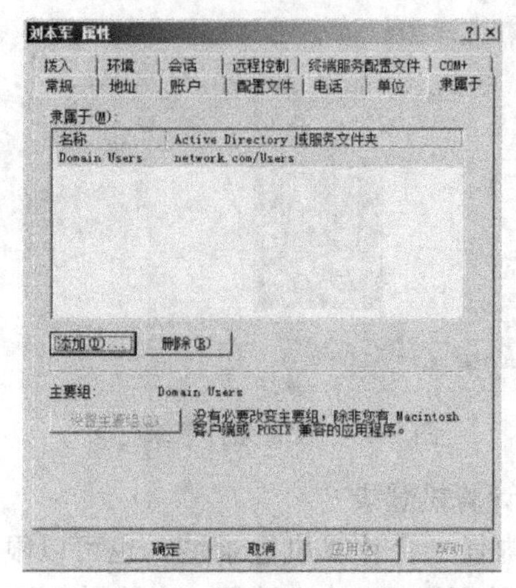

图 5-21 “隶属于”选项卡

2）单击“添加”按钮，弹出“选择组”对话框，如图 5-22 所示。

3）单击“高级（A）...”按钮，在弹出的如图 5-23 所示的对话框中，单击“立即查找（N）”按钮，然后在查找的结果中选择组名“技术部”，单击“确定”按钮。注意：“技术部”组事先已建立好。

4）“技术部”组就被加入到“隶属于”列表了，单击“确定”按钮即可将域账户加入到该组中来。

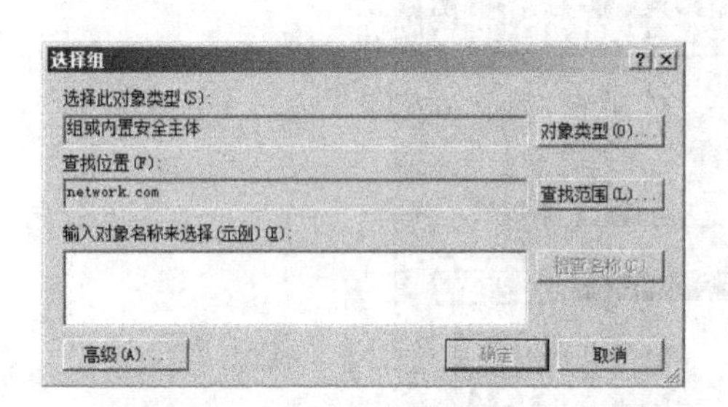

图 5-22 将域账户加入到组

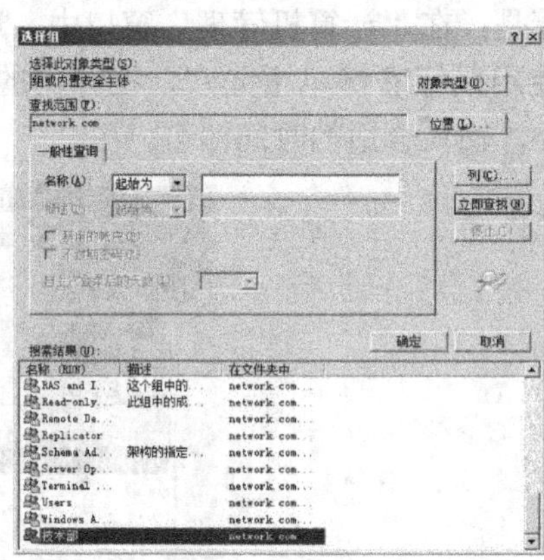

图 5-23 将域账户加入到组

5.3 【扩展任务】组的创建与管理

【任务描述】

除去 Windows Server 2008 内置组之外，用户还可以根据实际需要创建自己的用户组。可以将一个部门的用户全部放置到一个用户组中，然后针对这个用户组进行属性设定，这样就能够快速完成组内所有用户的属性改动。

【任务目标】

通过任务掌握本地组账户与域组账户的创建与管理，熟悉 Windows Server 2008 内置的本地组和域组的相关特性。

5.3.1 创建与管理本地组账户

创建本地组账户的用户必须是 Administrators 组或 Account Operators 组的成员，建立本地组账户并在本地组中添加成员的具体操作步骤如下。

1）在独立服务器上以 Administrator 身份登录，使用鼠标右键单击“我的电脑”，依次选择“管理”→“计算机管理”→“本地用户和组”→“组”命令，使用鼠标右键单击“组”，选择“新建组”命令，如图 5-24 所示。

2）进入“新建组”对话框，如图 5-25 所示，输入组名、组的描述，单击“添加”按钮，即可把已有的账户或组添加到该组中，该组的成员在“成员”列表框中列出。

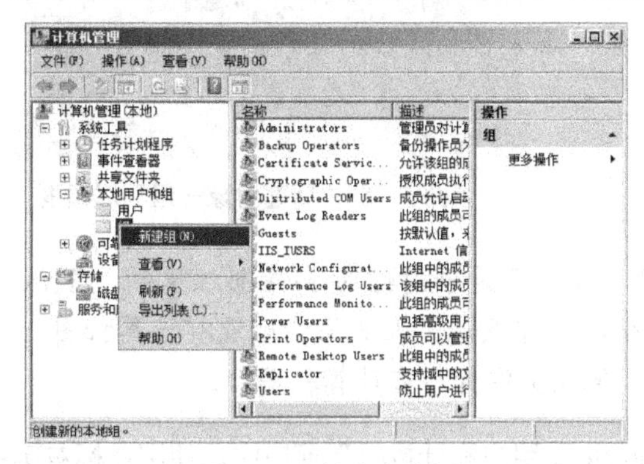

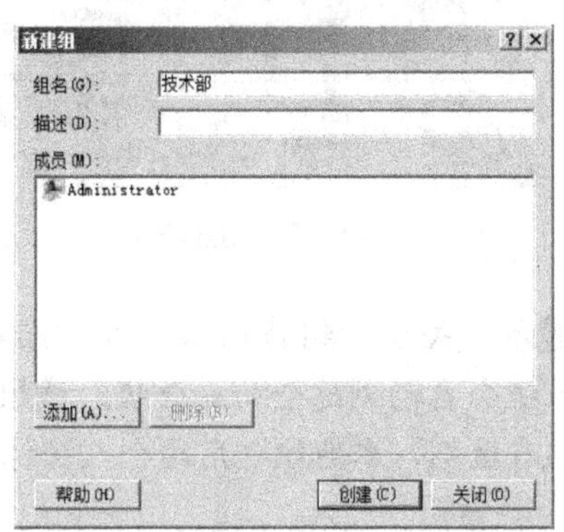

图 5-24 创建本地组

图 5-25 “新建组”对话框

3）单击“创建”按钮完成创建工作，本地组用背景为计算机的两个人头像表示，如图 5-26 所示。

图 5-26 创建完毕

4）管理本地组操作较简单，在“计算机管理”窗口右侧的组列表中，使用鼠标右键单击选定的组，选择快捷菜单中的相应命令可以删除组、更改组名，或者为组添加或删除组成员。

5.3.2 创建与管理域组账户

只有 Administrators 组的用户才有权限建立域组账户，域组账户要创建在域控制器的活动目录中。创建域组账户的步骤如下。

1）在域控制器上，选择“开始”→“管理工具”→“Active Directory 用户和计算机”命令，单击域名，使用鼠标右键单击某组织单位，选择“新建”→“组”命令，如图 5-27 所示。

2）进入“新建对象－组”对话框，如图 5-28 所示，输入组名，选择“组作用域”、“组类型”后，单击“确定”按钮即可完成创建工作。

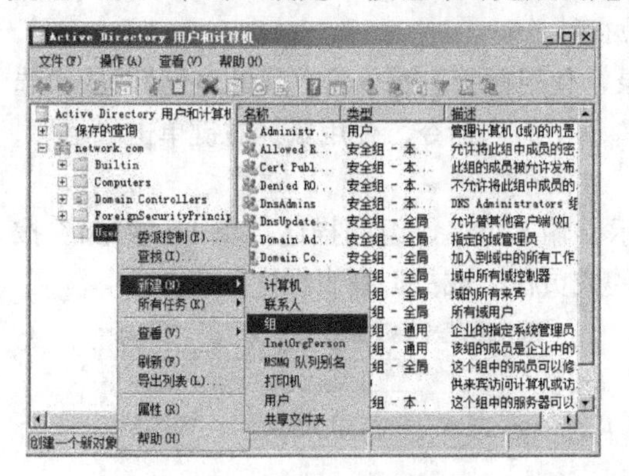

图 5-27 创建域组

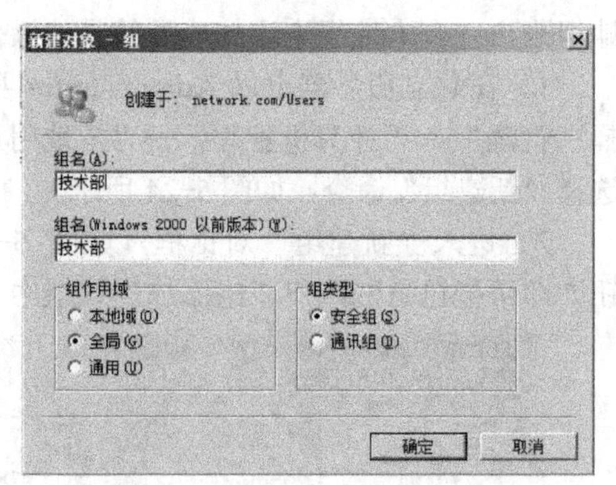

图 5-28 “新建对象－组”对话框

提示：关于“组作用域”和“组类型”，这两项是创建组时要特别注意的，默认情况下，系统会自动创建全局安全组。域组用两个人头像表示，人头像背后没有计算机图标，和本地组有区别，本地组也用两个人头像表示，但人头像背后有计算机图标。

和管理本地组的操作相似，在“Active Directory 用户和计算机”窗口中，使用鼠标右键单击选定的组，选择快捷菜单中的相应命令可以删除组、更改组名，或者为组添加或删除组成员。

5.3.3 内置组

Windows Server 2008 在安装时会自动创建一些组，这种组叫内置组。内置组又分为内置本地组和内置域组，内置域组又分为内置本地域组、内置全局组和内置通用组。

1. 内置本地组

内置本地组创建于 Windows Server 2008/2003/2000/NT 独立服务器或成员服务器、Windows XP 和 Windows NT 等非域控制器的“本地安全账户数据库”中，这些组在建立的同时就已被赋予一些权限，以便管理计算机，如图 5-29 所示。

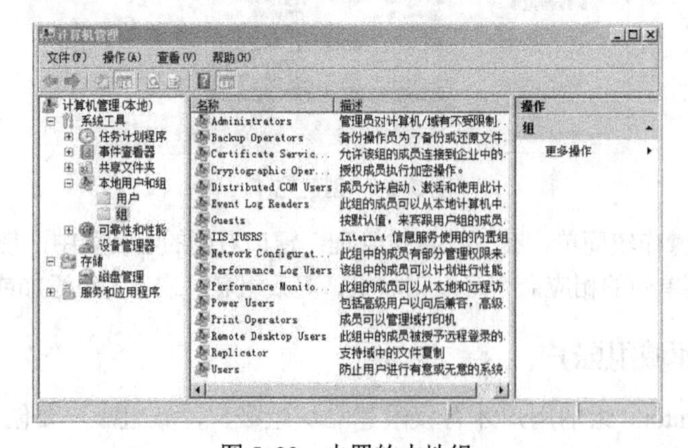

图 5-29 内置的本地组

- Administrators：在系统内有最高权限，拥有赋予权限，拥有添加系统组件、升级系统、配置系统参数、配置安全信息等权限。内置的系统管理员账户是 Administrators 组的成员。如果这台计算机加入到域中，域管理员自动加入到该组，并且有系统管理员的权限。
- Backup Operators：它是所有 Windows Server 2008 都有的组，可以忽略文件系统权限进行备份和恢复，可以登录系统和关闭系统，可以备份加密文件。
- Cryptographic Operators：已授权此组的成员执行加密操作。
- Distributed COM Users：允许此组的成员在计算机上启动、激活和使用 DCOM 对象。
- Event Log Readers：此组的成员可以从本地计算机中读取事件日志。
- Guests：内置的 Guest 账户是该组的成员。
- IIS_IUSRS：这是 Internet 信息服务（IIS）使用的内置组。
- Network Configuration Operators：该组内的用户可在客户端执行一般的网络配置，如更改 IP，但不能添加/删除程序，也不能执行网络服务器的配置工作。
- Performance Log Users：该组的成员可以从本地计算机和远程客户端管理计数器、日志和警告，而不用成为 Administrators 组的成员。
- Performance Monitor Users：该组的成员可以从本地计算机和远程客户端监视性能计数器，而不用成为 Administrators 组或 Performance Log Users 组的成员。
- Power Users：存在于非域控制器上，可进行基本的系统管理，如共享本地文件夹、管理系统访问和打印机、管理本地普通用户；但是它不能修改 Administrators 组、Backup Operators 组，不能备份/恢复文件，不能修改注册表。
- Print Operators：成员可以管理域打印机。
- Remote Desktop Users：该组的成员可以通过网络远程登录。
- Replicator：该组支持复制功能。Replicator 组的唯一成员是域用户账户，用于登录域控制器的复制器服务，不能将实际用户账户添加到该组中。
- Users：是一般用户所在的组，新建的用户都会自动加入该组，对系统有基本的权力，如运行程序、使用网络，不能关闭 Windows Server 2008，不能创建共享目录和本地打印机。如果这台计算机加入到域，则域内的域用户自动被加入到 Users 组。
- Certificate Service DOCM Access：允许该组的成员连接到企业中的证书颁发机构。

2. 内置域组

活动目录中组按照能够授权的范围，分为内置本地域组、内置全局组、内置通用组和内置的特殊组。

（1）内置本地域组

内置本地域组代表的是对某种资源的访问权限。创建内置本地域组的目的是针对某种资源的访问情况而创建的。例如，在网络上有一个激光打印机，针对该打印机的使用情况，可以创建一个“激光打印机使用者”内置本地域组，然后授权该组使用该打印机。以后哪个用户或全局组需要使用打印机，可以直接将用户或组添加到“激光打印机使用者”，就等于授权使用打印机了。自己创建的本地域组，可以授权访问本域计算机上的资源，它代表的是访问资源的权限；其成员可以是本域的用户、组或其他域的用户组；只能授权其访问本域资源，其他域中的资源不能授权其访问。

这些内置的本地域组位于活动目录的 Builtin 容器内，如图 5-30 所示，下面列出几个较常用的本地域组。

- Account Operator：系统默认其组成员可以在任何一个容器（Builtin 容器和域控制器组织单元除外）或组织单元内创建、删除账户，更改账户、组账户和计算机账户组，但不能更改和删除 Administrators 组与 Domain Admins 组的成员。
- Administrators：成员可以在所有域控制器上完成全部管理工作，默认的成员有 Administrator 用户、Domain Admins 全局组、Enterprise Admins 全局组等。
- Backup Operators：成员可以备份和还原所有域控制器内的文件和文件夹，可以关闭域控制器。
- Guest：成员只能完成授权的任务、访问授权的资源，默认时，Guest 和全局组 Domain Guests 是该组的成员。
- Network Configuration Operators：其成员可以在域控制器上执行一般的网络设置工作。
- Pre-Windows 2000 Compatible Access：该组主要是为了与 Windows NT 4.0（或更旧的系统）兼容，其成员可读取 Windows Server 2008 域中所有用户与组账户。其默认成员为特殊组 Everyone。只有在用户使用的计算机是 Windows NT 4.0 或更旧的系统时，才将用户加入该组中。
- Print Operators：其成员可以创建、停止或管理在域控制器上的共享打印机，也可以关闭域控制器。
- Remote Desktop Users：其成员可以通过远程计算机登录。
- Server Operators：其成员可以创建、管理、删除域控制器上的共享文件夹与打印机，备份与还原域控制器内的文件，锁定与解开域控制器，将域控制器上的硬盘格式化，更改域控制器的系统时间，关闭域控制器等。
- Users：默认时，Domain Users 组是其成员，可以用该组来指定每个在域中账户应该具有的基本权限。

（2）内置全局组

当创建一个域时，系统会在活动目录中创建一些内置的全局组，其本身并没有任何权利与权限，但是可以通过将其加入到具备权利或权限的域本地组内，或者直接为该全局组指派权利或权限。

这些内置的全局组位于 Users 容器内。下面列出几个较为常用的全局组，如图 5-31 所示。

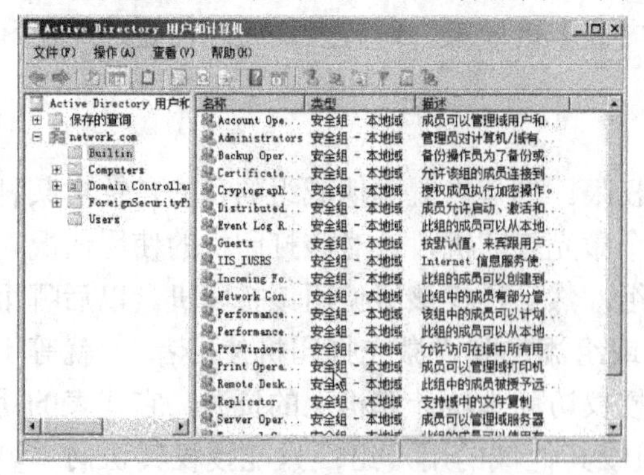

图 5-30　内置的本地域组

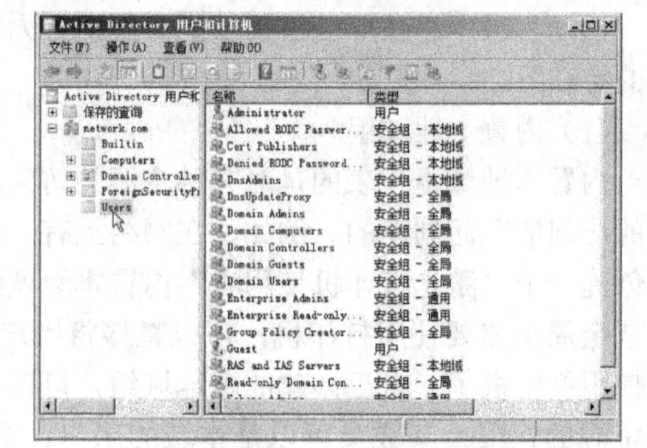

图 5-31　内置的全局组

- Domain Admins：域内的成员计算机会自动将该组加入到其 Administrators 组中，该组内的每个成员都具备系统管理员的权限。该组默认成员为域用户 Administrator。

- Domain Computers：所有加入该域的计算机都被自动加入到该组内。
- Domain Controllers：域内的所有域控制器都被自动加入到该组内。
- Domain Users：域内的成员计算机会自动将该组加入到其 Users 组中，该组默认的成员为域用户 Administrator，以后添加的域账户都自动属于该 Domain Users 全局组。
- Domain Guests：Windows Server 2008 会自动将该组加入到 Guests 域本地组内，该组默认的成员为账户 Guest。
- Enterprise Admins：该组只存在于整个域目录林的根域中，其成员具有管理整个目录林内的所有域的权利。
- Schema Admins：只存在于整个域目录林的根域中，其成员具备管理架构的权利。
- Group Policy Creator Owners：该组中的成员可以修改域的组策略。
- Read-only Domain Controllers：此组中的成员是域中只读域控制器。

（3）内置通用组

内置通用组和全局组的作用一样，目的是根据用户的职责合并用户。与全局组不同的是，在多域环境中它能够合并其他域中的域账户，例如可以把两个域中的经理账户添加到一个通用组。在多域环境中，可以在任何域中为其授权。

（4）内置的特殊组

特殊组存在于每一台 Windows Server 2008 计算机内，用户无法更改这些组的成员。也就是说，无法在“Active Directory 用户和计算机”或“本地用户与组”内看到、管理这些组。这些组只有在设置权利或权限时才看得到。以下列出几个较为常用的特殊组。

- Everyone：包括所有访问该计算机的用户，如果为 Everyone 指定了权限并启用 Guest 账户时一定要小心，Windows 会将没有有效账户的用户当成 Guest 账户，该账户自动得到 Everyone 的权限。
- Authenticated Users：包括在计算机上或活动目录中的所有通过身份验证的账户，用该组代替 Everyone 组可以防止匿名访问。
- Creator Owner：文件等资源的创建者就是该资源的 Creator Owner。不过，如果创建是属于 Administrators 组内的成员，则其 Creator Owner 为 Administrators 组。
- Network：包括当前从网络上的另一台计算机与该计算机上的共享资源保持联系的任何账户。
- Interactive：包括当前在该计算机上登录的所有账户。
- Anonymous Logon：包括 Windows Server 2008 不能验证身份的任何账户。注意，在 Windows Server 2008 中，Everyone 组内并不包含 Anonymous Logon 组。
- Dialup：包括当前建立了拨号连接的任何账户。

5.4 【扩展任务】设置用户的工作环境

【任务描述】

用户可以通过用户配置文件维护自己的桌面环境，以便让用户在每次登录时，都有统一的工作环境与界面，如相同的桌面、相同的网络打印机、相同的窗口显示等。

【任务目标】

通过任务掌握本地用户配置文件、漫游用户配置文件和强制性用户配置文件的创建与使用，了解强制性用户配置文件的作用。

5.4.1 用户配置文件

用户配置文件是使计算机符合所需的外观和工作方式的设置的集合，其中包括桌面背景、屏幕保护程序、指针首选项、声音设置及其他功能的设置。用户配置文件可以确保只要登录到 Windows 便会使用个人首选项。

1．用户配置文件的类型

Windows Server 2008 所提供的用户配置文件主要分为以下 3 种。

（1）本地用户配置文件

当一个用户第一次登录到一台计算机上时，创建的用户配置文件就是本地用户配置文件。一台计算机上可以有多个本地用户配置文件，分别对应于每一个曾经登录过该计算机的用户。域用户的配置文件夹名字的形式为“用户名.域名”，而本地用户的配置文件的名字是直接以用户名命名的。用户配置文件不能直接被编辑，要想修改配置文件的内容需要以该用户登录，然后手动修改用户的工作环境，如桌面、“开始”菜单、鼠标等，系统会自动地将修改后的配置保存到用户配置文件中。

（2）漫游用户配置文件

该文件只适用于域用户，域用户才有可能在不同的计算机上登录。当一个用户需要经常在其他计算机上登录，并且每次都希望使用相同的工作环境时，就需要使用漫游用户配置文件。该配置文件被保存在网络中的某台服务器上，并且当用户更改了其工作环境后，新的设置也将自动保存到服务器上的配置文件中，以保证其在任何地点登录都能使用相同的新的工作环境。所有的域账户默认使用的是该类型的用户配置文件。该文件是在用户第一次登录时由系统自动创建的。

（3）强制性用户配置文件

强制性用户配置文件不保存用户对工作环境的修改，当用户更改了工作环境参数之后退出登录再重新登录时，工作环境又恢复到强制性用户配置文件中所设定的状态。当需要一个统一的工作环境时该文件就十分有用。该文件由管理员控制，可以是本地的，也可以是漫游的用户配置文件，通常将强制性用户配置文件保存在某台服务器上，这样不管用户从哪台计算机上登录都将得到一个相同且不能更改的工作环境。因此，强制性用户配置文件有时也被称为强制性漫游用户配置文件。

2．用户配置文件的内容

用户配置文件并不是一个单独的文件，而是由用户配置文件夹、Ntuser.dat 文件和 All User（公用）文件夹 3 部分内容组成。这 3 部分内容在用户配置文件中起着不同的作用。

（1）用户配置文件夹

打开资源管理器，在“用户”文件夹内有一些以用户名命名的子文件夹，它们包含了相应用户的桌面设置、“开始”菜单等用户工作环境的设置，如图 5-32 所示。

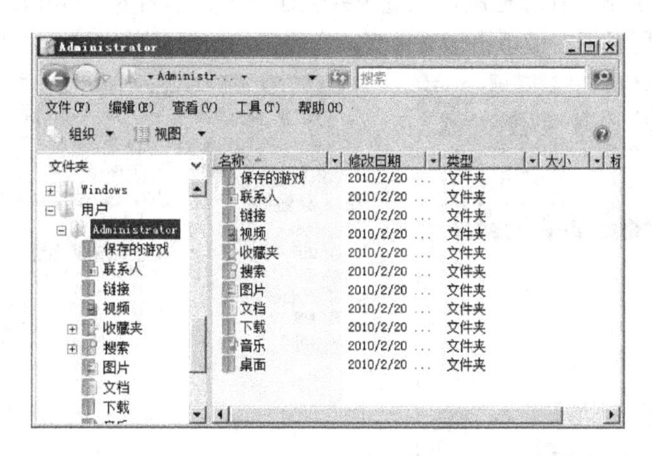

图 5-32　用户配置文件夹

（2）Ntuser.dat 文件

用户配置文件夹内有部分数据存储在注册表的 HKEY_CURRENT_USER 内，存储着当前登录用户的环境设置数据。隐藏文件 Ntuser.dat 即 HKEY_CURRENT_USER 数据存储的位置。

（3）All User（公用）文件夹

它包含所有用户的公用数据，如公用程序组中包含了每个用户登录都可以使用的程序。

5.4.2　创建和使用用户配置文件

1．创建和使用本地用户配置文件

计算机内 All User（公用）文件夹的内容构成了第一次在该计算机登录的用户的桌面环境。用户登录后，可以定制自己的工作环境，当用户注销时，这些设置的更改会存储到这个用户的本地用户配置文件文件夹内。

若使用域账户登录，则会在计算机内建立一个名为“用户名.域名”的用户配置文件文件夹。用鼠标右键单击“计算机”图标，在弹出的菜单中选择“属性”命令，打开“系统属性”对话框，选择“高级”选项卡，在“用户配置文件”栏中单击“设置”按钮，可以查看当前计算机内的用户配置文件及其属性，如图 5-33 所示。

2．创建和使用漫游用户配置文件

漫游用户配置文件只适用于域用户，它存储在网络服务器中，无论用户从域内哪台计算机登录，都可以读取它的漫游用户配置文件。用户注销时，发生的改变会被同时存储到网络服务器中的漫游用户配置文件和本地用户配置文件内，若相同，则直接使用本地用户配置文件，提高读取效率。

若无法访问漫游用户配置文件，用户首次登录时会以 Default User 配置文件的内容设置环境，当用户注销时不会被存储；若以前登录过，则使用它在计算机中的本地用户配置文件。

假设要指定域用户“刘本军”（登录名为 liubj）来使用漫游用户配置文件，并设置将这个漫游用户配置文件存储在服务器“Win2008”的共享文件夹内，具体的操作步骤如下。

1）以域管理员的身份在域控制器上登录并创建一个共享名为“Profiles”的共享文件夹，如图 5-34 所示，使用鼠标右键单击该文件夹，在弹出的快捷菜单中选择“共享”命令。

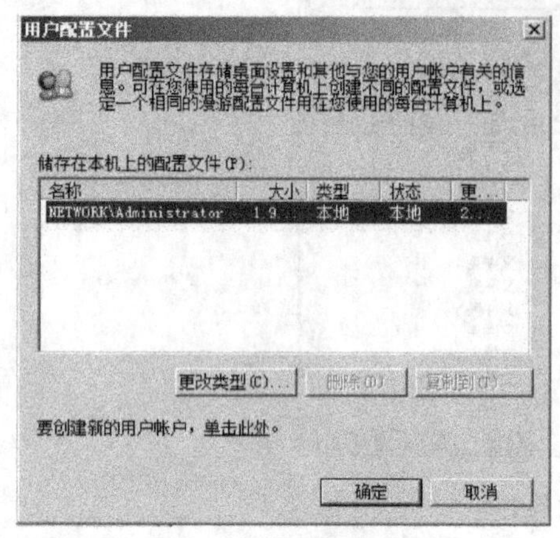

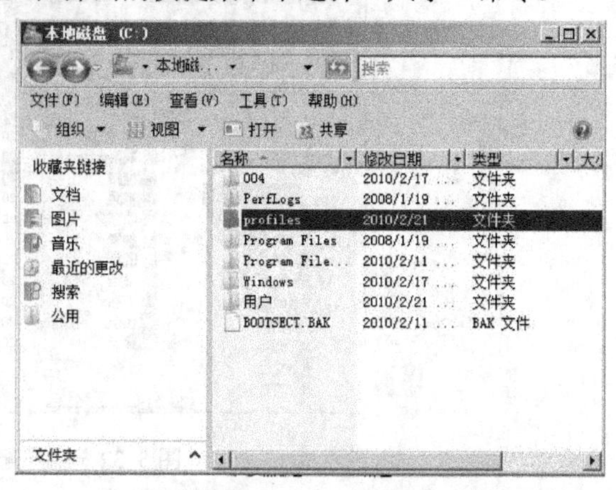

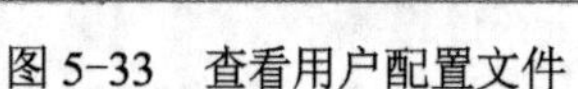
图 5-33　查看用户配置文件　　　　图 5-34　为漫游用户配置文件共享文件夹

2）在出现的“选择要与其共享的网络上的用户”对话框中，选择“查找”选项。

3）在出现的“选择用户组”对话框中，输入“Domain Users”，单击“检查姓名”按钮，设置共享权限为“Domain Users”，类型为“参与者”，单击“共享”按钮，最后单击“完成”按钮。

4）在域控制器上，打开“Active Directory 用户和计算机”窗口，双击“刘本军”账户，在用户属性对话框中，切换至“配置文件”选项卡，在“配置文件路径”的文本框中输入“\\win2008\profiles\&username%”，如图 5-35 所示。

5）以“刘本军”登录，修改桌面环境等后注销，将设置同时保存在本地和服务器“Win2008”上的配置文件夹 liubj 中。从域中另一台计算机上再次以“刘本军”登录，此时桌面环境与前一次登录相同。

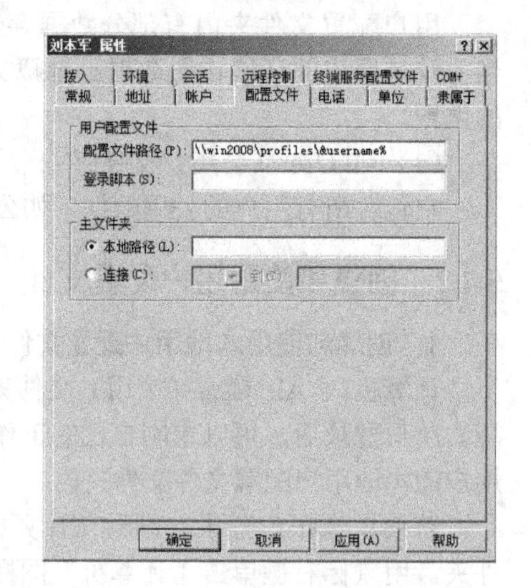

图 5-35　为域用户指定配置路径

注意：①其中&username%是参数，自动以账户登录名（liubj）替换；②liubj 文件夹是自动产生的，且系统自动设置仅有“刘本军”用户对它完全控制，其他用户不能访问；③桌面背景使用的图片最好位于用户配置文件夹中的目录中，如“我的文档”中的“图片”文件夹中，否则换一台计算机登录时将没有办法引用该图片。

漫游用户配置文件的用户在登录域时，其计算机会读取存储在服务器端的漫游用户配置文件，以便根据该配置文件来决定用户的桌面设置。而用户注销时，用户的桌面设置会被同时保存在漫游用户配置文件与本地用户配置文件内。

3．创建和使用强制性用户配置文件

若希望无论从网络中哪台计算机登录，都只能使用同一种工作环境，也就是使得用户无法修改工作环境，可以通过创建和使用强制性用户配置文件来实现。创建强制性用户配置文件的方法是：将漫游用户配置文件夹中的 Ntuser.dat 文件名改为 Ntuser.man 即可。

5.5 【单元实训】用户和组的管理

1. 实训目标

1）熟悉 Windows Server 2008 各种账户类型。

2）熟悉 Windows Server 2008 账户的创建和管理。

3）熟悉 Windows Server 2008 组账户的创建和管理。

4）掌握用户配置文件的创建与使用。

2. 实训设备

1）网络环境：已建好的 100Mbit/s 以太网络包含交换机（或集线器）、五类（或超五类）UTP 直通线若干、两台及以上数量的计算机（计算机配置要求 CPU 为 Intel Pentium 4 及以上，内存不小于 1GB，硬盘剩余空间不小于 20GB，有光驱和网卡）。

2）软件：Windows Server 2008 安装光盘，或硬盘中有全部的安装程序。

3. 实训内容

在第 4 单元实训的基础上完成本实训，在域中的计算机上设置以下内容。

1）在域控制器 teacher.com 上建立本地域组 Student_test，域账户 User1、User2、User3、User4、User5，并将这 5 个账户加入到 Student_test 组中。

2）设置用户 User1、User2 在下次登录时要修改密码。

3）设置用户 User3、User4、User5 不能更改密码并且密码永不过期。

4）设置用户 User1、User2 登录时间是星期一至星期五的 9:00～17:00。

5）设置用户 User3、User4、User5 登录时间是星期一至星期五的 17:00 至第二天的 9:.00 以及星期六、星期日全天。

6）设置用户 User3 只能从计算机“WIN2008D”上登录。

7）设置用户 User4 只能从计算机“WIN2008E”上登录。

8）设置用户 User5 只能从计算机“WIN2008D-Client”上登录。

9）设置用户 User5 的账户过期日为“2010-08-01”。

10）将 Windows Server 2008 内置的账户 Guest 加入到本地域组 Student_test。

11）User1、User2 用户创建并使用漫游用户配置文件，要求桌面显示“计算机”、“网络”、“控制面板”、“用户文件”等常用的图标。

12）User3、User4、User5 创建并使用强制性用户配置文件，要求桌面显示“计算机”、“网络”、“控制面板”、“用户文件”等常用的图标。

5.6 习题

一、填空题

（1）根据服务器的工作模式，组分为______________和______________。

（2）账户的类型分为____________、____________、____________。

（3）工作组模式下，账户存储在服务器的____________中；域模式下，账户存储在____________中。

（4）用户配置文件并不是一个单独的文件，而是由____________________、Ntuser.dat 文件和____________________3 部分内容组成。

（5）活动目录中组按照能够授权的范围，分为__________、__________、__________。

二、选择题

（1）在设置域账户属性时，（　　）项目不能被设置。

A．账户登录时间　　B．账户的个人信息
C．账户的权限　　D．指定账户登录域的计算机

（2）下列（　　）不是合法的账户名。

A．abc_123　　B．windows book
C．dictionar*　　D．abdkeofFHEKLLOP

（3）下面（　　）用户不是内置本地域组成员。

A．Account Operator　　B．Administrator
C．Domain Admins　　D．Backup Operators

（4）下面（　　）不是 Windows Server 2008 所提供的用户配置文件。

A．默认用户配置文件　　B．本地用户配置文件
C．漫游用户配置文件　　D．强制性用户配置文件

三、问答题

（1）简述通用组、全局组和本地域组的区别。

（2）简述工作组和域的区别。

（3）域账户和本地账户有什么区别？

（4）什么是用户配置文件？有哪几种类型？

第 6 单元　文件系统的管理

【单元描述】

Windows Server 2008 通过搭建文件服务器，共享网络中的文件资源，将分散的网络资源逻辑地整合到一台计算机中，以简化访问者的访问过程。同时通过 NTFS 来完成 Windows Server 2008 文件系统的管理，它提供了相当多的数据管理功能，例如通过 NTFS 设置文件和文件夹的权限、支持文件系统的压缩和加密功能，以及限制用户对磁盘空间的使用等。

【单元情境】

三峡纵横科技信息技术有限公司是一家主要提供计算机网络建设与维护的网络技术服务公司，2008 年为湖北某公司建设了公司内部的局域网络，覆盖了公司 10 余个部门、近百台计算机。由于公司没有架设专用的文件服务器，所以公司的各种信息数据管理非常不方便，经常出现文件访问权限设置不当与文件误删除、需要数据的共享与加密、无关文件占用服务器的存储空间等问题。作为技术人员，你如何利用 Windows Server 2008 的文件系统来安全有效地管理公司的各项信息数据？

6.1 【知识导航】文件系统的概念

文件和文件夹是计算机系统组织数据的集合单位。Windows Server 2008 提供了强大的文件管理功能，用户可以十分方便地在计算机或网络上处理、使用、组织、共享和保护文件及文件夹。

文件系统则是指文件命名、存储和组织的总体结构，和 Windows Server 2003 不同的是，运行 Windows Server 2008 的计算机的磁盘分区只能使用 NTFS 型的文件系统。下面将对 FAT（包括 FAT16 和 FAT32）和 NTFS 这两类常用的文件系统进行比较，以便用户更加了解 NTFS 的诸多优点和特性。

6.1.1　FAT 文件系统

FAT（File Allocation Table）指的是文件分配表，包括 FAT16 和 FAT32 两种。FAT 是一种适合小卷集、对系统安全性要求不高、需要双重引导的用户应选择使用的文件系统。

1. FAT 文件系统简介

在推出 FAT32 文件系统之前，通常 PC 使用的文件系统是 FAT16，如 MS-DOS、Windows 95 等系统。FAT16 支持的最大分区是 2^{16}（即 65536）个簇，每簇 64 个扇区，每扇区 512B，所以最大支持分区为 2.147GB。FAT16 最大的缺点就是簇的大小是和分区有关的，这样当外存中存放较多小文件时，会浪费大量的空间。FAT32 是 FAT16 的派生文件系统，支持大到 2TB（2048GB）的磁盘分区，它使用的簇比 FAT16 小，从而有效地节约了磁盘空间。

FAT 文件系统是一种最初用于小型磁盘和简单文件夹结构的简单文件系统，它向后兼容，最大的优点是适用于所有的 Windows 操作系统。另外，FAT 文件系统在容量较小的卷上使用比较好，因为 FAT 启动只使用非常少的开销。FAT 在容量低于 512MB 的卷上工作最好，当卷容量超过 1.024GB 时，效率就显得很低。对于 400～500MB 以下的卷，FAT 文件系统相对于 NTFS 来说是一个比较好的选择。

2. FAT 文件系统的优缺点

FAT 文件系统的优点主要是所占容量与计算机的开销很少，支持各种操作系统，在多种操作系统之间可移植。这使得 FAT 文件系统可以方便地用于传送数据，但同时也带来较大的安全隐患：从这台计算机上拆下 FAT 格式的硬盘，几乎可以把它装到任何其他计算机上，而不需要任何专用软件即可直接读写。FAT 系统的缺点有以下几个方面。

- 容易受损害：由于缺少恢复技术，易受损害，每当 FAT 文件系统损坏时，计算机就要瘫痪或者不正常关机，因此需要经常使用磁盘一致性检查软件。
- 单用户：FAT 文件系统是为类似于 MS-DOS 这样的单用户操作系统开发的，它不保存文件的权限信息。因此，除了隐藏、只读之类的很少几个公共属性之外，无法实施任何安全防护措施。
- 非最佳更新策略：FAT 文件系统在磁盘的第一个扇区保存其目录信息，当文件改变时，FAT 必须随之更新，这样磁盘驱动器就要不断地在磁盘表寻找，当复制多个小文件时，这种开销就变得很大。
- 没有防止碎片的最佳措施：FAT 文件系统只是简单地以第一个可用扇区为基础来分配空间，这会增加碎片，因而也就加长了增加与删除文件的访问时间。
- 文件名长度受限：FAT 限制文件名不能超过 8 个字符，扩展名不能超过 3 个字符，这样短的文件名通常不足以用来提供有意义的文件名。

Windows 操作系统在很大程度上依赖于文件系统的安全性来实现自身的安全性。没有文件系统的安全防范，就没办法阻止他人不适当地删除文件或访问某些敏感信息。从根本上说，没有文件系统的安全，系统就没有安全保障。因此，对于安全性要求较高的用户，FAT 就不太合适。

6.1.2 NTFS

NTFS（New Technology File System）是 Windows Server 2008 使用的高性能文件系统，它支持许多新的文件安全、存储和容错功能，而这些功能也正是 FAT 文件系统所缺少的。

1. NTFS 简介

NTFS 是从 Windows NT 操作系统开始使用的文件系统，它是一个特别为网络和磁盘配额、文件加密等管理安全特性设计的磁盘格式。NTFS 包括了文件服务器和高端个人计算机所需的安全特性，它还支持对于关键数据以及十分重要的数据访问控制和私有权限。除了可以赋予计算机中的共享文件夹特定权限外，NTFS 文件和文件夹无论共享与否都可以赋予权限，NTFS 是唯一允许为单个文件指定权限的文件系统。但是，当用户从 NTFS 卷移动或复制文件到 FAT 卷时，NTFS 的权限和其他特有属性都将会丢失。

NTFS 设计简单但功能强大，从本质上讲，卷中的一切都是文件，文件中的一切都是属性，从数据属性到安全属性，再到文件名属性，NTFS 卷中的每个扇区都分配给了某个文件，甚至文件系统的超数据（描述文件系统自身的信息）也是文件的一部分。

2．NTFS 的优点

NTFS 是 Windows Server 2008 默认使用的文件系统，它具有 FAT 文件系统的所有基本功能，并且它还有 FAT 文件系统所没有的优点。

- 更安全的文件保障，提供文件加密，能够大大提高信息的安全性。
- 更好的磁盘压缩功能。
- 支持最大为 2TB 的大硬盘，并且随着磁盘容量的增大，NTFS 的性能不像 FAT 那样随之降低。
- 可以赋予单个文件和文件夹权限：对同一个文件或者文件夹为不同用户可以指定不同的权限，在 NTFS 中，可以为单个用户设置权限。
- NTFS 中设计的恢复能力，无须用户在 NTFS 卷中运行磁盘修复程序。在系统崩溃事件中，NTFS 使用日志文件和复查点信息，会自动恢复文件系统，使其保持一致性。
- NTFS 文件夹的 B-Tree 结构使得用户在访问较大文件夹中的文件时，速度甚至比访问卷中较小文件夹中的文件还快。
- 可以在 NTFS 卷中压缩单个文件和文件夹：NTFS 的压缩机制可以让用户直接读写压缩文件，而不需要使用解压软件将这些文件展开。
- 支持活动目录和域：此特性可以帮助用户方便灵活地查看和控制网络资源。
- 支持稀疏文件：稀疏文件是应用程序生成的一种特殊文件，文件尺寸非常大，但实际上只需要很少的磁盘空间。也就是说，NTFS 只需要给这种文件实际写入的数据分配磁盘存储空间。
- 支持磁盘配额：磁盘配额可以管理和控制每个用户所能使用的最大磁盘空间。

注意：Windows Server 2008 安装程序会检测现有的文件系统格式，如果是 NTFS，则继续进行；如果是 FAT，会必须将其转换为 NTFS，可以使用命令 conven.exe 把 FAT 分区转换为 NTFS 分区。同时还要注意的是，由于 Windows 95/98 系统不支持 NTFS，所以在配置双重启动系统时，即在同一台计算机上同时安装 Windows Server 2008 和其他操作系统（如 Windows 98），则可能无法从计算机上的另一个操作系统访问 NTFS 分区上的文件。

6.1.3 NTFS 权限

网络中最重要的是安全，安全中最重要的是权限。在网络中，网络管理员首先面对的是权限，日常解决的问题是权限问题，最终出现漏洞还是由于权限设置。权限决定着用户可以访问的数据、资源，也决定着用户享受的服务，更甚者，权限决定着用户拥有什么样的桌面。理解 NTFS，对于高效地在 Windows Server 2008 中实现这种功能来说是非常重要的。

对于 NTFS 磁盘分区上的每一个文件和文件夹，NTFS 都存储一个远程访问控制列表（ACL）。ACL 中包含那些被授权访问该文件或文件夹的所有用户账户、组和计算机，包含它们被授予的访问类型。为了让一个用户访问某个文件或者文件夹，针对用户账户、组或者该用户所属的计算机，ACL 中必须包含一个相对应的元素，这样的元素叫做访问控制元素（ACE）。为了让用户能够访问文件或文件夹，访问控制元素必须具有用户所请求的控制类型。如果 ACL 中没有相应的 ACE 存在，Windows Server 2008 就拒绝该用户访问相应的资源。

1. NTFS 权限的类型

利用 NTFS 权限，可以控制用户账户和组对文件夹和个别文件的访问。NTFS 权限只适用于 NTFS 磁盘分区。NTFS 权限不能用于由 FAT 或者 FAT32 文件系统格式化的磁盘分区。可以利用 NTFS 权限指定哪些用户、组和计算机能够访问文件和文件夹。NTFS 权限也指明哪些用户、组和计算机能够操作文件中或者文件夹中的内容。

1）NTFS 文件夹权限：可以通过授予文件夹权限，来控制对文件夹和包含在这些文件夹中的文件和子文件夹的访问。表 6-1 列出了可以授予的标准 NTFS 文件夹权限和各个权限提供的访问类型。

表 6-1　标准 NTFS 文件夹权限列表

NTFS 文件夹权限	允许访问类型
完全控制	改变权限，成为拥有人，删除子文件夹和文件，以及执行允许所有其他 NTFS 文件夹权限进行的动作
修改	删除文件夹、执行“写入”权限和“读取和执行”权限的动作
读取和执行	遍历文件夹，执行允许“读取”权限和“列出文件夹内容”权限的动作
列出文件夹目录	查看文件夹中的文件和子文件夹的名称
读取	查看文件夹中的文件和子文件夹，查看文件夹属性、拥有人和权限
写入	在文件夹内创建新的文件和子文件夹，修改文件夹属性，查看文件夹的拥有人和权限
特殊权限	其他不常用权限，如删除权限的权限

2）NTFS 文件权限：可以通过授予文件权限，控制对文件的访问。表 6-2 列出了可以授予的标准 NTFS 文件权限和各个权限提供给用户的访问类型。

表 6-2　标准 NTFS 文件权限列表

NTFS 文件权限	允许访问类型
完全控制	修改和删除文件，执行由“写入”权限和“读取和执行”权限进行的动作
修改	修改和删除文件，执行由“写入”权限和“读取和执行”权限进行的动作
读取和执行	运行应用程序，执行由“读取”权限进行的动作
读取	覆盖写入文件，修改文件属性，查看文件拥有人和权限
写入	读文件，查看文件属性、拥有人和权限
特殊权限	其他不常用权限，如删除权限的权限

注意： 无论用什么权限保护文件，被准许对文件夹进行“完全控制”的组或用户都可以删除该文件夹内的任何文件。尽管“列出文件夹内容”和“读取和运行”看起来有相同的特殊权限，但这些权限在继承时却有所不同。“列出文件夹内容”可以被文件夹继承而不能被文件继承，并且它只在查看文件夹权限时才会显示。“读取和运行”可以被文件和文件夹继承，并且在查看文件和文件夹权限时始终出现。在默认情况下，Windows Server 2008 赋予每个用户对于 NTFS 文件和文件夹的完全控制权限。

2. NTFS 权限的应用规则

如果将针对某个文件或者文件夹的权限授予了个别用户账户，又授予了某个组，而该用户是该组的一个成员，那么该用户就对同样的资源有了多个权限。关于 NTFS 如何组合多个权限，存在一些规则和优先权。

- 权限是累加的：一个用户对某个资源的有效权限是授予这一用户账户的 NTFS 权限与授予该用户所属组的 NTFS 权限的组合。例如，如果某个用户 Long 对某个文件夹 Folder 有“读取”权限，用户 Long 是某个组 Sales 的成员，而组 Sales 对文件夹 Folder 有“写入”权限，那么用户 Long 对文件夹 Folder 就有“读取”和“写入”两种权限。
- 文件权限超越文件夹权限：NTFS 的文件权限超越 NTFS 的文件夹权限。例如，某个用户对某个文件有“修改”权限，那么即使该用户对于包含该文件的文件夹只有“读取”权限，但仍然能够修改该文件。
- 权限的继承：新建的文件或者文件夹会自动继承上一级目录或者驱动器的 NTFS 权限，但是从上一级继续下来的权限是不能直接修改的，只能在此基础上添加其他权限。当然这并不是绝对的，只要有足够的权限，例如系统管理员，也可以修改这个继承下来的权限，或者让文件不再继承上一级目录或者驱动器的 NTFS 权限。
- “拒绝”权限超越其他权限：可以拒绝某用户账户或组对特定文件或者文件夹的访问，为此，将“拒绝”权限授予该用户账户或者组即可。这样，即使某个用户作为某个组的成员具有访问该文件或文件夹的权限，但是因为将“拒绝”权限授予该用户，所以该用户具有的任何其他权限也被阻止了。因此，对于权限的累积规则来说，“拒绝”权限是一个例外。应该避免使用“拒绝”权限，因为允许用户和组进行某种访问比明确拒绝他们进行某种访问更容易做到。应该巧妙地构造和组织文件夹中的资源，使各种各样的“允许”权限就足以满足需要，从而可避免使用“拒绝”权限。例如，用户 Long 同时属于 Sales 组和 Manager 组，文件 File1 和 File2 是文件夹 Folder 下面的两个文件。其中，用户 Long 拥有对文件夹 Folder 的读取权限，Sales 组拥有对文件夹 Folder 的读取和写入权限，Manager 组则被禁止对文件 File2 进行“写”操作。由于使用了“拒绝”权限，用户 Long 拥有对文件夹 Folder 和文件 File1 的读取和写入权限，但对文件 File2 只有读取权限。

提示：*用户不具有某种访问权限和明确地拒绝用户的访问权限，这二者之间是有区别的。“拒绝”权限是通过在 ACL 中添加一个针对特定文件或文件夹的拒绝元素而实现的。这就意味着，管理员还有另一种拒绝访问的手段，而不仅仅是不允许某个用户访问文件或文件夹。*

- 移动和复制操作对权限的影响：在 NTFS 分区内、分区间复制文件夹或者在 NTFS 分区间移动文件夹时，文件或文件夹将继承目标文件夹的权限。而在同一 NTFS 分区内移动文件或文件夹时，权限将被保留，如果将文件或文件夹复制或者移动到 FAT 分区，所有权限信息将丢失。

3. 查看文件与文件夹的访问许可权限

如果用户需要查看文件或文件夹的属性，首先使用鼠标右键单击选定的文件或文件夹，打开相应的快捷菜单，然后选择“属性”命令，在打开的文件或文件夹的属性对话框中单击“安全”标签，打开“安全”选项卡如图 6-1 和 6-2 所示。在“组或用户名”列表框中，列出了对选定的文件或文件夹具有访问许可权限的组和用户。当选定了某个组或用户后，该组或用户所具有的各种访问权限将显示在权限列表中。本例选中的是 Administrators 组，从图 6-1

和图 6-2 可以看出，该组的所有用户具有对文件夹的“完全控制”、“修改”、“读取和执行”、“列出文件夹目录”、“读取”和“写入”等权限，对文件的“完全控制”、“修改”、“读取和执行”、“读取”和“写入”和“特殊权限”等权限。

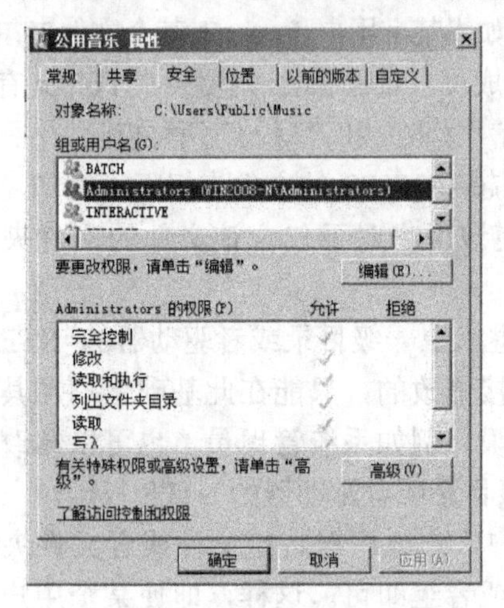

图 6-1 文件夹权限

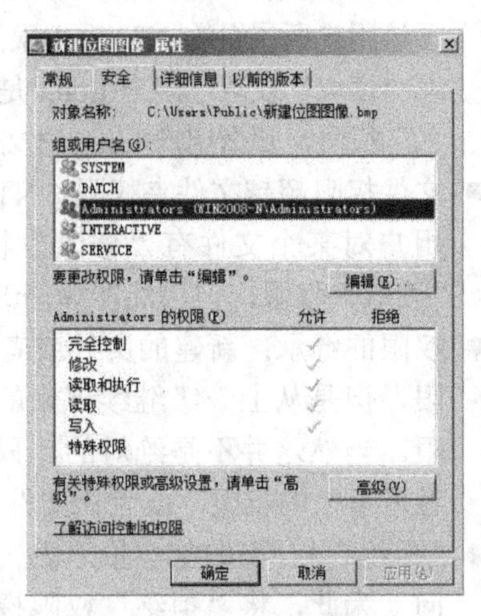

图 6-2 文件权限

没有列出来的用户也可能具有对文件或文件夹的访问许可权限，因为用户可能属于该选项中列出的某个组。因此，最好不要把对文件的访问许可权限分配给各个用户，最好先创建组，再把许可权限分配给该组，然后把用户添加到该组中，这样需要更改的时候，只需要更改整个组的访问许可权限，而不必逐个修改每个用户。

4．更改文件或文件夹的访问许可权限

当用户需要更改文件或文件夹的权限时，必须具有对它的更改权限或拥有权。用户可以在如图 6-1 或图 6-2 所示的对话框中，选择需要设置的用户或组，然后单击“编辑”按钮，将打开选定对象的权限项目对话框，如图 6-3 所示。此时，用户可以对选定对象的访问权限进行更加全面的设置。

用户可以在如图 6-1 或图 6-2 所示的对话框中，选择需要设置的用户或组，然后单击“高级”按钮，打开如图 6-4 所示的访问控制对话框，可以针对特殊权限或是高级权限进行更详细的设置。

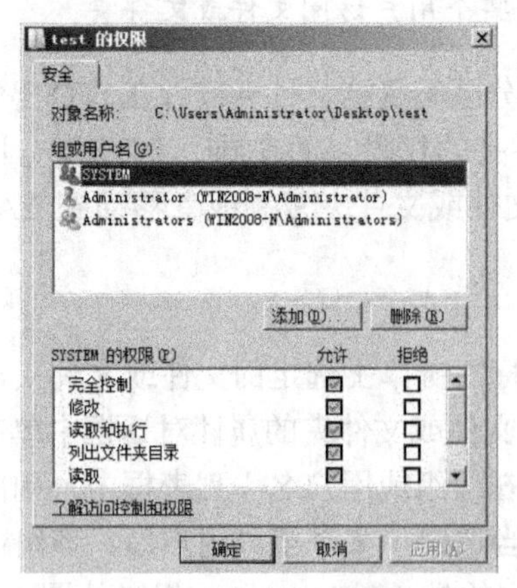

图 6-3 更改访问权限

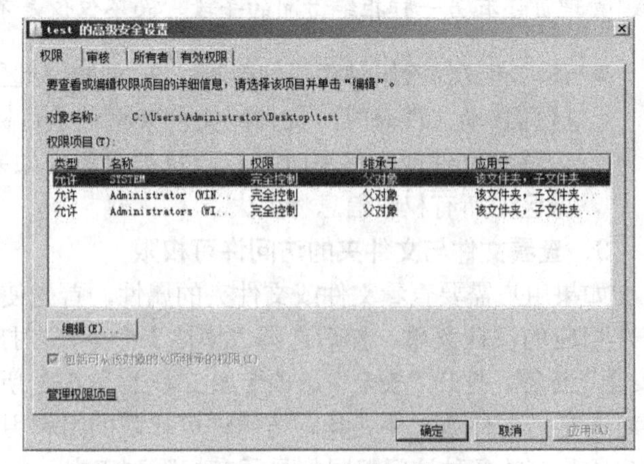

图 6-4 设置高级访问权限

6.2 【新手任务】访问网络文件

【任务描述】

计算机网络最主要的基本功能就是共享资源，可以通过公用文件夹和共享文件夹将文件资源共享给网络上的其他用户。共享文件夹是网络资源共享的一种主要方式，也是其他一些资源共享方式的基础。为了满足网络访问的目标，必须对共享资源进行管理与设置。

【任务目标】

通过本任务掌握公用文件夹的使用，共享文件夹的创建和访问、共享文件夹的管理，让用户很方便地通过网络访问公用文件夹和共享文件夹中的资源。

6.2.1 公用文件夹

磁盘内的文件经过适当的权限设置后，每一位登录计算机的用户都只可以访问自己有权限的文件，无法访问其他用户的文件。此时，如果这些用户要相互共享文件，该如何做呢？共享权限是一种可行的方法，不过也可以利用公用文件夹（Public Folder）。一个Windows Server 2008 系统只有一个公用文件夹，每一位在本地登录的用户都可以访问这个公用文件夹。用户选择“开始”→“计算机”命令，单击“公用”，可打开公用文件夹，如图 6-5 所示。

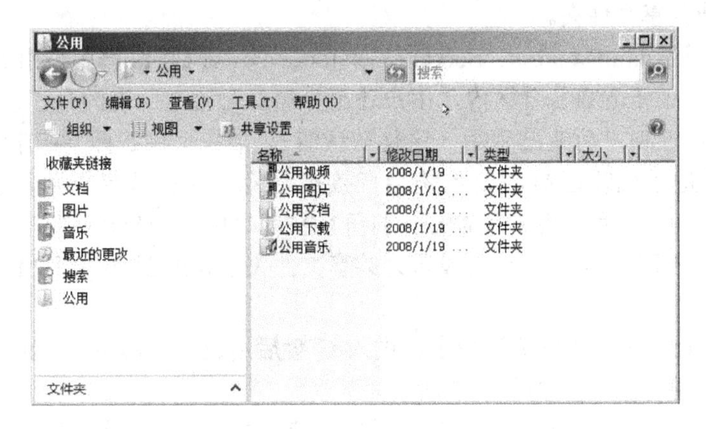

图 6-5 公用文件夹

从图 6-5 可见，公用文件夹内已经默认创建了公用视频、公用图片、公用文档、公用下载与公用音乐等文件夹，用户只要把共享的文件复制到适当的文件即可。用户也可以在公用文件夹内新建其他文件夹。

可以通过共享让网络中的用户来访问公用文件夹。共享的方法为选择“开始”→“桌面”→“网络”→“网络和共享中心”命令，单击“公用文件夹共享”右边的箭头符号，如图 6-6 所示，选择共享方式后单击“应用”按钮。

注意： 图 6-6 中的“密码保护的共享”如果启用（默认为启用），则网络用户连接此计算机时必须先输入有效的用户名和密码，才可以访问公用文件夹。但是如果“密码保护的共享”未启用，则网络用户不需输入用户名和密码就可以访问公用文件夹。无法只针对特定用户来启用公用文件夹，也就是如果不共享给网络上所有用户（用户可能需要输入账户和密码），就是所有的都不共享。

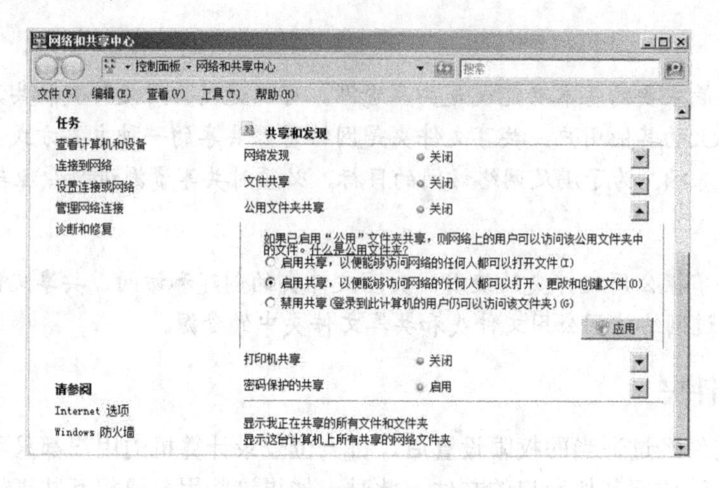

图 6-6　公用文件夹的共享

6.2.2　创建共享文件夹

在创建共享文件夹之前，首先应该确定用户是否有权利创建共享文件夹，必须满足以下3个条件才能创建共享文件夹。

- 用户必须是 Administrators、Server Operators、Power Users 等用户组的成员。
- 如果文件夹位于 NTFS 分区内，用户还至少需要对此文件夹拥有“读取”的权限。
- “用户账户控制“功能已启用（这是默认值）。如果“用户账户控制”功能被禁用，同时又不是系统管理员，则系统会直接拒绝将文件夹共享。可以通过“开始”→“控制面板”→“用户账户”命令，打开或关闭“用户账户控制”。

通过将 C 盘符下的 data 文件夹设置为共享文件夹来介绍创建共享文件夹的方法，操作步骤如下。

1）选择“开始”→“计算机”命令，进入 C 盘后用鼠标右键单击 data 文件夹，在弹出的菜单中选择“共享”命令，如图 6-7 所示。

2）进入“文件共享”对话框，可以直接输入有权共享的用户组或用户的名称，也可以在下拉列表框中选择用户组或用户，单击“添加”按钮，然后选择共享用户的身份，如图 6-8 所示，被添加的用户身份有以下 3 种。

- 读者：表示用户对此文件夹的共享权限为“读取”。
- 参与者：表示用户对此文件的共享权限为“更改”。
- 共有者：表示用户对此文件的共享权限为“完全控制”。

3）单击“共享”按钮，在如图 6-9 所示的对话框中单击“完成”按钮即可完成创建共享文件夹的操作。如果用户不是系统管理员，系统会要求输入系统管理员用户名和密码，然后才可以将文件夹共享。

4）选择“开始”→“计算机”命令，在 C 盘中可查看到此时的 data 文件夹的图标已发生变化，文件夹左下方有两个人的图像，如图 6-10 所示。

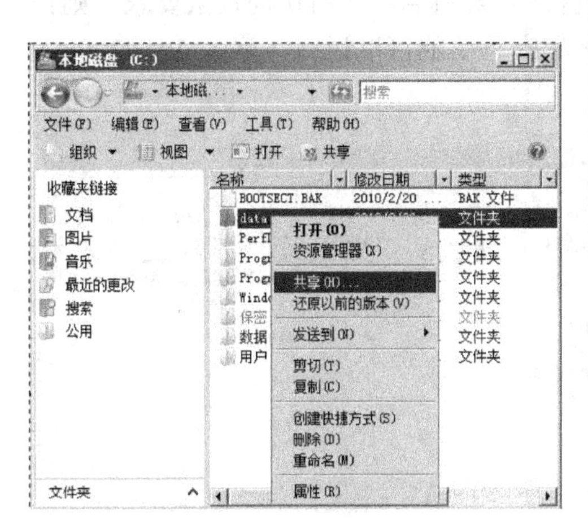

图 6-7　选择“共享”命令

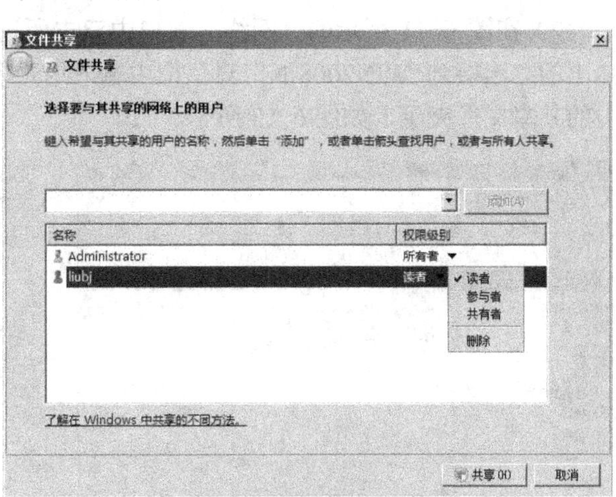

图 6-8　设置共享用户身份

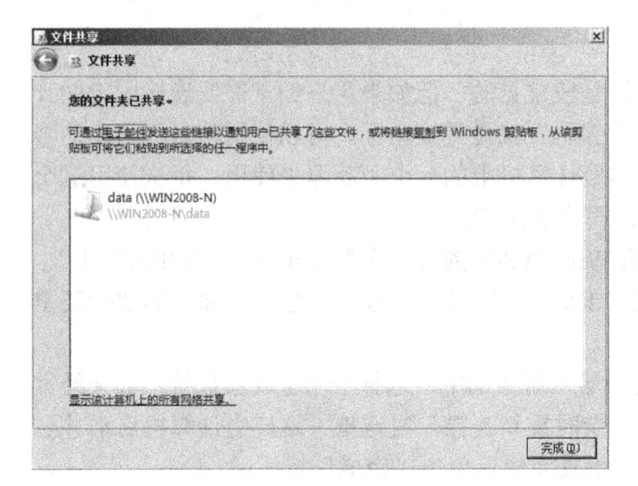

图 6-9　完成共享文件夹设置

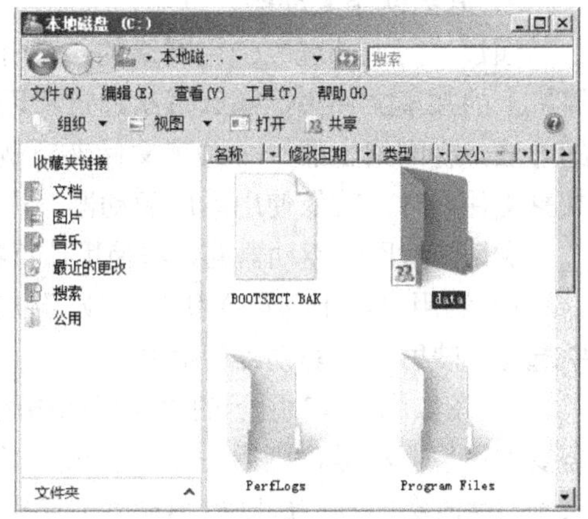

图 6-10　共享文件夹的图标

提示：第一次将文件夹共享时，系统会自动启动“文件共享权限设置”，也可以通过“开始”→“桌面”→“网络”→“网络和共享中心”命令来查看设置，请不要随意关闭文件共享，否则网络用户将无法访问此计算机内的共享文件夹。

6.2.3　共享文件夹的访问

完成共享文件夹的创建后，就可以在其他计算机上通过网络来对共享资源进行访问了，下面介绍利用 Windows Server 2008 对共享文件夹进行访问的 3 种不同的方法。

1．网上邻居

利用“网上邻居”可以查看计算机 WIN2008-N 中共享文件夹 data 的内容，操作步骤如下。

1）选择“开始”→“网络”命令，用鼠标右键单击提示条，在弹出的菜单中选择“启用网络发现和文件共享”命令开启“网络发现”功能，如图 6-11 所示。若“网络发现”已开启，则此步可以跳过。

2）在图 6-11 所示的“网络”窗口中双击所选择的计算机名，若有访问权限要求，则在弹出的“连接到 WIN2008-N”对话框中输入用户名和密码后就可以访问计算机 WIN2008-N 中的共享文件夹了，如图 6-12 所示。

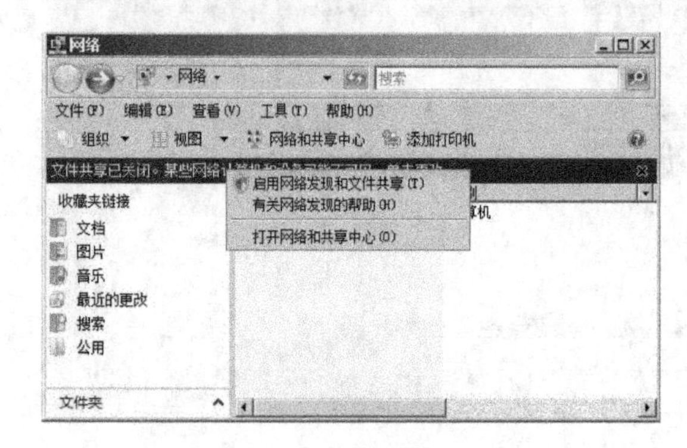

图 6-11 开启“网络发现”功能

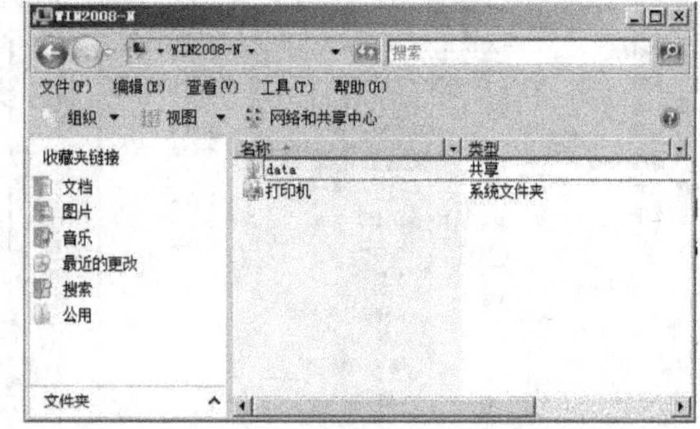

图 6-12 使用共享文件夹

2. 映射网络驱动器

通过“网上邻居”使用网络的共享资源是较常见的，但如果用户经常需要连接固定的计算机上的共享文件夹，那么每次通过“网上邻居”就显得烦琐了。可以使用映射网络驱动器的方法，将网络上的一个共享文件夹当做本地计算机上的一个驱动器来使用，每次使用这个共享文件夹时，就像使用本地驱动器一样，简化了操作。

利用映射网络驱动器的方法使用计算机 WIN2008-N 的共享文件夹 data，操作步骤如下。

1）利用“网上邻居”找到共享文件夹 data，并用鼠标右键单击它，在弹出的快捷菜单中选择“映射网络驱动器”命令。

2）在如图 6-13 所示的“映射网络驱动器”对话框中，选择一个驱动器盘符，如果经常需要使用该驱动器，则用户还可以选中“登录时重新连接”复选框，这样当计算机启动并登录到网络时会自动完成映射驱动器的连接，设置完成后单击“完成”按钮。

3）完成设置后，选择“开始”→“计算机”命令，可看到新增的一个映射驱动器图标，双击此图标就可以打开所连接的远程计算机的共享文件夹，如图 6-14 所示。

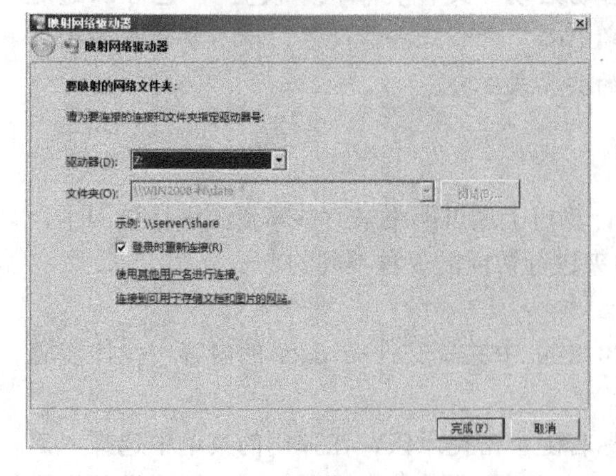

图 6-13 设置“映射网络驱动器”

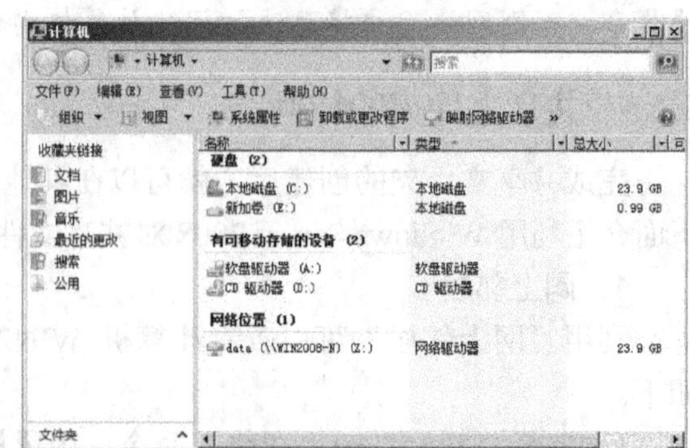

图 6-14 使用映射网络驱动器

3. 直接输入共享文件夹地址

如果知道共享文件夹的具体名称和位置，可以通过直接输入地址的方法来连接共享文件夹，一般有以下两种方法。

- 在浏览器或通过“开始”→“运行”命令打开的文本框中输入 UNC 路径，如“\\WIN2008-N\data”，按〈Enter〉键后会连接到共享文件夹。
- 在“命令提示符”中运行“Net use”命令，如输入“Net use Z: \\WIN2008-N\data”命令后，它就会以驱动器号“Z”来连接共享文件夹。

6.2.4 共享文件夹的管理

共享文件夹创建完成后就可以让用户使用了，但如果希望共享文件夹所提供的服务更有针对性，则还需要对共享文件夹进行一定的管理和设置。

1. 共享文件夹的权限

用户必须拥有一定的共享权限才可以访问共享文件夹，共享文件夹的共享权限和功能如下。

- 读取：可以查看文件名与子文件夹名、文件内的数据及运行程序。
- 更改：拥有“读取”权限的所有功能，还可以新建与删除文件和子文件夹、更改文件内的数据。
- 完全控制：拥有“读取”和“更改”权限的所有功能，还具有更改权限的能力，但更改权限的能力只适用于 NTFS 内的文件夹。

共享文件夹权限只对通过网络访问此共享文件夹的用户有效，对本地登录用户不受此权限的限制。因此，为了提高资源的安全性，还应该设置相应的 NTFS 权限。

NTFS 权限是 Windows Server 2008 文件系统的权限，它支持本地安全性。换句话说，它在同一台计算机上以不同用户名登录，对硬盘上同一文件夹可以有不同的访问权限。

共享权限和 NTFS 权限的特点如下。

- 不管是共享权限还是 NTFS 权限都有累加性。
- 不管是共享权限还是 NTFS 权限都遵循“拒绝”权限优先于其他权限的规则。
- 若一个用户通过网络访问一个共享文件夹，而这个文件夹又在一个 NTFS 分区上，那么该用户最终的权限是他对该文件的共享权限与 NTFS 权限中最为严格的权限。

共享权限和 NTFS 权限的联系和区别如下。

- 共享权限是基于文件夹的，也就是说用户只能够在文件夹上而不可能在文件上设置共享权限；NTFS 权限是基于文件的，用户既可以在文件夹上设置也可以在文件上设置。
- 共享权限只有当用户通过网络访问共享文件夹时才起作用，如果用户是本地登录计算机则共享权限不起作用；NTFS 权限无论用户是通过网络还是本地登录使用文件都会起作用，只不过当用户通过网络访问文件时它会与共享权限联合起作用，规则是取最严格的权限设置。
- 共享权限与文件操作系统无关，只要设置共享就能够应用共享权限；NTFS 权限必须是 NTFS，否则不起作用。
- 共享权限有 3 种用户身份：读者、参与者和所有者；NTFS 权限有许多种，如读、写、执行、修改以及完全控制等，可以进行非常细致的设置。

2. 高级共享

可以进行共享权限的高级共享的更多设置，如设置共享名。每个共享文件夹可以有一个或多个共享名，而且每个共享名还可设置共享权限，默认的共享名就是文件夹的名称，如果要更改或添加共享名，则用鼠标右键单击共享文件夹，在弹出的快捷菜单中选择“属性”命令，选择“共享”选项卡，如图6-15所示。

单击“高级共享”按钮，在弹出的“高级共享”对话框中，选中“共享此文件夹”复选框，系统会自动输入共享名，如图 6-16 所示，也可以自行修改共享名。共享名在计算机上必须唯一，不能以相同的名称共享多个文件夹，共享名可以和文件夹名称不一样。

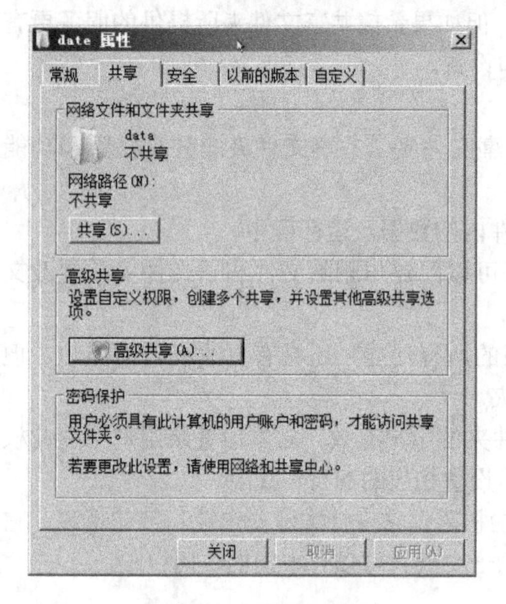

图6-15 “共享”选项卡

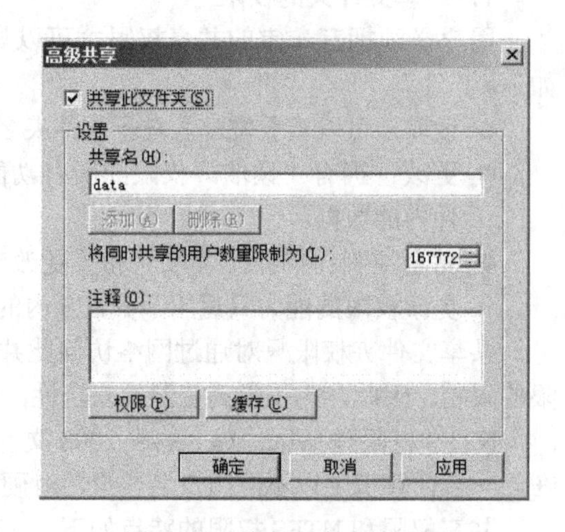

图6-16 “高级共享”对话框

如果需要修改共享权限，可以在“高级共享”对话框中单击“权限”按钮，打开权限设置对话框并选择所需要的共享权限，如图6-17所示。

3. 脱机文件

如果计算机位于公司内部，它应该可以正常连接公司网络、访问网络计算机共享文件夹内的文件（以下简称网络文件）。然而当计算机（如便携式计算机）带离公司后，此时因为该计算机并未连接到公司网络，因而无法访问网络文件，可是却仍然想要访问网络文件，脱机文件（Offline Files）可以解决此问题，它让计算机在与公司网络未连接的情况下，仍然可以访问原来位于网络计算机内的文件，其实此时访问的文件并不是真正位于网络计算机内的文件，而是存储在本地计算机硬盘内的缓存版本。

脱机文件的工作原理是：如果设置了访问的共享文件为可脱机使用，那么在通过网络访问这些文件时，这些文件将会被复制一份到用户计算机的硬盘内。在网络正常时，用户访问的是网络上的共享文件，而当用户计算机脱离网络时，用户仍然可以访问这些文件，只是访问的是位于硬盘内的文件缓存版本，用户访问这些缓存版本的权限和访问网络上的文件是相同的。当计算机恢复与网络计算机连接后，网络文件和缓存文件之间必须同步，以确保两处的文件一致。

如要需要使用脱机文件，可以在“高级共享”对话框中单击“权限”按钮，打开“脱机设置”对话框进行设置，如图 6-18 所示，3 个选项的作用分别如下。

- 只有用户指定的文件和程序才能在脱机状态下可用：用户可在客户端自行选择需要进行脱机使用的文件，即只有被用户选择的文件才可脱机使用。
- 用户从该共享打开的所有文件和程序将自动在脱机状态下可用：用户只要访问过共享文件夹内的文件，被访问过的文件就将会自动缓存到用户的硬盘供脱机使用。“已进行性能优化”主要针对的是应用程序，选择此项后程序会被自动缓存到用户的计算机，当网络上的计算机进行此程序时，用户计算机会直接读取缓存版本，这样可减少网络传输的过程，加快程序的执行速度，但要注意此程序最好不要设置更改的共享权限。
- 该共享上的文件或程序将在脱机状态下不可用：选择此项将关闭脱机文件的功能。

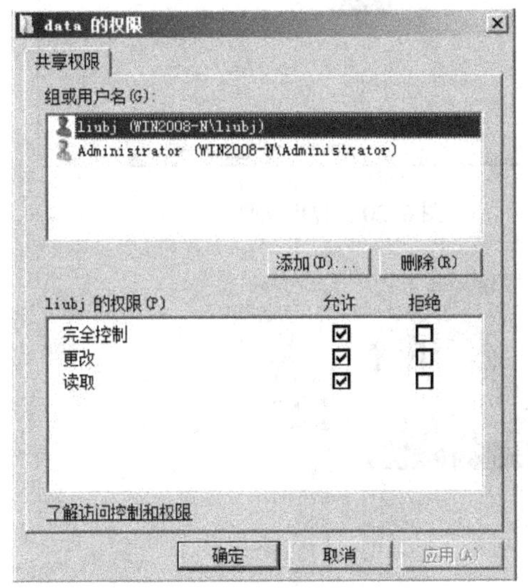
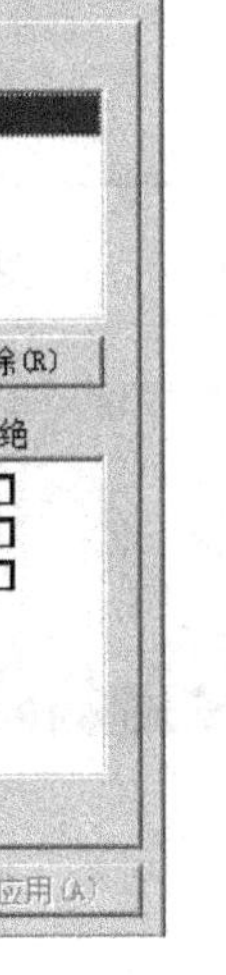

图 6-17　共享权限

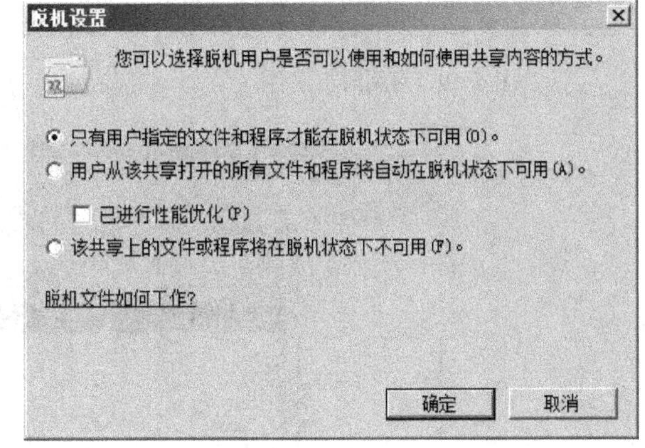

图 6-18　脱机设置

Windows Server 2008 需要安装“桌面体验”功能，才支持脱机使用共享的文件夹，同时在用户计算机上需要打开使用脱机文件功能，选择“开始”→“控制面板”→“脱机文件”，在“脱机文件”对话框中，单击“启用脱机文件”按钮，如图 6-19 所示。要注意的是，需要重新启动计算机设置才能生效。

用户在客户端利用访问共享文件夹的方式打开 data 共享文件夹，然后用鼠标右键单击需要脱机访问的文件，在弹出的快捷菜单中选择“始终脱机可用”命令，选择完成后，可看到此文件图标会有一个绿色双箭头，如图 6-20 所示。此时用户可以在脱离网络的状态下，按照 data 共享文件夹的权限对此文件进行操作。

4．隐藏共享文件夹

如果不希望用户在“网上邻居”中看到共享文件夹，只要在共享名后加上一个“$”符号就可以将它隐藏起来。例如，只要将共享名 data 改为 data$，就不会在网上邻居中显示此共享文件夹。但隐藏并不表示不可访问，用户可通过“\\计算机名\共享名$”的方式访问被隐藏的共享文件夹。在系统中有许多自动创建的被隐藏的共享文件夹，它们是供系统内部使用或管理系统使用的，如 C$（代表 C 分区）、Admin$（代表安装 Windows Server 2008 的文件夹）、IPC$（Internet Process Connection，共享“命名管道”的资源）。查看服务器上的所有共享文件夹，包括隐含共享的文件，其步骤为：选择“开始”→“程序”→“管理工具”→“共享和存储管理”命令，打开如图 6-21 所示的“共享和存储管理”窗口。

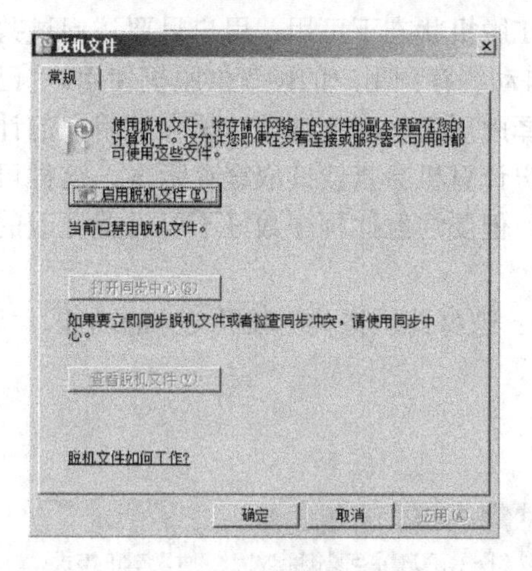

图 6-19　启用脱机文件

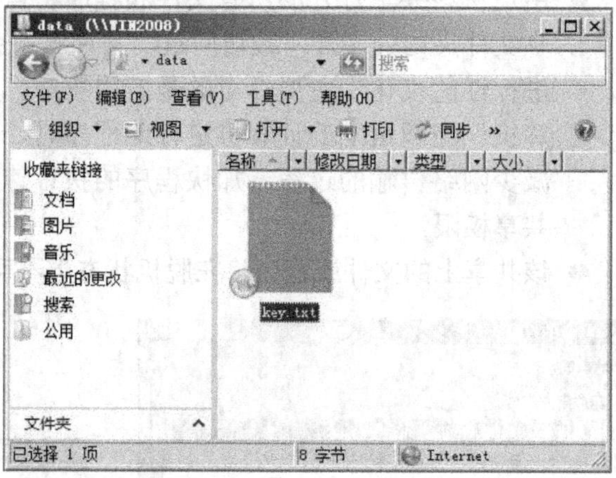

图 6-20　脱机文件

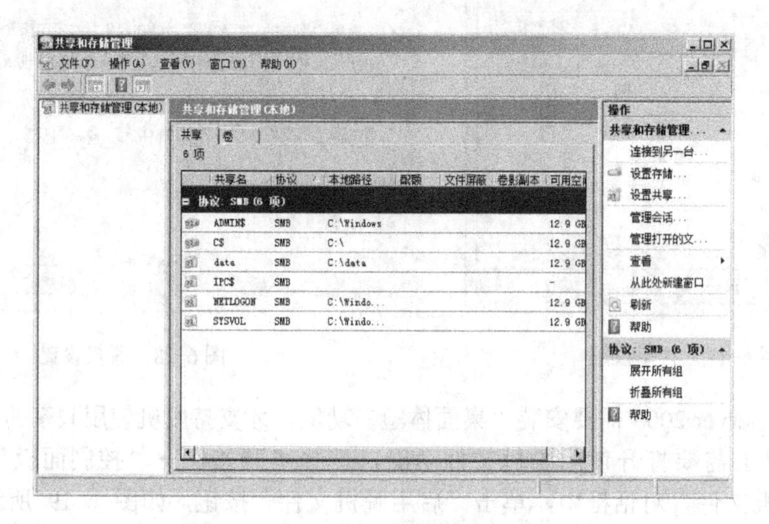

图 6-21　管理服务器所有共享

6.3 【扩展任务】创建与访问分布式文件系统

【任务描述】

如果局域网中有多台服务器，并且共享文件夹也分布在不同的服务器上，这就不利于管理员的管理和用户的访问。而使用分布式文件系统，系统管理员就可以把不同服务器上的共享文件夹组织在一起，构建成一个目录树。这在用户看来，所有共享文件仅存储在一个地点，只需访问一个共享的 DFS 根目录就能够访问分布在网络上的共享文件或文件夹，而不必知道这些文件的实际物理位置。

【任务目标】

通过任务掌握分布式文件系统的创建及管理，让用户很方便地通过网络访问共享文件或文件夹中的资源。

6.3.1 创建分布式文件系统

分布式文件系统（Distributed File System，DFS）为整个网络上的文件系统资源提供了一个逻辑树结构，用户可以抛开文件的实际物理位置，仅通过一定的逻辑关系就可以查找和访问网络的共享资源。用户能够像访问本地文件一样，访问分布在网络上多个服务器上的文件。分布式文件系统可以实现以下 3 个功能。

- 确保服务器负载平衡：当文件同时存放到多台服务器上，且有多个用户同时访问此文件时，使用 DFS 可以避免从一台服务器读取文件数据，它会分散地从不同的服务器上给不同的用户传送数据，因此可以将负载分散到不同的服务器上。
- 提高文件访问的可靠性：即使有一台服务器发生故障，DFS 仍然可以帮助用户从其他的服务器上获取文件数据。
- 提高文件访问的效率：DFS 会自动将用户的访问请求引导到离用户最近的服务器上，以便提高文件的访问效率。

创建分布式文件系统，首先需要安装 DFS 组件，具体的操作步骤如下。

1）选择“开始”→“服务器管理器”命令打开服务器管理器，在左侧选择“角色”一项之后，单击右侧区域的“添加功能”链接，选中“文件服务”复选框，连续两次单击“下一步”按钮，在弹出的如图 6-22 所示的对话框中选中“分布式文件系统”复选框。

2）单击“下一步”按钮，进入“创建 DFS 命名空间”界面，选中“立即使用此向导创建命名空间”单选按钮，在文本框中输入“File-Server”，如图 6-23 所示。

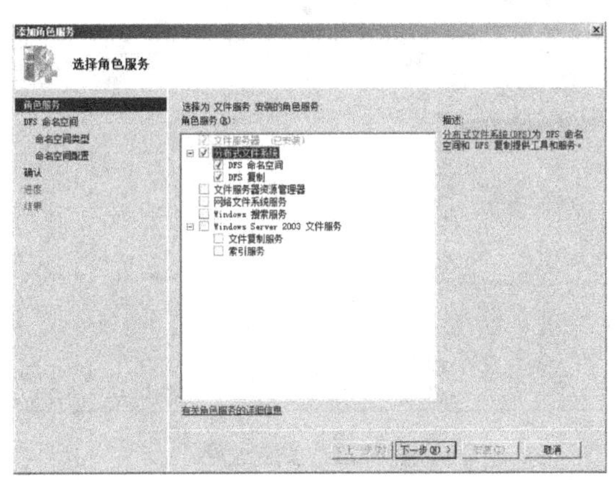

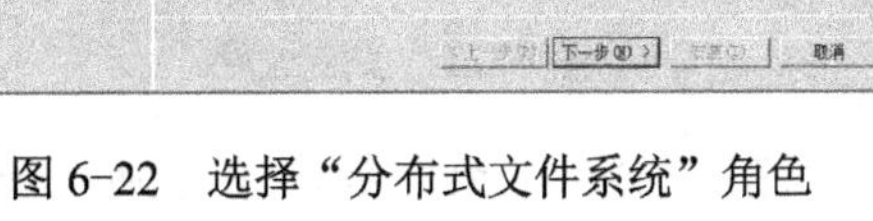

图 6-22 选择“分布式文件系统”角色

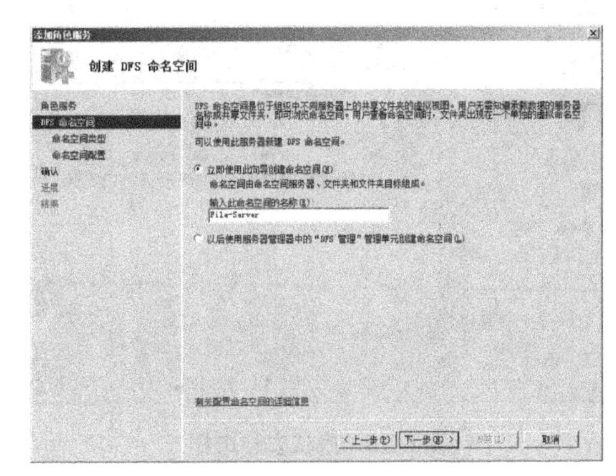

图 6-23 创建 DFS 命名空间

3）单击“下一步”按钮，进入“选择命名空间类型”界面，选中“基于域的命名空间”单选按钮，如图 6-24 所示。

注意：①DFS 支持两种 DFS 命名空间（基于域和独立命名空间）。基于域的命名空间与活动目录集成在一起，提供了在域中复制 DFS 拓扑的能力，支持多个命名空间。独立 DFS 命令空间未与活动目录集成，因此不能提供基于域的 DFS 的复制功能，适合于在非域环境内建立。②命名空间是组织内共享文件夹的一种虚拟视图。命名空间的路径与共享文件夹的通用命名约定（UNC）路径类似，如“\\Win2008\data\software\install”。可以通过命名空间将位于不同服务器内的共享文件夹组合在一起。

4）单击“下一步”按钮，进入“配置命名空间”界面，如图 6-25 所示。若要配置命名空间，可以单击“添加”按钮。单击“下一步”按钮，进入“确认安装选择”界面，如图 6-26 所示，列出要安装的角色服务的相关信息。

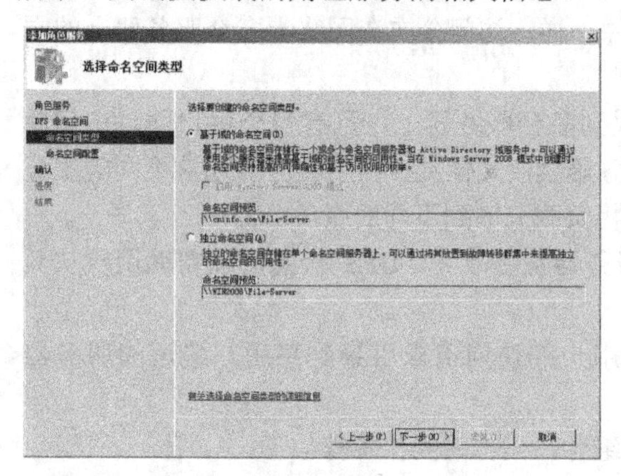

图 6-24 选择命名空间类型

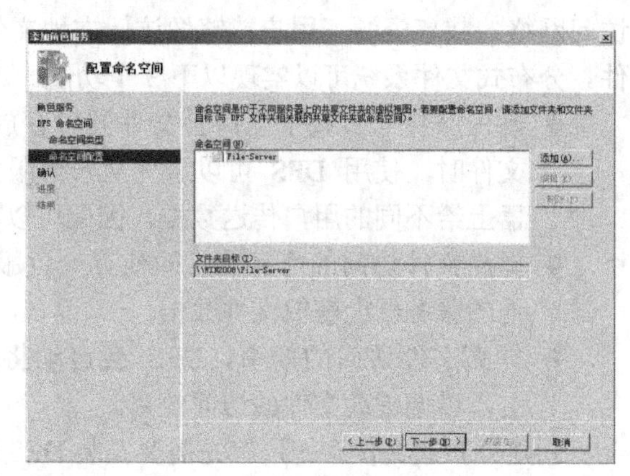

图 6-25 配置命名空间

5）单击“下一步”按钮，进入“安装进度”界面，如图 6-27 所示，单击“开始”按钮，开始“分布式文件系统”角色的安装。

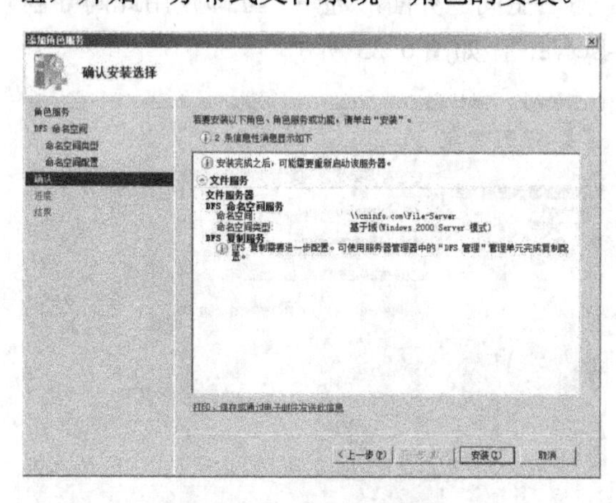

图 6-26 确认安装选择

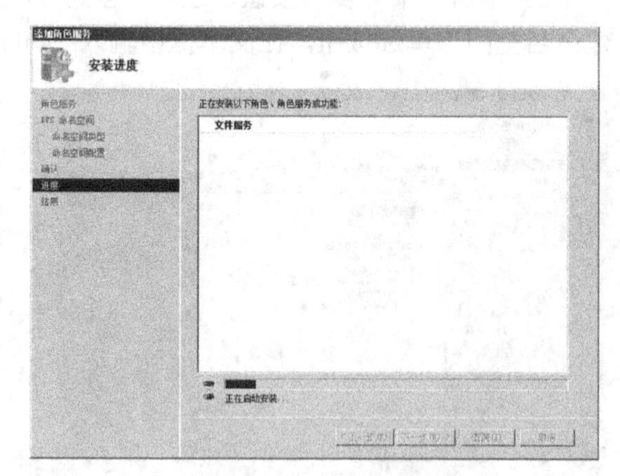

图 6-27 安装进度

6）“分布式文件系统”角色安装完成之后，可以在“安装结果”界面中看到“安装成功”的提示，如图 6-28 所示，单击“关闭”按钮退出“添加角色向导”对话框。

7）重新启动服务器，选择“开始”→“程序”→“管理工具”→“DFS 管理”→“命名空间”→“\\cninfo.com\File-Server”命令，如图 6-29 所示。在一个域中可以有多个命名空间，用户可以使用 DFS 管理工具管理多个命令空间。

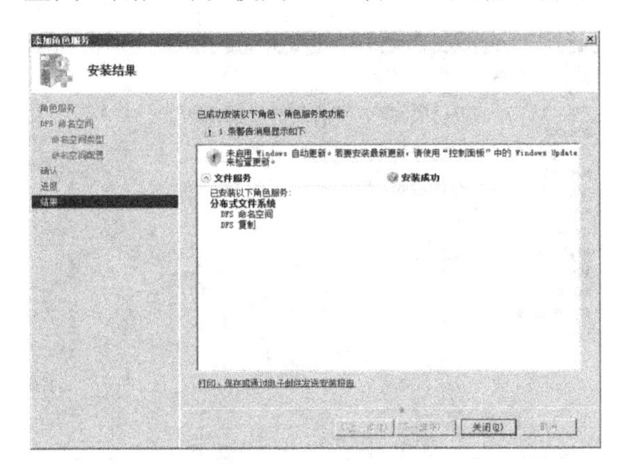

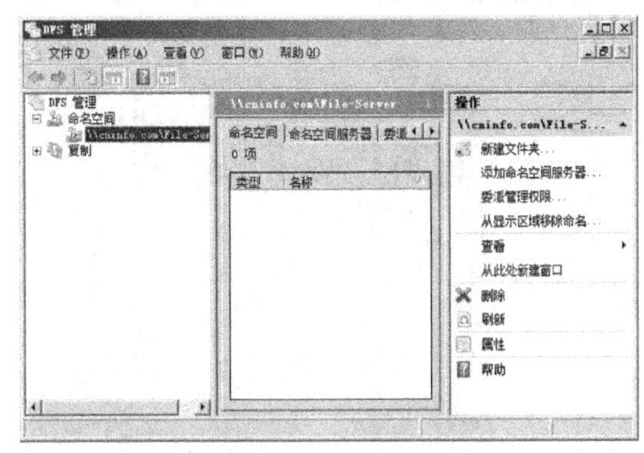

图 6-28　安装结果　　　　图 6-29　命名空间

安装完 DFS 组件后，开始创建命名空间，具体的操作步骤如下。

1）在“DFS 管理”窗口中，单击“新建命名空间”按钮，进入“新建文件夹”对话框，在此对话框的“名称”文本框中输入“data”，单击“添加”按钮，在“预览命名空间”文本框中输入“\\cninfo.com\File-Server\data”，即添加文件夹目标如图 6-30 所示。还可以继续单击“添加”按钮添加多个目标，这些目标文件夹可以避免硬件故意造成的数据丢失，同时多个访问者被均匀地定位到多个目标文件夹，从而实现负载均衡。

2）单击“确定”按钮，再次单击“新建命名空间”按钮，以同样的方法添加“soft”命名空间，完成后的窗口如图 6-31 所示。

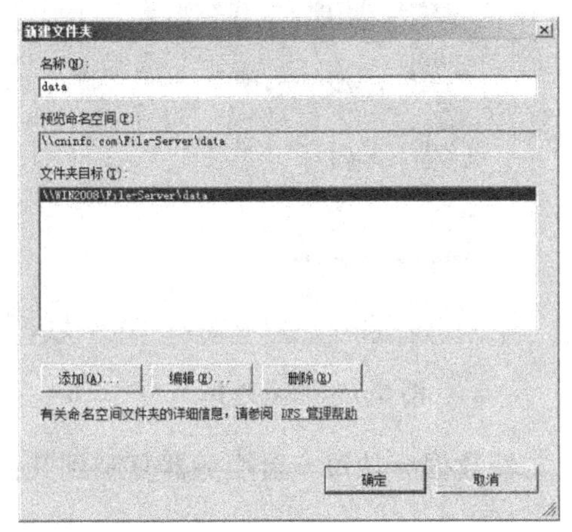

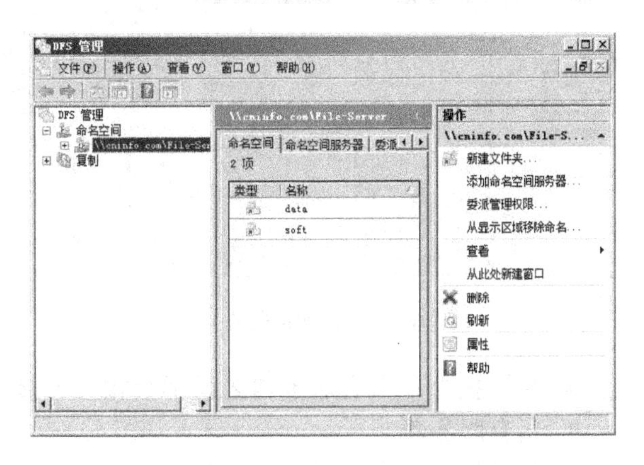

图 6-30　“新建文件夹”对话框　　　　图 6-31　同一命名空间下的目标文件夹

创建完命名空间后，应创建对应的文件夹和设置复制拓扑，具体的操作步骤如下。

1）在“DFS 管理”窗口中，选择“复制”对象，单击“新建复制组”按钮，打开“新建复制组向导”对话框，在“复制组类型”界面中选择“多用途复制组”单选按钮，如图 6-32 所示。

2）单击“下一步”按钮，进入“名称和域”界面，输入复制组的名称为“File-Server-

Group”，域为“cninfo.com”，如图 6-33 所示。

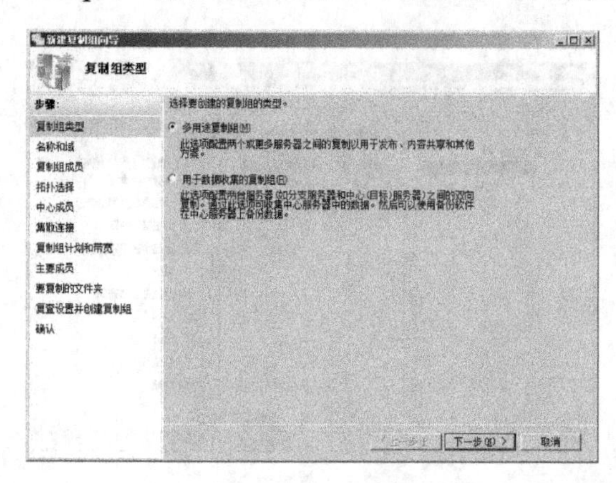

图 6-32　复制组类型

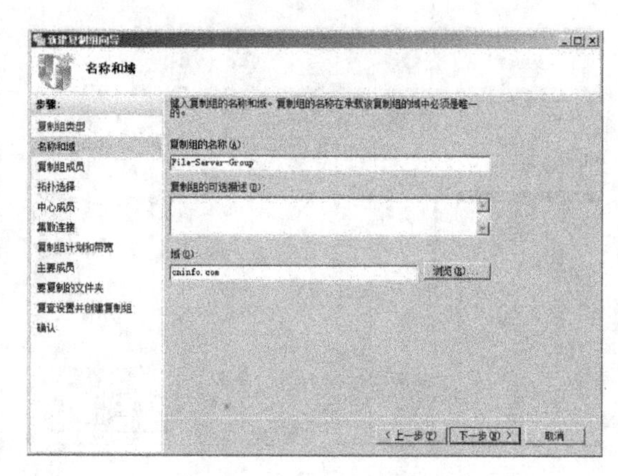

图 6-33　复制名称和域

3）单击“下一步”按钮，进入“复制组成员”界面，单击“添加”按钮，分别添加计算机“WIN2008”和“WIN2008-N”，如图 6-34 所示。

4）单击“下一步”按钮，进入“拓扑选择”界面，这里选择“交错”拓扑，如图 6-35 所示。复制拓扑用来描述 DFS 各服务器之间复制数据的逻辑连接，通常这些逻辑连接 DFS 复制服务可以在服务器之间同步数据。有以下 3 种复制拓扑可供选择。

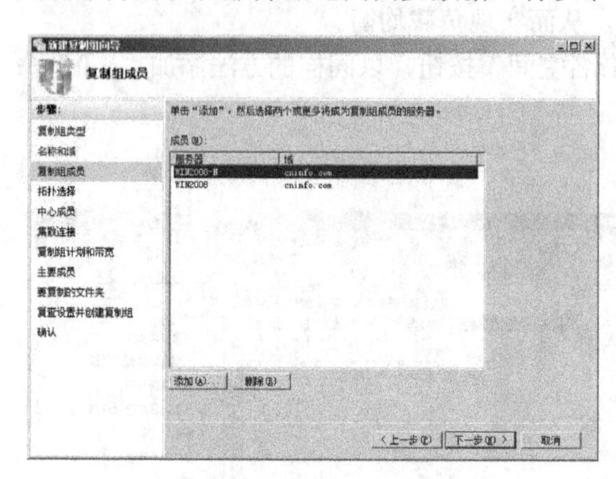

图 6-34　复制组成员

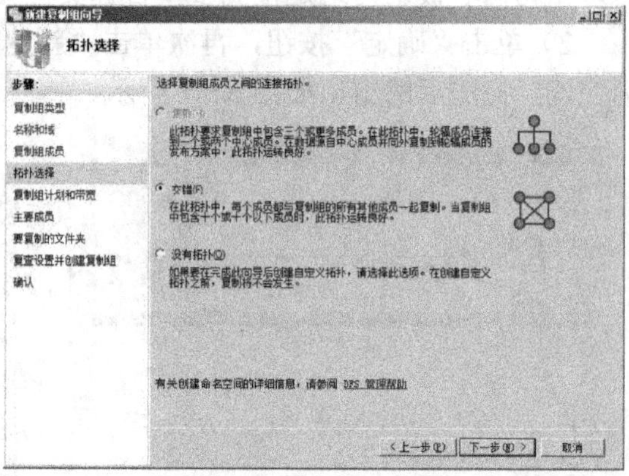

图 6-35　拓扑选择

- 交错拓扑：所有服务器之间都会相互连接，文件数据会从每一台服务器复制到其他所有服务器上。
- 集散拓扑：类似于星形拓扑，一台服务器作为中心服务器，其他节点服务器都和它相连，文件数据只会从中心服务器复制到节点服务器或从节点服务器复制到中心服务器，节点服务器之间不会相互复制。只有 3 台以上的服务器参与复制，才可以选择此拓扑。
- 没有拓扑（自定义拓扑）：没有建立复制拓扑，用户根据需要自行指定复制拓扑。

注意：选择拓扑时，可通过有选择地启用或禁用计算机间的连接，来进一步自定义该拓扑。可通过完全禁用两台计算机间的关系，从根本上禁止在它们之间复制文件，或者通过禁用从第一台计算机到第二台计算机的连接，同时可使反方向的连接用来实现单向的文件复制。在选择网络的拓扑类型时，还应考虑带宽、安全性、地理位置和组织等因素。

5）单击“下一步”按钮，进入“复制组计划和带宽”界面，如图 6-36 所示，在此选择“使用指定带宽连续复制”单选按钮，带宽指定为“完整”，也可以根据需要选择“在指定日期和时间内复制”选项。

6）单击“下一步”按钮，进入“主要成员”界面，如图 6-37 所示，在此选择包含复制到其他成员的内容的服务器，主要成员设置为“WIN2008”。

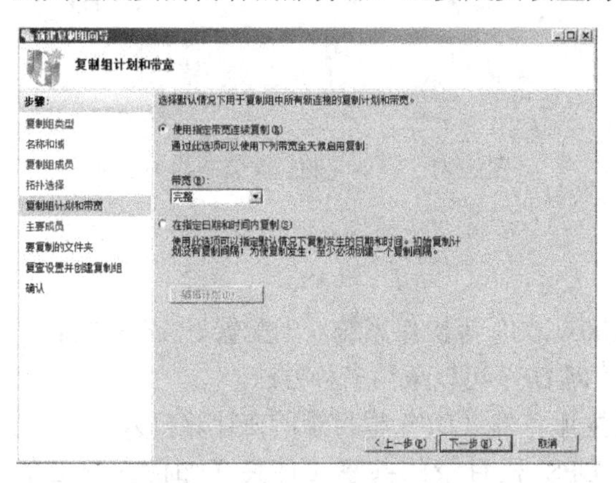

图 6-36　复制组计划和带宽

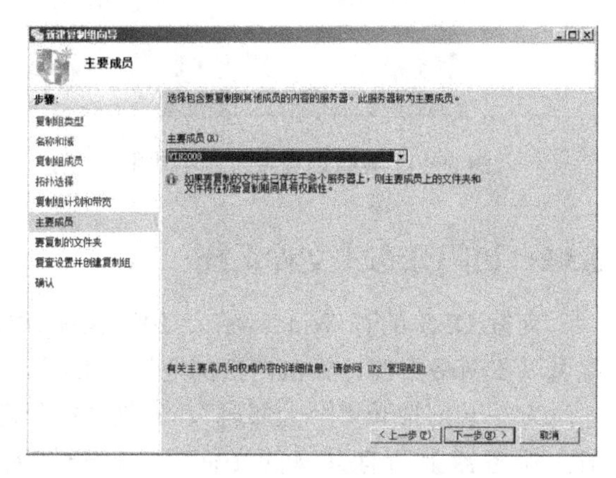

图 6-37　设置主要成员

7）单击“下一步”按钮，进入“要复制的文件夹”界面，单击“添加”按钮设置要复制的文件夹为“C:\User”，如图 6-38 所示。

8）单击“下一步”按钮，进入“其他成员上 Users 本地路径”界面，单击“编辑”按钮，设置其他成员上 Users 本地路径，也可以根据需要不设置，如图 6-39 所示。

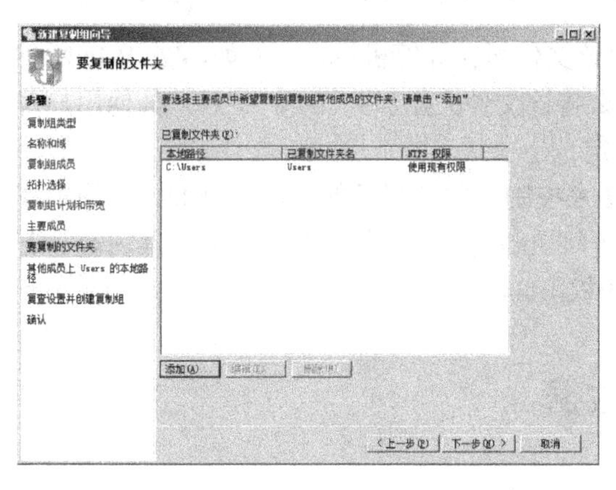

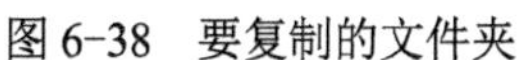

图 6-38　要复制的文件夹

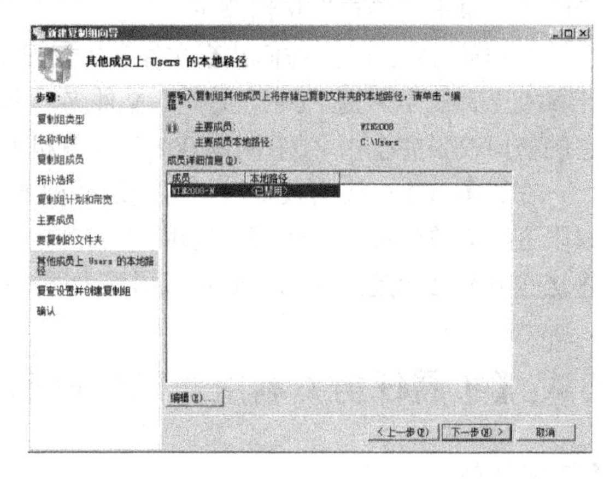

图 6-39　其他成员上 Users 本地路径

9）单击“下一步”按钮，进入“复查设置并创建复制组”界面，如图 6-40 所示，列出复制组的相关配置信息。

10）单击“创建”按钮，开始创建复制组，创建成功，显示相关的安装信息，如图 6-41

所示，单击“关闭”按钮，完成文件和复制拓扑的设置。

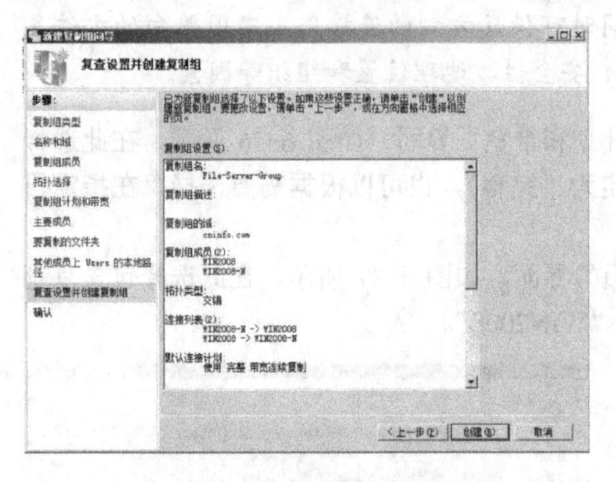

图 6-40　复查设置并创建复制组

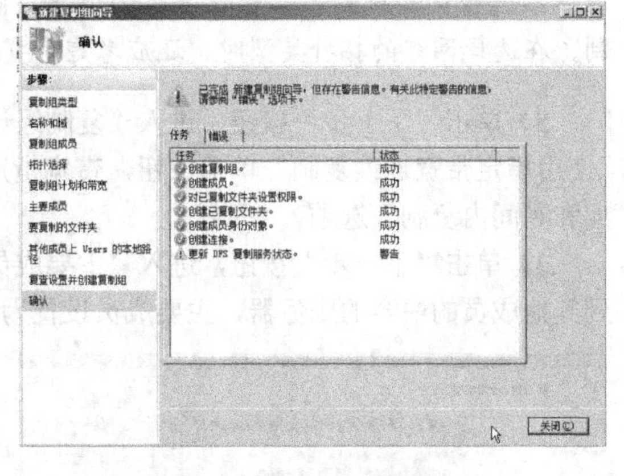

图 6-41　确认复制组安装的相关信息

6.3.2　访问分布式文件系统

支持 DFS 的有 Windows 9x/2000/Me/XP/2003/2008 等操作系统，当配置好 DFS 之后，就可以在网络中的计算机内自由地访问 DFS，访问 DFS 可以采用多种方法。

方法一：打开“网上邻居”，浏览并打开宿主服务器（DFS 根目录所在计算机），会看到宿主服务器上所有共享的文件夹，打开作为 DFS 根目录的共享文件夹（如前面建立的 test），就可以看到在创建 DFS 时添加的所有共享文件夹。

方法二：可以使用 6.2.3 节介绍的方法，将 DFS 根目录文件夹映射为网络驱动器。

方法三：使用浏览器访问 DFS 目录，在浏览器地址栏中，输入 DFS 根目录共享文件夹的正确路径，格式为“\\计算机名\共享文件夹名”，如\\WIN2008\data，就能直接访问 DFS 目录。

方法四：打开“开始”菜单，在“运行”对话框中，输入 DFS 根目录共享文件夹的正确路径，单击“确定”按钮即可。

在访问 DFS 时，访问共享文件夹的权限由该文件所在计算机设定。例如，在 WIN2008 计算机上有一个名为“test”的共享文件夹，那么将该文件夹添加到 DFS 中后，其他用户对它的访问权限完全由名为 WIN2008 的计算机设定。

在设置 DFS 访问权限时，可通过多种方法来控制对共享资源的访问。例如，使用共享权限进行简单的应用和管理，使用 NTFS 中的访问控制更详细地控制共享资源及其内容，若将这些方法结合起来使用，则将应用更为严格的权限。

6.4 【扩展任务】利用 NTFS 管理数据

【任务描述】

在 Windows Server 2008 中，可以利用 NTFS 的各项特性来管理数据。例如，利用 EFS 保护数据安全，在 NTFS 分区上压缩数据，配置 NTFS 分区上的磁盘限额，以及配置卷影副本等。这些与 FAT32 分区相比有较大的优势。

【任务目标】

通过任务掌握加密文件系统、压缩、磁盘限额以及卷影副本等的操作，充分利用 NTFS 的特性管理各项数据。

6.4.1 加密文件系统

Windows Server 2008 提供的文件/文件夹加密功能是通过加密文件系统（Encrypting File System，EFS）实现的。加密文件系统提供了用于在 NTFS 卷上存储加密文件的核心文件加密技术。由于 EFS 与文件系统相集成，因此管理更方便，系统也难以被攻击，并且对用户是透明的。此技术对于保护计算机上易被其他用户访问的数据特别有用。对文件或文件夹加密后，即可像使用任何其他文件和文件夹那样使用加密的文件和文件夹。

EFS 对用户是透明的。也就是说，如果用户加密了一些数据，那么用户对这些数据的访问将是完全允许的，并不会受到任何限制。而其他非授权用户试图访问加密过的数据，将会收到“访问拒绝”的错误提示。EFS 加密的用户验证过程是在登录 Windows 时进行的，只要登录到 Windows，就可以打开任何一个被授权的加密文件。

只有 NTFS 分区内的文件或文件夹才能被加密。如果将加密的文件或文件夹复制或移动到非 NTFS 分区内，则该文件或文件夹将会被解密。当用户将未加密的文件或文件夹移动或复制到加密文件夹后，该文件或文件夹会自动加密；而将一个加密文件或文件夹移动或复制到非加密文件夹后，该文件或文件夹仍然会保持加密状态。这是因为加密过程是把加密密钥存储在文件或文件夹头部的 DDF（数据解密域）和 DRF（数据恢复域）中，与被加密的文件或文件夹形成一个整体，即加密属性跟随文件或文件夹。

例如，“刘本军”（登录名 liubj）是公司的网络管理员，公司有一台服务器可供公司所有员工访问。尽管已经在多数文件夹上配置了 NTFS 权限来限制未授权用户查看文件，但仍希望能使“C:\个人数据”文件夹达到更高级别的安全性：保证只有此文件夹的所有者——用户“刘本军”可读，其他用户即使具有完全控制权限（如 Administrator），也都无权访问。

1）在服务器上以用户“刘本军”身份登录，找到“C:\个人数据”文件夹，使用鼠标右键单击它，在弹出的快捷菜单中选择“属性”命令，打开如图 6-42 所示的“个人数据 属性”对话框，在“常规”选项卡中单击“高级”按钮。

2）在如图 6-43 所示的“高级属性”对话框中，选中“加密内容以便保护数据”复选框（也可以单击“详细信息”按钮，打开此文件的加密详细信息对话框，将需要授权访问此文件的用户添加进来），单击“确定”按钮，回到“个人数据 属性”对话框，单击“应用”按钮，将出现如图 6-44 所示的“确认属性更改”对话框。这里保持默认选项“将更改应用于此文件夹、子文件夹和文件”，然后单击“确定”按钮，回到“个人数据 属性”对话框，最后单击“确定”按钮关闭所有窗口，注销用户“刘本军”。

3）在此服务器上以 Administrator 身份登录，打开“C:\个人数据”文件夹，系统会用彩色（默认是绿色）来显示加密过的 NTFS 文件或文件夹，如图 6-45 所示。此时若试图打开“C:\个人数据”文件夹中的文件“key.txt”，将弹出一个内容为“拒绝访问”的提示框，如图 6-46 所示。

4）注销用户 Administrator，再以用户“刘本军”身份登录，此时可以直接访问自己加密过的文件，如图 6-47 所示。可以看出，加密文件对于加密者是透明的，并且仅允许加密者本人访问。

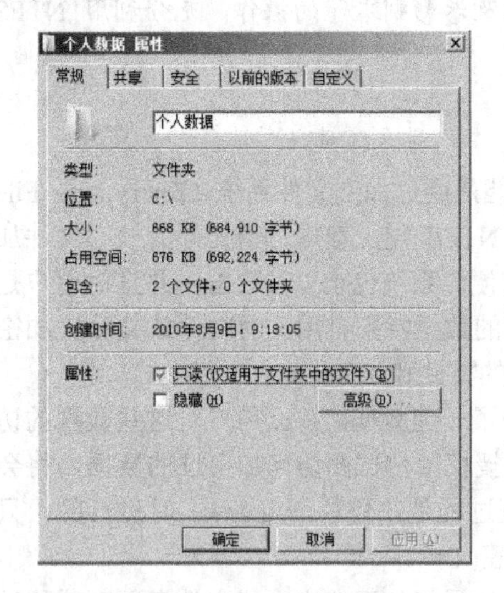

图 6-42 设置文件夹属性

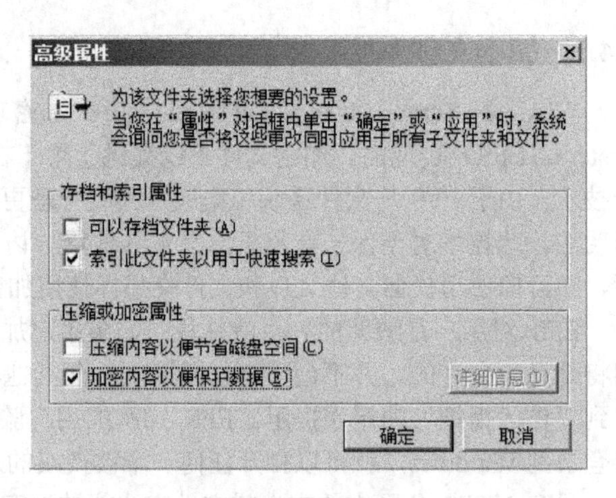

图 6-43 加密文件夹

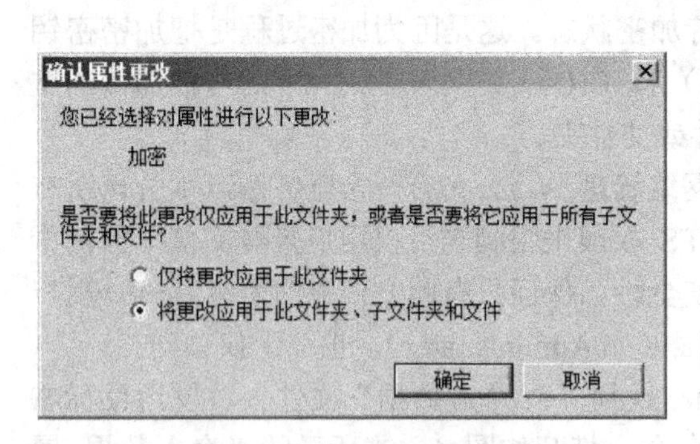

图 6-44 确认属性更改

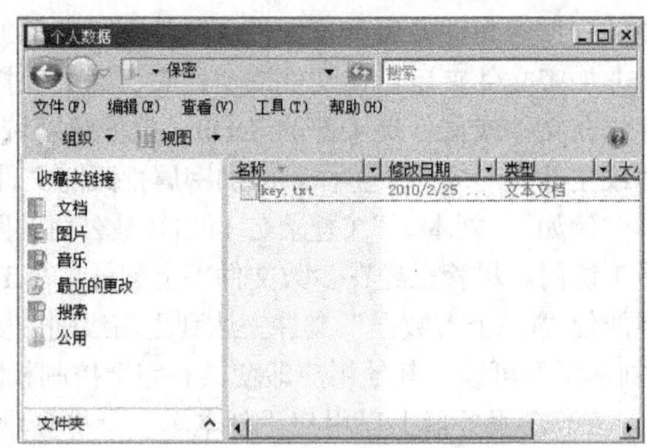

图 6-45 加密过的文件夹

图 6-46 拒绝用户 Administrator 访问

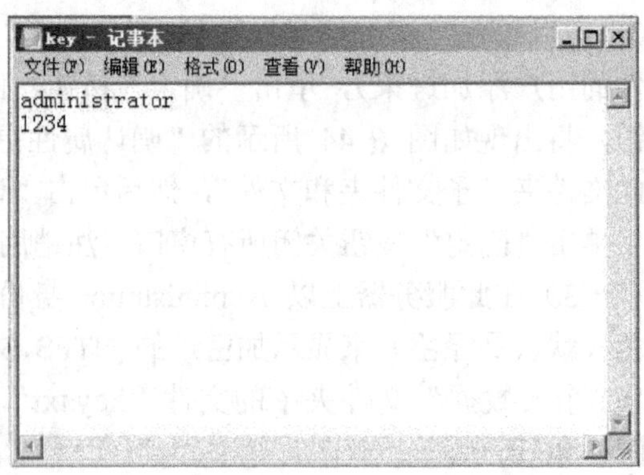

图 6-47 仅允许加密者本人访问

注意：①利用加密文件系统加密的文件，只有存储在硬盘内才会被加密，通过网络发送时是不加密的；②加密文件或文件夹不能防止被有权限的用户删除或列出文件的目录，因此在加密的同时可以通过设置 NTFS 权限来共同保障文件系统的安全性；③也可以使用 cipher.exe 程序来加密和解密文件与文件夹，用法可以参阅相关文件。

6.4.2 NTFS 压缩

NTFS 中的文件和文件夹都具有压缩属性，NTFS 压缩可以节约磁盘空间。当用户或应用程序要读写压缩文件时，系统会将文件自动进行解压和压缩，从而会降低性能。

若服务器的磁盘空间不足，可在保留现有文件的情况下，再增加部分可用空间，如对“C:\个人数据”文件夹进行压缩，以增加可用空间。

1）在服务器上以 Administrator 身份登录，找到“C:\个人数据”文件夹，使用鼠标右键单击它，在弹出的快捷菜单中选择“属性”命令，打开如图 6-48 所示的“个人数据 属性”对话框，此时观察到“个人数据”文件夹大小为 59.6MB，实际占用空间 60.2MB。

2）在“常规”选项卡中单击“高级”按钮，打开如图 6-43 所示的“高级属性”对话框，选中“压缩内容以便节省磁盘空间”复选框，单击“确定”按钮，回到“个人数据 属性”对话框，单击“应用”按钮，出现如图 6-44 所示的“确认属性更改”对话框，这里保持默认选项“将更改应用于此文件夹、子文件夹和文件”。

3）单击“确定”按钮，回到“个人数据 属性”对话框，如图 6-49 所示，此时观察此文件压缩后的大小仍然为 59.6MB，但是占用的空间已经减少至 43.3MB。也就是说，通过压缩获得了 16.9MB 的可用空间。单击“确定”按钮，系统会用彩色（默认是蓝色）来显示压缩过的 NTFS 文件或文件夹。

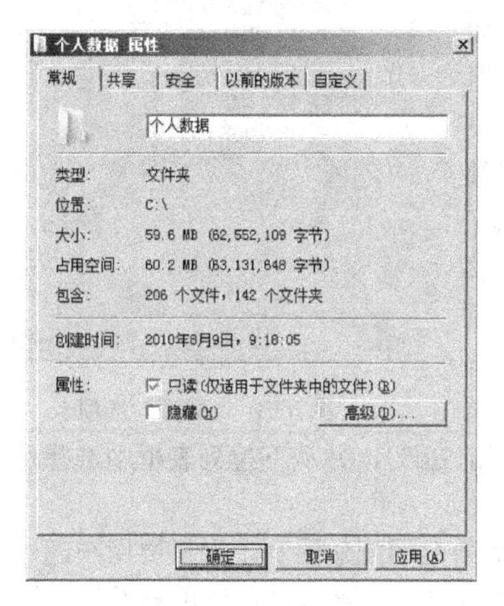

图 6-48　压缩前的大小

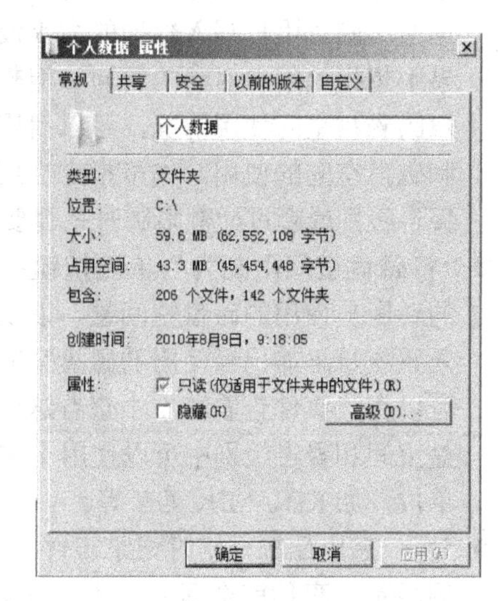

图 6-49　压缩后的大小

注意：①NTFS 的压缩和 EFS 加密无法同时使用，所以对于需要加密的文件或文件夹不要压缩；②当复制或移动 NTFS 分区内的文件或文件夹到另一个位置后，其压缩属性的变化与 NTFS 权限的变化是相同的，此处不再赘述；③也可以使用 compact.exe 程序来压缩和解压缩文件与文件夹。

6.4.3 磁盘配额

Windows NT 系统的缺陷之一就是没有磁盘配额管理，这样就很难控制网络中的用户使用磁盘空间的大小。如果某个用户恶意占用太多的磁盘空间，将导致系统空间不足。Windows Server 2008 的磁盘配额可以限制用户对磁盘空间的无限使用，磁盘配额的工作过程是磁盘配额管理器会根据网络系统管理员设置的条件，监视对受保护的磁盘卷的写入操作。如果受保护的卷达到或超过某个特定的水平，就会有一条消息被发送到向该卷进行写入操作的用户，警告该卷接近配额限制了，或配额管理器会阻止该用户对该卷的写入。

Windows Server 2008 进行配额管理是基于用户和卷，配额的磁盘是 Windows 卷，即不论卷跨越几个物理硬盘或者一个物理硬盘有几个卷，而不是各个物理硬盘。要在卷上使用磁盘配额，该卷的文件系统必须是 NTFS。启用磁盘配额虽然对计算机的性能有少许影响，但对合理使用磁盘意义重大。

在 Windows Server 2008 资源管理器中，使用鼠标右键单击要启动磁盘配额的卷，在弹出的快捷菜单中选择“属性”选项，打开磁盘的属性窗口，在“配额”选项卡中，选中“启用配额管理”复选框，如图 6-50 所示。“配额”选项卡中部分选项的含义如下。

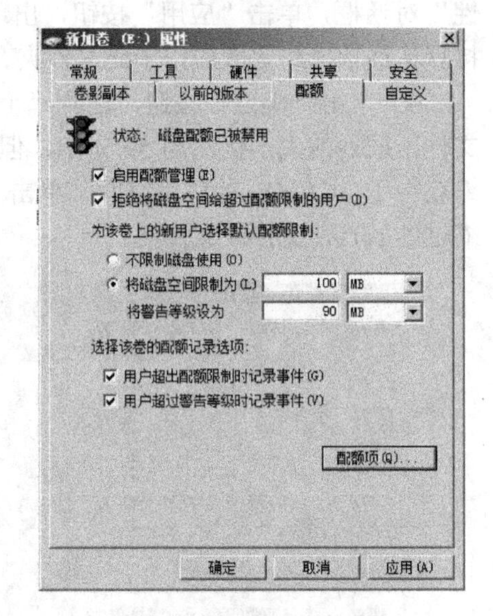

图 6-50 “配额”选项卡

- “拒绝将磁盘空间给超过配额限制的用户”复选框：若选中，超过其配额限制的用户将收到来自 Windows 的“磁盘空间不足”错误信息，并且无法将额外的数据写入卷中；若没有选中，则对用户写入数据的大小没有限制。如果不想拒绝用户对卷的访问，但想跟踪每个用户的磁盘空间使用情况，可以启用配额但不限制磁盘空间的使用，也可指定当用户超过配额警告级别或超过配额限制时是否要记录事件。
- “将磁盘空间限制为”单选按钮：输入允许卷的新用户使用的磁盘空间量，以及在将事件写入系统日志前已经使用的磁盘空间量。管理员可以在“事件查看器”中查看这些事件，在磁盘空间和警告级别中可以使用十进制数值（如 20.5），并从下拉列表框中选择适当的单位，如 KB、MB、GB 等。
- “用户超出配额限制时记录事件”复选框：如果启用配额限制，则只要用户超过其配额限制，事件就会写入到本地计算机的系统日志中。管理员可以用查看器，通过筛选磁盘事件类型来查看这些事件。默认情况下，配额事件每小时都会写入本地计算机的系统日志中。
- “用户超过警告等级时记录事件”复选框：如果启用配额限制，则只要用户超过其警告级别，事件就会写入到本地计算机的系统日志中。管理员可以用事件查看器，通过筛选磁盘事件类型来查看这些事件。默认情况下，配额事件每小时都会写入本地计算机的系统日志中。

设置完毕，单击“确定”按钮，弹出“磁盘配额”信息提示对话框，如图 6-51 所示，单击“确定”按钮，启用磁盘配额。

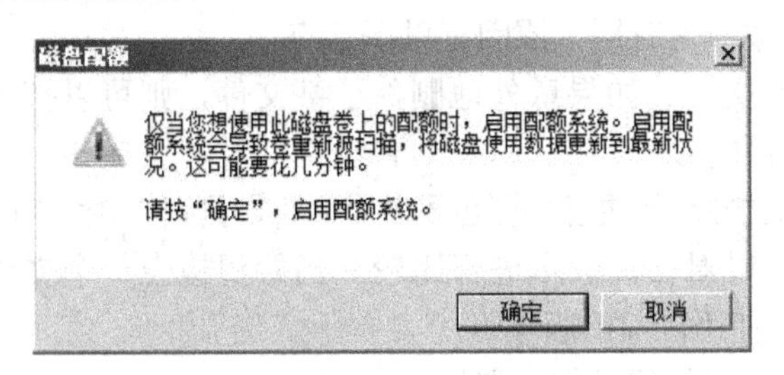

图 6-51 “磁盘配额”信息提示对话框

如果要让某一个用户使用更多的空间，可以为此用户单独指定磁盘配额。单击“配额”选项卡中的“配额项”按钮，弹出如图 6-52 所示的“配额项”窗口。在“配额项”窗口中可以监视每个用户的磁盘配额使用情况，并可单独设置每个用户可使用的磁盘空间。

选择“配额”下拉菜单中的“新建配额项”命令，或单击工具栏中的“新建配额项”图形按钮，显示“选择用户”窗口，单击“高级”按钮，再单击“立即查找”按钮，即可在“搜索结果”列表框中选择当前计算机中的用户。选择要指定配额的用户后，单击“确定”按钮，返回“选择用户”窗口。单击“确定”按钮，弹出如图 6-53 所示“添加新配额项”对话框，选中“将磁盘空间限制为”单选按钮，并在其后的文本框中为该用户设置访问磁盘的空间。单击“确定”按钮，保存所进行的设置。至此，该磁盘配额的设置工作完成，指定的用户被添加到本地卷配额项列表中。

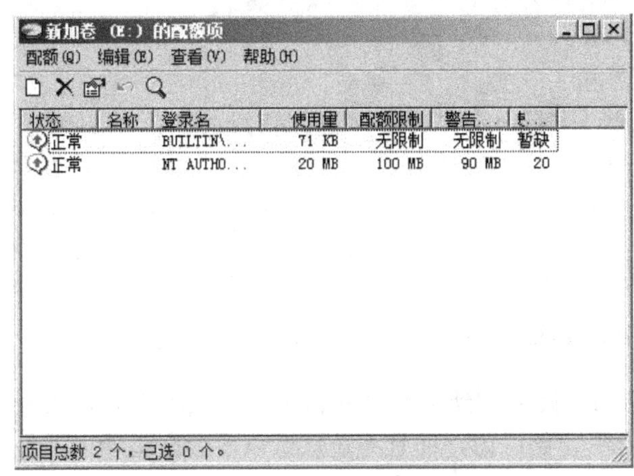

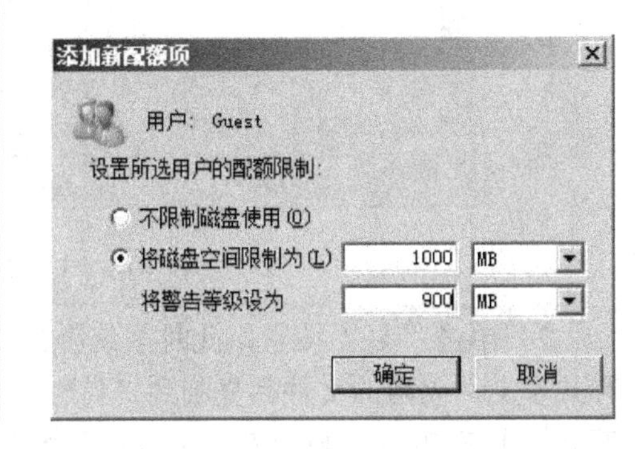

图 6-52 本地卷的磁盘配额项

图 6-53 添加新配额项

注意：①磁盘配额功能在共享及上传文件时都有效，即不管是在服务器上的共享文件夹中存放文件，还是通过 FTP 来上传文件，所有的文件总大小都不能超过磁盘配额所规定的空间大小；②磁盘配额默认对系统管理员不起作用；③用户的已用空间是根据文件的所有者来计算的，如果有压缩的文件或文件夹，其已用空间是用未压缩状态来计算的。

6.4.4 卷影副本

共享文件夹的卷影副本提供位于共享资源（如文件服务器）上的实时文件副本。通过使用共享文件夹的卷影副本，用户可以查看在过去某个时刻存在的共享文件和文件夹，访问文件的以前版本或卷影副本非常有用，原因有以下几点。

- 恢复意外删除的文件。如果意外地删除了某文件，则可以打开前一个版本，然后将其复制到安全的位置。
- 恢复意外覆盖的文件。如果意外覆盖了某个文件，则可以恢复到该文件的前一个版本。
- 在处理文件的同时对文件版本进行比较。当希望检查一个文件的两个版本之间发生的更改时，可以使用以前的版本。

启用和设置卷影副本的具体操作步骤如下。

1）在 Windows Server 2008 资源管理器中，使用鼠标右键单击要启动卷影副本的卷，在弹出的快捷菜单中选择“属性”命令，打开磁盘“属性”对话框，选择“卷影副本”选项卡，选择要启用“卷影复制”的驱动器（如 C：\），单击“启用”按钮，弹出“启用卷影复制”对话框，如图 6-54 所示。

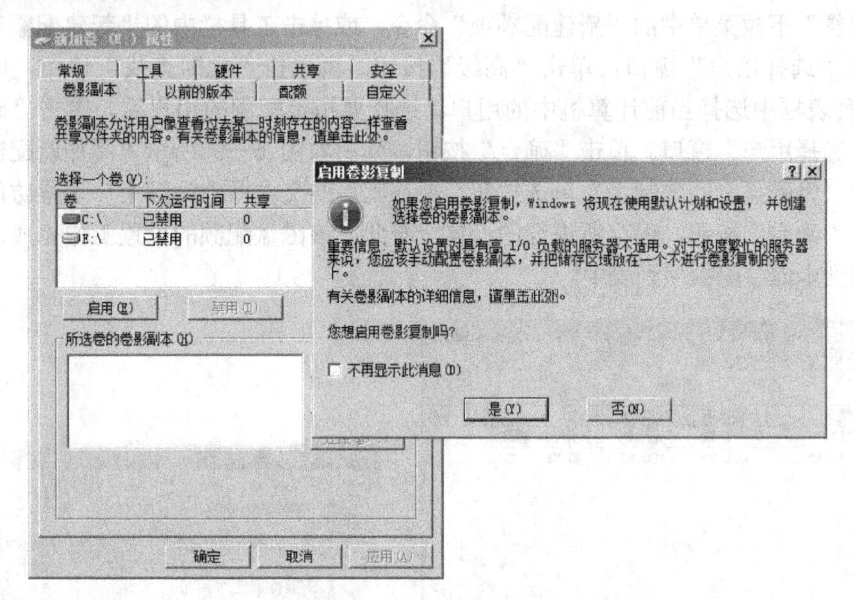

图 6-54 “启用卷影复制”对话框

2）单击“是“按钮，此时系统会自动为该磁盘创建第一个卷影副本，也就是磁盘内所有共享文件夹内的文件都复制到“卷影副本”存储区内，而且系统默认以后会在星期一至星期五的上午 7：00 与中午 12：00 两个时间点，分别自动添加一个卷影副本，也就是在这两个时间到达时，会将所有共享文件夹内的文件复制到“卷影副本”存储区内备用。

3）如图 6-55 所示，C 磁盘上已经有两个卷影副本，用户还可以随时单击图 6-55 中的“立即创建”按钮，自行创建新的卷影副本。用户在还原文件时，可以选择在不同时间点所创建的“卷影副本”内的旧文件来还原文件。

4）系统会以共享文件夹所在磁盘的磁盘空间来决定“卷影副本”存储区的容量大小，

一般配置该磁盘空间的 10%作为“卷影副本”的存储区，而且该存储区最小需要 100MB。如果要更改其容量，单击“设置”按钮，打开如图 6-56 所示的“设置”对话框，然后在“最大值”区域进行更改设置，还可以单击“计划”按钮来更改自动创建“卷影副本”的时间点，如图 6-57 所示。用户还可以通过“位于此卷”下的下拉列表框来更改存储“卷影副本”的磁盘，不过必须在启用“卷影副本”功能前更改，启用后就无法更改了。

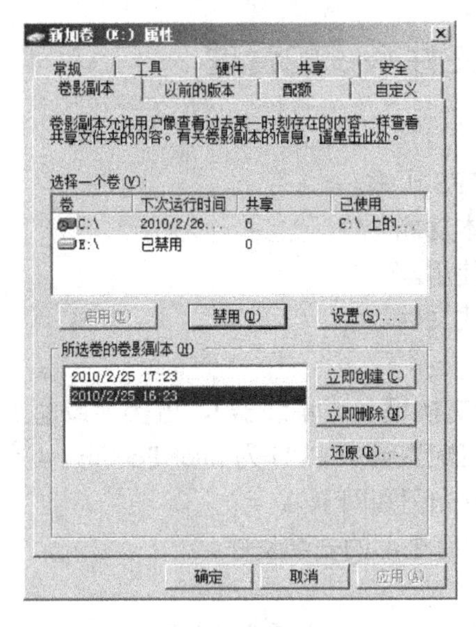

图 6-55 “卷影副本”列表

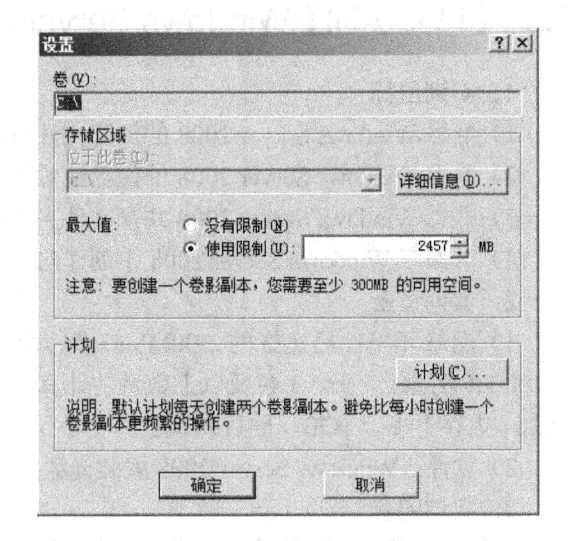

图 6-56 “设置”对话框

5）现在可以试验一下卷影副本的功能，打开位于“卷影副本”存储区的某个文件，进行编辑后保存，然后在“卷影副本”存储区中找到这个文件，使用鼠标右键单击它，在弹出的快捷菜单中选择“属性”命令，在打开的对话框中切换到“以前的版本”选项卡，如图 6-58 所示，可以看到此文件创建的版本，单击“打开”按钮，就可以打开以前版本的文件。

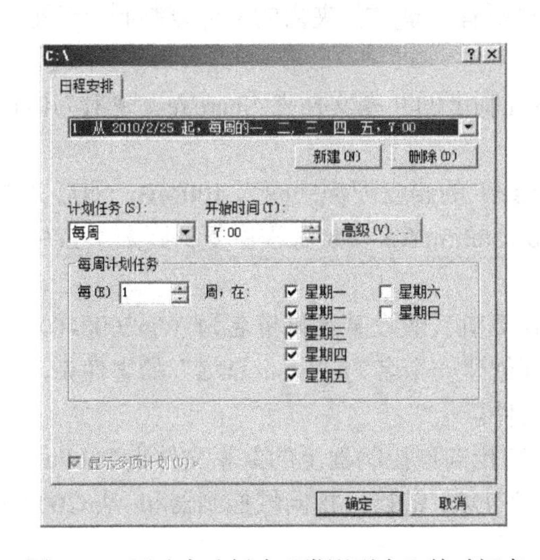

图 6-57 更改自动创建“卷影副本”的时间点

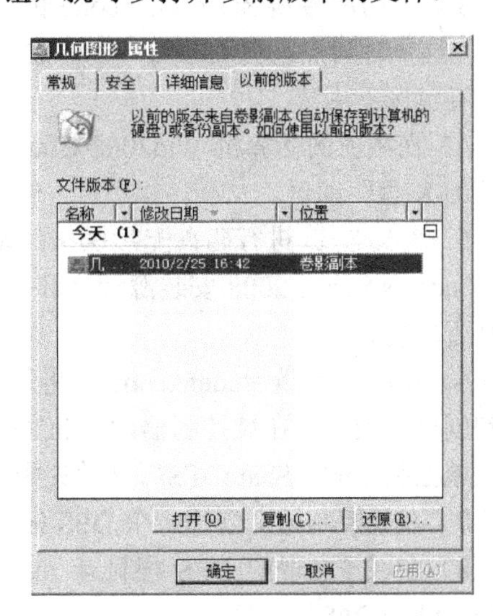

图 6-58 查看以前的版本

注意：①只能以卷为单位启用共享文件夹的卷影副本。也就是说，不能单独指定要复制或不复制卷上的特定共享文件夹和文件；②卷影副本内的文件只可以读取，不可以修改，而且每个磁盘最多只可以有 64 个卷影副本，如果达到此限制数，则最旧版本（即最开始创建的第一个卷影副本）会被删除。

6.5 【单元实训】Windows Server 2008 文件系统的管理

1．实训目标

1）熟悉 Windows Server 2008 的加密文件系统与 NTFS 压缩。

2）熟悉 Windows Server 2008 的磁盘配额与卷影副本功能。

3）熟悉 Windows Server 2008 共享文件夹的管理与使用。

4）掌握在 Windows Server 2008 中创建与访问分布式文件。

2．实训设备

1）网络环境：已建好的 100Mbit/s 以太网络包含交换机（或集线器）、五类（或超五类）UTP 直通线若干、3 台及以上数量的计算机（计算机配置要求 CPU 为 Intel Pentium 4 及以上，内存不小于 1GB，硬盘剩余空间不小于 20GB，有光驱和网卡）。

2）软件：Windows Server 2008 安装光盘，或硬盘中有全部的安装程序。

3．实训内容

在第 4 单元实训的基础上完成本实训，同时在域中的计算机上进行以下设置。

1）在域控制器 student.com 的本地某磁盘驱动器（分区格式为 NTFS）上新建一个文件夹 ShareTest，并将其设为共享文件夹。

2）设置用户对共享文件夹 ShareTest 的访问权限：User1、User2 的访问权限为“完全控制”，User3、User4、User5 的访问权限仅为“读取”。

3）启动域控制器 teacher.com 的“卷影副本”功能，计划从当前时间开始，每周日 18:00 这个时间点，自动添加一个“卷影副本”，将所有共享文件夹内的文件复制到“卷影副本”存储区备用。

4）在域内的计算机 Win2008-Client 上，将域控制上的共享文件夹 ShareTest 映射为该计算机的 K 盘驱动器。

5）对磁盘 D 进行磁盘配额操作，设置用户 User1 的磁盘配额空间为 100MB，随后分别将 Windows Server 2008 安装源程序和 VMware Workstation 6.5 安装源程序复制到磁盘 D 中，看是否成功。

6）在域控制器 student.com 上将邻近的某台计算机（假设某计算机名为 Win2008-T）加入到创建的域中，在域控制器和 Win2008-T 上分别创建一个名为“ShareDFS”的文件夹，同时在域控制器的“ShareDFS”文件夹中建立 3 个文件。

7）在域控制器上创建一个 DFS 根目录 root，它指向域控制器上的共享文件夹 Public。

8）在域控制器的 DFS 根目录 root 下创建一个 DFS 链接，指向域控制器和 Win2008-T 上的“ShareDFS”文件夹。

9）设置它们的复制拓扑为环形拓扑，同时只允许从域控制器向客户机进行复制，并且在星期六和星期日不进行复制。

10）在 Win2008-T 上检查“ShareDFS”文件夹中是否有内容被复制过来，同时在文件夹中添加文件，检查能否被复制到域控制器的“ShareDFS”文件夹中。

6.6 习题

一、填空题

（1）加密文件系统（EFS）提供了用于在__________________卷上存储加密文件的核心文件加密技术。

（2）共享权限分______________、______________、______________。

（3）创建共享文件夹的用户必须属于________________、Server Operators、Power Users等用户组的成员。

（4）分布式文件系统（Distributed File System，DFS）为整个网络上的文件系统资源提供了一个____________结构。

（5）共享用户身份有以下 3 种：读者、参与者、____________。

（6）复制拓扑用来描述 DFS 各服务器之间复制数据的逻辑连接，一般有___________、______________、______________。

二、选择题

（1）下列（　　）不属于 Windows Server 2008 DFS 复制拓扑。

A．交错拓扑　　B．集散拓扑

C．环形拓扑　　D．没有拓扑（自定义拓扑）

（2）目录的“可读”意味着（　　）。

A．可在该目录下建立文件　　B．可从该目录中删除文件

C．可以从一个目录转到另一个目录　　D．可以查看该目录下的文件

（3）（　　）属于共享命名管道的资源。

A．driveletter$　　B．ADMIN$

C．IPC$　　D．PRINT$

（4）卷影副本内的文件只可以读取，不可以修改，而且每个磁盘最多只可以有（　　）个卷影副本，如果达到此限制数，则最旧版本也就是最开始创建的第一个卷影副本会被删除。

A．256　　B．64

C．1024　　D．8

（5）要启用磁盘配额管理，Windows Server 2008 驱动器必须（　　）。

A．使用 FAT16 或 FAT32 文件系统　　B．只使用 NTFS

C．使用 NTFS 或 FAT 32 文件系统　　D．只使用 FAT32 文件系统

三、问答题

（1）在 Windows Server 2008 桌面上创建一个文件夹，设为共享，在共享权限中设置为 Everyone 可读、可写，从其他客户计算机以非域用户、域用户身份分别访问此文件夹，能否读取、写入数据？说明原因。

（2）比较文件、文件夹设置访问权限时的不同点？

（3）什么是分布式文件系统？它有什么特点和好处？

（4）如何创建、添加 DFS 根目录？用户如何访问 DFS？

（5）在 Windows Server 2008 中如何限制某个用户使用服务器上的磁盘空间？

第7单元　磁 盘 管 理

【单元描述】

无论文件服务器还是数据库服务器，都需要磁盘有很好的I/O吞吐量，能够有很好的性能来快速响应大量并发用户的请求。硬盘崩溃、病毒或自然灾难都可能导致服务器重要的数据丢失，为了避免由于各种故障导致服务器停止工作，甚至丢失重要数据的情况发生，本单元对Windows Server 2008的磁盘管理进行介绍。

【单元情境】

三峡纵横科技信息技术有限公司是一家主要提供计算机网络建设与维护的网络技术服务公司，2010年为某市人力资源和社会保障局信息中心升级了劳动保障信息系统，该系统管理着这个市400万人口的养老、医疗、工伤、生育、失业保险等数据，拥有IBM、HP、SUN、浪潮专业服务器30余台。在劳动保障信息系统升级的初期，经常出现服务器硬盘发生故障甚至磁盘空间不足的情况，导致服务器罢工或系统停摆，造成重要数据丢失。作为公司的技术人员，如何利用Windows Server 2008的磁盘管理，提高磁盘的可用性、容错性及其他性能？

7.1 【知识导航】磁盘基本概念

在数据能够被存储到磁盘之前，该磁盘必须被划分成一个或多个磁盘分区。在磁盘内一个被称为磁盘分区表（Partition Table）的区域用来存储这些磁盘分区的相关数据，例如每一个磁盘分区的初始地址、结束地址，以及是否为活动的磁盘分区等信息。

7.1.1 分区形式

分区形式（Partition Style）描述了磁盘分区和卷的安排方法，Windows Server 2008的磁盘分区有MBR磁盘与GPT磁盘两种分区形式。

1. MBR磁盘

MBR磁盘是标准的传统形式，所有基于x86（32位）的系统都使用被称做主引导记录（Master Boot Record，MBR）的结构来存储与磁盘布局有关的信息。MBR位于磁盘的最前端，计算机启动时，主板上的BIOS（基本输入输出系统）会先读取MBR，并将计算机的控制权交给MBR内的程序，然后由此程序来继续后续的启动工作。

2. GPT磁盘

GPT磁盘的磁盘分区表存储在GPT（GUID Partition Table）内，它也是位于磁盘的前端，而且它有主分区表与备份磁盘分区表，可提供故障转移功能。运行64位Windows Server 2008的基于Itanium的计算机可以混合使用GPT和MBR磁盘。GPT磁盘以可扩展固件接口（Extensible Firmware Interface，EFI）作为计算机硬件与操作系统之间沟通的桥梁，EFI 所扮演的角色类似于 MBR 磁盘的 BIOS。操作系统加载程序和启动分区必须驻留在 GPT 磁盘上，其他的硬盘可以是 MBR 或 GPT。

与 MBR 分区方法相比，GPT 具有更多的优点，因为它允许每个磁盘有多达 128 个分区，支持高达 18 千兆兆字节的卷大小，允许将主磁盘分区表和备份磁盘分区表用于冗余，还支持唯一的磁盘和分区 ID（GUID）。

虽然 MBR 和 GPT 磁盘存在着显著的区别，但它们大部分的功能是相同的，并且可以相互转换。MBR 和 GPT 磁盘之间的转换需要删除所有卷和分区，只有全部删除后，才可以使用磁盘管理控制台里的“转换到 GPT 磁盘”或“转换到 MBR 磁盘”选项，或者使用 Diskpart 命令进行转换。

7.1.2 磁盘分类

从 Windows 2000 Server 开始，Windows 系统将磁盘存储类型分为基本磁盘和动态磁盘两种类型。磁盘系统可以包含任意的存储类型组合，但同一个物理磁盘上的所有卷必须使用同一种存储类型。在基本磁盘上，使用分区来分割磁盘；在动态磁盘上，将存储分为卷而不是分区。

基本磁盘是指包含主磁盘分区、扩展磁盘分区或逻辑驱动器的物理磁盘，它是 Windows Server 2008 中默认的磁盘类型，是与 Windows 98/NT/2000 兼容的磁盘操作系统。如果一个磁盘上同时安装 Windows 98/NT/2000，则必须使用基本磁盘，因为这些操作系统无法访问动态磁盘上存储的数据。

基本磁盘上的分区和逻辑驱动器称为基本卷，只能在基本磁盘上创建基本卷。一个基本磁盘有以下 3 种分区形式。

- 主磁盘分区：当计算机启动时，会到被设置为活动状态的主磁盘分区中读取系统引导文件，以便启动相应的操作系统。
- 扩展磁盘分区：扩展磁盘分区只能被用来存储数据，无法启动操作系统。
- 逻辑分区：扩展磁盘分区无法直接使用，必须在扩展磁盘分区上创建逻辑分区才能存储数据。

一个 MBR 磁盘内，最多可以创建 4 个主磁盘分区，或最多 3 个主磁盘分区与一个扩展磁盘分区。每一个主磁盘分区都可以被赋予一个驱动器号，如 C:、D: 等。用户可以在扩展磁盘分区内创建多个逻辑分区，在每个磁盘上创建的逻辑分区的数目可以达到 24 个。基本磁盘内的每一个主分区或逻辑分区又被称为基本卷。

一个 GPT 磁盘内最多可以创建 128 个主磁盘分区，而每一个主分区都可以被赋予一个驱动器号。由于可以有多达 128 个主分区，因此 GPT 磁盘不需要扩展分区。大于 2TB 的分区必须使用 GPT 磁盘。旧版本的 Windows 系统无法辨识 GPT 磁盘，建议大于 2TB 的分区或 Itanium 计算机使用 GPT 磁盘。

动态磁盘可以提供一些基本磁盘不具备的功能。例如，创建可跨越多个磁盘的卷（跨区卷和带区卷）和创建具有容错能力的卷（镜像卷和 RAID-5 卷）。所有动态磁盘上的卷都是动态卷。动态卷有 5 种类型：简单卷、跨区卷、带区卷、镜像卷和 RAID-5 卷。不管动态磁盘使用“MBR”还是“GUID 分区表（GPT）”分区样式，都可以创建最多 2000 个动态卷，推荐值是 32 个或更少。多磁盘的存储系统应该使用动态存储，磁盘管理支持在多个硬盘有超过一个分区的遗留卷，但不允许创建新的卷，不能在基本磁盘上执行创建卷、带、镜像和带奇偶校验的带，以及扩充卷和卷设置等操作。基本磁盘和动态磁盘之间可以相互转换，可以将一个基本磁盘升级为动态磁盘，也可以将动态磁盘转换为基本磁盘。

基本磁盘中的每一个主磁盘分区和逻辑分区又被称为“基本卷”，在 Windows Server 2008 系统中还定义了“系统卷”和“引导卷”这两个和分区有关的概念，这两个卷的概念如下。

- 系统卷：此卷中存放着一些用来启动操作系统的引导文件，系统通过这些引导文件，再到引导卷中读取启动 Windows Server 2008 系统所需的文件。如果计算机安装了多操作系统，系统卷的程序会在启动时显示操作系统选择菜单供用户选择。系统卷必须是处于活动状态的主磁盘分区。
- 引导卷：此卷中存放着 Windows Server 2008 系统的文件。操作系统文件一般是放在 Windows 文件夹内的，此文件夹所在的磁盘分区就是引导卷。引导卷可以是主磁盘分区，也可以是逻辑分区。

注意：在 Itanium 计算机内，是利用 EFI 系统分区来取代 x86/x64 计算机的系统卷。Itanium 计算机至少有一个 GPT 磁盘，其内包含着一个 EFI 系统分区，它的文件系统为 FAT，其内可存储 BIOS/OEM 厂商所需要的文件、启动操作系统所需要的文件等，这些文件可供计算机主机固件内的启动管理程序来读取。虽然 Itanium 计算机也可以有 MBR 磁盘，但是至少有一个 GPT 磁盘，而且 EFI 系统分区与启动卷都必须位于 GPT 磁盘内。Itanium 计算机内的 MBR 磁盘只能用来存储一般数据。

7.2 【新手任务】基本磁盘的管理

【任务描述】

通过“磁盘管理”控制台可以完成基本磁盘的管理任务，包括主磁盘分区的建立、创建扩展磁盘分区、指定活动的分区、格式化分区、加卷标、更改驱动器号和路径以及扩展和压缩基本卷等。

【任务目标】

通过任务掌握基本磁盘的管理，熟悉创建主磁盘分区和扩展磁盘分区、指定活动的分区、格式化分区、加卷标、更改驱动器号和路径以及扩展和压缩基本卷等相关操作。

在安装 Windows Server 2008 时，硬盘将自动初始化为基本磁盘。在 Windows Server 2008 中，磁盘管理任务是以一组磁盘管理实用程序的形式提供给用户的，它们位于“计算机管理”控制台中，都是通过基于图形界面的“磁盘管理”控制台来完成的。启动“磁盘管理”应用程序的方法是：选择“开始”→“程序”→“管理工具”→“计算机管理”命令，或者使用鼠标右键单击“我的电脑”，在弹出的快捷菜单中选择“管理”，也可以执行“开始”→“运行”命令，在弹出的文本框中输入“diskmgmt.msc”，并单击“确定”按钮，打开如图 7-1 所示的“计算机管理”控制台窗口。

在图 7-1 右侧“底端”窗格中，分别以文本和图形方式显示了当前计算机系统安装的两个物理磁盘，以及各个磁盘的物理大小和当前分区的结果与状态；“顶端”窗格中以列表的方式显示了磁盘的属性、状态、类型、容量、空闲等详细信息。注意，图中以不同的颜色表示不同的分区（卷）类型，利于用户区别不同的分区（卷）。

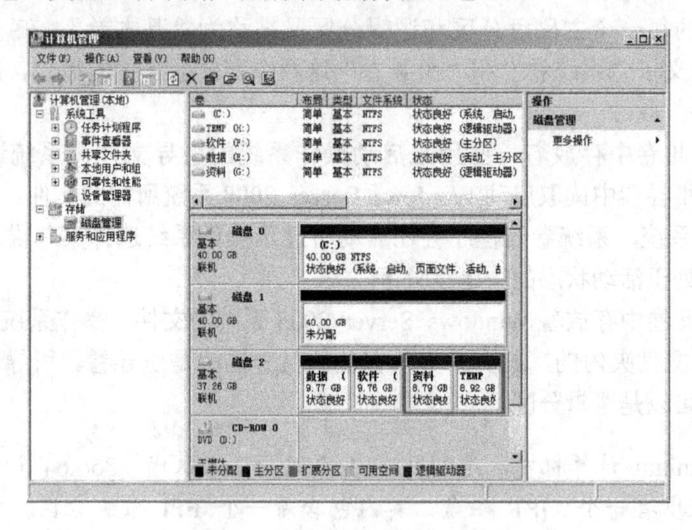

图 7-1 “计算机管理”控制台

7.2.1 创建主磁盘分区

一个基本磁盘内最多可以有 4 个主磁盘分区。下面以图 7-1 中的磁盘 1 为例，介绍创建主磁盘分区的具体操作步骤。

1）选择“开始”→“程序”→“管理工具”→“计算机管理”→“存储”→“磁盘管理”命令，在打开的窗口右侧的磁盘列表中，用鼠标右键单击一块未指派的磁盘空间，在弹出的快捷菜单中选择“新建简单卷”命令，弹出“新建简单卷向导”对话框。

2）单击“下一步”按钮，进入“指定卷大小”界面，显示了磁盘分区可选择的最大值和最小值，如图 7-2 所示，根据实际情况确定主分区的大小，本例为“2000MB”。

3）单击“下一步”按钮，进入“分配驱动器号和路径”界面，选择“分配以下驱动器号”单选按钮，分配驱动器号为“I”，如图 7-3 所示，其中 3 个选项作用如下。

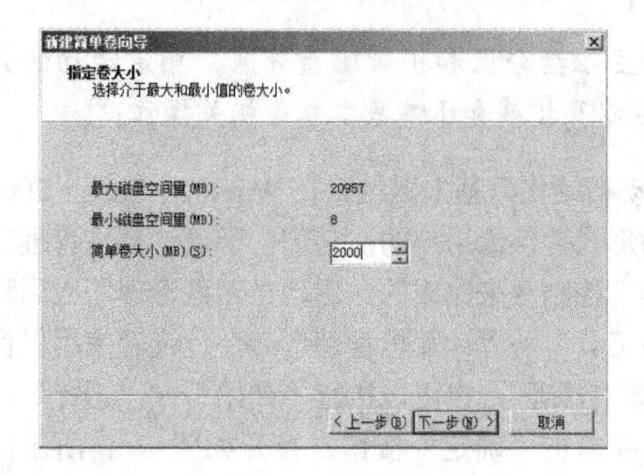

图 7-2 指定卷大小

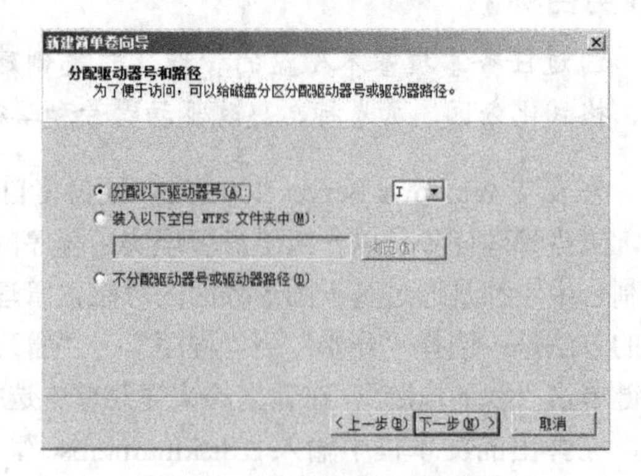

图 7-3 分配驱动器号和路径

● “分配以下驱动器号”：表示系统为此卷分配的驱动器号，系统会按英文 26 个字母的顺序分配，一般不需要更改。
● “装入以下空白 NTFS 文件夹中”：表示分配一个在 NTFS 下的空文件夹来代表该磁盘分区。例如，用“C:\bak”表示该分区，则以后所有保存到“C:\data”的文件都被保存到该分区中，该文件夹必须是空的文件夹，且位于 NTFS 卷内，这个功能特别适用于 26 个磁盘驱动器号（A:～Z:）不够使用时的网络环境。
● “不分配驱动器号或驱动器路径”：表示可以事后再分配驱动器号或某个空文件夹来代表该磁盘分区。

4）单击“下一步”按钮，进入“格式化分区”界面，如图 7-4 所示，首先选择是否格式化，如果要格式化需要进行以下设置。

● 文件系统：可以将该分区格式化成 FAT32 或 NTFS 文件系统，建议格式化为 NTFS，因为该文件系统提供了权限、加密、压缩以及可恢复的功能。
● 分配单位大小：磁盘分配单位大小即磁盘簇的大小。Windows 2000 Server 和 Windows XP 使用的文件系统都根据簇的大小组织磁盘。簇的大小表示一个文件所需分配的最小空间，簇空间越小，磁盘的利用率就越高，格式化时如果未指定簇的大小，系统就自动根据分区的大小来选择簇的大小，推荐使用默认值。
● 卷标：为磁盘分区起一个名字。
● 执行快速格式化：在格式化的过程中不检查坏扇区，一般在确定没有坏扇区的情况下才选择此项。
● 启用文件和文件夹压缩：将该磁盘分区设为压缩磁盘，以后添加到该磁盘分区中的文件和文件夹都自动进行压缩，且该分区只能是 NTFS 类型。

5）单击“下一步”按钮，进入“正在完成新建简单卷向导”界面，显示以上步骤的设置信息，如图 7-5 所示，单击“完成”按钮，系统开始对该磁盘分区格式化。

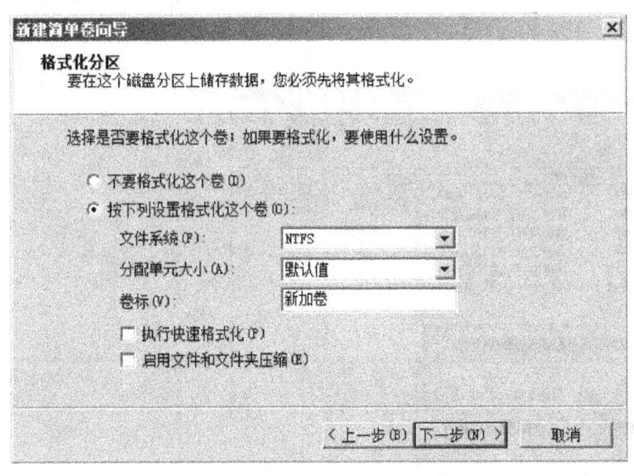

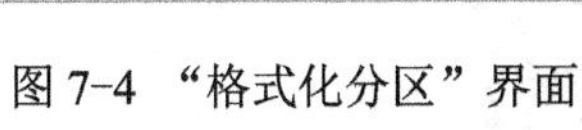
图 7-4 “格式化分区”界面

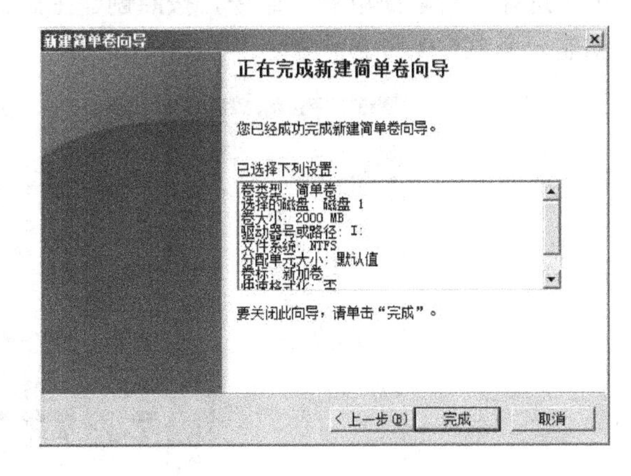

图 7-5 正在完成新建简单卷向导

7.2.2 创建扩展磁盘分区

在基本磁盘还没有使用（未分配）的空间中，可以创建扩展磁盘分区，但是在一台基本磁盘中只能创建一个扩展磁盘分区。扩展磁盘分区创建好后，可以在该分区中创建逻辑磁盘驱动器，并给每个逻辑磁盘驱动器分配驱动器号。Windows Server 2008 已经不提供图形方式来创建扩展磁盘分区，但可以用 Diskpart.exe 命令来创建扩展磁盘分区，下面以图 7-1 中的磁盘 1 为例介绍创建扩展磁盘分区具体操作步骤。

1）选择“开始”→“命令提示符”命令，打开“命令提示符”窗口，输入“diskpart”命令后按〈Enter〉键。

2）继续输入“select disk 1”命令后按〈Enter〉键用来选择“磁盘 1”。

3）再输入“create partition extended size 10000”命令，然后按〈Enter〉键，就可在选定的“磁盘 1”上创建一个大小为 10GB 的扩展磁盘分区，如图 7-6 所示。

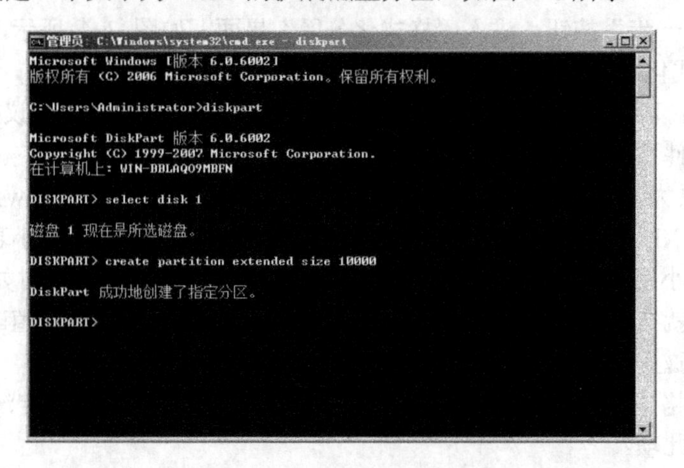

图 7-6　创建扩展磁盘分区

4）扩展磁盘分区无法直接使用，必须在扩展磁盘分区上划分出逻辑分区才可使用，因此用鼠标右键单击刚才创建的扩展磁盘分区（绿色区域），如图 7-7 所示，在弹出的快捷菜单中选择“新建简单卷”命令，按照创建主磁盘分区的方法在“新建简单卷向导”对话框中创建一个 10GB 的逻辑分区。

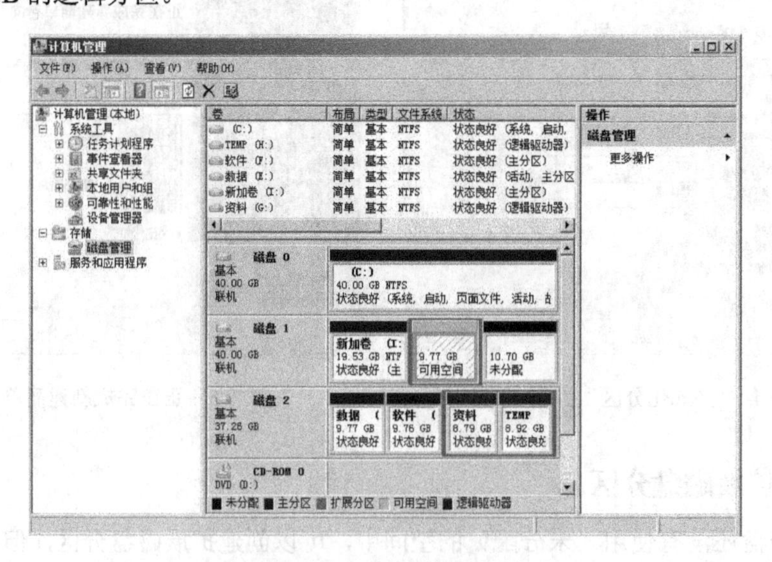

图 7-7　创建逻辑分区

7.2.3 磁盘分区的相关操作

对已经创建好的磁盘分区可以进行多种维护工作。下面介绍几个常用的操作。

1．指定“活动”的磁盘分区

如果安装了多个无法直接相互访问的不同操作系统，如 Windows Server 2008、UNIX 等，则计算机在启动时，会启动被设为“活动”的磁盘分区内的操作系统。

假设当前第一个磁盘分区中安装的是 Windows Server 2008，第二个磁盘分区中安装的是 UNIX。如果第一个磁盘分区被设为“活动”，则计算机启动时就会启动 Windows Server 2008；若要下一次启动时启动 UNIX，只需将第二个磁盘分区设为“活动”即可。

由于用来启动操作系统的磁盘分区必须是主磁盘分区，因此只能将主磁盘分区设为“活动”的磁盘分区，而扩展磁盘分区内的逻辑驱动器无法被设为“活动”。要指定“活动”的磁盘分区，通过鼠标右键单击要修改的主磁盘分区，在弹出的快捷菜单中选择“将磁盘分区标为活动的”命令即可。

2．格式化

如果创建磁盘分区时没有进行格式化，则可通过鼠标右键单击该磁盘分区，在弹出的快捷菜单中选择“格式化”，在弹出的对话框中进行相应设置，直接单击“开始”按钮即可。如果要格式化的磁盘分区中包含数据，则格式化之后该分区内的数据都将丢失。另外，不能直接对系统磁盘分区和引导磁盘分区进行格式化。

3．加卷标

使用鼠标右键单击磁盘分区，选择快捷菜单中的“属性”命令，然后在“常规”选项卡中的“卷标”文本框中进行设置，可为此分区设置一个易于识别的名称。

4．更改磁盘驱动器号和路径

要更改磁盘驱动器或路径，可通过鼠标右键单击磁盘分区或光驱，在弹出的快捷菜单中选择“更改驱动器号和路径”，弹出如图 7-8 所示的对话框。单击“更改”按钮，即可在如图 7-9 所示的对话框中更改驱动器号。若在图 7-8 中单击“添加”按钮，会出现类似如图 7-9 所示的对话框，不同的是：“指派以下驱动器号”选项不可用，只可使用“装入以下空白 NTFS 文件夹中”选项，用户可以利用此选项设置一个空文件夹对应到磁盘分区。

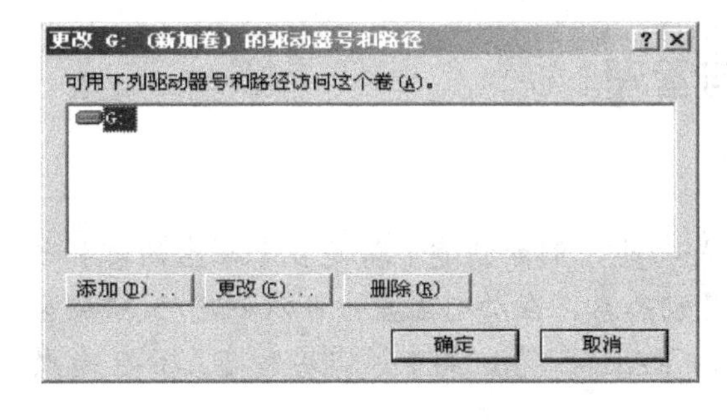

图 7-8　更改驱动器号和路径

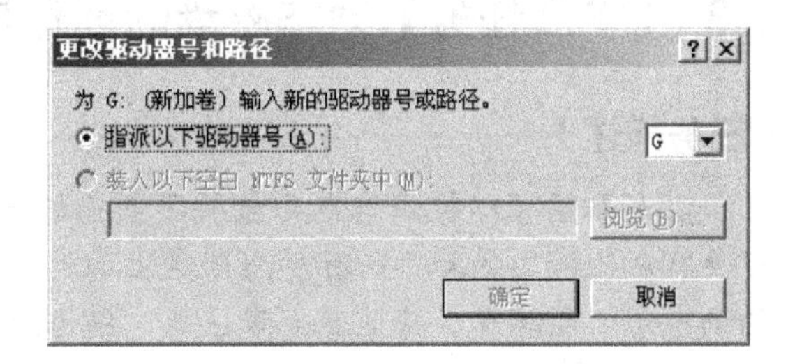

图 7-9　编辑驱动器号和路径

提示：系统磁盘分区与引导磁盘分区的磁盘驱动器号是无法更改的，对其他的磁盘分区最好也不要随意更改磁盘驱动器号，因为有些应用程序会直接参照驱动器号来访问磁盘内的数据，如果更改了磁盘驱动器号，可能造成这些应用程序无法正常运行。

5. 扩展卷

如果创建的磁盘分区空间不够，可以将未分配的空间合并到磁盘分区中，但必须满足以下条件：①只有 NTFS 的磁盘分区才可以被扩展，而 FAT 和 FAT32 无法实现此功能；②新增的容量必须和磁盘分区在空间上是连续的。

FAT 和 FAT32 磁盘分区可以通过命令“convert”转换成 NTFS 磁盘分区，操作方法是：首先进入 MS-DOS 命令提示符环境，然后运行“convert F：/FS：NTFS”命令（假设要将磁盘 F：转换为 NTFS）。

6. 压缩卷

可以对原始磁盘分区进行压缩分割操作，以获取更多的可用空间。选中相应磁盘卷，用鼠标右键单击该磁盘卷，在弹出的快捷菜单中选择“压缩卷”命令，进入“压缩”对话框，如图 7-10 所示，在该对话框中能直观地看到能够被分割出去的磁盘空间容量以及原始磁盘分区的总容量，正确输入要分割出去的磁盘空间容量大小，单击“压缩”按钮，即可完成压缩卷的操作。

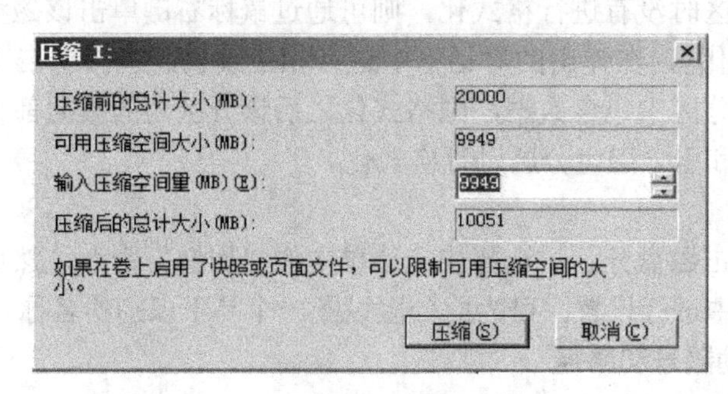

图 7-10 压缩卷

7. 删除卷

要删除磁盘卷，只要使用鼠标右键单击该磁盘卷，在弹出的快捷菜单中选择“删除卷”命令，系统会弹出确认对话框，若真的删除卷，单击“是”按钮即可。

7.3 【扩展任务】动态磁盘的创建与管理

【任务描述】

动态磁盘可以提供基本磁盘所不具备的一些功能，例如创建可跨越多个磁盘的卷和创建具有容错能力的卷。所有动态磁盘上的卷都是动态卷。在动态磁盘中可以创建 5 种类型的动态卷：简单卷、跨区卷、带区卷、镜像卷和 RAID-5 卷，其中镜像卷和 RAID-5 卷是容错卷。

【任务目标】

通过任务掌握创建和删除简单卷、跨区卷、带区卷、镜像卷和 RAID-5 卷，以及扩展一个简单卷或跨区卷、修改镜像卷和 RAID-5 卷等动态磁盘的相关操作。

7.3.1　升级为动态磁盘

基本磁盘是 Windows Server 2008 默认的磁盘类型，包含主磁盘分区、扩展磁盘分区或逻辑驱动器的物理磁盘。基本磁盘上的分区和逻辑驱动器称为基本卷，只能在基本磁盘上创建基本卷。使用基本磁盘的好处在于，它可以提供单独的空间来组织数据。

目前，Windows Server 2008 服务器中很多使用的是动态磁盘，支持多种特殊的动态卷，包括简单卷、跨区卷、带区卷、镜像卷和磁盘阵列卷。它们提供容错、提高磁盘利用率和访问效率的功能。要创建上述这些动态卷，必须先保证磁盘是动态磁盘，如果磁盘是基本磁盘，则可先将其升级为动态磁盘。

可以在任何时间将基本磁盘转换成动态磁盘，而不会丢失数据。当将一个基本磁盘转换成动态磁盘时，在基本磁盘上的分区将变成卷。也可以将动态磁盘转换成基本磁盘，但是在动态磁盘上的数据将会丢失。为了将动态磁盘转换成基本磁盘，要先删除动态磁盘上的数据和卷，然后在未分配的磁盘空间上重新创建基本分区。将基本磁盘转换为动态磁盘之后，基本磁盘上已有的全部分区或逻辑驱动器都将变为动态磁盘上的简单卷。

下面将在 Windows Server 2008 中做与动态磁盘相关的实验。为了学习和实验的方便，首先要在 Windows Server 2008 虚拟机中添加 5 块容量大小一样的虚拟硬盘，即可组成实验环境，具体的操作步骤如下。

1）在 Windows Server 2008 虚拟机中，关闭运行的虚拟机，然后单击“Edit Virtual Machine Settings”链接，在打开的“Virtual Machine Settings”对话框中单击“Add”按钮，添加新硬件，如图 7-11 所示。

2）在打开的“Add Hardware Wizard”对话框中，选中“Hard Disk”选项，如图 7-12 所示。单击“Next”按钮，打开如图 7-13 所示的“Select a Disk”界面，选择“Create a new virtual disk”单选按钮。

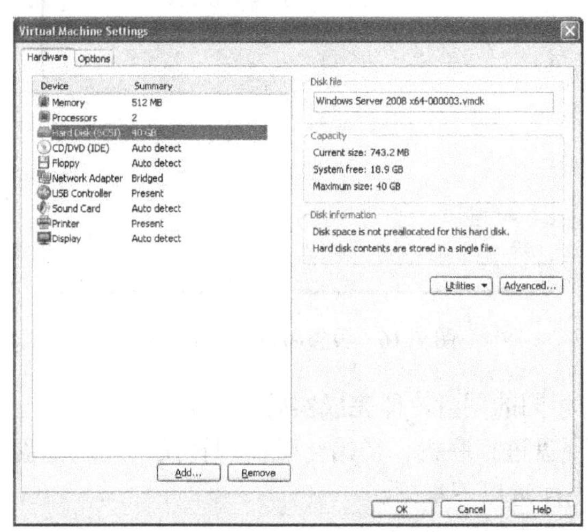

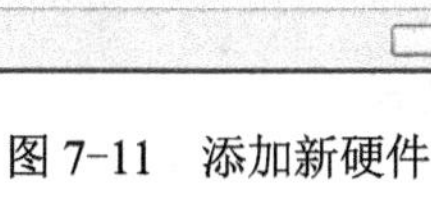

图 7-11　添加新硬件

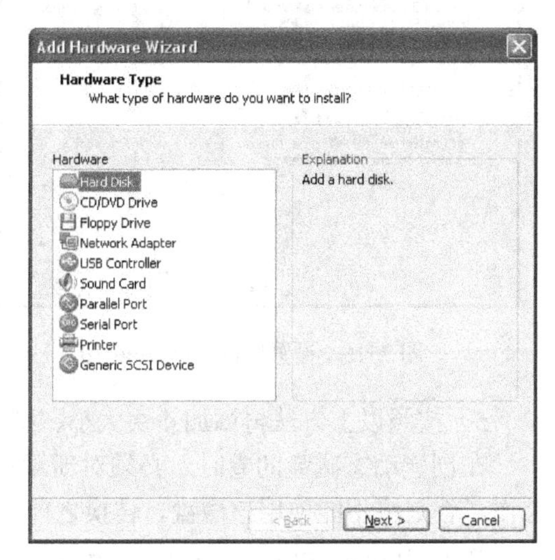

图 7-12　添加新硬盘

3）单击“Next”按钮，进入如图 7-14 所示的“Select a Disk Type”界面，选择“SCSI”单选按钮，然后单击“Next”按钮，进入如图 7-15 所示的“Specify Disk Capacity”

界面，在“Maximum disk size”后的微调框中进行选择，设置硬盘的大小为40GB。

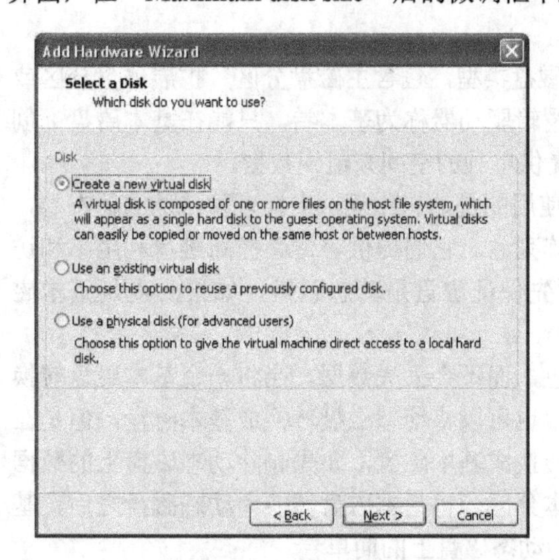

图7-13　创建一个新的虚拟硬盘

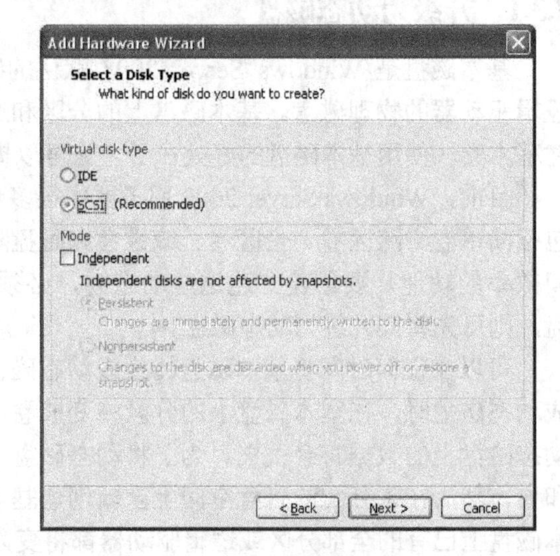

图7-14　选择硬盘类型

4）单击“Next”按钮，进入如图7-16所示的“Specify Disk File”界面，设置磁盘文件的位置，单击“Finish”按钮，即完成虚拟硬盘的添加。

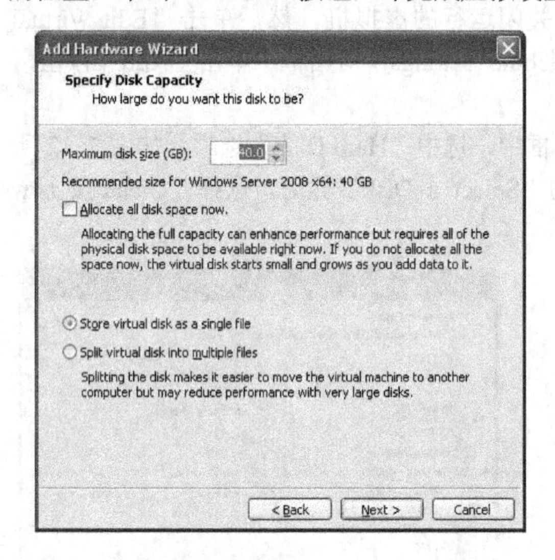

图7-15　设置硬盘大小为40GB

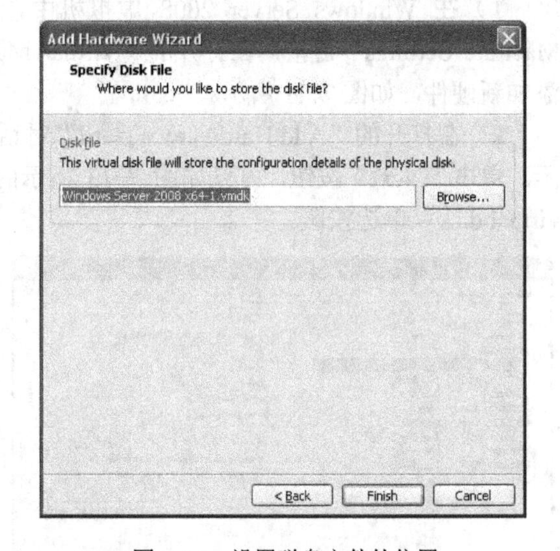

图7-16　设置磁盘文件的位置

5）按照以上方法再添加4块大小、型号均相同的硬盘，即完成实验环境的搭建。

在创建动态磁盘的卷时，必须对新添加的硬盘进行联机、初始化磁盘和转换为动态磁盘工作，否则将不能使用该磁盘。转换之前，应先注意以下事项。

- Administrator或Backup Operators组的成员才有权执行转换工作。
- 在转换之前，要先关闭所有正在运行的程序。
- 一旦转换为动态磁盘，原有的主分区与逻辑驱动器都会自动被转换成简单卷。
- 一旦转换为动态磁盘，就无法直接再将它转换回基本磁盘，除非先删除磁盘内的所有卷，也就是空的磁盘才可以被转换回基本磁盘。

● 如果一个磁盘内还同时安装了 Windows Server 2003 等多个操作系统，请不要将此基本磁盘转换为动态磁盘，因为一旦转换为动态磁盘，则除了目前的系统外，可能无法再启动其他操作系统。

将基本磁盘转换为动态磁盘的具体操作步骤如下。

1）启动实验用的虚拟机，登录 Windows Server 2008 系统后，选择“开始”→“管理工具”→“计算机管理”命令，进入“计算机管理”控制台窗口。

2）用鼠标右键单击“计算机管理”窗口左侧的“磁盘 1”（这是添加的第一块虚拟硬盘），在弹出的快捷菜单中选择“联机”命令，以同样的方法将另外 4 块磁盘“联机”。

3）用鼠标右键单击“计算机管理”窗口左侧的“磁盘 1”，在弹出的快捷菜单中选择“初始化磁盘”命令，在如图 7-17 所示的“初始化磁盘”对话框中确认要转换的基本磁盘（磁盘 2、磁盘 3、磁盘 4、磁盘 5），磁盘选择完成后单击“确定”按钮。

4）在“计算机管理”窗口左侧用鼠标右键单击初始化后的“磁盘 1”，在弹出的快捷菜单中选择“转换到动态磁盘”命令，在如图 7-18 所示的“转换为动态磁盘”对话框中，还可选择同时需要转换的其他基本磁盘（磁盘 2、磁盘 3、磁盘 4、磁盘 5），单击“确定”按钮，即将原来的基本磁盘转换为动态磁盘。

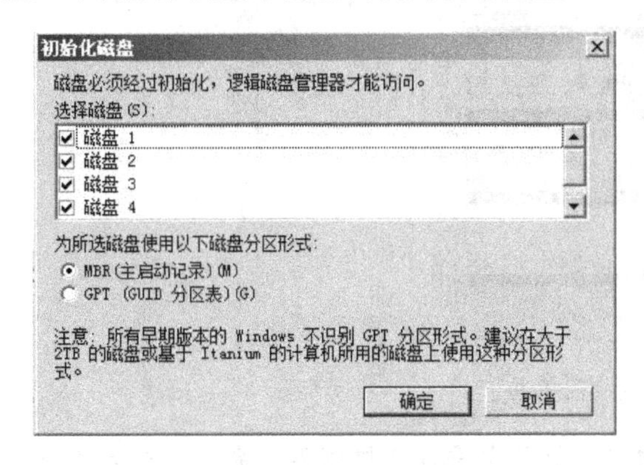

图 7-17 初始化磁盘

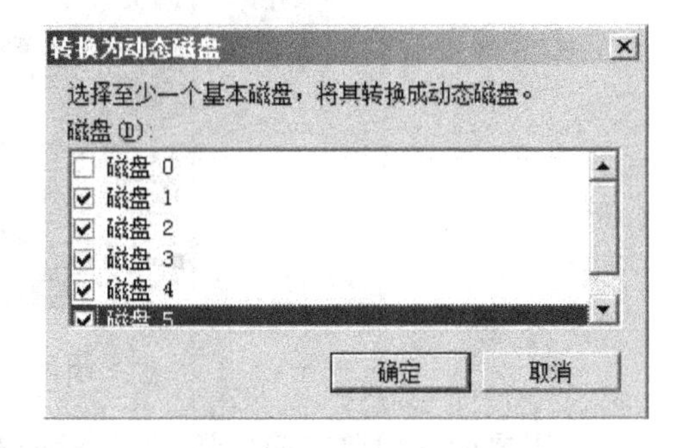

图 7-18 转换为动态磁盘

5）升级完成后可以在“计算机管理”窗口中看到，磁盘的类型已被更改为动态磁盘。如果升级的基本磁盘中包括有系统磁盘分区或引导磁盘分区，则升级之后需要重新启动计算机。

7.3.2 创建简单卷

简单卷由单个物理磁盘上的磁盘空间组成，它可以由磁盘上的单个区域或者连接在一起的相同磁盘上的多个区域组成。可以在同一磁盘中扩展简单卷或把简单卷扩展到其他磁盘。如果跨多个磁盘扩展简单卷，则该卷就是跨区卷。

只能在动态磁盘上创建简单卷，如果想在创建简单卷后增加它的容量，则可通过磁盘上剩余的未分配空间来扩展这个卷。要扩展简单卷，该卷必须使用 Windows Server 2008 中所用的 NTFS 版本格式化，不能扩展基本磁盘上作为以前分区的简单卷。

也可将简单卷扩展到同一计算机的其他磁盘的区域中，当将简单卷扩展到一个或多个其他磁盘时，它会变为一个跨区卷。在扩展跨区卷之后，不删除整个跨区卷便不能将它的任何部分删除，跨区卷不能是镜像卷或带区卷。

创建和扩展简单卷：在“磁盘 1”上分别创建一个 16000MB 容量的简单卷 D 和 4000MB 容量的简单卷 E，使“磁盘 1”拥有两个简单卷，然后再从未分配的空间中划分一个 8000MB 空间添加到简单卷 D 中，使简单卷 D 的容量扩展到 24000MB。其具体的操作步骤如下。

1）进入“计算机管理”控制台窗口，选择“磁盘管理”选项，在右侧窗格的底端，用鼠标右键单击“磁盘 1”，在弹出的快捷菜单中选择“新建简单卷”。

2）在弹出的“欢迎使用新建简单卷向导”界面中，单击“下一步”按钮，然后在“指定卷大小”界面中选择简单卷容量为 16000MB，单击“下一步”按钮，在打开的“分配驱动器号和路径”界面，选择“分配以下驱动器号”单选按钮，分配驱动器号为“D”，因为过程和创建基本磁盘的主磁盘分区一样，用户可以参考如图 7-2～图 7-4 所示的过程。

3）以同样的方法创建简单卷 E，容量为 4000MB，结果如图 7-19 所示。

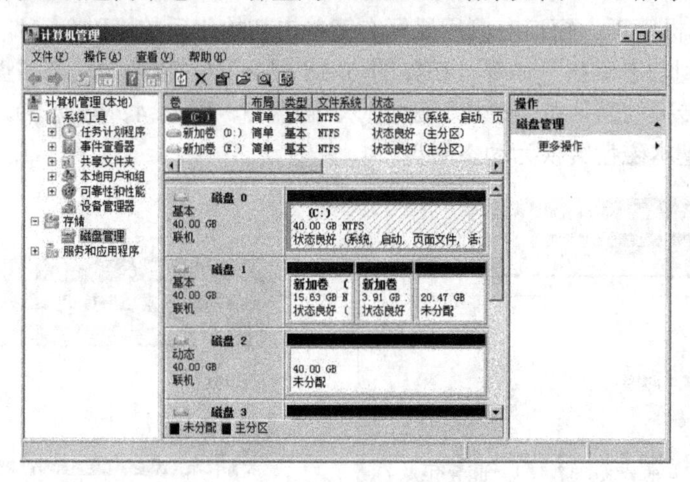

图 7-19　新建简单卷

4）用鼠标右键单击简单卷 D，在弹出的快捷菜单中选择“扩展卷”命令，进入“欢迎使用扩展卷向导”对话框，单击“下一步”按钮，进入“选择磁盘”界面，如图 7-20 所示，在“选择空间量”后的微调框中输入扩展空间容量为 8000MB。

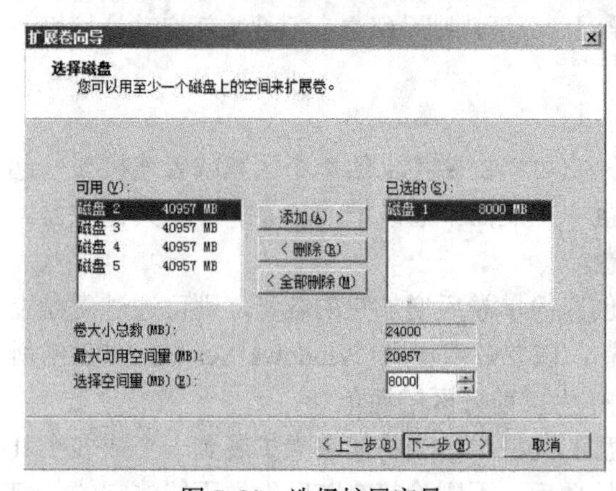

图 7-20　选择扩展容量

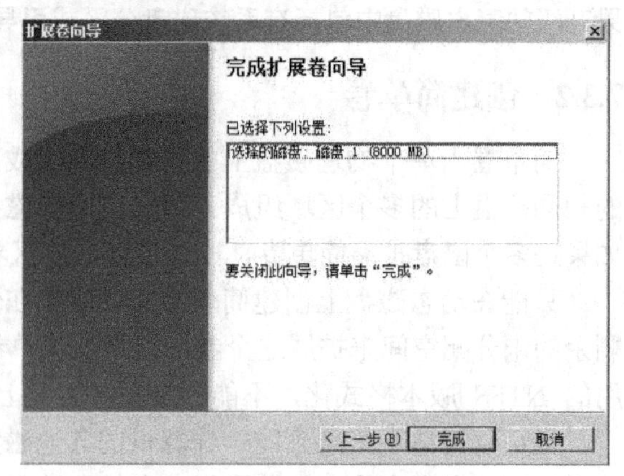

图 7-21　完成扩展卷向导

5）单击“下一步”按钮，进入“完成扩展卷向导”界面，对扩展卷的设置再次进行确认，单击“完成”按钮，完成创建扩展卷的操作。扩展完成后的结果如图 7-22 所示，可看出整个简单卷 D 在磁盘的物理空间上是不连续的两个部分，总的容量为 24000MB 左右，同时简单卷的颜色变为“橄榄绿”。

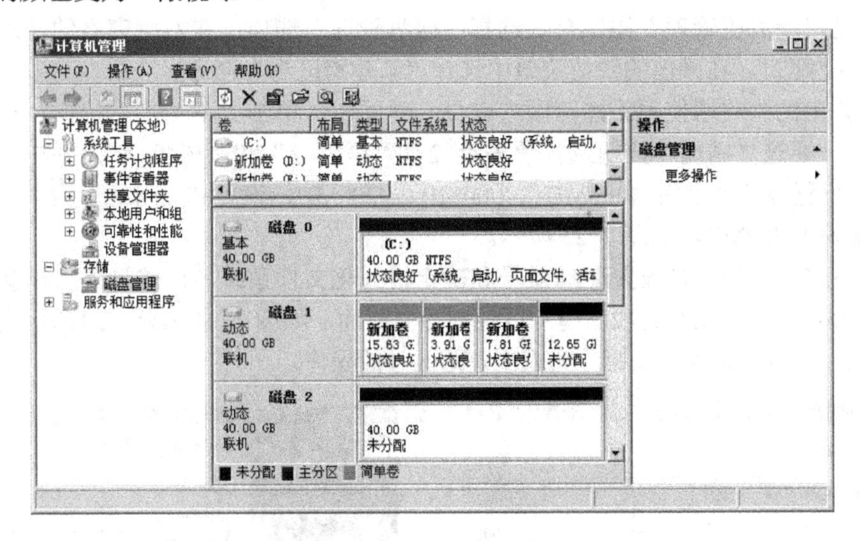

图 7-22　新建扩展卷

注意：①简单卷可以是 NTFS 或 FAT、FAT32 文件系统，但若要扩展简单卷就必须使用 NTFS；②只有 Windows 2000 Server、Windows XP Professional、Windows Server 2003、Windows Vista、Windows Server 2008 操作系统才能访问简单卷；③系统卷和引导卷无法被扩展；④扩展的空间可以是同一块磁盘上连续或不连续的空间；⑤简单卷与分区相似，但与分区不同，简单卷既没有大小限制，在一块磁盘上也没有可创建卷的数目的限制。

7.3.3　创建跨区卷

跨区卷将来自多个磁盘的未分配空间合并到一个逻辑卷中，这样可以更有效地使用多个磁盘系统上的所有空间和所有驱动器号。如果需要创建卷，但又没有足够的未分配空间分配给单个磁盘上的卷，则可通过将来自多个磁盘的未分配空间的扇区合并到一个跨区卷来创建足够大的卷。用于创建跨区卷的未分配空间区域的大小可以不同。

跨区卷是这样组织的，先将一个磁盘上为卷分配的空间充满，然后从下一个磁盘开始，再将该磁盘上为卷分配的空间充满，依此类推。虽然利用跨区卷可以快速增加卷的容量，但跨区卷既不能提高对磁盘数据的读取性能，也不提供容错功能，当跨区卷中的某个磁盘出现故障，那么存储在该磁盘上的所有数据将全部丢失。

跨区卷可以在不使用装入点的情况下，获得更多磁盘上的数据，通过将多个磁盘使用的空间合并为一个跨区卷，从而可以释放驱动器号用于其他用途，并可创建一个较大的卷用于文件系统。增加现有卷的容量称为“扩展”，使用 NTFS 格式化的现有跨区卷，可由所有磁盘上未分配空间的总量进行扩展。但是，在扩展跨区卷之后，不删除整个跨区卷便无法删除它的任何部分。“磁盘管理”将格式化新的区域，但不会影响原跨区卷上现有的任何文件，不能扩展使用 FAT 文件系统格式化的跨区卷。

创建跨区卷：在“磁盘 2”中取一个 4000MB 的空间，在“磁盘 3”中取一个 4000MB 的空间，在“磁盘 4”中取一个 3200MB 的空间，创建一个容量为 11200MB 的跨区卷 F。其具体的操作步骤如下。

1）启动“计算机管理”控制台，选择“磁盘管理”选项，在右侧窗格的底端，使用鼠右键单击“磁盘 2”，在弹出的快捷菜单中选择“新建跨区卷”命令。

2）在弹出的“欢迎使用新建跨区卷向导”界面中，单击“下一步”按钮，在“选择磁盘”界面中，通过“添加”按钮选择“磁盘 2”、“磁盘 3”和“磁盘 4”，并在“选择空间量”中分别设置容量大小为 4000MB、4000MB、3200MB，设置完后可在“卷大小总数”中看到总容量为 11200MB，如图 7-23 所示。

3）接下来的过程就是设置驱动器号和确定格式化文件系统，这些设置可以参考图 7-3 和图 7-4，然后进入“正在完成新建跨区卷向导”界面，如图 7-24 所示，对跨区卷的设置再次进行确认，单击“完成”按钮，完成创建跨区卷的操作。

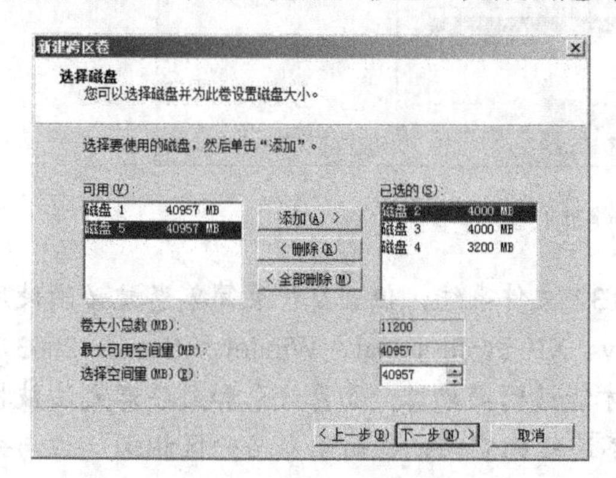

图 7-23　设置跨区卷容量

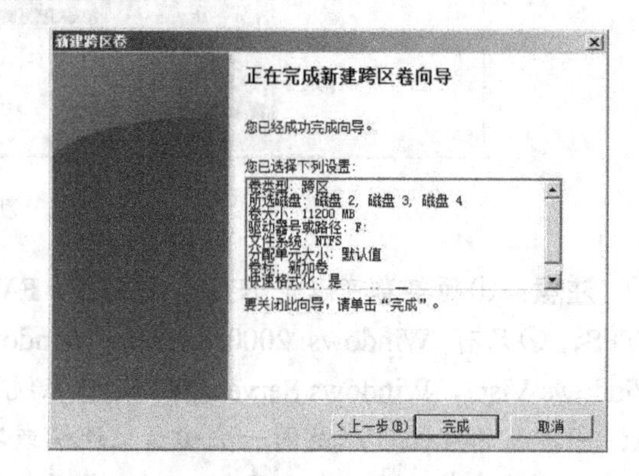

图 7-24　完成新建跨区卷向导

4）跨区卷完成后的结果如图 7-25 所示，可看出整个跨区卷 F 在磁盘的物理空间分别在“磁盘 2”、“磁盘 3”和“磁盘 4”上，用户看到的是一个容量为 11200MB 的分区，同时跨区卷的颜色变为“玫瑰红”。

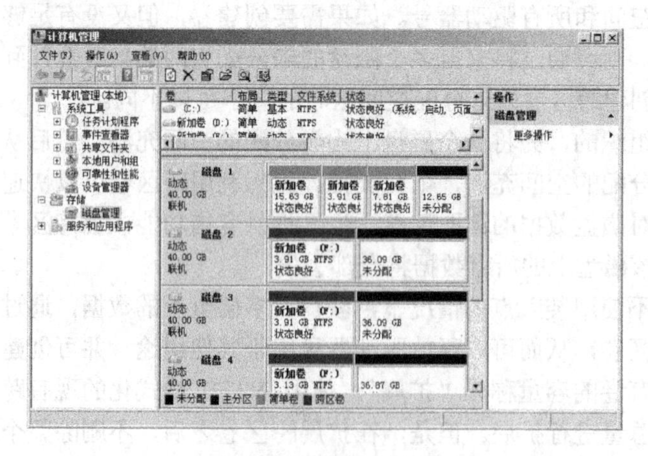

图 7-25　新建跨区卷

注意：①跨区卷可以是 NTFS 或 FAT、FAT32 文件系统，但若要扩展跨区卷就必须使用 NTFS；②只有 Windows 2000 Server、Windows XP Professional、Windows Server 2003、Windows Server 2008 操作系统才能访问跨区卷；③跨区卷不能包含系统卷和引导卷；④可以在 2～32 块磁盘上创建跨区卷，同时组成跨区卷的空间容量可以不同；⑤一个跨区卷中的所有成员被视为一个整体，无法将其中的一个成员独立出来，除非将整个跨区卷删除；⑥跨区卷在磁盘空间的利用率上比简单卷好，但它不能成为其他动态卷的一部分。

7.3.4 创建带区卷

带区卷是通过将两个或更多个磁盘上的可用空间区域合并到一个逻辑卷而创建的。带区卷使用 RAID-0，从而可以在多个磁盘上分布数据。带区卷不能被扩展或镜像，并且不提供容错。如果包含带区卷的其中一个磁盘出现故障，则整个卷无法工作。

创建带区卷时，最好使用相同大小、型号和制造商的磁盘。创建带区卷的过程与创建跨区卷的过程类似，唯一的区别就是在选择磁盘时，参与带区卷的空间必须大小一样，并且最大值不能超过最小容量的参与该卷的未分配空间。

利用带区卷可以将数据分块并按一定的顺序在阵列中的所有磁盘上分布数据，与跨区卷类似。带区卷可以同时对所有磁盘进行写数据操作，从而可以相同的速率向所有磁盘写数据。尽管不具备容错能力，但带区卷在所有 Windows 磁盘管理策略中的性能最好，同时它通过在多个磁盘上分配 I/O 请求从而提高了 I/O 性能。例如，带区卷在以下情况下提高了性能。

- 从（向）大的数据库中读（写）数据。
- 以极高的传输速率从外部源收集数据。
- 装载程序映像、动态链接库（DLL）或运行时库。

创建带区卷：在“磁盘 3”、“磁盘 4”、“磁盘 5”中创建一个容量为 10800MB 的带区卷 G。其具体的操作步骤如下。

1）启动“计算机管理”控制台，选择“磁盘管理”选项，在右侧窗格的底端，使用鼠标右键单击“磁盘 3”，在弹出的快捷菜单中选择“新建带区卷”命令。

2）在弹出的“欢迎使用新建带区卷向导”界面中，单击“下一步”按钮，在“选择磁盘”界面中，通过“添加”按钮选择“磁盘 3”、“磁盘 4”和“磁盘 5”，并在“选择空间量”中设置容量大小均为 2700MB，设置完后可在“卷大小总数”中看到总容量为 8100MB，如图 7-26 所示。

3）接下来的过程就是设置驱动器号和确定格式化文件系统，这些设置可以参考图 7-3 和图 7-4。

4）然后进入“正在完成新建带区卷向导”界面，如图 7-27 所示，对带区卷的设置再次进行确认，单击“完成”按钮，完成创建带区卷的操作。

带区卷完成后的结果如图 7-28 所示，可看出整个带区卷 G 在磁盘的物理空间分别在“磁盘 3”、“磁盘 4”和“磁盘 5”上，用户看到的是一个容量为 8100MB 的分区，同时带区卷的颜色变为“海绿色”。

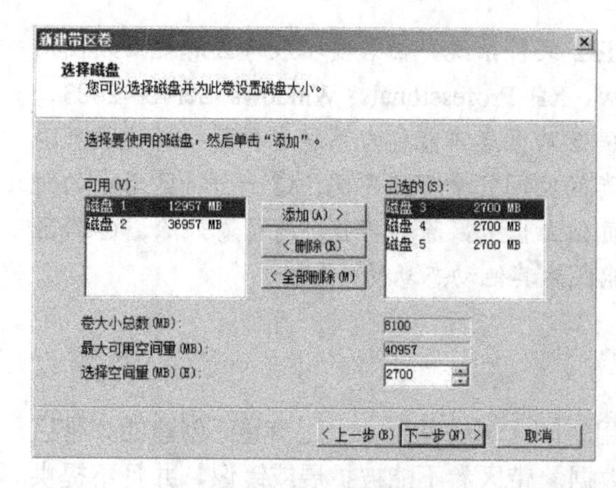

图 7-26　设置带区卷容量

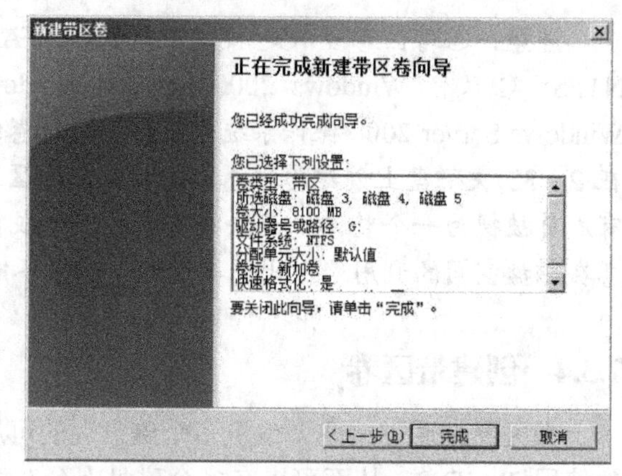

图 7-27　完成新建带区卷向导

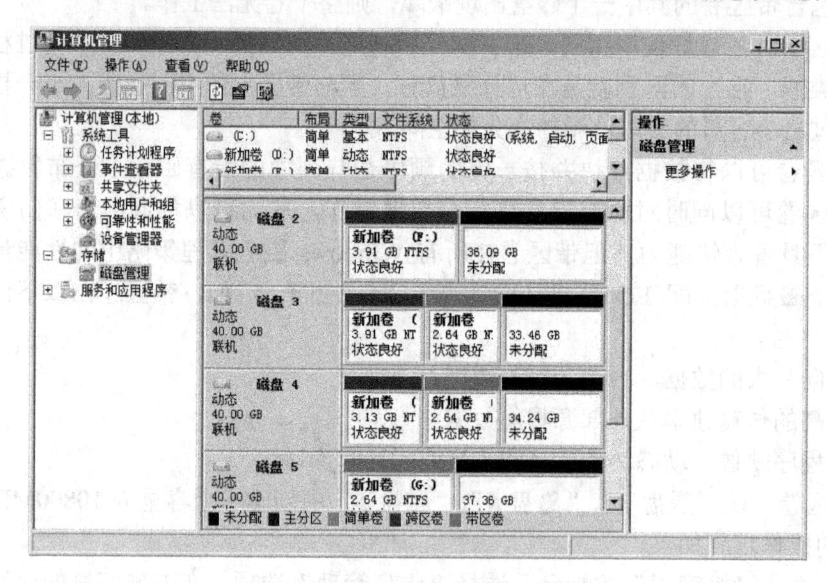

图 7-28　创建带区卷

注意：①带区卷可以是 NTFS 或 FAT、FAT32 文件系统；②只有 Windows 2000 Server、Windows XP Professional、Windows Server 2003、Windows Server 2008 操作系统才能访问带区卷；③带区卷不能包含系统卷和引导卷，并且无法扩展；④可以在 2～32 块磁盘上创建带区卷，至少需要两块磁盘，同时组成带区卷的空间容量必须相同；⑤一个带区卷的所有成员被视为一个整体，无法将其中的一个成员独立出来，除非将整个带区卷删除。

7.3.5　创建镜像卷

利用镜像卷（即 RAID-1 卷）可以将用户的相同数据同时复制到两个物理磁盘中，如果一个物理磁盘出现故障，虽然该磁盘上的数据将无法使用，但系统能够继续使用尚未损坏而仍继续正常运转的磁盘进行数据的读写操作，从而通过在另一磁盘上保留完全冗余的副本，保护磁盘上的数据免受介质故障的影响。镜像卷的磁盘空间利用率只有 50%，所以镜像卷的花费相对较高。不过对于系统和引导分区而言，稳定是最重要的，一旦系统瘫痪，所有数据都将随之而消失，所以这些代价还是非常值得的，因此镜像卷被大量应用于系统和引导分区。

要创建镜像卷，必须使用另一磁盘上的可用空间。动态磁盘中现有的任何卷（甚至是系统卷和引导卷），都可以使用相同的或不同的控制器镜像到其他磁盘上大小相同或更大的另一个卷。最好使用大小、型号和制造厂家都相同的磁盘做镜像卷，以避免可能产生的兼容性错误。镜像卷可以增强“读”性能，因为容错驱动程序同时从两个成员中读取数据，所以读取数据的速度会有所增加。当然，由于容错驱动程序必须同时向两个成员写数据，所以磁盘的“写”性能会略有降低。

创建镜像卷：在“磁盘 4”和“磁盘 5”中创建一个容量为 8000MB 的镜像卷 H。其具体的操作步骤如下。

1）启动“计算机管理”控制台，选择“磁盘管理”选项，在右侧窗格的底端，使用鼠标右键单击“磁盘 4”，在弹出的快捷菜单中选择“新建镜像卷”命令。

2）在弹出的“欢迎使用新建镜像卷向导”界面中，单击“下一步”按钮，在“选择磁盘”界面中，通过“添加”按钮选择“磁盘 4”和“磁盘 5”，并在“选择空间量”中设置容量大小均为 8000MB，设置完后可在“卷大小总数”中看到总容量为 8000MB，如图 7-29 所示。

3）接下来的过程就是设置驱动器号和确定格式化文件系统，这些设置可以参考图 7-3 和图 7-4。

4）最后进入“正在完成新建镜像卷向导”界面，如图 7-30 所示，对镜像卷的设置再次进行确认，单击“完成”按钮，完成创建镜像卷的操作。

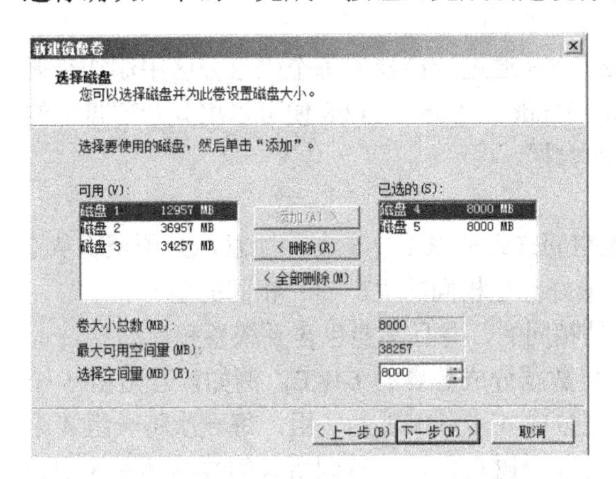

图 7-29　设置镜像卷容量

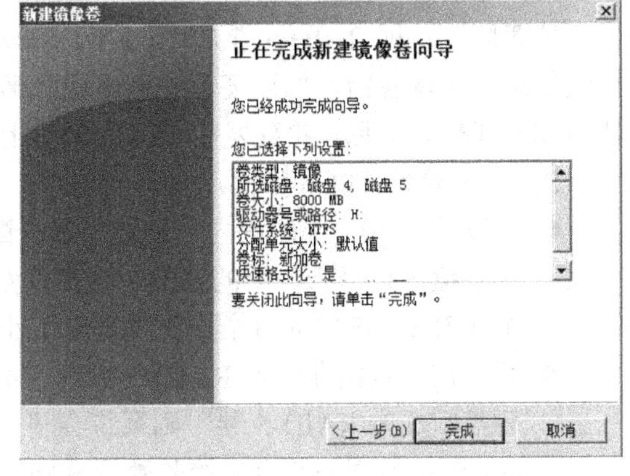

图 7-30　完成新建镜像卷向导

镜像卷创建完成后的结果如图 7-31 所示，可看出整个镜像卷 H 在磁盘的物理空间分别在“磁盘 4”和“磁盘 5”上，用户看到的是一个容量为 8000MB 的分区，同时镜像卷的颜色变为“褐色”。

注意：①镜像卷可以是 NTFS 或 FAT、FAT32 文件系统；②只有 Windows 2000 Server、Windows XP Professional、Windows Server 2003、Windows Server 2008 操作系统才能访问镜像卷；③组成镜像卷的空间容量必须相同，并且无法扩展；④只能在两块磁盘上创建镜像卷，用户可通过一块磁盘上的简单卷和另一块磁盘上的未分配空间组合成一个镜像卷，也可直接将两块磁盘上的未分配空间组合成一个镜像卷；⑤一个镜像卷的所有成员被视为一个整体，无法将其中的一个成员独立出来，除非将整个镜像卷删除。

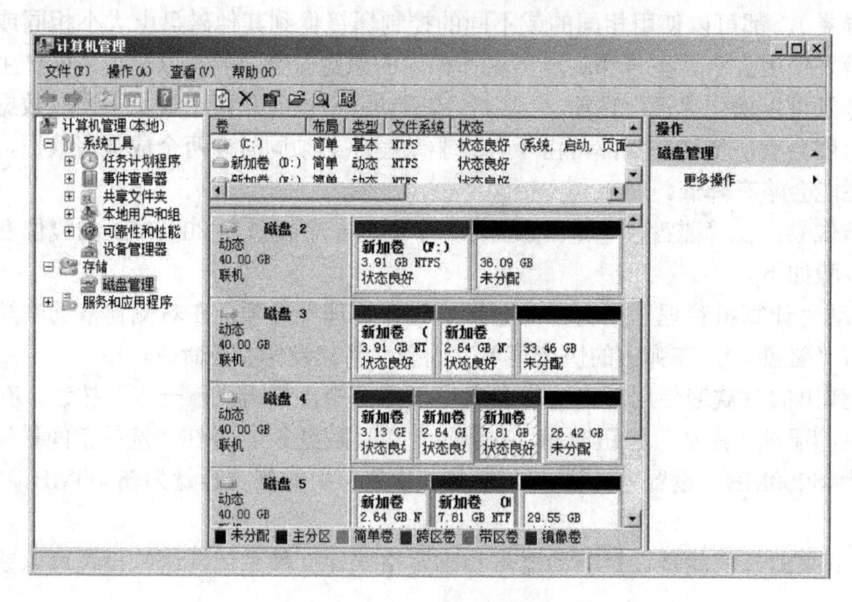

图 7-31　创建镜像卷

7.3.6　创建 RAID-5 卷

磁盘阵列，即 RAID-5 卷，Windows Server 2008 通过给该卷的每个磁盘分区中添加奇偶校验信息来实现容错，如果某个磁盘出现故障，Windows Server 2008 便可以用其余磁盘上的数据和奇偶校验信息，重建发生故障的磁盘上的数据。

RAID-5 卷具有以下特性。

- 可以从 3～32 个磁盘内分别选择未分配空间来组成 RAID-5 卷。注意，必须至少从 3 个磁盘内选择未分配的空间，这些磁盘最好都是相同的生产商、相同的型号。
- 组成 RAID-5 卷的每个成员的容量大小是相同的，并且不能包含系统卷和启动卷。
- 系统在将数据存储到 RAID-5 卷时，会将数据分成等量的 64KB。例如，若是由 5 个磁盘组成的 RAID-5 卷，则系统会将数据分成 4 个 64KB 为一组，每一次将一组 4 个 64KB 的数据与其奇偶校验数据分别写入 5 个磁盘内，一直到所有的数据都写入到磁盘为止。数据并不是存储在固定的磁盘内，而是依序分布在每个磁盘内，例如第一次写入时是存储在磁盘 0、第二次是存储在磁盘 1，依此类推，存储到最后一个磁盘后，再从磁盘 0 开始存储。
- 当某个磁盘因故无法读取时，系统可以利用奇偶校验数据，推算出故障磁盘内的数据，让系统能够继续运行。也就是说，RAID-5 卷具有故障转移能力，不过只有在一个磁盘有故障的情况下，RAID-5 卷才提供故障转移功能，如果同时有多个磁盘故障，系统将无法继续运行。
- 由于要计算奇偶校验信息，RAID-5 卷的写入效率相对镜像卷较差。但是，RAID-5

卷比镜像卷提供更好的“读”性能，Windows Server 2008 可以从多个磁盘上同时读取数据。与镜像卷相比，RAID-5 卷的磁盘空间有效利用率为$(n-1)/n$（其中 n 为磁盘的数目），磁盘数量越多，冗余数据带区的成本越低，所以 RAID-5 卷的性价比较高，被广泛应用于数据存储的领域。

创建 RAID-5 卷：在“磁盘 3”、“磁盘 4”和“磁盘 5”中创建一个容量为 8000MB 的 RAID-5 卷 I。其具体的操作步骤如下。

1）启动“计算机管理”控制台，选择“磁盘管理”选项，在右侧窗格的底端，使用鼠标右键单击“磁盘 3”，在弹出的快捷菜单中选择“新建 RAID-5 卷”命令。

2）在弹出的“欢迎使用新建 RAID-5 卷向导”界面中，单击“下一步”按钮，在“选择磁盘”界面中，通过“添加”按钮选择“磁盘 3”、“磁盘 4”和“磁盘 5”，并在“选择空间量”中设置容量大小均为 4000MB，设置完后可在“卷大小总数”中看到总容量为 8000MB，如图 7-32 所示。

3）接下来的过程就是设置驱动器号和确定格式化文件系统，这些设置可以参考图 7-3 和图 7-4，最后进入“正在完成新建 RAID-5 向导”界面，如图 7-33 所示，对镜像卷的设置再次进行确认，单击“完成”按钮，完成创建 RAID-5 卷的操作。

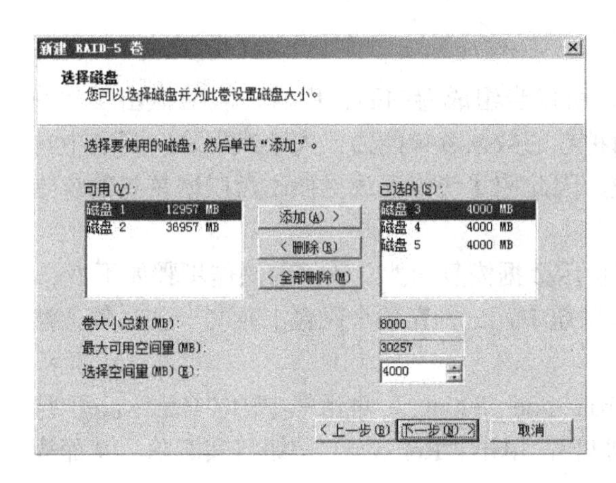

图 7-32　设置 RAID-5 卷容量

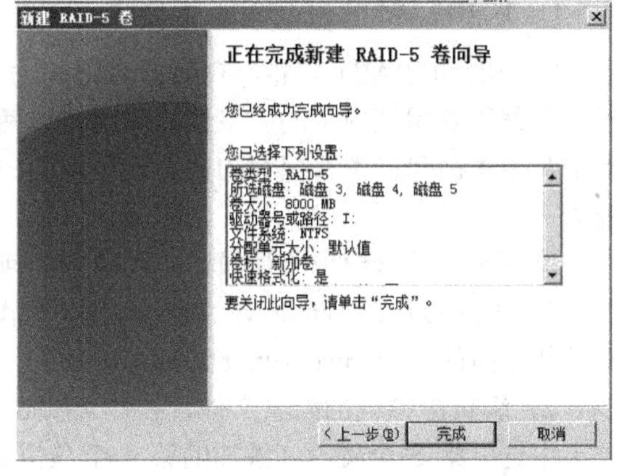

图 7-33　完成新建 RAID-5 卷向导

RAID-5 卷完成后的结果如图 7-34 所示，可看出整个 RAID-5 卷 I 在磁盘的物理空间分别在“磁盘 3”、“磁盘 4”和“磁盘 5”上，用户看到的是一个容量为 8000MB 的分区，同时 RAID-5 的颜色变为“青绿色”。

注意：①RAID-5 卷可以是 NTFS 或 FAT、FAT32 文件系统；②只有 Windows 2000 Server、Windows XP Professional、Windows Server 2003、Windows Server 2008 操作系统才能访问 RAID-5 卷；③组成 RAID-5 卷的空间容量必须相同，并且无法扩展；④可以在 3～32 块磁盘上创建 RAID-5 卷，至少需要 3 块磁盘；⑤一个 RAID-5 卷的所有成员被视为一个整体，无法将其中的一个成员独立出来，除非将整个 RAID-5 卷删除；⑥RAID-5 卷不包含系统卷和引导卷。

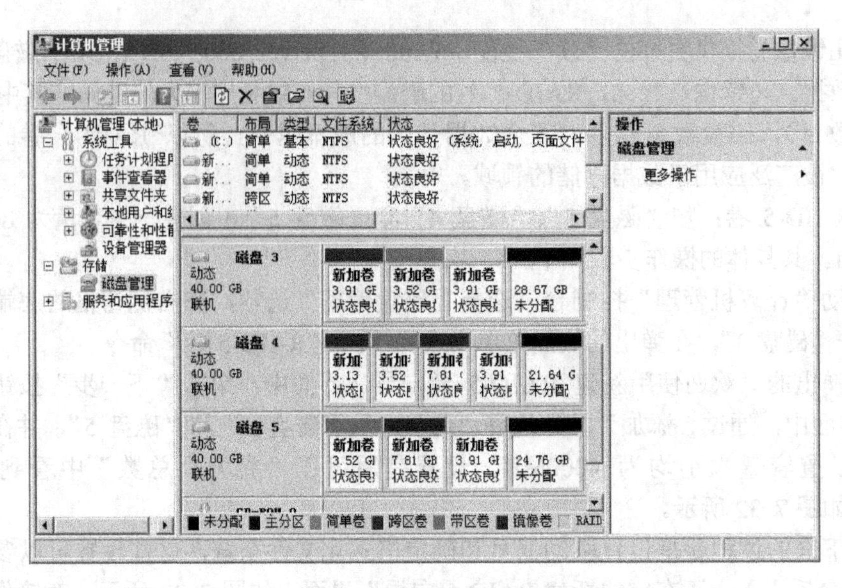

图 7-34 创建 RAID-5 卷

7.3.7 使用数据恢复功能

镜像卷和 RAID-5 卷都有数据容错能力，所以当组成卷的磁盘中有一块磁盘出现故障时，仍然能够保证数据的完整性，但此时这两种卷的数据容错能力已失效或下降，若卷中再有磁盘发生故障，那么保存的数据就可能丢失，因此应尽快修复或更换磁盘以恢复卷的容错能力。

利用虚拟机来模拟磁盘损坏，以模拟如何使用数据恢复功能，具体的操作步骤如下。

1）在虚拟机的 Windows Server 2008 操作系统中，分别在各个磁盘上复制一些文件，然后关闭虚拟的 Windows Server 2008 操作系统。

2）编辑虚拟机的配置文件，在“Virtual Machine Settings”对话框中的“Hardware”选项卡中选中第 5 个磁盘（添加的第 4 个虚拟磁盘），单击“Remove”按钮将其删除，从而模拟磁盘损坏。

3）单击“Add”按钮，添加一块新磁盘，大小为 40GB，然后启动虚拟机的操作系统 Windows Server 2008，打开“计算机管理”窗口，系统会要求对新磁盘进行初始化，单击“确定”按钮，对新磁盘进行初始化操作，如图 7-35 所示，“磁盘 4”为新安装的磁盘，而发生故障的原“磁盘 4”此时显示为“丢失”。

4）在图 7-35 中用鼠标右键单击“磁盘 5”或“丢失”磁盘上有“失败”标识的镜像卷 H，在弹出的快捷菜单中选择“删除镜像”命令。

5）进入“删除镜像”对话框，如图 7-36 所示，选择标识为“丢失”的磁盘，单击“删除镜像”按钮，在弹出的警告对话框中单击“是”按钮，完成后可以发现“磁盘 5”中原先失败的镜像卷已经被转换成了简单卷。

6）将“磁盘 4”转换为动态磁盘，然后用鼠标右键单击“磁盘 5”中经过上一个步骤已转换为简单卷的镜像卷，在弹出的快捷菜单中选择“添加镜像”命令，进入“添加镜像”对话框，如图 7-37 所示，选择“磁盘 4”，单击“添加镜像”按钮即可恢复“磁盘 4”和“磁盘 5”组成的镜像卷 H。

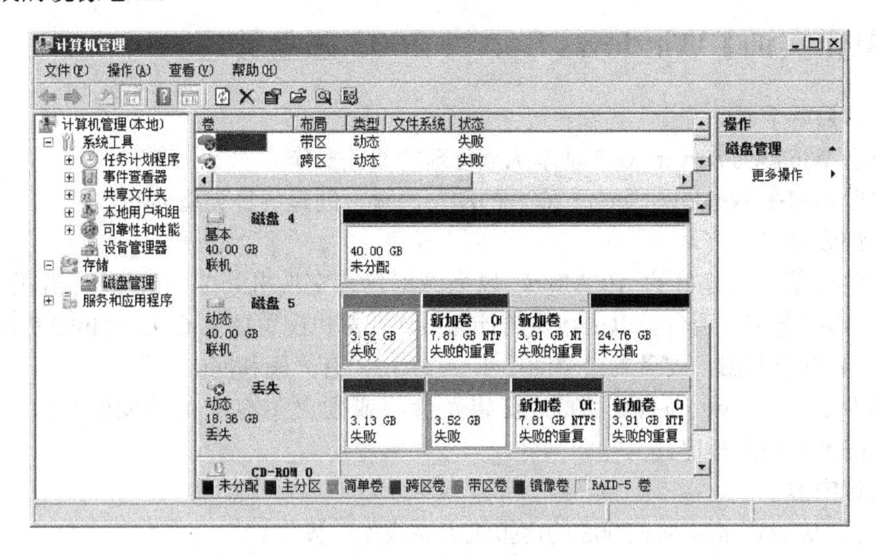

图 7-35 丢失数据的磁盘

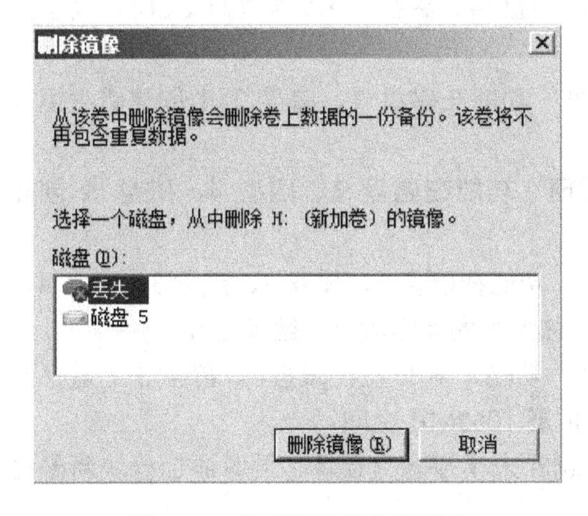

图 7-36 选择删除镜像的磁盘

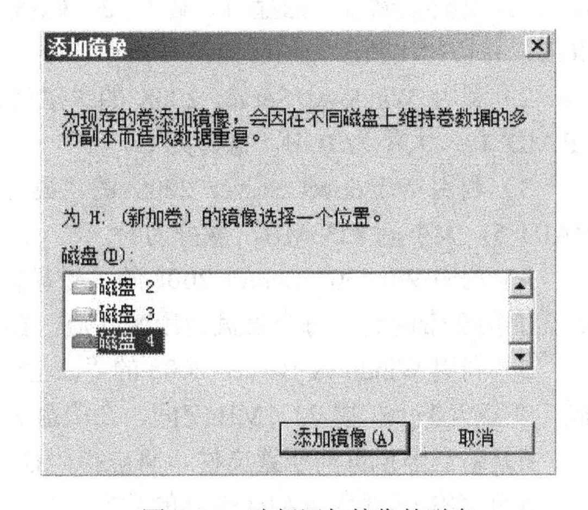

图 7-37 选择添加镜像的磁盘

7）在图 7-35 中用鼠标右键单击有“失败的重复”标识的 RAID-5 卷 I，在弹出的快捷菜单中选择“修改卷”命令，进入“修改 RAID-5 卷”对话框，选择新更新的“磁盘 4”，以便重新创建 RAID-5 卷，单击“确定”按钮，完成后 RAID-5 卷将被恢复。

8）在图 7-36 中用鼠标右键单击标识为“丢失”的磁盘，在弹出的快捷菜单中选择“删除磁盘”命令，将故障磁盘信息在系统中删除。

9）打开刚添加的“磁盘 4”，可以查看到该磁盘上存在一些复制的数据文件。

注意：①镜像卷恢复后，数据会自动从没有发生故障的磁盘复制到新磁盘上，这样数据又恢复了镜像，保证了数据的安全性；②RAID-5 卷恢复时，系统会利用没有发生故障的 RAID-5 卷将数据恢复到新磁盘上，保证了数据的安全性；③磁盘 4 上的带区卷、跨区卷数据不支持容错，不能恢复。

7.4 【单元实训】Windows Server 2008 磁盘管理

1. 实训目标

1）熟悉 Windows Server 2008 基本磁盘管理的相关操作。

2）掌握如何在 Windows Server 2008 的动态磁盘上创建各种类型的卷。

2. 实训设备

1）网络环境：已建好的 100Mbit/s 以太网络包含交换机（或集线器）、五类（或超五类）UTP 直通线若干、两台及以上数量的计算机（计算机配置要求 CPU 为 Intel Pentium 4 及以上，内存不小于 1GB，硬盘剩余空间不小于 20GB，有光驱和网卡）。

2）软件：Windows Server 2008 安装光盘，或硬盘中有全部的安装程序；VMware Workstation 6.5 安装源程序。

3. 实训内容

在安装了 Windows Server 2008 的虚拟机上完成如下操作。

1）在安装了 Windows Server 2008 的虚拟机上（有一块硬盘，硬盘分区为 C、D、E），添加 5 块虚拟磁盘（磁盘 1、磁盘 2、磁盘 3、磁盘 4、磁盘 5），类型为 SCSI，大小为 4GB，并初始化新添加的磁盘。

2）利用 Windows Server 2008 的“磁盘管理”功能在磁盘 1、磁盘 2 上创建磁盘镜像（RAID-1），大小为 1GB，盘符为 G。

3）利用 Windows Server 2008 的“磁盘管理”功能在磁盘 3、磁盘 4、磁盘 5 创建 RAID-5，大小为 2233MB，盘符为 H。

4）利用 Windows Server 2008 的“磁盘管理”功能在磁盘 1、磁盘 2、磁盘 3、磁盘 4、磁盘 5 创建带区卷，每个磁盘使用 800MB 空间，总大小为 4000MB，盘符为 I。

5）利用 Windows Server 2008 的“磁盘管理”功能，对 E 盘在磁盘 1、磁盘 3 上进行扩展，在磁盘 1 上扩展 2271MB 空间，在磁盘 3 上扩展 1062MB 空间。

6）编辑虚拟机的配置文件，将虚拟磁盘 3 删除来模拟磁盘损坏，同时添加一块新磁盘（大小为 7GB），恢复 RAID-5 卷的数据。

7）对整个服务器创建一个备份计划，要求凌晨 2:00 对数据进行备份，备份至光盘。对服务器 D 盘创建一个一次性备份，备份至 E 盘。

4. 实训注意事项

1）磁盘阵列（如 RAID-0、RAID-5）实验一般高校很少有条件做。这些实验需要专业的服务器或者专用的硬盘，如 SCSI 卡、RAID 卡、多个 SCSI 硬盘，当然有也 IDE 的 RAID，但大多数只支持 RAID-0 和 RAID-1，很少有支持 RAID-5 的。

2）本实训内容是使用 Windows Server 2008 实现的“软件”磁盘阵列，虽然与硬件的磁盘阵列效果类似，但对于实现专用服务器的“硬件”磁盘阵列来说，实现的操作步骤是不同的。硬件的磁盘阵列需要在安装操作系统前创建，而软件的磁盘阵列，是在安装系统之后实现的。

7.5 习题

一、填空题

（1）Windows Server 2008 将磁盘存储类型分为两种：____________和____________。

（2）Windows 2000 Server 和 Windows XP 使用的文件系统都根据____________的大小组织磁盘。

（3）基本磁盘是指包含____________、____________或____________的物理磁盘，它是 Windows Server 2008 中默认的磁盘类型。

（4）镜像卷的磁盘空间利用率只有____________，所以镜像卷的花费相对较高。与镜像卷相比，RAID-5 卷的磁盘空间有效利用率为____________，磁盘数量越多，冗余数据带区的成本越低，所以 RAID-5 卷的性价比较高，被广泛应用于数据存储领域。

（5）带区卷又称为____________技术，RAID-1 又称为____________卷，RAID-5 又称为____________卷。

二、选择题

（1）一个基本磁盘上最多有（　　）主分区。

A．一个　　B．两个　　C．三个　　D．四个

（2）镜像卷不能使用（　　）文件系统。

A．FAT　　B．NTFS　　C．FAT 32　　D．EXT3

（3）主要的系统容错和灾难恢复方法不包括（　　）。

A．对重要数据定期存盘　　B．配置不间断电源系统

C．利用 RAID 实现容错　　D．数据的备份和还原

（4）下列（　　）支持容错技术。

A．跨区卷　　B．镜像卷　　C．带区卷　　D．简单卷

三、问答题

（1）磁盘管理主要做哪些工作？磁盘管理在 Windows Server 2008 中有哪些新特性？

（2）简述几种动态卷的工作原理及创建方法。

（3）如果 RAID-5 卷中某一块磁盘出现了故障，应该怎样恢复？

（4）Windows Server 2008 中如何实现数据的备份和还原？

提高篇——Windows Server 2008系统服务

第8单元　创建与管理DNS服务

【单元描述】

在网络管理中，DNS 服务器是最基本和最重要的服务器之一，它不仅担负着 Internet、Intranet、Extranet 等网络的域名解析的任务，在域方式组建的局域网中，它还承担着账户名、计算机名、组名及各种对象的名称解析服务。DNS 服务器的好坏将直接影响到整个网络的运行。

【单元情境】

三峡纵横科技信息技术有限公司是一家主要提供计算机网络建设与维护的网络技术服务公司，2001 年为一国际旅行社建设了信息化系统，2006 年使用互联网专线接入 Internet，并架设了 Web 服务器，制作发布了旅行社的网站。网站建设的初期，旅行社的员工和客户访问旅行社的网站是使用静态 IP 地址的方式，感觉比较麻烦，最主要的是很容易遗忘旅行社网站的静态 IP 地址。作为公司的技术人员，如何让旅行社的员工和客户访问旅行社的网站时，不再使用静态 IP 地址，而是使用类似于网易、新浪的网址方式访问，让人们更容易记住公司网站的地址？

8.1 【知识导航】DNS服务简介

众所周知，在网络中唯一能够用来标识计算机身份和定位计算机位置的方式就是 IP 地址，但网络中往往存在许多服务器，如 E-mail 服务器、Web 服务器、FTP 服务器等，记忆这些纯数字的 IP 地址不仅枯燥，而且容易出错。通过 DNS 服务器，可将这些 IP 地址与形象易记的域名一一对应，使得网络服务的访问更加简单，而且可以完美地实现与 Internet 的融合，对于一个网站的推广发布起到极其重要的作用。另外，许多重要网络服务（如 E-mail 服务）的实现，也需要借助于 DNS 服务。因此，DNS 服务可被视为网络服务的基础。

8.1.1　域名空间与区域

域名系统（DNS）是一种采用客户/服务器机制，实现名称与 IP 地址转换的系统，是由名字分布数据库组成的，它建立了叫做域名空间的逻辑树结构，是负责分配、改写、查询域名的综合性服务系统，该空间中的每个结点或域都有唯一的名字。

1．域名空间

整个 DNS 架构是一个如图 8-1 所示的树结构。这个树结构被称为 DNS 域名空间（DNS domain namespace）。该图显示了顶级域的名字空间及下一级子域之间的树结构关系，每一个结点以及其下的所有结点叫做一个域，域可以有主机（计算机）和其他域（子域）。

在图 8-1 中，www.sanxia.net.cn 就是一个主机，而 sanxia.net.cn 则是一个子域。一般在子域中会含有多个主机，sanxia.net.cn 子域下就含有 mail.sanxia.net.cn、www.sanxia.net.cn 以及 ftp.sanxia.net.cn 三台主机。

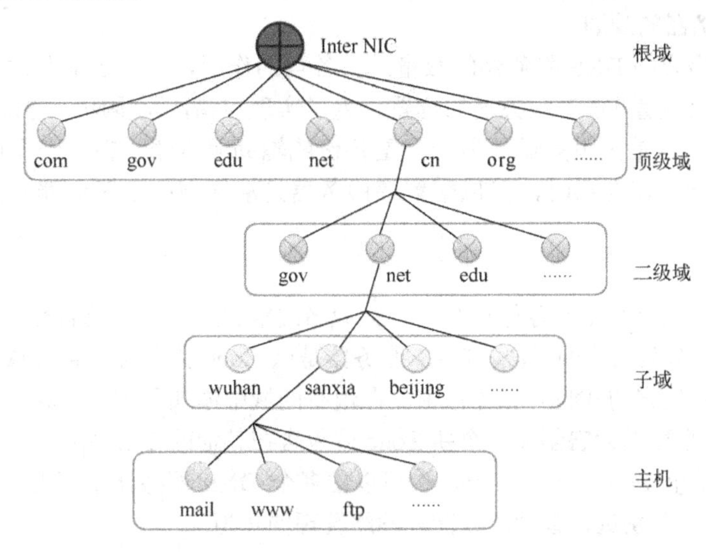

图 8-1　DNS 域名空间

- 根域：代表域名命名空间的根，一般用圆点（.）表示根，这里为空。
- 顶级域：直接处于根域下面的域，代表一种类型的组织或一些国家和地区。在 Internet 中，顶级域由 InterNIC（Internet Network Information Center）进行管理和维护。
- 二级域：在顶级域下面，用来标明顶级域以内的一个特定的组织。在 Internet 中，二级域也是由 InterNIC 负责管理和维护。
- 子域：在二级域的下面所创建的域，它一般由各个组织根据自己的需求，自行创建和维护。
- 主机：是域名命名空间中的最下面一层，它被称为完全合格的域名（Fully Qualified Domain Name，FQDN）。例如，www.sanxia.net.cn 就是一个完全合格的域名。

注意：①DNS 是一种看起来与磁盘文件系统的目录结构类似的命名方案，域名也通过使用句点“.”分隔每个分支来标识一个域在逻辑 DNS 层次中相对于其父域的位置。但是，当定位一个文件位置时，是从根目录到子目录再到文件名，如 C:\windows\win.exe；而当定位一个主机名时，是从最终位置到父域再到根域，如 microsoft.com。②域名和主机名只能用字母“a ~ z”（在 Windows 服务器中大小写等效，而在 UNIX 中则不同）、数字“0 ~ 9”和连字符“-”组成，其他公共字符，如连接符“&”、斜杠“/”、句点“.”、和下画线“_”都不能用于表示域名和主机名。

2. DNS 的域名空间规划

要在 Internet 上使用自己的 DNS，将企业网络与 Internet 能够很好地整合在一起，实现局域网与 Internet 的相互通信，用户必须先向 DNS 域名注册颁发机构申请合法的域名，获得至少一个可在 Internet 上有效使用的 IP 地址，这项业务通常可由 ISP 代理。如果准备使用 Active Directory（活动目录），则应从 Active Directory 设计着手，并用适当的 DNS 域名空间支持它。若要实现其他网络服务（如 Web 服务、E-mail 服务等），DNS 服务是必不可少的。没有 DNS 服务，就无法将域名解析为 IP 地址，客户端也就无法享受相应的网络服务。若欲实现服务器的 Internet 发布，就必须申请合法的 DNS 域名。

3. DNS 服务器的规划

确定网络中需要的 DNS 服务器的数量及其各自的作用，根据通信负载、复制和容错问题，确定在网络上放置 DNS 服务器的位置。为了实现容错，至少应该对每个 DNS 区域使用两台服务器，一台是主服务器；另一台是备份或辅助服务器。在单个子网环境中的小型局域网上仅使用一台服务器时，可以配置该服务器扮演区域的主服务器和辅助服务器两种角色。

4. Zone

Zone（区域）是一个用于存储单个 DNS 域名的数据库，它是域名称空间树结构的一部分，它将域名空间分为较小的区段，DNS 服务器是以 Zone 为单位来管理域名空间的，Zone 中的数据保存在管理它的 DNS 服务器中。在现有的域中添加子域时，该子域既可以包含在现有的 Zone 中，也可以为它创建一个新 Zone 或包含在其他的 Zone 中。一个 DNS 服务器，可以管理一个或多个 Zone，一个 Zone 也可以由多个 DNS 服务器来管理。用户可以将一个域划分成多个 Zone 分别进行管理，以减轻网络管理的负担。

8.1.2 名称解析与地址解析

在网络系统中，一般存在着以下 3 种计算机名称的形式。

1. 计算机名

通过计算机“系统属性”对话框或“hostname”命令，可以查看和设置本地计算机名（Local Host Name）。

2. NetBIOS 名

NetBIOS（Network Basic Input/Output System）使用长度限制在 16 个字符的名称来标识计算机资源，这个标识也称为 NetBIOS 名。在一个网络中，NetBIOS 名是唯一的，在计算机启动、服务被激活、用户登录到网络时，NetBIOS 名将被动态地注册到数据库中。

该名字主要用于 Windows 早期的客户端，NetBIOS 名可以通过广播方式或者查询网络中的 WINS 服务器进行解析。伴随着 Windows 2000 Server 的发布，网络中的计算机不再需要 NetBIOS 名称接口的支持，Windows Server 2003/2008 也是如此，只要求客户端支持 DNS 服务就可以了，不再需要 NetBIOS 名。

3. FQDN

FQDN（Fully Qualified Domain Name，完全合格域名），是指主机名加上全路径，全路径中列出了序列中所有域成员。完全合格域名可以从逻辑上准确地表示出主机在什么地方，也可以说它是主机名的一种完全表示形式。该名字不可超过 256 个字符，人们平时访问 Internet 使用的就是完整的 FQDN，如 www.sina.com，其中 www 就是 sina.com 域中的一台计算机的 NetBIOS 名。

实际上，在客户端计算机上输入命令提交地址的查询请求之后，相关名称的解析会遵循以下的顺序来应用。

1）查看是不是本地计算机名（Local Host Name）。

2）查看 NetBIOS 名称缓存。通常在本地会保存最近与自己通信过的计算机的 NetBIOS 名和 IP 地址的对应关系，可以在 DOS 下使用"nbtstat –c"命令查看缓存中的 NetBIOS 记录。

3）查询 WINS 服务器。WINS（Windows Internet Name Server）原理和 DNS 有些类似，可以动态地将 NetBIOS 名和计算机的 IP 地址进行映射，它的工作过程为：每台计算机开机时，先在 WINS 服务器注册自己的 NetBIOS 名和 IP 地址，其他计算机需要查找 IP 地址时，只要向 WINS 服务器提出请求，WINS 服务器就将已经注册了 NetBIOS 名的计算机的 IP 地址响应给它。当计算机关机时，也会在 WINS 服务器中把该计算机的记录删除。

4）在本网段广播中查找。

5）Lmhost 文件。该文件与 Host 文件的位置和内容都相同，但是要从 lmhosts.sam 模板文件复制过来。

6）Host 文件。在本地的%systemRoot%\system32\drivers\etc 目录下有一个系统自带的 Host 文件，用户可以在 Host 文件中自主定制一些最常用的主机名和 IP 地址的映射关系，以提高上网效率。

7）查询 DNS 服务器。

Internet 利用地址解析的方法将用户使用的域名方式的地址解析为最终的物理地址，中间经历了两层地址的解析工作。

（1）FQDN 与 IP 地址之间的解析

DNS 的域名解析包括正向解析和逆向解析两个不同的方向的解析。

- 正向解析：是指从主机域名到 IP 地址的解析。
- 逆向解析：是指从 IP 地址到域名的解析。

例如，正向解析是将用户习惯使用的域名，如 www.sina.com，解析为与其对应的 IP 地址；逆向解析是将新浪（sina）网站的 IP 地址解析为主机域名。DNS 中的正向区域存储着正向解析需要的数据，而反向区域存储着逆向解析需要的数据。无论是 DNS 服务器、客户端，还是服务器中的区域，只有经过管理员配置后才能完成 FQDN 到 IP 地址之间的解析任务。

（2）IP 地址与物理地址之间的解析

在 TCP/IP 网络中，IP 地址统一了数据链路层的物理地址；这种统一仅表现在自 IP 层以上使用了统一形式的 IP 地址。然而，这种统一并非取消了设备实际的物理地址，而是将其隐藏起来。因此在使用 Internet 技术的网络中必然存在着两种地址，即 IP 地址和各种物理网络的物理地址。若想把这两种地址统一起来，就必须建立两者之间的映射关系。

- 正向地址解析：是指从 IP 地址到物理地址之间的解析，在 TCP/IP 中，正向地址解析协议（ARP）完成正向地址解析的任务。
- 逆向地址解析：是指从物理地址到 IP 地址的解析，逆向地址解析协议（RARP）完成逆向地址的解析任务。

与DNS不同的是，用户只要安装和设置了TCP/IP，就可以自动实现IP地址与物理地址之间的转换工作。TCP/IP及DNS服务器与客户端配置完成之后，计算机名字的查找过程是完全自动的。

8.1.3 查询模式

当客户机需要访问Internet上某一主机时，首先向本地DNS服务器查询对方的IP地址，往往本地DNS服务器继续向另外一台DNS服务器查询，直到解析出需访问主机的IP地址为止，这一过程称为查询。DNS查询模式有3种，即递归查询、迭代查询和反向查询。

1．递归查询（Recursive Query）

递归查询是指DNS客户端发出查询请求后，如果DNS服务器内没有所需的数据，则DNS服务器会代替客户端向其他的DNS服务器进行查询。在这种方式中，DNS服务器必须向DNS客户端做出回答。DNS客户端的浏览器与本地DNS服务器之间的查询通常是递归查询，客户端程序送出查询请求后，如果本地DNS服务器内没有需要的数据，则本地DNS服务器会代替客户端向其他DNS服务器进行查询。本地DNS会将最终结果返回给客户端程序。因此从客户端来看，它是直接得到了查询的结果。

2．迭代查询（Iterative Query）

迭代查询多用于DNS服务器与DNS服务器之间的查询方式。它的工作过程是：当第一台DNS服务器向第二台DNS服务器提出查询请求后，如果在第二台DNS服务器内没有所需要的数据，则它会提供第三台DNS服务器的IP地址给第一台DNS服务器，让第一台DNS服务器直接向第三台DNS服务器进行查询。依此类推，直到找到所需的数据为止。如果到最后一台DNS服务器中还没有找到所需的数据时，则通知第一台DNS服务器查询失败。

例如，在Internet中的DNS服务器之间的查询就是迭代查询，客户端浏览器向本地服务器查询www.sina.com的迭代查询过程如下：①客户端向本地DNS服务器提出查询请求；②本地服务器内没有客户端请求的数据，因此本地DNS服务器就代替客户端，向其他DNS服务器查询，假定使用“根提示”的方法，会向根域的DNS服务器查询，即向默认的13个根域的DNS服务器之一提出请求，根域的DNS服务器将返回顶级域服务器的IP地址，如com的IP地址；③本地服务器随后向该IP地址所对应的com顶级域的DNS服务器提出请求，该顶级域服务器返回二级域的DNS服务器的IP地址，如sina.com的IP地址；④本地服务器向该IP地址对应的二级域服务器提出请求，由二级域服务器对请求做出最终的回答，如www.sina.com的IP地址。

3．反向查询（Reverse Query）

反向查询的方式与递归查询和迭代查询两种都不同，它是让DNS客户端利用自己的IP地址查询它的主机名称。由于DNS名称空间中域名与IP地址之间无法建立直接对应关系，所以必须在DNS服务器内创建一个反向查询的区域，该区域名称的最后部分为in-addr.arpa。由于反向查询会占用大量的系统资源，因而会给网络带来不安全因素，因此通常不提供反向查询。

8.1.4 活动目录与DNS服务的关联

在域模式的网络中，DNS 服务器是其中一个最重要的服务器，也是活动目录（Active Directory）实现的一个最重要的支持部件。在 Windows Server 2008 操作系统的活动目录内，集成了两个最重要的 Internet 技术标准，这就是 DNS 和 LDAP（轻量级目录访问协议）。DNS 是活动目录资源定位服务所必需的服务；而 LDAP 是 Internet 的标准目录访问协议。

1. DNS 与活动目录的区别

DNS 与活动目录集成，并且共享相同的名称空间结构，但是这两者之间存在如下差异。

1）DNS 是一种独立的名称解析服务。DNS 的客户端向 DNS 服务器发送 DNS 名称查询的请求，DNS 服务器接收名称查询后，先向本地存储的文件解析名称进行查询，若有则返回结果，没有则向其他 DNS 服务器进行名称解析的查询。由此可见，DNS 服务器并没有向活动目录查询就能够运行。因此，使用 Windows 2000 Server/Server 2003/Server 2008 服务器的计算机，无论是否建立了域控制器或活动目录，都可以单独建立 DNS 服务器。

2）活动目录是一种依赖 DNS 的目录服务。活动目录采用了与 DNS 一致的层次划分和命名方式。当用户和应用程序进行信息访问时，活动目录提供信息存储库及相应的服务。活动目录的客户使用 LDAP 向活动目录服务器发送各种对象的查询请求时，都需要 DNS 服务器来定位活动目录所在的域控制器。因此，活动目录的服务必须有 DNS 的支持才能工作。

2. DNS 与活动目录的联系

1）活动目录与 DNS 具有相同的层次结构：活动目录与 DNS 具有不同的用途，并分别独立地运行，与活动目录集成的 DNS 的域名空间和活动目录具有相同的结构，例如，域控制器 AD 中的"cninfo.com"既是 DNS 的域名，也是活动目录的域名。

2）DNS 区域可以在活动目录中直接存储：当用户需要使用 Windows Server 2008 域中的 DNS 服务器时，其主要区域的文件可以在建立活动目录时一并生成，并存储在 AD 中，这样才能方便地复制到其他域控制器的活动目录中。

3）活动目录的客户需要使用 DNS 服务定位域控制器：活动目录的客户查询时，需要使用 DNS 服务来定位指定的域控制器，即活动目录的客户会把 DNS 作为查询定位的服务工具来使用，通过与活动目录集成的 DNS 区域将域中的域控制器、站点和服务的名称解析为所需要的 IP 地址。例如，当活动目录的客户要登录到活动目录所在的域控制器时，首先向网络中的 DNS 服务器进行查询，获得指定域的"域控制器"上运行的 LDAP 主机的 IP 地址之后，才能完成其他工作。

8.2 【新手任务】DNS 服务器的配置与管理

【任务描述】

当某个用户需要以域名的方式来访问网络中各种服务器资源时，就需要安装 DNS 服务器，同时解决 DNS 的主机名称自动解析为 IP 地址的问题。DNS 服务器安装之后，还无法提供域名解析服务，还需要配置一些记录，设置一些信息，才能实现具体的管理目标。

【任务目标】

通过任务做好安装 DNS 服务器前的准备，熟悉 DNS 服务器的安装步骤，熟悉 DNS 服务器的正向区域、反向区域的配置，掌握主机、别名和邮件交换等记录的管理方法，了解转发器或根提示服务器的作用。

8.2.1 DNS 服务器的安装

默认情况下，Windows Server 2008 系统中没有安装 DNS 服务器，因此管理员需要手工进行 DNS 服务器的安装操作。如果服务器已经安装了活动目录，则 DNS 服务器已经自动安装，不必进行 DNS 服务器的安装操作。如果希望该 DNS 服务器能够解析 Internet 上的域名，还需保证该 DNS 服务器能正常连接 Internet。DNS 服务器安装的具体操作步骤如下。

1）在服务器中，选择“开始”→“服务器管理器”命令打开“服务器管理器”窗口，选择左侧“角色”一项之后，单击右侧的“添加角色”链接，在如图 8-2 所示的对话框中，选中“DNS 服务”复选框，然后单击“下一步”按钮。

2）在如图 8-3 所示的“DNS 服务器”界面中，对 DNS 服务进行了简要介绍，在此单击“下一步”按钮继续操作。

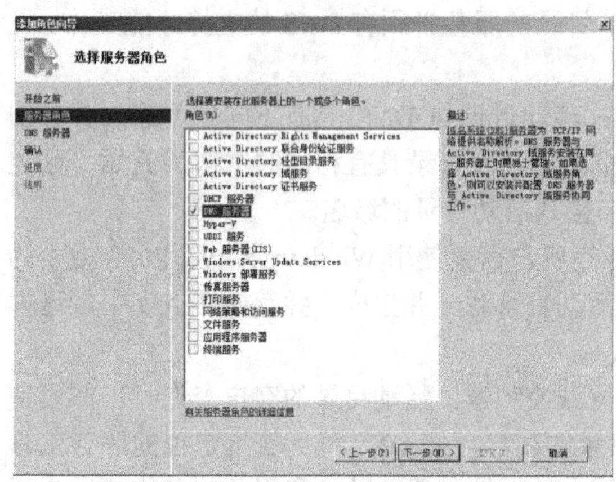

图 8-2 选择角色

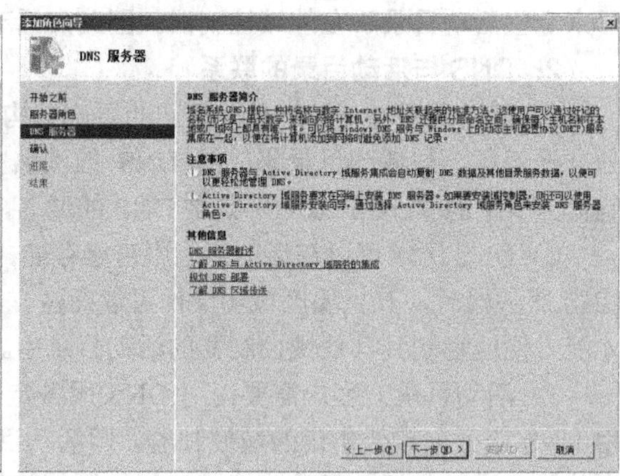

图 8-3 DNS 服务简介

3）进入如图 8-4 所示的“确认安装选择”界面，显示了需要安装的服务器角色信息，此时单击“安装”按钮开始 DNS 服务器的安装。

4）DNS 服务器安装完成后会自动出现如图 8-5 所示的“安装结果”界面，此时单击“关闭”按钮结束添加角色向导。

5）返回“服务器管理器”窗口之后，可以在“角色”中查看到当前服务器中已经安装的 DNS 服务器，如图 8-6 所示。

注意：①在将 DNS 服务器安装到 Windows Server 2008 计算机之前，建议将此计算机的 IP 地址设置成静态的，也就是 IP 地址、子网掩码与默认网关等都自行手动输入，不向 DHCP 服务器索取，因为 DNS 客户端必须指定 DNS 服务器的 IP 地址，才可以与此 DNS 服务器通信，而向 DHCP 服务器索取的 IP 地址不可能每次相同，因而会造成 DNS 客户端配置上的困扰；②DNS 服务器安装成功后会自动启动，并且会在系统目录%systemRoot%\system32\下生成一个 dns 文件夹，其中默认包含了缓存文件、日志文件、模板文件夹、备份文件夹等与 DNS 相关的文件或文件夹，如果创建了 DNS 区域，还会生成相应的区域数据库文件。

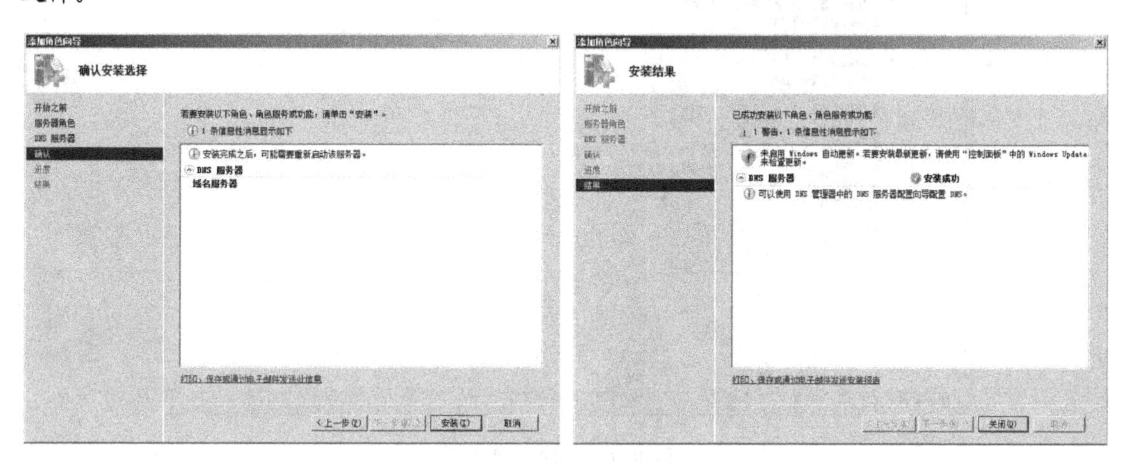

图 8-4　确认安装选择　　　　图 8-5　安装结果

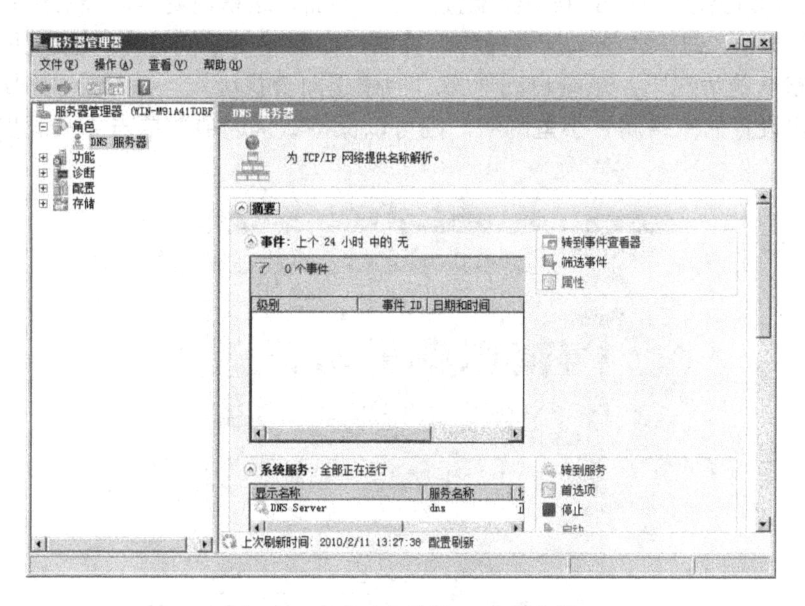

图 8-6　查看已安装的 DNS 服务器

8.2.2　配置 DNS 服务器

完成安装 DNS 服务器的工作后，管理工具会增加一个“DNS”选项，管理员正是通过这个选项完成 DNS 服务器的前期设置与后期的运行管理工作，具体的操作步骤如下。

1）选择“开始”→“程序”→“管理工具”→“DNS 服务器”命令，在“DNS 管理器”窗口中使用鼠标右键单击当前计算机名称（本例为 WIN2008）一项，并从弹出的快捷菜单中选择“配置 DNS 服务器”命令来激活 DNS 服务器配置向导，如图 8-7 所示。

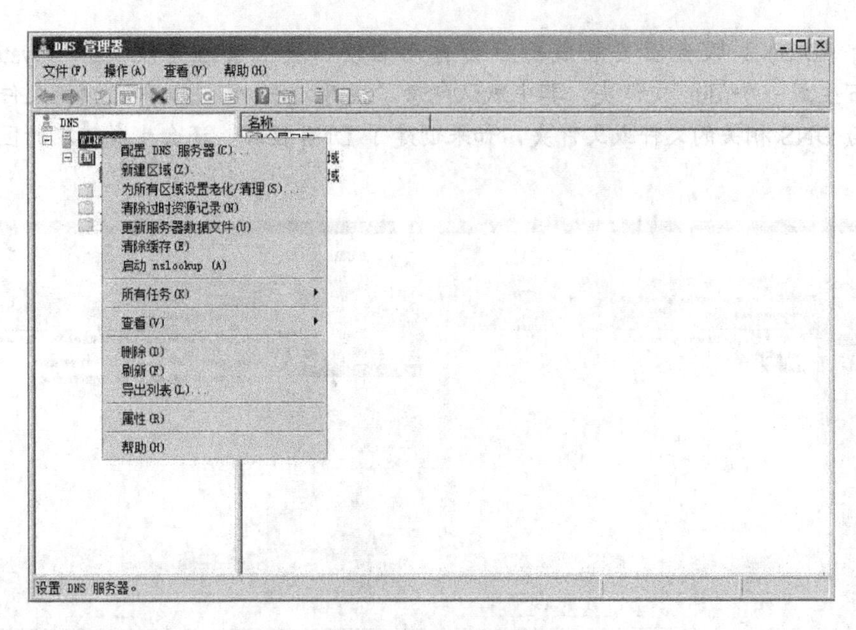

图 8-7　DNS 管理器

2）进入“欢迎使用 DNS 服务器配置向导”界面，这里说明该向导的配置的内容，单击“下一步”按钮，进入“选择配置操作”界面，如图 8-8 所示，可以设置网络查找区域的类型，在默认的情况下，系统自动选择“创建正向查找区域（适合小型网络使用）”选项，如果用户设置的网络属于小型网络，则可以保持默认选项并单击“下一步”按钮继续操作。

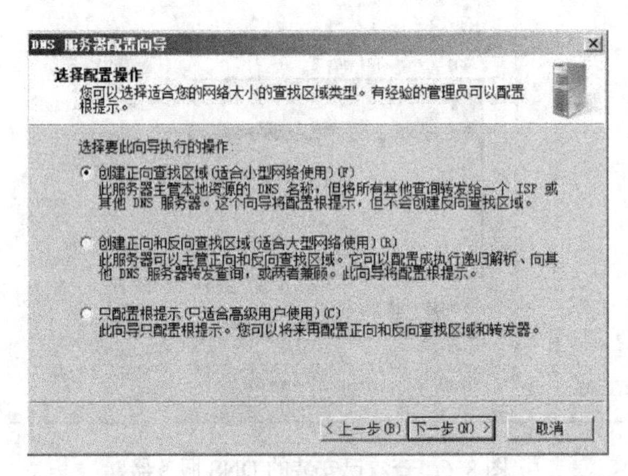

图 8-8　选择配置操作

提示：“创建正向查找区域（适合小型网络使用）”方式无法将在本地查询的 DNS 名称转发给 ISP 的 DNS 服务器。在大型网络环境中，可以选择“创建正向和反向查找区域（适合大型网络使用）”选项，同时提供正向和反向 DNS 查询。“只配置根提示（只适合高级用户使用）”选项可以使非根域的 DNS 服务器查找到根域 DNS 服务器。

3）进入“主服务器位置”界面，如图 8-9 所示，如果当前所设置的 DNS 服务器是网络中的第一台 DNS 服务器，选择“这台服务器维护该区域”单选按钮，将该 DNS 服务器作为主 DNS 服务器使用，否则可以选择“ISP 维护该区域，一份只读的次要副本常驻在这台服务器上”单选按钮。

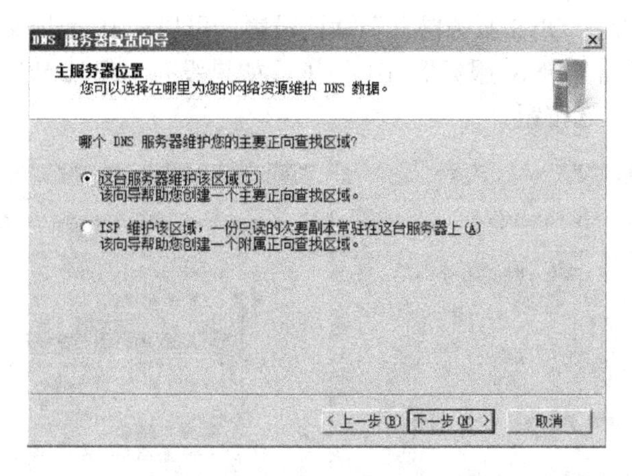

图 8-9 “主服务器位置”界面

4）单击“下一步”按钮，进入“区域名称”界面，如图 8-10 所示，在文本框中输入一个区域的名称，建议输入正式的域名。

5）单击“下一步”按钮，进入“区域文件”界面，如图 8-11 所示，系统根据区域默认填入了一个文件名。该文件是一个 ASCII 文本文件，其中保存着该区域的信息，默认情况下保存在%systemRoot%\system32\dns 文件夹中，通常不需要更改默认值。

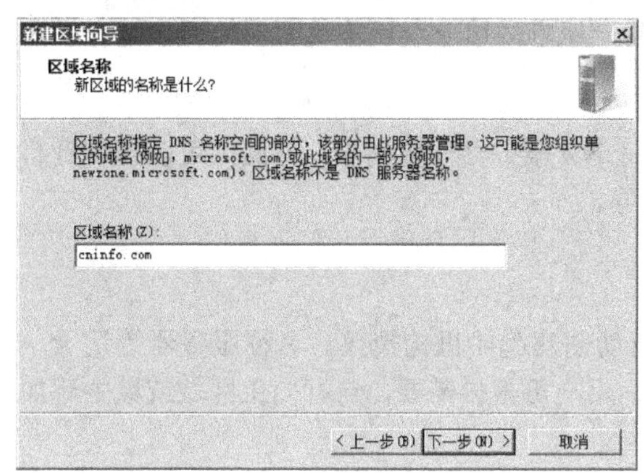

图 8-10 “区域名称”界面

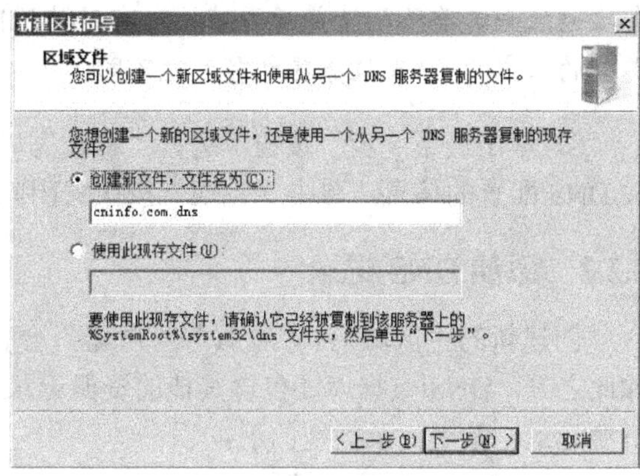

图 8-11 “区域文件”界面

6）单击“下一步”按钮，进入“动态更新”界面，如图 8-12 所示，选择“不允许动态更新”单选按钮，不接受资源记录的动态更新，以安全的手动方式更新 DNS 记录。图 8-12 中各选项功能如下。

- 只允许安全的动态更新（适合 Active Directory 使用）：只有在安装了 Active Directory 集成的区域才能使用该项，所以该选项目前是灰色状态，不可选取。
- 允许非安全和安全动态更新：如果要使用任何客户端都可接受资源记录的动态更新，可选择该选项，但由于可以接受来自非信任源的更新，所以使用此选项时可能会不安全。

● 不允许动态更新：可使此区域不接受资源记录的动态更新，使用此选项比较安全。

7）单击“下一步”按钮，进入“转发器”界面，如图 8-13 所示，保持“是，应当将查询转发到有下列 IP 地址的 DNS 服务器上”默认设置，可以在 IP 地址文本框中输入 ISP 或者上级 DNS 服务器提供的 DNS 服务器 IP 地址，如果没有上级 DNS 服务器，则可以选择“否，不应转发查询”单选按钮。

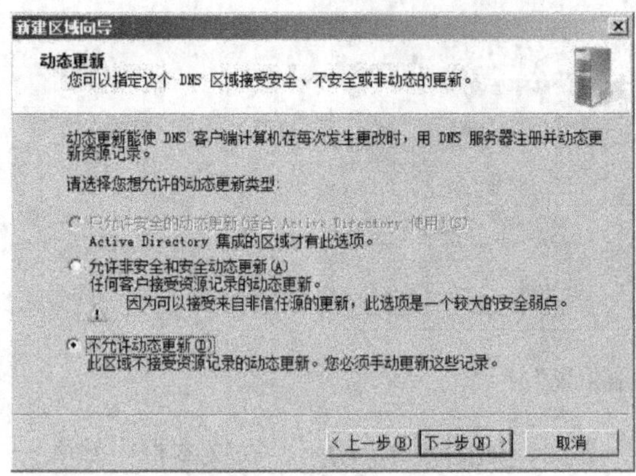

图 8-12 “动态更新”界面

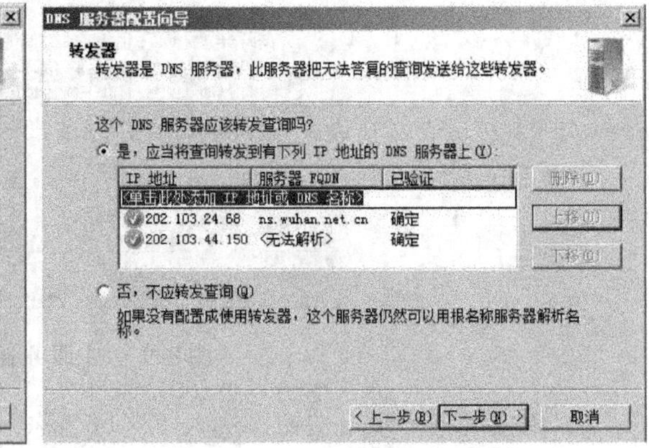

图 8-13 “转发器”界面

注意：这里给出的 202.103.24.68 和 202.103.44.150 是某省电信的 DNS 服务器，这与服务器所在的地区、所选用的网络运营商有关。在配置 DNS 服务器时，网络运营商的 DNS 服务器地址一定要询问清楚后再填写，有时使用同一城市的同一个网络运营商的网络时，不同类型的客户的 DNS 服务器也有可能不同。

8）单击“下一步”按钮，进入“正在完成 DNS 服务器配置向导”界面，可以查看到有关 DNS 配置的信息，单击“完成”按钮关闭向导。

8.2.3 添加 DNS 记录

创建新的主区域后，“域服务管理器”会自动创建起始机构授权、名称服务器等记录。除此之外，DNS 数据库还包含其他的资源记录，用户可根据需要，自行向主区域或域中添加资源记录，常用记录类型如下。

1. 主机（A 类型）记录

主机记录在 DNS 区域中，用于记录在正向搜索区域内建立的主机名与 IP 地址的关系，以供从 DNS 的主机域名、主机名到 IP 地址的查询，即完成计算机名到 IP 地址的映射。在实现虚拟机技术时，管理员通过为同一主机设置多个不同的主机（A 类型）记录，来达到同一 IP 地址的主机对应不同主机域名的目的。

创建步骤如下：在“DNS 管理器”窗口中，选择要创建主机记录的区域（如 cninfo.com），使用鼠标右键单击它并选择快捷菜单中的“新建主机”命令，弹出如图 8-14 所示对话框，在“名称”文本框中输入主机名称“www”，这里应输入相对名称，而不能是全称域名（输入名称的同时，域名会在“完全合格的域名”中自动显示出来）。在“IP

地址”文本框中输入主机对应的 IP 地址，然后单击“添加主机”按钮，弹出如图 8-15 所示的消息提示框，则表示已经成功创建了主机记录。

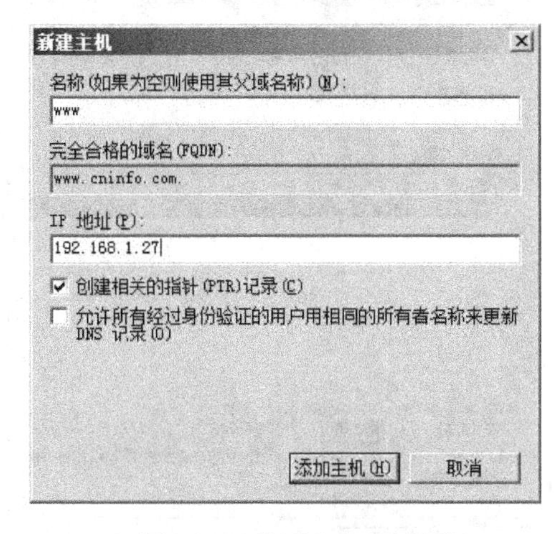

图 8-14 “新建主机”对话框

图 8-15 成功创建主机记录

并非所有计算机都需要主机（资源）记录，但是在网络上以域名来提供共享资源的计算机都需要该记录。一般为具有静态 IP 地址的服务器创建主机记录，也可以为分配静态 IP 地址的客户端创建主机记录。当 IP 配置更改时，运行 Windows 2000 及以上版本的计算机使用 DHCP 客户服务在 DNS 服务器上动态注册和更新自己的主机（资源）记录。如果运行更早版本的 Windows 系统，且启用 DHCP 的客户机从 DHCP 服务器获取它们的 IP 租约，则可通过代理来注册和更新其主机资源记录。

提示：按照上述方法可以建立起 WWW、FTP、Mail 等多个虚拟主机的记录；如果在“新建主机”对话框中，选中了“创建相关的指针（PTR）记录”复选框，则在“反向查找区域”刷新后，会自动生成相应的指针记录，以供反向查找时使用；若选中了“允许所有经过身份验证的用户用相同的所有者名称来更新 DNS 记录”复选框，则允许动态更新资源记录。

2. 起始授权机构（SOA）记录

起始授权机构（Start of Authority，SOA）用于记录此区域中的主要名称服务器以及管理此 DNS 服务器的管理员的电子信箱名称。在 Windows Server 2008 操作系统中，每创建一个区域就会自动建立 SOA 记录，因此这个记录就是所建区域内的第一条记录。

修改和查看该记录的方法如下：在“DNS 管理器”窗口中，选择要创建主机记录的区域（如 cninfo.com)，在窗口右侧，用鼠标右键单击“起始授权机构”记录，在弹出的快捷菜单中选择“属性”命令，打开“属性”对话框，切换到“起始授权机构”选项卡，如图 8-16 所示。

3. 名称服务器（NS）记录

名称服务器（Name Server，NS）记录用于记录管辖此区域的名称服务器，包括主要名称和辅助名称服务器。在 Windows Server 2008 操作系统的 DNS 管理工具窗口中，每创建一个区域就会自动建立这个记录。如果需要修改和查看该记录的属性，可以在如图 8-16 所示的对话框中选择“名称服务器”选项卡，如图 8-17 所示，单击其中的项目即可修改NS 记录。

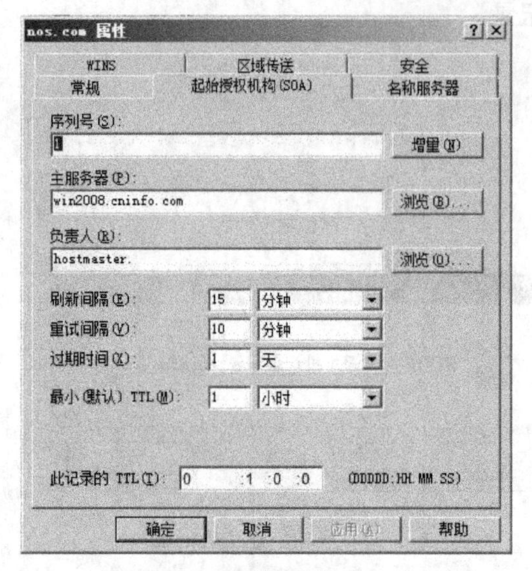

图 8-16 “起始授权机构”选项卡

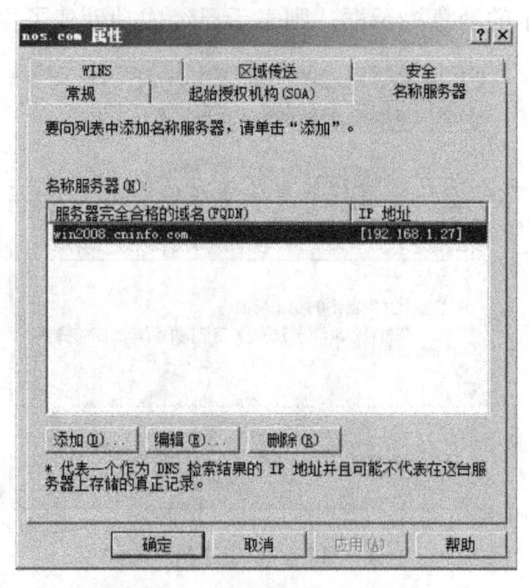

图 8-17 “名称服务器”选项卡

4. 别名（CNAME）记录

别名用于将 DNS 域名映射为另一个主要的或规范的名称。有时一台主机可能担当多个服务器，这时需要给这台主机创建多个别名。例如，一台主机既是 Web 服务器，也是 FTP 服务器，这时就要给这台主机创建多个别名，也就是根据不同的用途起不同的名称，如 Web 服务器和 FTP 服务器分别为 www.cninfo.com 和 ftp.cninfo.com，而且还要知道该别名是由哪台主机所指派的。

在“DNS 管理器”窗口中用鼠标右键单击已创建的主要区域（本例为 cninfo.com），选择快捷菜单中的“新建别名”命令，显示“新建资源记录”对话框，如图 8-18 所示。在“别名”文本框中输入主机别名（本例为 ftp），在“目标主机的完全合格的域名（FQDN）”文本框中输入该别名的主机名称（本例为 www.cninfo.com），或单击“浏览”按钮来选择，如图 8-19 所示。

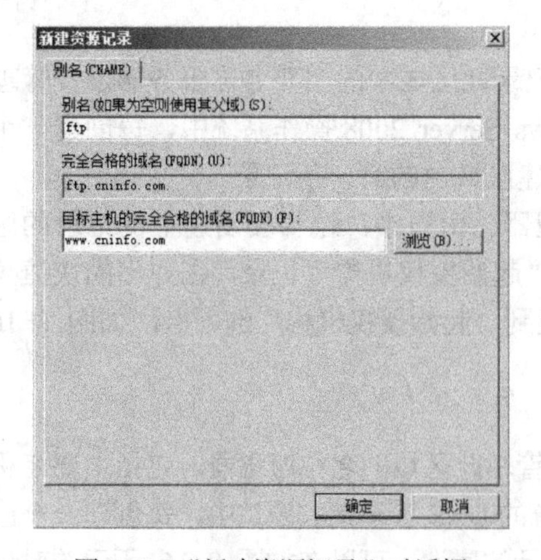

图 8-18 “新建资源记录”对话框

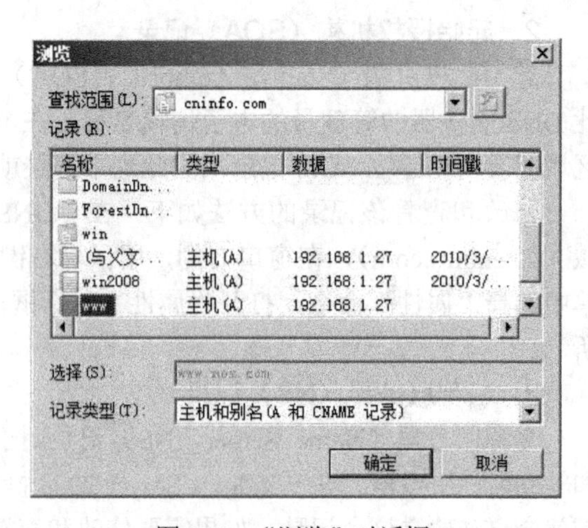

图 8-19 “浏览”对话框

注意：“别名”必须是主机名，而不能是 FQDN，而“目标主机的完全合格的域名（FQDN）”文本框中的名称，必须是 FQDN，不能是主机名。如果当前 DNS 服务器同时也是域控制器（安装有 Active Directory 服务），则该对话框中还会显示“允许任何经过身份验证的用户用相同的名称来更新所有 DNS 记录。这个设置只适用于新名称的 DNS 记录”复选框，忽略即可。

5. 邮件交换器（MX）记录

邮件交换器（Mail Exchanger，MX）记录为电子邮件服务专用，它根据收信人地址的后缀来定位邮件服务器，使服务器知道该邮件将发往何处。也就是说，根据收信人邮件地址中的 DNS 域名，向 DNS 服务器查询邮件交换器资源记录，定位到要接收邮件的邮件服务器。

例如，将邮件交换器记录所负责的域名设为 cninfo.com，在发送到“admin@cninfo.com”信箱时，系统对该邮件地址中的域名 cninfo.com 进行 DNS 的 MX 记录解析。如果 MX 记录存在，系统就根据 MX 记录的优先级，将邮件转发到与该 MX 相应的邮件服务器上。

在“DNS 管理器”窗口中选取已创建的主要区域（cninfo.com），使用鼠标右键单击它并在快捷菜单中选择“新建邮件交换器”命令，弹出如图 8-20 所示的对话框，相关选项的功能如下。

- 主机或子域：邮件交换器（一般是指邮件服务器）记录的域名，也就是要发送邮件的域名，如 mail，得到的用户邮箱格式为 user@mail.cninfo.com，但如果该域名与“父域”的名称相同，则可以不填，得到的邮箱格式为 user@cninfo.com。
- 邮件服务器的完全合格的域名：设置邮件服务器的 FQDN（如 mail.cninfo.com），也可单击“浏览”按钮，在如图 8-21 所示的“浏览”对话框的列表中进行选择。

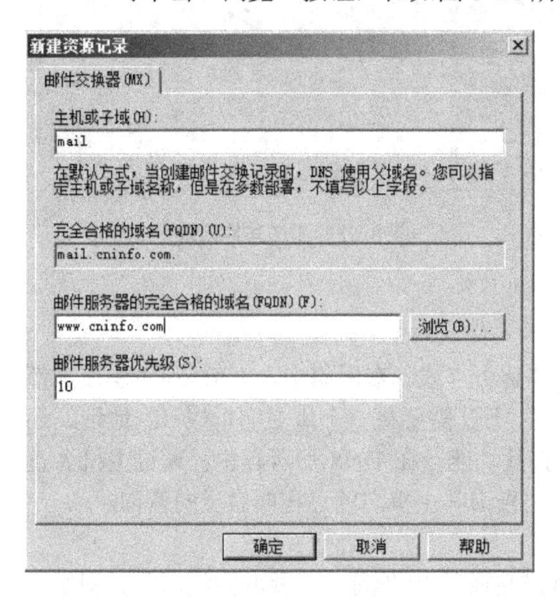

图 8-20 “新建资源记录”对话框

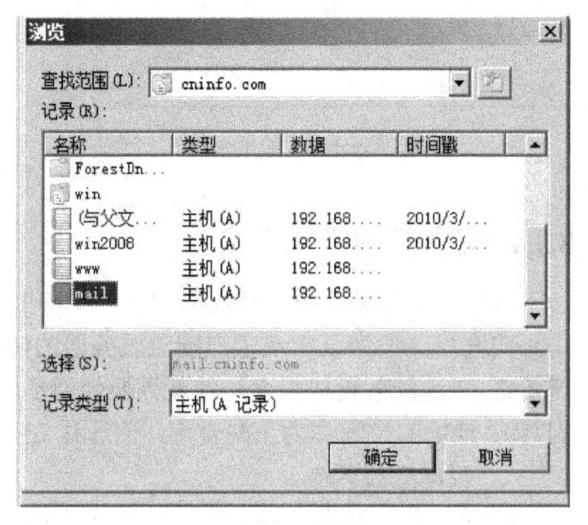

图 8-21 “浏览”对话框

- 邮件服务器优先级：如果该区域内有多个邮件服务器，可以设置其优先级，数值越低优先级越高（0 最高），范围为 0～65535。当一个区域中有多个邮件服务器时，其他的邮件服务器向该区域的邮件服务器发送邮件时，它会先选择优先级最高的邮件服务器。如果传送失败，则会再选择优先级较低的邮件服务器。如果有两台以上的邮件服务器的优先级相同，系统会随机选择一台邮件服务器。

设置完以上选项后，单击“确定”按钮，一个新的邮件交换器记录便添加成功。

6. 创建其他资源记录

在区域中可以创建的记录类型还有很多，例如 HINFO、PTR、MINFO、MR、MB 等，若用户需要，可查询“DNS 管理器”窗口中的帮助信息，或者是有关书籍。

具体的操作步骤为：选择一个区域或域（子域），用鼠标右键单击它并选择快捷菜单中的“其他新记录”命令，弹出如图 8-22 所示对话框，从中选择所要建立的资源记录类型，例如 ATM 地址（ATM），单击“创建记录”按钮，即可打开如图 8-23 所示的“新建资源记录”对话框，同样需要指定主机名称和值。在建立资源记录后，如果还想修改，可使用鼠标右键单击该记录，选择快捷菜单中的“属性”命令。

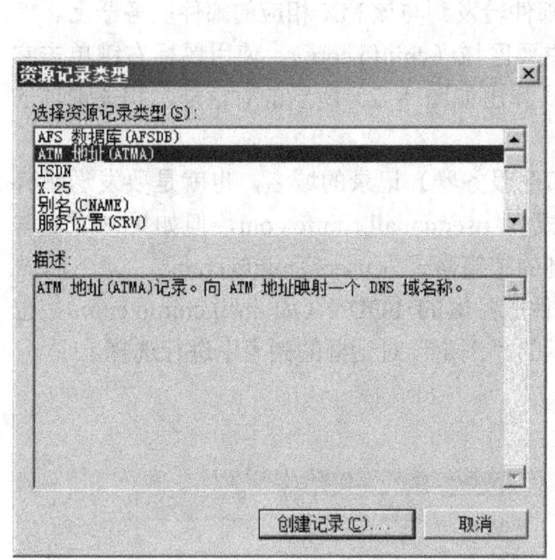

图 8-22　查看记录类型

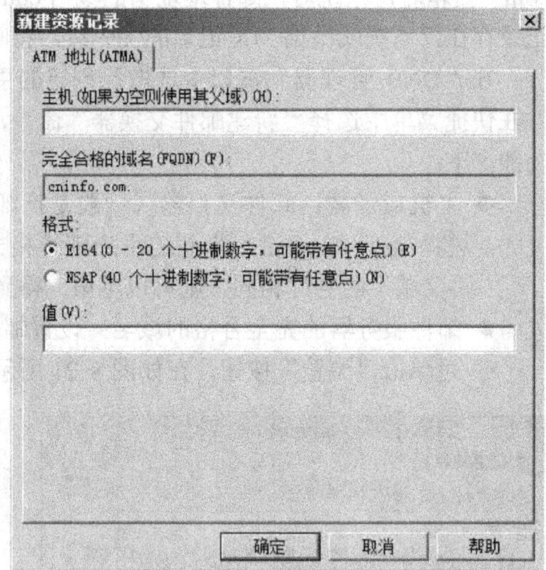

图 8-23　添加其他记录

8.2.4　添加反向查找区域

反向查找就是和正向查找相对应的一种 DNS 解析方式。在网络中，大部分 DNS 搜索都是正向查找。但为了实现客户端对服务器的访问，不仅需要将一个域名解析成 IP 地址，还需要将 IP 地址解析成域名，这就需要使用反向查找功能。在 DNS 服务器中，通过主机名查询其 IP 地址的过程称为正向查询，而通过 IP 地址查询其主机名的过程叫做反向查询。

1. 反向查找区域

DNS 提供了反向查找功能，可以让 DNS 客户端通过 IP 地址来查找其主机名称。例如，DNS 客户端可以查找 IP 地址为 192.168.1.3 的主机名称。反向区域并不是必需的，可以在需要时创建。例如，若在 IIS 网站利用主机名称来限制联机的客户端，则 IIS 需要利用反向查找来检查客户端的主机名称。

当利用反向查找来将 IP 地址解析成主机名时，反向区域的前半部分是其网络 ID

(Network ID) 的反向书写，而后半部分必须是 in-addr.arpa。in-addr.arpa 是 DNS 标准中为反向查找定义的特殊域，并保留在 Internet DNS 名称空间中，以便提供切实可靠的方式执行反向查询。例如，如果要针对网络 ID 为 192.168.1 的 IP 地址来提供反向查找功能，则此反向区域的名称必须是 1.168.192.in-addr.arpa。

2．创建反向查找区域

这里创建一个 IP 地址为 192.168.1 的反向查找区域，和创建正向查找区域的操作有些相似，具体的操作步骤如下。

1）选择"开始"→"程序"→"管理工具"→"DNS 服务器"命令，在"DNS 管理器"窗口左侧目录树中用鼠标右键单击"反向查找区域"项，选择快捷菜单中的"新建区域"命令，显示新建区域向导，单击"下一步"按钮，弹出"区域类型"界面，选择"主要区域"选项（提示：当前 DNS 服务器同时也是一台域控制器）。

2）单击"下一步"按钮，进入如图 8-24 所示"Active Directory 区域传送作用域"界面，选择"至此域中的所有域控制器（为了与 Windows 2000 兼容）：cninfo.com"单选按钮。

3）单击"下一步"按钮，进入如图 8-25 所示的"反向查找区域名称"界面，根据目前网络的状况，一般建议选择"IPv4 反向查找区域"。

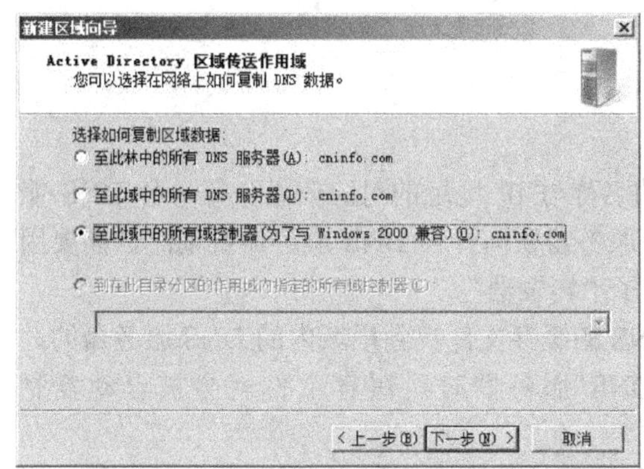

图 8-24 "Active Directory 区域传送作用域"界面

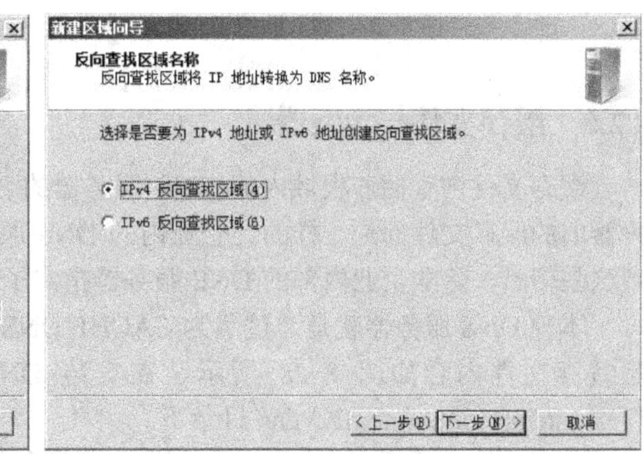

图 8-25 "反向查找区域名称"界面

4）单击"下一步"按钮，进入如图 8-26 所示的对话框，输入网络 ID 为 192.168.1，同时它会在"反向查找区域名称"文本框中显示为 1.168.192.in-addr.arpa。

5）单击"下一步"按钮，弹出如图 8-12 所示的"动态更新"对话框，建议选择"不允许动态更新"项，以减少来自网络的攻击。

6）单击"下一步"按钮，即可完成"新建区域向导"，当反向查找区域创建完成以后，该反向查找区域就会显示在 DNS 的"反向查找区域"项中，且区域名称显示为 1.168.192.in-addr.arpa。

3．创建反向记录

当反向查找区域创建完成以后，还必须在该区域内创建记录数据，这些记录数据在实际的查询中才是有用的。具体的操作步骤为：用鼠标右键单击反向查找区域名称"1.168.192.in-addr.arpa"，选择快捷菜单中的"新建指针（PTR）"命令，弹出如图 8-27 所示的"新建资源记录”对话框，在“主机 IP 地址”文本框中输入主机 IP 地址的最后一段（前 3 段是网络 ID），并在“主机名”文本框中输入该 IP 地址对应的主机名，或单击“浏览”按钮进行选择，最后单击“确定”按钮，一个反向记录就创建成功了。

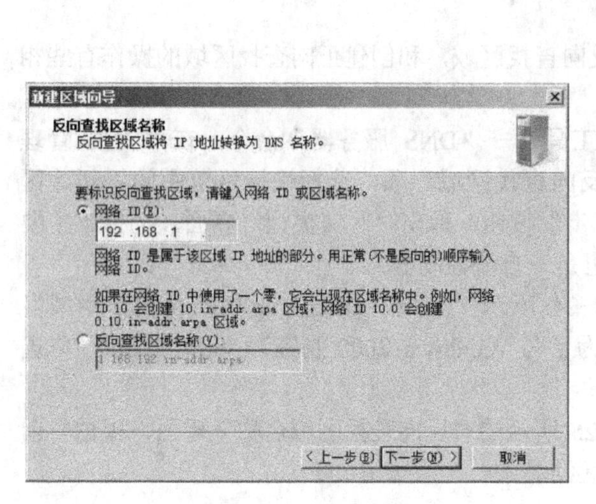

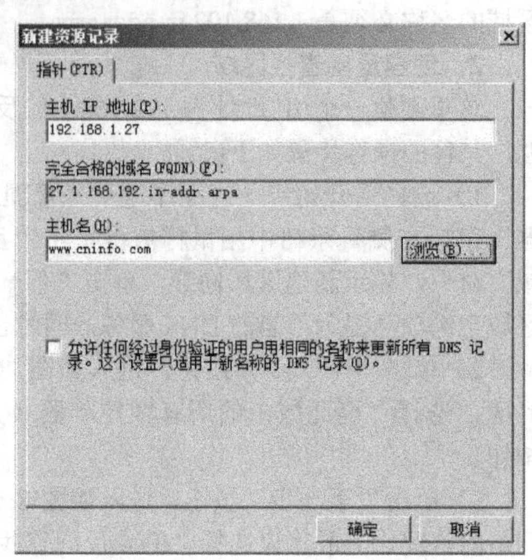

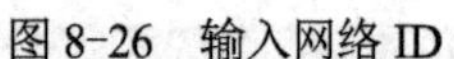
图 8-26　输入网络 ID

图 8-27　“新建资源记录”对话框

8.2.5　缓存文件与转发器

缓存文件内存储着根域内的 DNS 服务器的名称与 IP 地址的对应信息，每一台 DNS 服务器内的缓存文件都是一样的。企业内的 DNS 服务器要向外界 DNS 服务器查询时，需要用到这些信息，除非企业内部的 DNS 服务器指定了“转发器”。

本地 DNS 服务器就是通过名为 CACHE.DNS 的缓存文件找到根域内的 DNS 服务器的，此缓存文件内容如图 8-28 所示。在安装 DNS 服务器时，缓存文件就会被自动复制到%systemRoot%system32\ dns 目录下。

除了直接查看缓存文件外，还可以在“服务器管理器”窗口中查看，即用鼠标右键单击 DNS 服务器名，在弹出的快捷菜单中选择“属性”命令，打开如图 8-29 所示的 DNS 服务器（WIN2008）属性对话框，选择“根提示”选项卡，在“名称服务器”列表框中就会列出 Internet 的 13 台根域服务器的 FQDN 和对应的 IP 地址。

这些自动生成的条目一般不需要修改。当然，如果企业的网络不需要连接到 Internet，则可以根据需要将此文件内根域的 DNS 服务器信息更改为企业内部最上层的 DNS 服务器。最好不要直接修改 CACHE.DNS 文件，而是通过 DNS 服务器所提供的“根提示”功能来修改。

如果企业内部的 DNS 客户端要访问公共网络，有两种解决方案：在本地 DNS 服务器上启用“根提示”功能或者为它设置转发器（转发服务器）。转发器是网络上的一台 DNS 服务器，它将以外部 DNS 名称的查询转发给该网络外的 DNS 服务器。转发器可以管理对网络外的名称（如 Internet 上的名称）的解析，并改善网络中计算机的名称解析效率。

对于小型网络，如果没有本网络域名解析的需要，则可以只设置一个与外界联系的

DNS 转发器，对于公共网络主机名称的查询，将全部转发到指定的公用 DNS 的 IP 地址中或者转发到“根提示”选项卡中提示的 13 个根服务器中。

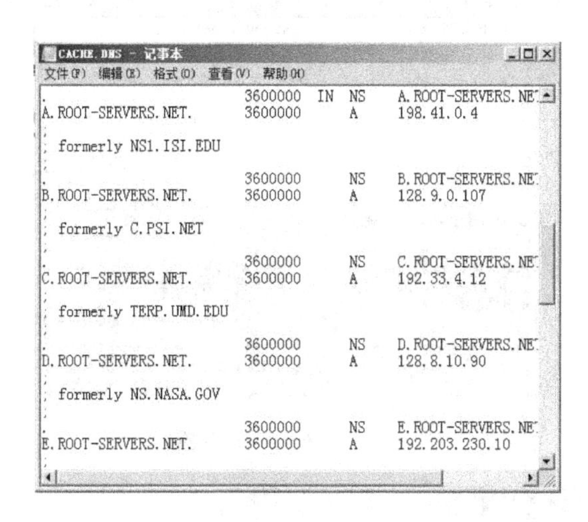

图 8-28 缓存文件

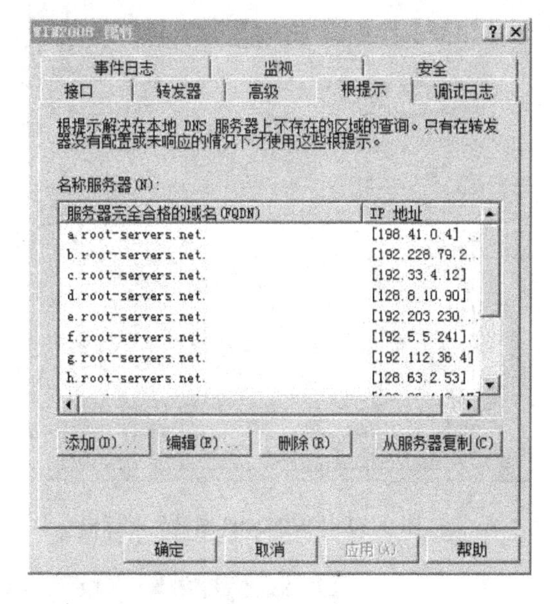

图 8-29 “根提示”选项卡

对于一个大中型企事业单位的网络，可能需要建立多个本地 DNS 服务器，如果所有 DNS 服务器都使用根提示向网络外发送查询，则许多内部和非常重要的 DNS 信息都可能暴露在 Internet 上，除了安全和隐私问题，还可导致大量外部通信，而且通信费用昂贵，效率比较低。为了内部网络的安全，一般只将其中的一台 DNS 服务器设置为可以与外界 DNS 服务器直通的服务器，这台负责所有本地 DNS 服务器查询的计算机就是 DNS 服务的转发器。

如果在 DNS 服务器上存在一个“.”域（如在安装活动目录的同时安装 DNS 服务，就会自动生成该域），根提示和转发器功能就会全部失效，解决的方法就是直接删除“.”域。

设置转发器的具体操作步骤如下。

1）选择“开始”→“程序”→“管理工具”→“DNS 服务器”命令，在左侧的目录树中，用鼠标右键单击 DNS 服务器名称，并在弹出的快捷菜单中选择“属性”命令，打开如图 8-30 所示的“WIN2008 属性”对话框。

2）选择“转发器”选项卡，如图 8-31 所示。单击“编辑”按钮，进入“编辑转发器”对话框，如图 8-32 所示，可添加或修改转发器的 IP 地址。

3）在“转发服务器的 IP 地址”列表框中，可以输入 ISP 提供的 DNS 服务器的 IP 地址。重复上述操作，可添加多个 DNS 服务器的 IP 地址。需要注意的是，除了可以添加本地 ISP 的 DNS 服务器的 IP 地址外，还可以添加其他 ISP 的 DNS 服务器的 IP 地址。

4）在转发器的 IP 地址列表中，选择要调整顺序或删除的 IP 地址，单击“上移”、“下移”或“删除”按钮，即可执行相关操作，应当将反应最快的 DNS 服务器的 IP 地址调整到最高端，从而提高 DNS 查询速度。单击“确定”按钮，保存对 DNS 转发器的设置。

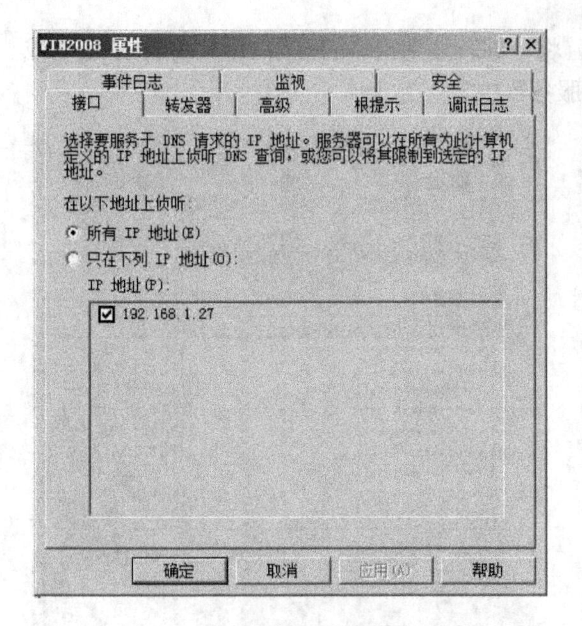

图 8-30 “WIN2008 属性”对话框

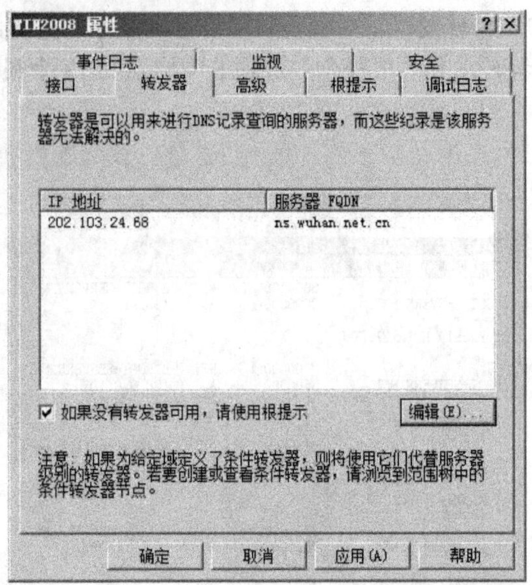

图 8-31 转发器

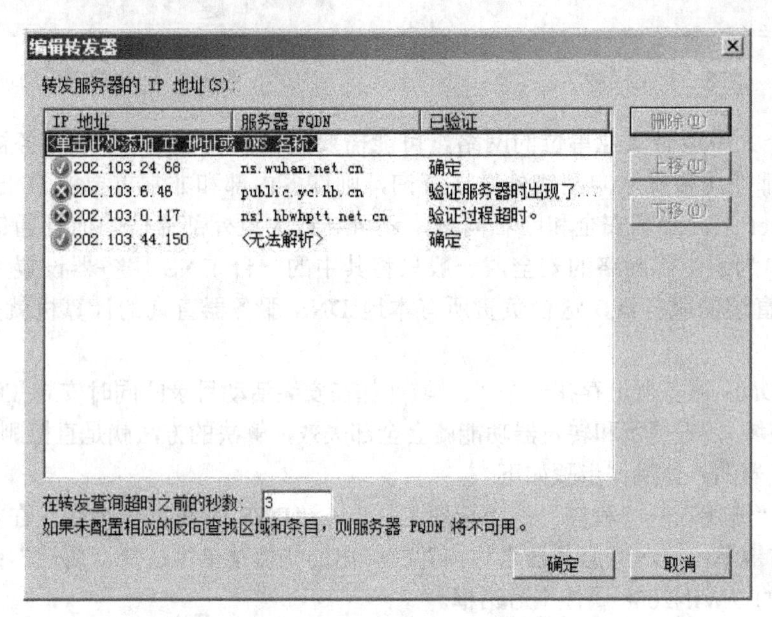

图 8-32 “编辑转发器”对话框

8.2.6 配置 DNS 客户端

在 C/S（客户端/服务器）模式中，DNS 客户端就是指那些使用 DNS 服务的计算机。从系统软件平台来看，有可能安装的是 Windows 的服务器版本，也可能安装的是 Linux 工作站系统。

DNS 客户端分为静态 DNS 客户和动态 DNS 客户。静态 DNS 客户是指管理员手工配置 TCP/IP 的计算机。对于静态客户，无论是 Windows 98/NT/2000/XP 操作系统，还是

Windows Server 2003/2008 操作系统的各个版本，设置的主要内容就是指定 DNS 服务器，一般只要设置 TCP/IP 的 DNS 选项卡中的 IP 地址即可，微软公司早期的操作系统可能还需要设置域后缀。动态 DNS 客户是指使用 DHCP 服务的计算机，对于动态 DNS 客户重要的是在配置 DHCP 服务时，须指定“域名称和 DNS 服务器”。

在 Windows Server 2008 或 Windows XP 操作系统中配置 DNS 客户端情况类似。下面仅以在 Windows XP 操作系统中配置静态 DNS 客户端为例进行介绍，具体的操作步骤如下。

1）在“控制面板”中双击“网络连接”图标，打开“网络连接”窗口，列出的所有可用的网络连接，使用鼠标右键单击“本地连接”图标，并在弹出的快捷菜单中选择“属性”命令，弹出如图 8-33 所示“本地连接 属性”对话框。

2）在“此连接使用下列项目”列表框中，选择“Internet 协议（TCP/IP）”，并单击“属性”按钮，弹出如图 8-34 所示“Internet 协议（TCP/IP）属性”对话框，选择“使用下面的 DNS 服务器地址”单选按钮，分别在“首选 DNS 服务器”和“备用 DNS 服务器”文本框中输入首选 DNS 服务器和备用 DNS 服务器的 IP 地址，单击“确定”按钮，保存对设置的修改即可。

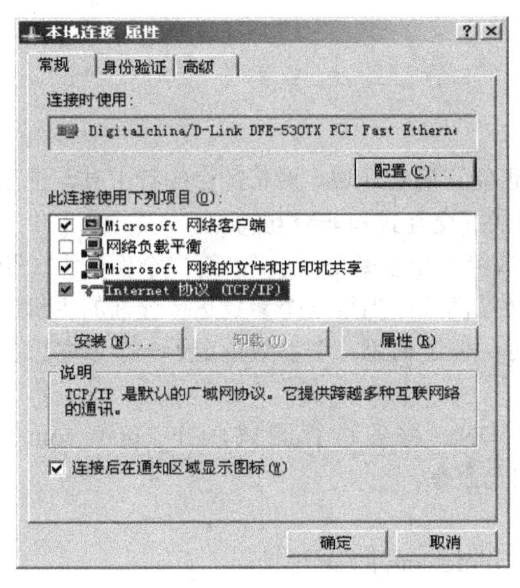

图 8-33 “本地连接 属性”对话框

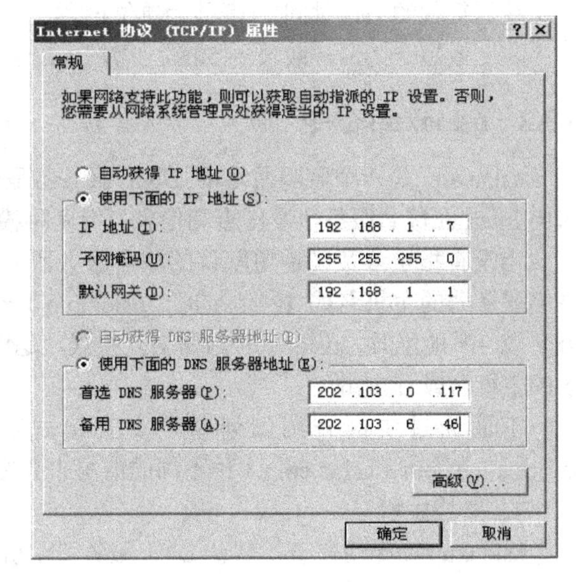

图 8-34 “Internet 协议（TCP/IP）属性”对话框

8.3 【扩展任务】DNS 测试

【任务描述】

DNS 服务器安装与配置之后，还要在 DNS 客户端测试 DNS 服务器是否正常工作，一般使用 DOS 命令比较方便。

【任务目标】

通过任务熟悉 DOS 命令 ping、nslookup 及 ipconfig 等，正确使用这些 DOS 命令并以相关参数来测试 DNS 服务是否正常。

8.3.1 ping 命令

ping 命令是用来测试 DNS 能否正常工作最为简单和实用的工具。如果想测试 DNS 服务器能否解析域名 cninfo.com，直接在客户端命令行中输入“ping cninfo.com”，根据输出结果，可以很容易判断出 DNS 解析是成功的。

```
C:\>ping cninfo.com
正在 Ping cninfo.com [192.168.1.27] 具有 32 字节
来自 192.168.1.27 的回复: 字节=32 时间=3ms T
来自 192.168.1.27 的回复: 字节=32 时间=5ms T
来自 192.168.1.27 的回复: 字节=32 时间=1ms T
来自 192.168.1.27 的回复: 字节=32 时间=2ms T
192.168.1.27 的 Ping 统计信息:
    数据包: 已发送 =4，已接收 =4，丢失 =0
往返行程的估计时间(以毫秒为单位):
    最短 =1ms，最长 =5ms，平均 =2ms
```

8.3.2 nslookup 命令

nslookup 是一个监测网络中 DNS 服务器是否能正确实现域名解析的命令行工具，它用来向 Internet 域名服务器发出查询信息，有两种模式：交互式和非交互式。

当没有指定参数（使用默认的域名服务器）或第一个参数是“_”，第二个参数为一个域名服务器的主机名或 IP 地址时，nslookup 为交互模式；当第一个参数是待查询的主机的域名或 IP 地址时，nslookup 为非交互模式，这时，任选的第二个参数指定了一个域名服务器的主机名或 IP 地址。

下面通过实例介绍如何使用交互模式对 DNS 服务进行测试，分 cninfo.com、information.com 和 sina.com 3 种不同的情况来介绍此命令。

1．查找主机

nslookup 命令用来查找默认 DNS 服务器主机 cninfo.com 的 IP 地址。

```
C:\>nslookup
默认服务器:  www.cninfo.com
Address:  192.168.1.27
```

```
① > cninfo.com
服务器:  www.cninfo.com
Address:  192.168.1.27

名称:    cninfo.com
Address:  192.168.1.27
```

```
② > information.com
服务器:  www.cninfo.com
Address:  192.168.1.27

名称:    information.com
Address:  192.168.1.32
```

```
③ > sina.com
服务器:  www.cninfo.com
Address:  192.168.1.27

非权威应答:
名称:    sina.com
Address:  12.130.152.116
```

2．查找域名信息

“set type”表示设置查找的类型，“ns”表示域名服务器。

> set type=ns

① **> cninfo.com**

服务器:　www.cninfo.com

Address:　192.168.1.27

cninfo.com nameserver = win2008.cninfo.com

win2008.cninfo.com internet address = 192.168.1.27

② **> information.com**

服务器:　www.cninfo.com

Address:　192.168.1.27

information.com　　nameserver = information.com

information.com　　nameserver = win2008.cninfo.com

information.com　　internet address = 192.168.1.32

win2008.cninfo.com internet address = 192.168.1.27

③ **> sina.com**

服务器:　www.cninfo.com

Address:　192.168.1.27

非权威应答:

sina.com　　nameserver = ns3.sina.com.cn

sina.com　　nameserver = ns1.sina.com.cn

sina.com　　nameserver = ns2.sina.com.cn

ns1.sina.com.cn internet address = 202.106.184.166

ns2.sina.com.cn internet address = 61.172.201.254

ns3.sina.com.cn internet address = 202.108.44.55

3．检查反向 DNS

假如已经知道客户端 IP 地址，要查找其域名，可输入如下内容。

> set type=ptr

① **> 192.168.1.27**

服务器:　www.cninfo.com

Address:　192.168.1.27

27.1.168.192.in-addr.arpa　　name = www.cninfo.com

② **> 192.168.1.32**

服务器:　www.cninfo.com

Address:　192.168.1.27

*** www.cninfo.com 找不到 32.1.168.192.in-addr.arpa.: Non-existent domain

③ **> 202.103.24.68**

服务器:　www.cninfo.com

Address:　192.168.1.27

非权威应答:

68.24.103.202.in-addr.arpa　　name = ns.wuhan.net.cn

4．检查 MX 邮件记录

要查找域名的邮件记录地址，可输入如下内容。

> set type=mx

① **> cninfo.com**

服务器: www.cninfo.com
Address: 192.168.1.27
cninfo.com
        primary name server = win2008.cninfo.com
        responsible mail addr = hostmaster
        serial = 49
        refresh = 900 (15 mins)
        retry = 600 (10 mins)
        expire = 86400 (1 day)
        default TTL = 3600 (1 hour)

② **> information.com**

服务器: www.cninfo.com
Address: 192.168.1.27
information.com
        primary name server = win2008.cninfo.com
        responsible mail addr = hostmaster.information.com
        serial = 8
        refresh = 900 (15 mins)
        retry = 600 (10 mins)
        expire = 86400 (1 day)
        default TTL = 3600 (1 hour)

③ **> sina.com**

服务器: www.cninfo.com
Address: 192.168.1.27
非权威应答:
sina.com   MX preference = 10, mail exchanger = freemx1.sinamail.sina.com.cn
sina.com   MX preference = 10, mail exchanger = freemx2.sinamail.sina.com.cn
sina.com   MX preference = 10, mail exchanger = freemx3.sinamail.sina.com.cn
sina.com   nameserver = ns3.sina.com.cn
sina.com   nameserver = ns1.sina.com.cn
sina.com   nameserver = ns2.sina.com.cn
freemx1.sinamail.sina.com.cn   internet address = 202.108.3.242
freemx3.sinamail.sina.com.cn   internet address = 60.28.2.248
ns1.sina.com.cn internet address = 202.106.184.166
ns2.sina.com.cn internet address = 61.172.201.254

ns3.sina.com.cn internet address = 202.108.44.55

5. 检查 CNAME（别名）记录

此操作可查询域名主机有无别名。

> set type=cname

① **> cninfo.com**

服务器:　www.cninfo.com

Address:　192.168.1.27

cninfo.com

　　primary name server = win2008.cninfo.com

　　responsible mail addr = hostmaster

　　serial　= 49

　　refresh = 900 (15 mins)

　　retry　　= 600 (10 mins)

　　expire　= 86400 (1 day)

　　default TTL = 3600 (1 hour)

② **> information.com**

服务器:　www.cninfo.com

Address:　192.168.1.27

information.com

　　primary name server = win2008.cninfo.com

　　responsible mail addr = hostmaster.information.com

　　serial　= 8

　　refresh = 900 (15 mins)

　　retry　　= 600 (10 mins)

　　expire　= 86400 (1 day)

　　default TTL = 3600 (1 hour)

③ **> sina.com**

服务器:　www.cninfo.com

Address:　192.168.1.27

sina.com

　　primary name server = ns1.sina.com.cn

　　responsible mail addr = zhihao.staff.sina.com.cn

　　serial　= 2005042601

　　refresh = 900 (15 mins)

　　retry　　= 300 (5 mins)

　　expire　= 604800 (7 days)

　　default TTL = 300 (5 mins)

注意：①加粗部分为操作者在交互方式下输入的部分。②任何合法有效的域名都必须有至少一个主名字服务器。当主名字服务器失效时，才会使用辅助名字服务器。这里的失效指服务器没有响应。③DNS 中的记录类型有很多，分别有不同的作用，常见的有 A 记录（主机记录，用来指示主机地址）、MX 记录（邮件交换记录，用来指示邮件服务器的交换程序）、CNAME 记录（别名记录）、SOA（授权记录）和 PTR（指针）等。④一个有效的 DNS 服务器必须在注册机构注册，这样才可以进行区域复制。所谓区域复制，就是把自己的记录定期同步到其他服务器上。当 DNS 接收到非法 DNS 发送的区域复制信息，会将信息丢弃。⑤DNS 有两种，一种是普通 DNS；另一种是根 DNS。根 DNS 不能设置转发查询。也就是说，根 DNS 不能主动向其他 DNS 发送查询请求。如果内部网络的 DNS 被设置为根 DNS，则将不能接收网外的合法域名查询。

8.3.3 ipconfig 命令

DNS 客户端会将 DNS 服务器发来的解析结果缓存下来，在一定时间内，若客户端再次需要解析相同的名字，则会直接使用缓存中的解析结果，而不必向 DNS 服务器发起查询。解析结果在 DNS 客户端缓存的时间取决于 DNS 服务器上响应资源记录设置的生存时间（TTL）。如果在生存时间内，DNS 服务器对该资源记录进行了更新，则在客户端可能会出现短时间的解析错误，此时可尝试清空 DNS 客户端缓存来解决问题，具体的操作如下。

1. 查看 DNS 客户端缓存

在 DNS 客户端输入以下命令查看 DNS 客户端缓存。

```
ipconfig /displaydns
localhost
----------------------------------
记录名称. . . . . . . :
                    localhost
记录类型. . . . . . . : 1
生存时间. . . . . . . : 86400
数据长度. . . . . . . : 4
部分. . . . . . . . . : 答案
A (主机)记录   . . . . :
                    127.0.0.1

cninfo.com
----------------------------------
记录名称. . . . . :
                    cninfo.com
记录类型. . . . . . . : 1
生存时间. . . . . . . : 546
数据长度. . . . . . . : 4
部分. . . . . . . . . : 答案
```

A (主机)记录 . . . . :

192.168.1.27

（中间省略部分显示结果）

68.24.103.202.in-addr.arpa

----------------------------------记录名称. . . . .:

68.24.103.202.in-addr.arpa

记录类型. . . . . . . : 12

生存时间. . . . . . . : 54669

数据长度. . . . . . . : 8

部分. . . . . : 答案

PTR 记录 . . . . . . :

ns.wuhan.net.cn

2. 清空 DNS 客户端缓存

在 DNS 客户端输入以下命令清空 DNS 客户端缓存。

ipconfig /flushdns

再次使用命令“ipconfig /displaydns”来查看 DNS 客户端缓存，可以看到已将其部分内容清空。

8.4 【单元实训】DNS 服务器的配置

1. 实训目标

1）熟悉 Windows Server 2008 中 DNS 服务器的安装。

2）掌握 Windows Server 2008 中 DNS 服务器的正向区域、反向区域的配置。

3）掌握 Windows Server 2008 的主机、别名和邮件交换等记录的含义和管理方法。

4）掌握 Windows Server 2008 中 DNS 客户机的配置方法及测试命令。

2. 实训设备

1）网络环境：已建好的 100Mbit/s 以太网络包含交换机（或集线器）、五类（或超五类）UTP 直通线若干、2 台及以上数量的计算机（计算机配置要求 CPU 为 Intel Pentium 4 及以上，内存不小于 1GB，硬盘剩余空间不小于 20GB，有光驱和网卡），Samsung ML-1650 打印机 3 台或 HP LaserJet 1100 打印机 1 台。

2）软件：Windows Server 2008 安装光盘，或硬盘中有全部的安装程序；VMware Workstation 6.5 安装源程序。

3. 实训内容

在安装了 Windows Server 2008 的虚拟机上完成以下操作。

1）运行虚拟操作系统 Windows Server 2008，为虚拟机保存一个还原点，以方便以后的实训调用这个还原点。

2）在虚拟操作系统 Windows Server 2008 中，设置其 IP 地址为 192.168.1.1，子网掩码为 255.255.255.0，DNS 地址为 192.168.1.1，网关为 192.168.1.254，其他网络设置暂不修改，然后为其安装 DNS 服务器，域名为 student.com。

3）配置该 DNS 服务器，创建 student.com 正向查找区域。

4）新建主机 www，IP 地址设置为 192.168.1.100，别名为 web，指向 www，MX 记录为 mail，邮件优先级为 10。

5）创建 student.com 反向查找区域。

6）把该虚拟机的宿主操作系统（Windows XP 系统）配置成为该 DNS 服务器的客户端，并用 ping、nslookup、ipconfig 等命令测试 DNS 服务器能否正常工作。

8.5 习题

一、填空题

（1）____________是一个用于存储单个 DNS 域名的数据库，是域名称空间树结构的一部分，它将域名空间分为较小的区段。

（2）______________是指 DNS 客户端发出查询请求后，如果 DNS 服务器内没有所需的数据，则 DNS 服务器会代替客户端向其他的 DNS 服务器进行查询。

（3）__________________将主机名映射到 DNS 区域中的一个 IP 地址。

（4）_____________ 就是和正向查找相对应的一种 DNS 解析方式。

（5）通过计算机“系统属性”对话框或_____________ 命令，可以查看和设置本地计算机名（Local Host Name）。

（6）如果要针对网络 ID 为 192.168.1 的 IP 地址来提供反向查找功能，则此反向区域的名称必须是__________________________。

二、选择题

（1）DNS 提供了一个（　　）命名方案。

A．分级　　B．分层　　C．多级　　D．多层

（2）DNS 顶级域名中表示商业组织的是（　　）。

A．COM　　B．GOV　　C．MIL　　D．ORG

（3）（　　）表示别名的资源记录。

A．MX　　B．SOA　　C．CNAME　　D．PTR

（4）常用的 DNS 测试的命令包括（　　）。

A．nslookup　　B．hosts　　C．debug　　D．trace

三、问答题

（1）客户机向 DNS 服务器查询 IP 地址有哪 3 种模式？

（2）配置 DNS 服务器时，如何添加别名记录？添加别名记录有何好处？

（3）在 DNS 中，什么是反向解析？如何设置反向解析？

（4）转发器功能是什么？如何设置？

第9单元　创建与管理DHCP服务

【单元描述】

在TCP/IP网络上，每台工作站在要使用网络上的资源之前，都必须进行基本的网络配置，如IP地址、子网掩码、默认网关、DNS的配置等。通常采用DHCP服务器技术来实现网络的TCP/IP动态配置与管理，这是网络管理任务中应用最多、最普通的一项管理技术。

【单元情境】

三峡纵横科技信息技术有限公司是一家主要提供计算机网络建设与维护的网络技术服务公司，2005年为一酒店建设了内部局域网络。建设初期主要为酒店内部办公使用，计算机只有100台左右，使用静态IP地址分配方案。随着酒店办公业务的不断扩大以及商务网络的需求，酒店接入了互联网，酒店网络中的计算机数量也越来越多，目前已达到300台，经常出现IP地址冲突导致无法上网的问题，住店客人经常投诉。酒店近期计划对办公和商务网络进行改造。作为公司的技术人员，你如何使酒店网络的IP地址的管理更有效、更方便？

9.1 【知识导航】DHCP简介

9.1.1 DHCP的意义

每台主机的IP地址都可以通过以下两种途径来设置。

- 手动输入：这种方式比较容易，但可能会因为输入错误而影响到主机的网络通信能力，而且可能会因为占用其他主机的IP地址而干扰到该主机的运行，因此会加重系统管理员的负担。
- 自动向DHCP服务器索取：用户不需要自行输入IP地址，而是由用户的计算机自动向DHCP服务器索取，接收到此索取请求的DHCP服务器便会分配IP地址给用户的计算机，因此可以减轻管理上的负担，避免因手动输入错误而造成的困扰。

在TCP/IP网络中，计算机之间通过IP地址互相通信，因此管理、分配与设置客户端IP地址的工作非常重要。以手工方式设置IP地址，不仅非常费时、费力，而且也非常容易出错，尤其在大中型网络中，手工设置IP地址更是一项非常复杂的工作。如果让服务器自动为客户端计算机配置IP地址等相关信息，就可以大大提高工作效率，并减小IP地址出现错误的概率。

DHCP（Dynamic Host Configuration Protocol，动态主机分配协议）是一个简化主机IP地址分配管理的TCP/IP标准协议。管理员可以利用DHCP服务器，从预先设置的IP地址池中，动态地给主机分配IP地址，不仅能够保证IP地址不重复分配，也能及时回收IP地址，以提高 IP 地址的利用率。

TCP/IP 目前已经成为互联网的公用通信协议，在局域网上也是必不可少的协议。用 TCP/IP 进行通信时，每一台计算机（主机）都必须有一个 IP 地址用于在网络上标识自己。对于一个设立了互联网服务的组织机构，由于其主机对外开放了诸如 WWW、FTP、E-mail 等访问服务，所以通常要对外公布一个固定的 IP 地址，以方便用户访问。如果 IP 地址由系统管理员在每一台计算机上手动进行设置，把它设定为一个固定的 IP 地址时，就称为静态 IP 地址方案。当然，数字 IP 地址不便记忆和识别，人们更习惯于通过域名来访问主机，而域名实际上仍然需要被域名服务器（DNS）翻译为 IP 地址。

对于大多数拨号上网的用户，由于其上网时间和空间的离散性，为每个用户分配一个固定的静态 IP 地址是不现实的，如果 ISP（Internet Service Provider，互联网服务供应商）有 1 万个用户，就需要 1 万个 IP 地址，这将造成 IP 地址资源的极大浪费。

采用 DHCP 的方法配置计算机 IP 地址的方案称为动态 IP 地址方案。在局域网中，需要动态分配 IP 地址的情况包括以下 3 种。

- 网络的规模较大，网络中需要分配 IP 地址的主机很多，特别是要在网络中增加和删除网络主机或者要重新配置网络时，使用手工分配工作量很大，而且常常会因为用户不遵守规则出现错误，导致 IP 地址的冲突等。
- 网络中主机数量多，而 IP 地址不够用，可以使用 DHCP 服务器来解决这一问题。
- DHCP 服务使得移动客户可以在不同的子网中移动，并在他们连接到网络时自动获得网络中的 IP 地址。

在 DHCP 网络中有 3 类对象，分别是 DHCP 客户端、DHCP 服务器和 DHCP 数据库。DHCP 采用 C/S 模式，有明确的客户端和服务器角色的划分，分配到 IP 地址的计算机被称为 DHCP 客户端（DHCP Client），负责给 DHCP 客户端分配 IP 地址的计算机称为 DHCP 服务器，DHCP 数据库是 DHCP 服务器上的数据库，存储了 DHCP 服务配置的各种信息。

9.1.2 DHCP 服务的工作过程

DHCP 客户端为了得到分配地址而和 DHCP 服务器进行报文交换，其过程如下。

1. IP 地址租约的发现阶段

发现阶段是 DHCP 客户端寻找 DHCP 服务器的过程。客户端启动时，它以广播方式发送 DHCP DISCOVER（发现报文消息）来寻找 DHCP 服务器，请求租用一个 IP 地址。由于客户端还没有自己的 IP 地址，所以使用 0.0.0.0 作为源地址，同时客户端也不知道服务器的 IP 地址，所以它以 255.255.255.255 作为目标地址。网络上每一台安装了 TCP/IP 的主机都会接收到这种广播信息，但只有 DHCP 服务器才会作出响应。

2. IP 地址租约的提供阶段

当客户端发送要求租约的请求后，所有的 DHCP 服务器都收到了该请求，然后所有的 DHCP 服务器都会广播一个愿意提供租约的 DHCP OFFER 提供报文消息（除非该 DHCP 服务器没有空余的 IP 可以提供了），在 DHCP 服务器广播的消息中包含以下内容：源地址，DHCP 服务器的 IP 地址；目标地址，因为这时客户端还没有自己的 IP 地址，所有用广播地址 255.255.255.255；客户端地址，DHCP 服务器提供的一个客户端使用的 IP 地址；另外还有客户端的硬件地址、子网掩码、租约的时间长度和该 DHCP 服务器的标识符等。

注意：当发送第一个 DHCP DISCOVER 发现报文消息后，DHCP 客户端将等待 1s。在此期间，如果没有 DHCP 服务器响应，DHCP 客户端将分别在第 9s、第 13s 和第 16s 时重复发送一次 DHCP DISCOVER 发现报文消息。如果仍然没有得到 DHCP 服务器的应答，将再每隔 5min 广播一次 DHCP DISCOVER 发现报文消息，直到得到一个应答为止，同时客户端会使用预留的 B 类网络地址（169.254.0.1 ~ 169.254.255.254）和子网掩码 255.255.0.0 来自动配置 IP 地址和子网掩码，这个被称做自动专用 IP 编址（Automatic Private IP Addressing，APIPA）。因此，如果用 ipconfig 命令发现一个客户端的 IP 地址为 169.254.x.x 时，那就说明可能是 DHCP 服务器没有设置好或是服务器有故障。即使在网络中，DHCP 服务器有故障，计算机之间仍然可以通过网上邻居发现彼此。

3. IP 地址租约的选择阶段

如果有多台 DHCP 服务器向 DHCP 客户端发来 DHCP OFFER 提供报文消息，则 DHCP 客户端只接受第一个收到的 DHCP OFFER 提供报文消息，然后就以广播方式回答一个 DHCP REQUEST 请求报文消息，该消息中包含向它所选定的 DHCP 服务器请求 IP 地址的内容，以广播方式回答是为了通知所有的 DHCP 服务器，它将选择某台 DHCP 服务器所提供的 IP 地址，其他的 DHCP 服务器可以撤销它们提供的租约了。

4. IP 地址租约的确认阶段

当 DHCP 服务器收到 DHCP 客户端回答的 DHCP REQUEST 请求报文消息之后，它便向 DHCP 客户端发送一个包含它所提供的 IP 地址和其他设置的 DHCP ACK 确认报文消息，告诉 DHCP 客户端可以使用它所提供的 IP 地址，然后 DHCP 客户端便将其 TCP/IP 与网卡绑定，这样就可以在局域网中与其他设备之间进行通信了。

当 IP 地址使用时间达到租期的一半时，客户端将向 DHCP 服务器发送一个新的 DHCP 请求，服务器接收到该信息后回送一个 DHCP 应答报文信息，以重新开始一个租用周期。该过程就像是续签租赁合同，只是续约时间必须在合同期的一半时进行。在进行 IP 地址的续租中有以下两种特殊情况。

（1）DHCP 客户端重新启动时

不管 IP 地址的租期有没有到期，DHCP 客户端每次重新登录网络时，就不需要再发送 DHCP DISCOVER 发现报文消息了，而是直接发送包含前一次所分配的 IP 地址的 DHCP REQUEST（请求报文信息）。当 DHCP 服务器收到这一消息后，它会尝试让 DHCP 客户端继续使用原来的 IP 地址，并回送一个 DHCP ACK 确认报文消息。如果此 IP 地址已无法再分配给原来的 DHCP 客户端使用时（如此 IP 地址已分配给其他 DHCP 客户端使用），则 DHCP 服务器给 DHCP 客户端回送一个 DHCP NACK 否认报文消息。当原来的 DHCP 客户端收到此 DHCP NACK 否认报文消息后，它就必须重新发送 DHCP DISCOVER 发现报文消息来请求新的 IP 地址。

（2）IP 地址的租期超过一半时

DHCP 服务器向 DHCP 客户端出租的 IP 地址一般都有一个租借期限，期满后 DHCP 服务器便会收回出租的 IP 地址。如果 DHCP 客户端要延长其 IP 租约，则必须更新其 IP 地址租约。客户端在租借时间过半后，每隔一段时间就开始请求 DHCP 服务器更新当前租约，如果 DHCP 服务器应答则租用延期；如果 DHCP 服务器始终没有应答，在有效租借期的 87.5%

时，客户端应该与其他的DHCP服务器通信，并请求更新它的配置信息。如果客户端不能和所有的 DHCP 服务器取得联系，租借时间到期后，必须放弃当前的 IP 地址，并重新发送一个DHCP DISCOVER开始上述的IP地址获得过程。

9.1.3 DHCP服务的优缺点

DHCP服务具有以下优点。

1．提高效率

DHCP 服务使计算机能够自动获得 IP 地址信息并完成配置，减少了由于手工设置而可能出现的错误，并极大地提高了工作效率，降低了劳动强度。利用 TCP/IP 进行通信，仅有IP地址是不够的，常常还需要网关、WINS、DNS等设置，DHCP服务器除了能动态提供IP地址外，还能同时提供 WINS、DNS 主机名、域名等附加信息，这样可以完善 IP 地址参数的设置。

2．便于管理

当网络使用的IP地址范围改变时，只需修改DHCP服务器的IP地址池即可，而不必逐一修改网络内的所有计算机的IP地址。

3．节约IP地址资源

在DHCP系统中，只有当DHCP客户端请求时才由DHCP服务器提供IP地址，而当计算机关机后，又会自动释放该 IP 地址。通常情况下，网络内的计算机并不都是同时开机，因此，较小数量的IP地址，也能够满足较多计算机的需求。

DHCP服务优点不少，但同时也存在着缺点：DHCP不能发现网络上非DHCP客户端已经使用的IP地址；当网络上存在多个DHCP服务器时，一个DHCP服务器不能查出已被其他服务器租出去的 IP 地址；DHCP 服务器不能跨越子网路由器与客户端进行通信，除非路由器允许转发数据。

使用 DHCP 服务时还要注意的是，由于客户端每次获得的 IP 地址不是固定的（当然目前的 DHCP 已经可以针对某一计算机分配固定的 IP 地址），如果想利用某主机对外提供网络服务（如Web服务、DNS服务等），一般采用静态IP地址配置方法，因为使用动态的IP地址是比较麻烦的，而且需要动态域名服务（Dynamic Domain Name Server，DDNS）的支持。

DHCP 服务是用来动态分配地址的，所以很难在 DNS 服务器中保持精确的名称到地址的映射，因为节点地址发生改变后，DNS 数据库中的记录就变得无效了。Windows Server 2008 DHCP让DHCP服务器和客户端在地址或主机名改变时请求DNS数据库更新，以这种方式甚至能使客户端的DNS数据库保持最新并动态分配IP地址。

注意：DDNS的出现主要是为了解决域名和动态IP地址之间的绑定问题。相对于传统的静态 DNS 而言，它可以将一个固定的域名解析到一个动态的 IP 地址上。用户每次连接网络时，客户端程序就会通过信息传递把该主机的动态 IP 地址传送给位于服务商主机上的服务程序，该程序负责提供DNS服务并实现动态域名解析。也就是说，DDNS捕获用户每次变化的 IP 地址，然后将其与域名相对应，这样其他上网用户就可以通过域名来与之进行交流了。

9.2 【新手任务】DHCP 服务器的安装、配置与管理

【任务描述】

在大中型的网络以及 ISP 网络中，通常采用 DHCP 服务器实现网络的 TCP/IP 动态配置与管理。这是网络管理任务中应用最多、最普通的一项管理技术。DHCP 服务系统采用了 C/S 网络服务模式，因此其配置与管理应当包括服务器端和客户端。

【任务目标】

通过任务熟练掌握 DHCP 服务器与客户端的设置及管理技术，并且能够正确设置安装与配置过程中的各项参数。

9.2.1 安装 DHCP 服务器

与 DNS 服务器一样，用“添加角色”向导可以安装 DHCP 服务器，这个向导可以通过“服务器管理器”或“初始化配置任务”应用程序打开。安装 DHCP 服务器的具体操作步骤如下。

1）在服务器中选择“开始”→“服务器管理器”命令打开“服务器管理器”窗口，选择左侧“角色”一项之后，单击右侧的“添加角色”链接，出现如图 9-1 所示的对话框，选中“DHCP 服务器”复选框，然后单击“下一步”按钮。

2）在如图 9-2 所示的对话框中，对 DHCP 服务器进行了简要介绍，查看相关的信息后可以单击“下一步”按钮继续操作。

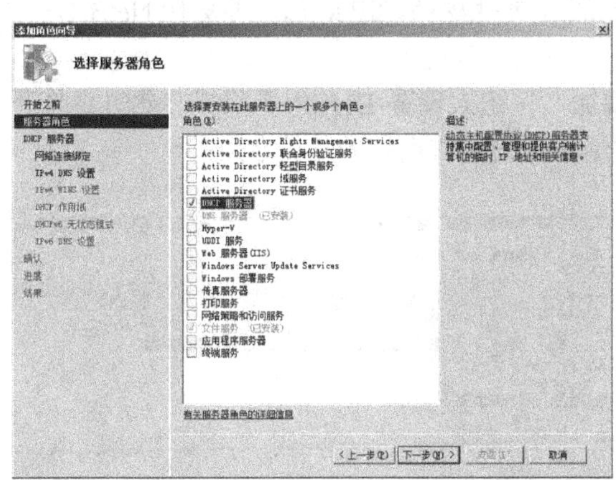

图 9-1　选择服务器角色

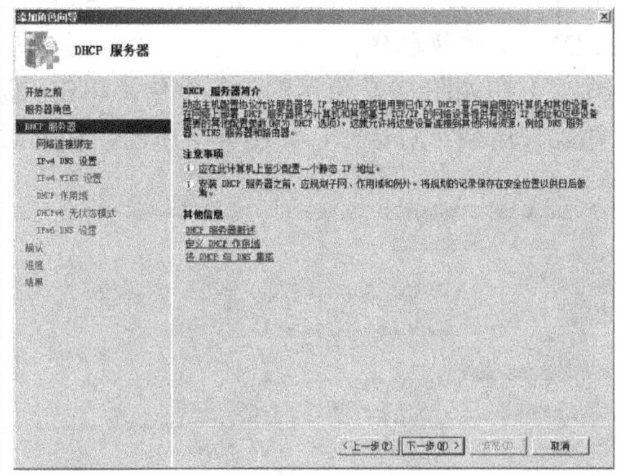

图 9-2　DHCP 服务器简介

3）系统会检测当前系统中已经具有静态 IP 地址的网络连接，每个网络连接都可以用于为单独子网上的 DHCP 客户端提供服务，如图 9-3 所示，在此选择需要提供 DHCP 服务的网络连接后，单击“下一步”按钮继续操作。

4）如果服务器中安装了 DNS 服务，就需要在如图 9-4 所示的对话框中设置 IPv4 类型的 DNS 服务器参数。例如，输入“www.cninfo.com”作为父域，输入“192.168.1.27”作为

DNS 服务器地址。单击“下一步”按钮继续操作。

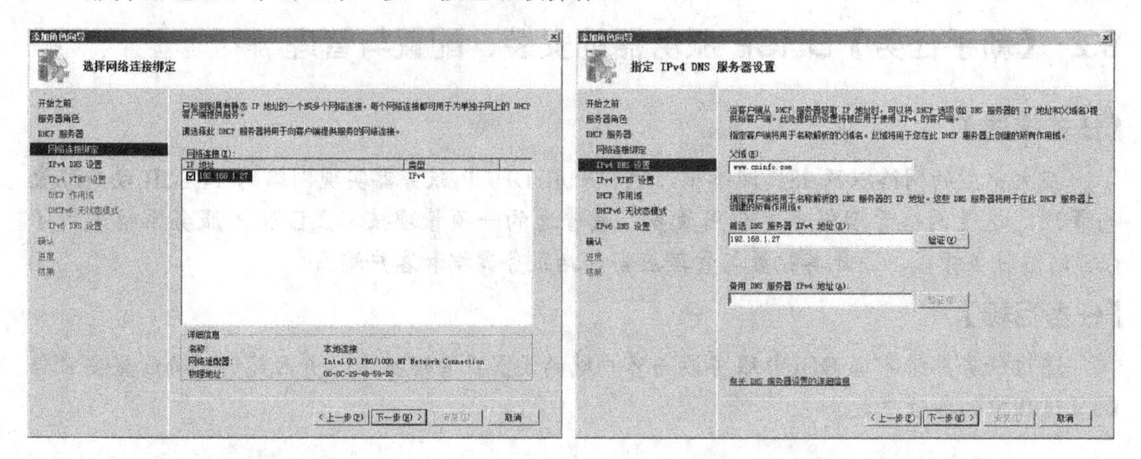

图 9-3　选择网络连接绑定　　　　图 9-4　设置 DNS 服务器参数

5）如果当前网络中的应用程序需要 WINS 服务，还要在如图 9-5 所示的对话框中选择“此网络上的应用程序需要 WINS”单选按钮，并且输入 WINS 服务器的 IP 地址，单击“下一步”按钮继续操作。

注意：WINS（Windows Internet Name Server）和 DNS 有些类似，可以动态地将内部计算机名称（NetBIOS 名）和 IP 地址进行映射。在网络中进行通信的计算机双方需要知道对方的 IP 地址才能通信，然而计算机的 IP 地址是一个 4 字节的数字，难以记忆。除了使用主机名（DNS 计算机名）外，还可以使用内部计算机名称来代替 IP 地址，NetBIOS 名对早期的一些 Windows 版本（如 Windows 95/98）来说是不可缺少的，IPv6 已不再支持 NetBIOS，被 DNS 名称所取代。

6）在如图 9-6 所示的对话框中，单击“添加”按钮来设置 DHCP 作用域，此时将打开“添加作用域”对话框，如图 9-7 所示，在此对话框中设置作用域的相关参数：

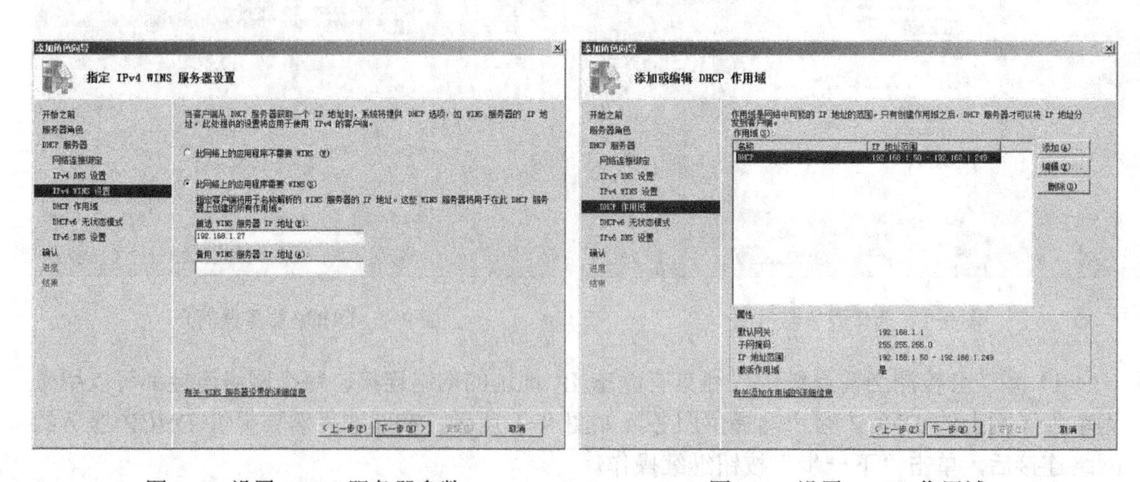

图 9-5　设置 WINS 服务器参数　　　　图 9-6　设置 DHCP 作用域

① 首先输入作用域的名称，这是出现在 DHCP 控制台中的作用域名称。

② 接着在“起始 IP 地址”和“结束 IP 地址”文本框中分别输入作用域的起始 IP 地址和结束 IP 地址，如在此设置起始 IP 地址和结束 IP 地址分别为 192.168.1.50 和 192.168.1.249。

③ 根据网络的需要设置子网掩码和默认网关参数。

④ 在“子网类型”下拉列表中设置租用的持续时间。

⑤ 选中复选框“激活此作用域”，因为创建作用域之后必须激活作用域才能提供 DHCP 服务。

设置完毕，单击“确定”按钮，返回上级对话框，单击“下一步”按钮继续操作。

注意：在“子网类型”下拉列表中设置租用持续时间时有两个选项。①“有线（租用持续时间将为 6 天）”：对于台式机较多的网络而言，租用持续时间应当相对较长一些，这样将有利于减少网络广播流量，从而提高传输效率。②“无线（租用持续时间将为 8 小时）”：对于便携式计算机较多的网络而言，租用持续时间则应当短一些，从而有利于在新的位置及时获取新的 IP 地址，特别是对于划分了较多 VLAN 的网络，如果原有 VLAN 的 IP 地址得不到释放，那么就无法获取新的 IP 地址，接入新的 VLAN。DHCP 服务会产生大量的广播包，而且租用持续时间越短，广播也就越频繁，网络传输效率就越低，所以通常将租用持续时间设置稍长一些。

7）Windows Server 2008 的 DHCP 服务器支持用于 IPv6 客户端的 DHCPv6，此时可以根据网络中使用的路由器是否支持该功能进行设置，如图 9-8 所示，根据目前网络的需要将其设置为“对此服务器禁用 DHCPv6 无状态模式”，单击“下一步”按钮继续操作。

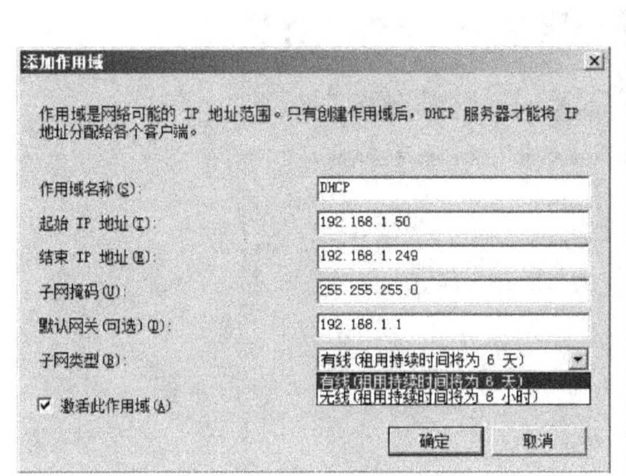

图 9-7 设置作用域参数

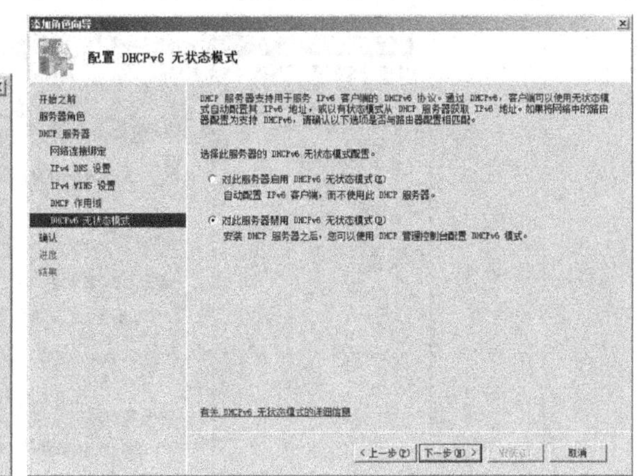

图 9-8 禁用 DHCPv6 无状态模式

注意：虽然 IPv6 支持通过 DHCPv6 服务器自动分配地址，但是 IPv6 不需要使用配置协议（如 DHCP）来自动分配地址。不使用 DHCPv6 服务器的自动配置称为无状态自动配置，主机通过这种方法使用从链路上路由器中收到的路由器播发消息配置地址，Windows Server 2008 支持无状态自动配置。IPv6 也提供有状态自动配置，它依靠 DHCPv6 服务器来分配地址。不过，Windows Server 2008 现在还不支持有状态自动配置，Windows Server 2008 中包括的 DHCP 服务也不支持 DHCPv6 地址分配，所以需要依靠无状态自动配置，或者禁用无状态自动配置，手动配置地址和其他属性。

8）在如图 9-9 所示的对话框中显示了 DHCP 服务器的相关配置信息，如果确认安装则可以单击“安装”按钮，开始安装的过程。

9）在 DHCP 服务器安装完成之后，可以看到如图 9-10 所示的提示信息，此时单击“关闭”按钮结束安装向导。

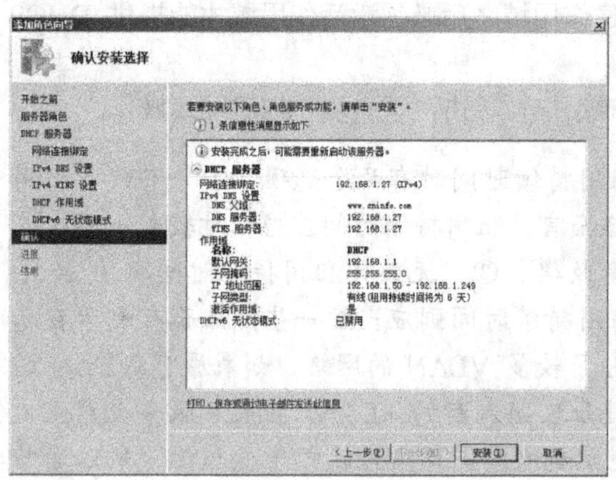

图 9-9　DHCP 服务器安装信息

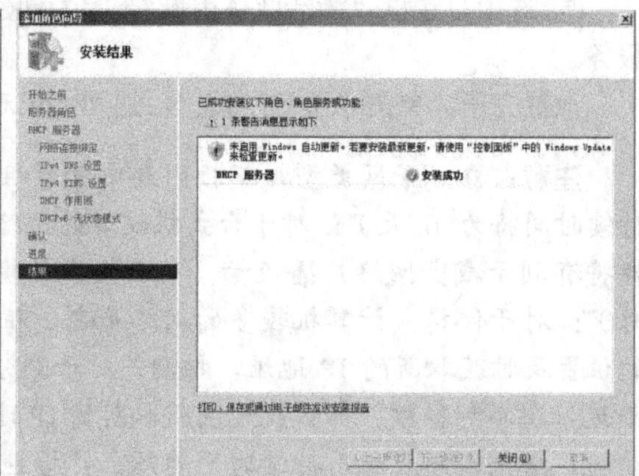

图 9-10　完成 DHCP 服务器安装

10）DHCP 服务器安装完成之后，在“服务器管理器”窗口中选择左侧的“角色”一项，即可在右侧区域中查看到当前服务器安装的角色类型，如果其中有刚刚安装的 DHCP 服务器，则表示 DHCP 服务器已经成功安装了，如图 9-11 所示。

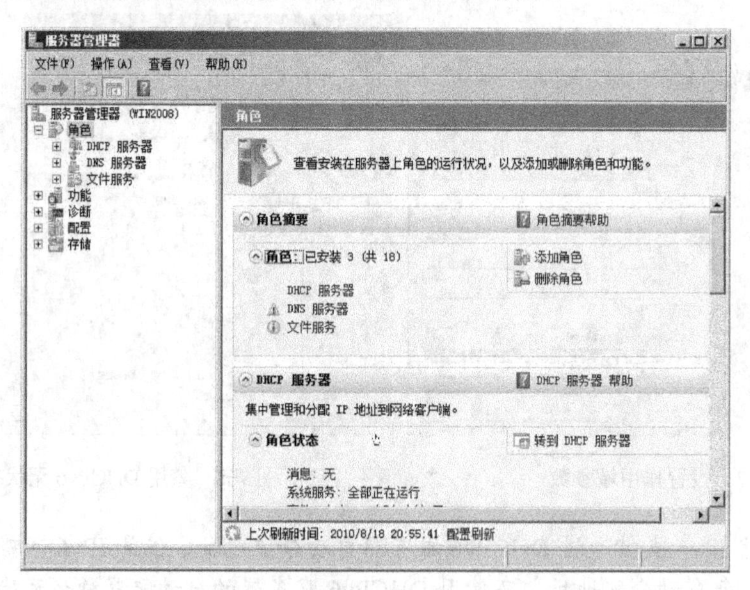

图 9-11　在“服务器管理器”中查看 DHCP 服务器

9.2.2　DHCP 服务器的配置与管理

1. DHCP 服务器的启动与停止

在安装 DHCP 服务器之后，可以在如图 9-11 所示的“服务器管理器”窗口中，单击右侧的“转到 DHCP 服务器”链接，可以打开如图 9-12 所示的 DHCP 服务器摘要界面，在其中可以启动与停止 DHCP 服务器，也可以查看事件以及相关的资源和支持。

2. 修改 DHCP 服务器的配置

对于已经建立的 DHCP 服务器，可以修改其配置参数，具体的操作步骤如下：在“服务器管理器”窗口左侧目录树中选中“IPv4”，使用鼠标右键单击它并在弹出的快捷菜单中选择“属性”命令，如图 9-13 所示，在打开的属性对话框中，可以在不同的选项卡中修改 DHCP 服务器的设置，各选项卡的设置如下。

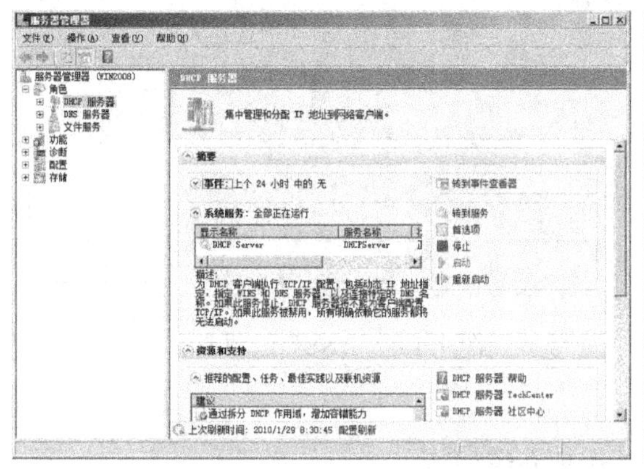

图 9-12　DHCP 服务器摘要窗口

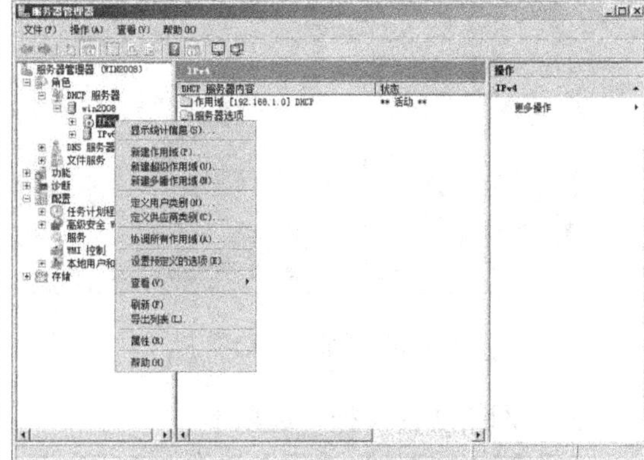

图 9-13　选择 IPv4 属性

1）“常规”选项卡

“常规”选项卡如图 9-14 所示，其选项介绍如下。

- “自动更新统计信息间隔”复选框：可以按照小时和分钟为单位进行设置，服务器可以自动更新统计信息。
- “启用 DHCP 审核记录”复选框：DHCP 日志将记录服务器活动供系统或网络管理员参考。
- “显示 BOOTP 表文件夹”复选框：可以查看 Windows Server 2008 下建立的 DHCP 服务器的列表。

2）“DNS”选项卡

“DNS”选项卡如图 9-15 所示，其选项介绍如下。

- “根据下面的设置启用 DNS 动态更新”复选框：表示 DNS 服务器上该客户端的 DNS 设置参数如何变化，有以下两种方式。第一种方式是选择“只有在 DHCP 客户端请求时才动态更新 DNS A 和 PTR 记录”，表示 DHCP 客户端主动请求时，DNS 服务器上的数据才进行更新；第二种方式是选择“总是动态更新 DNS A 和 PTR 记录”，表示 DNS 客户端的参数发生变化后，DNS 服务器的参数随之发生变化。
- “在租用被删除时丢弃 A 和 PTR 记录”复选框：表示 DHCP 客户端的租用持续时间失效后，其 DNS 参数也被丢弃。
- “为不请求更新的 DHCP 客户端动态更新 DNS A 和 PTR 记录”复选框：表示 DNS 服务器对非动态的 DHCP 客户端也能够执行更新。

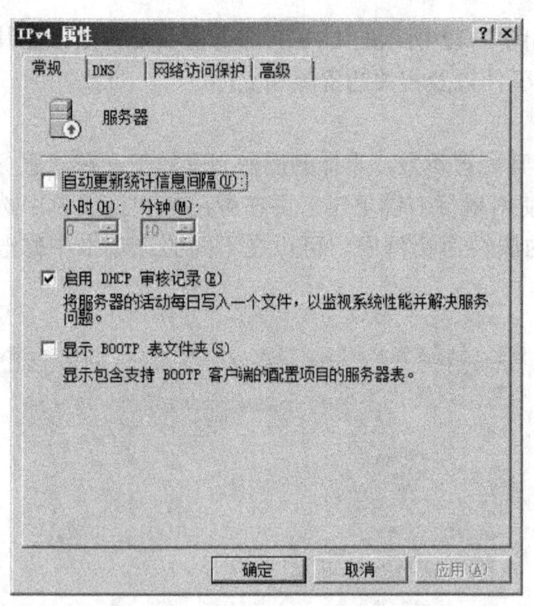

图 9-14 “常规”选项卡

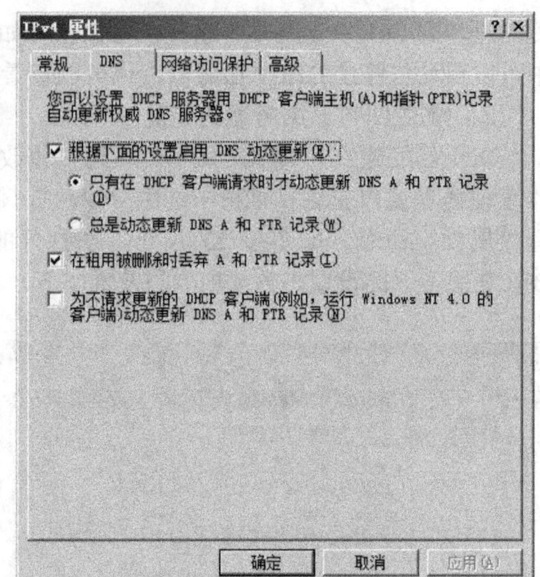

图 9-15 “DNS”选项卡

3）“网络访问保护”选项卡

“网络访问保护”选项卡如图 9-16 所示，其选项介绍如下。

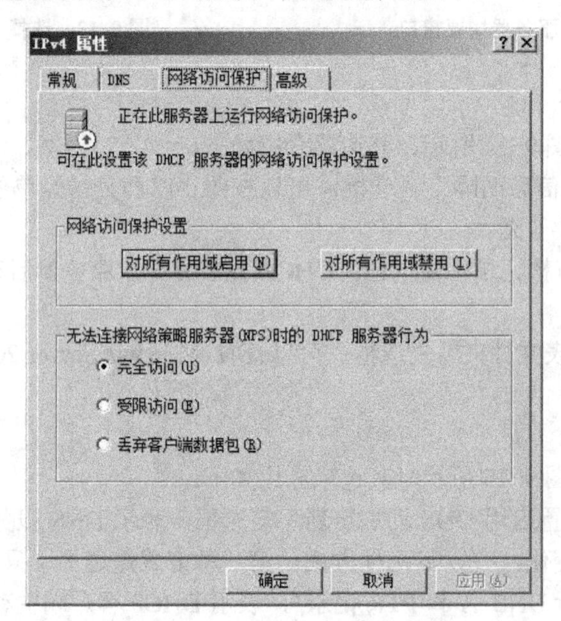

图 9-16 “网络访问保护”选项卡

- “网络访问保护设置”区域：对所有作用域可以启用或禁用网络访问保护功能。
- “无法连接网络策略服务器（NPS）时的 DHCP 服务器行为”区域：有 3 个单选按钮可供选择，分别为“完全访问”、“受限访问”、“丢弃客户端数据包”。

注意： 网络访问保护是 Windows Server 2008 操作系统附带的一组新的操作系统组件，

它提供一个平台，以帮助确保专用网络上的客户端符合网络管理员定义的系统安全要求。Windows Server 2008 中的网络访问保护使用 DHCP 强制功能。换言之，为了从 DHCP 服务器获得无限制访问 IP 地址配置，客户端必须达到一定的相容级别。例如，它可以要求客户端安装具有最新签名的防病毒软件、安装当前操作系统的更新并且启用基于主机的防火墙。通过这些强制策略，可以帮助网络管理员降低因客户端配置不当所导致的一些风险，这些不当配置可使客户端暴露给病毒和其他恶意软件。对于不符合要求的客户端，网络访问 IP 地址配置限制只能访问受限网络或是丢弃客户端的数据包。

4）“高级”选项卡

“高级”选项卡如图 9-17 所示，其参数介绍如下。

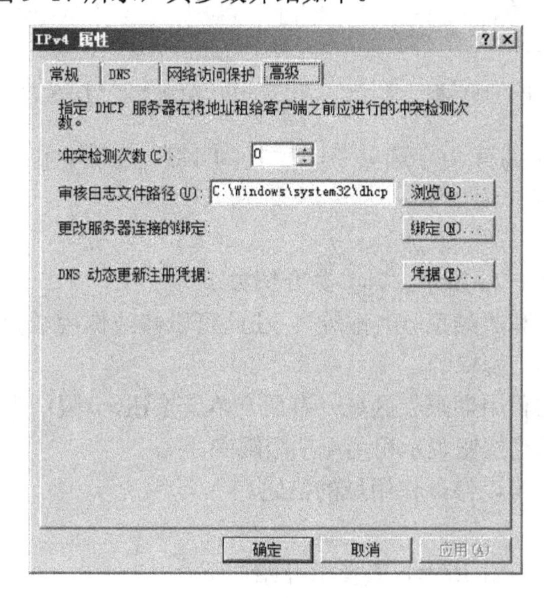

图 9-17 “高级”选项卡

- “冲突检测次数”输入框：设置用于 DHCP 服务器在给客户端分配 IP 地址之前，对该 IP 地址进行冲突检测的次数，最高为 5 次。
- “审核日志文件路径”文本框：在此可以修改审核日志文件的存储路径。
- “更改服务器连接的绑定”：如果需要更改 DHCP 服务器和网络连接的关系，单击“绑定”按钮，弹出如图 9-18 所示的“绑定”对话框，从“连接和服务器绑定”列表框中选中绑定关系后单击“确定”按钮。
- “DNS 动态更新注册凭据”：由于 DHCP 服务器给客户端分配 IP 地址，因此 DNS 服务器可以及时从 DHCP 服务器上获得客户端的信息。为了安全起见，可以设置 DHCP 服务器访问 DNS 服务器时的用户名和密码。单击“凭据”按钮，出现如图 9-19 所示的“DNS 动态更新凭据”对话框，在此可以设置 DHCP 服务器访问 DNS 服务器时使用的参数。

3．作用域的配置

对于已经建立好的作用域，可以修改其配置参数，操作步骤为：在“服务器管理器”窗口的左侧目录树中使用鼠标右键单击“作用域[192.168.1.0]”，并在弹出的快捷菜单中选择

“属性”命令，可以打开作用域属性对话框，如图 9-20 所示。

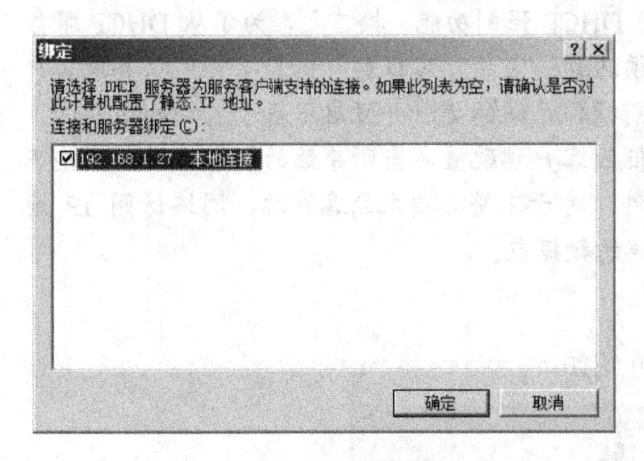

图 9-18 “绑定”对话框

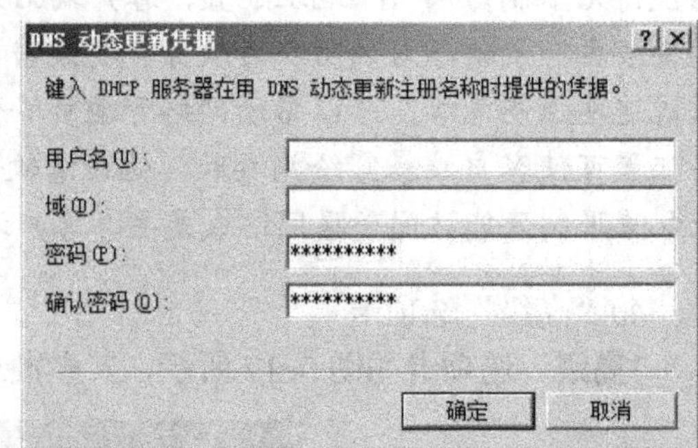

图 9-19 “DNS 动态更新凭据”对话框

作用域属性对话框中共有 4 个选项卡，其中“DNS”选项卡和“网络访问保护”选项卡不再介绍，其余的选项卡介绍如下。

1）“常规”选项卡

“常规”选项卡如图 9-20 所示，其参数介绍如下。

- “起始 IP 地址”和“结束 IP 地址”：在此可以修改作用域分配的 IP 地址范围，但“子网掩码”是不可编辑的。
- “DHCP 客户端的租用期限”区域：有两个单选按钮，“限制为”单选按钮设置租用期限；“无限制”单选按钮表示租用无期限限制。
- “描述”文本框：可以修改作用域的描述。

2）“高级”选项卡

“高级”选项卡如图 9-21 所示，其参数介绍如下。

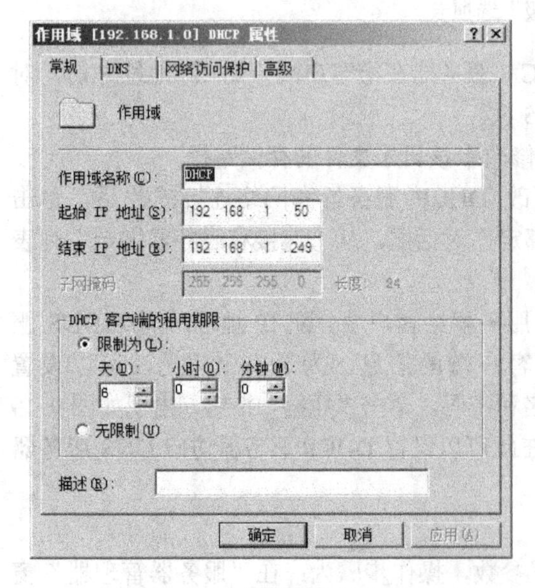

图 9-20 作用域属性对话框

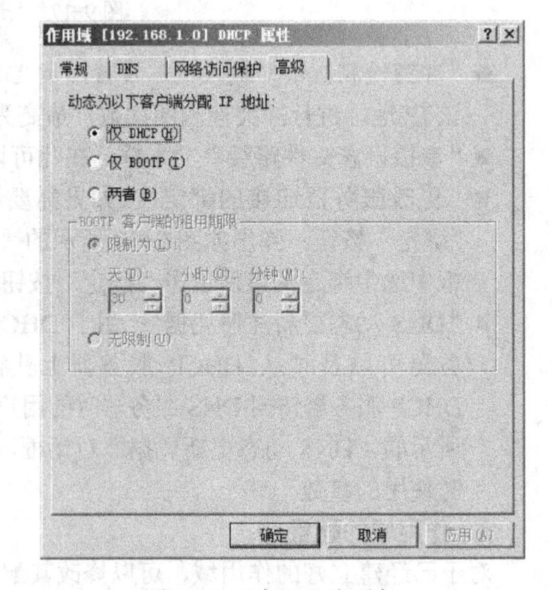

图 9-21 “高级”选项卡

- “动态为以下客户端分配 IP 地址”区域：有 3 个单选按钮，“仅 DHCP”单选按钮表示只为 DHCP 客户端分配 IP 地址；“仅 BOOTP”单选按钮表示只为 Windows NT 以前的一些支持 BOOTP 的客户端分配 IP 地址；“两者”单选按钮支持多种类型的客户端。
- “BOOTP 客户端的租用期限”区域：设置 BOOTP 客户端的租用期限，由于 BOOTP 最初被设计为无盘工作站，所以可以使用服务器的操作系统启动，但现在已经很少使用，因此可以直接采用默认参数。

4. 修改作用域的地址池

对于已经设置的作用域的地址池，可以修改其配置，其操作步骤为：在“服务器管理器”窗口左侧目录树中使用鼠标右键单击“作用域[192.168.1.0]”，并在弹出的快捷菜单中选择“新建排除范围”命令，如图 9-22 所示。在弹出的如图 9-23 所示的“添加排除”对话框中，可以设置地址池中排除的 IP 地址范围。

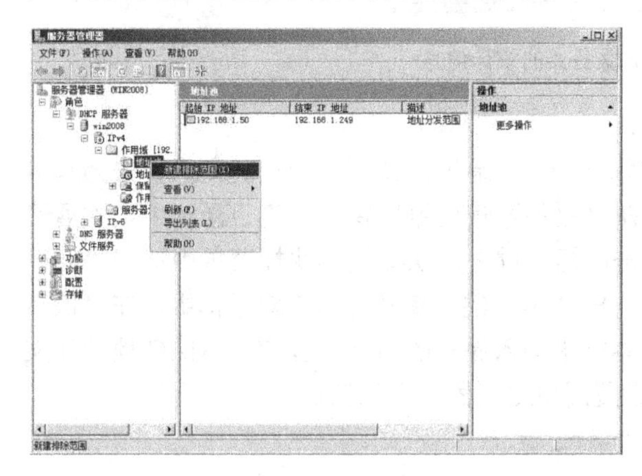

图 9-22 选择“新建排除范围”

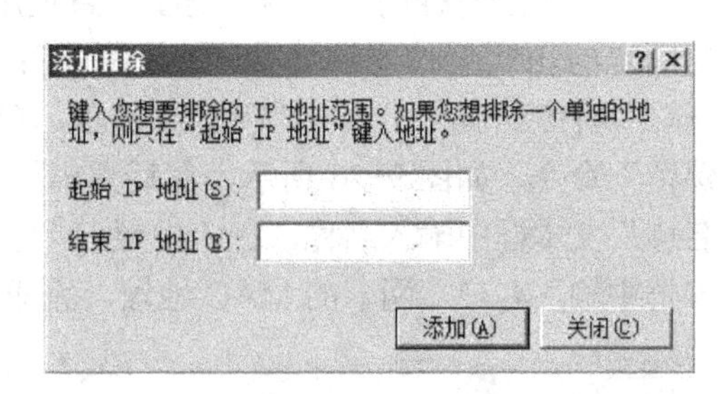

图 9-23 添加排除范围

5. 显示 DHCP 客户端和服务器的统计信息

在“服务器管理器”窗口左侧目录树中依次展开“作用域[192.168.1.0]”→“地址租用”选项，可以查看已经分配给客户端的地址租用情况，如图 9-24 所示。若服务器为客户端成功分配了 IP 地址，在“地址租用”列表栏下，就会显示“客户端 IP 地址”、“名称”、“租用截止日期”和“类型”信息。

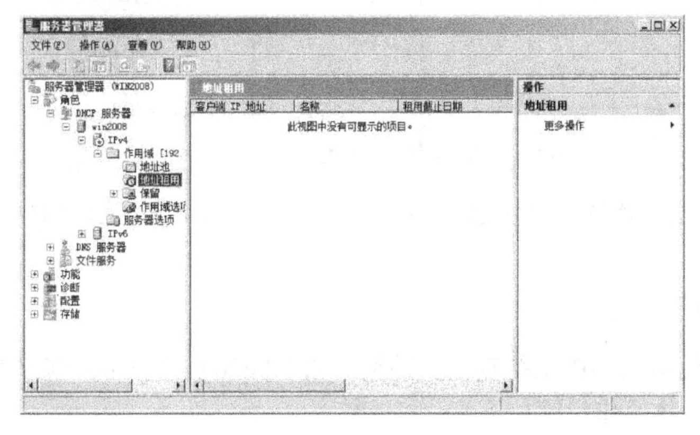

图 9-24 查看地址租用情况

在“服务器管理器”窗口中使用鼠标右键单击目录树中的服务名称，并在弹出的快捷菜单中选择“显示统计信息”命令，可以打开如图 9-25 所示的统计信息界面，其中显示了 DHCP 服务器的开始时间、使用时间、发现的 DHCP 客户端的数量等信息。

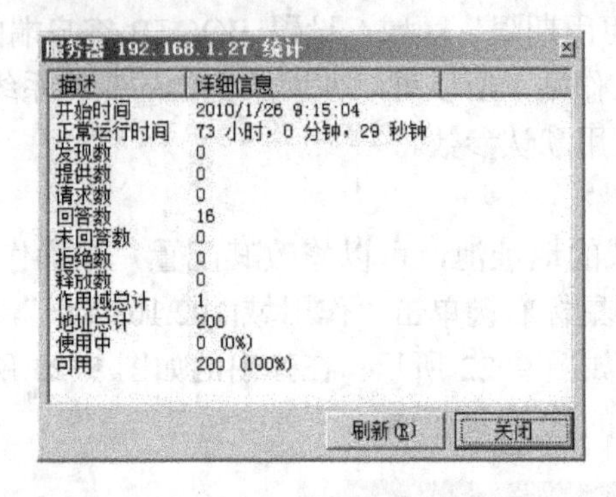

图 9-25　DHCP 服务器的统计信息

6．建立保留 IP 地址

对于某些特殊的客户端，需要一直使用相同的 IP 地址，就可以通过建立保留来为其分配固定的 IP 地址，具体的操作步骤如下：在“服务器管理器”窗口左侧目录树中依次展开“作用域[192.168.1.0]”→“保留”选项，单击鼠标右键之后从弹出的快捷菜单中选择“新建保留”命令，如图 9-26 所示，然后弹出如图 9-27 所示的“新建保留”对话框中，在“保留名称”文本框中输入名称，在“IP 地址”文本框中输入保留的 IP 地址，在“MAC 地址”文本框中输入客户端网卡的 MAC 地址，完成设置后单击“添加”按钮。

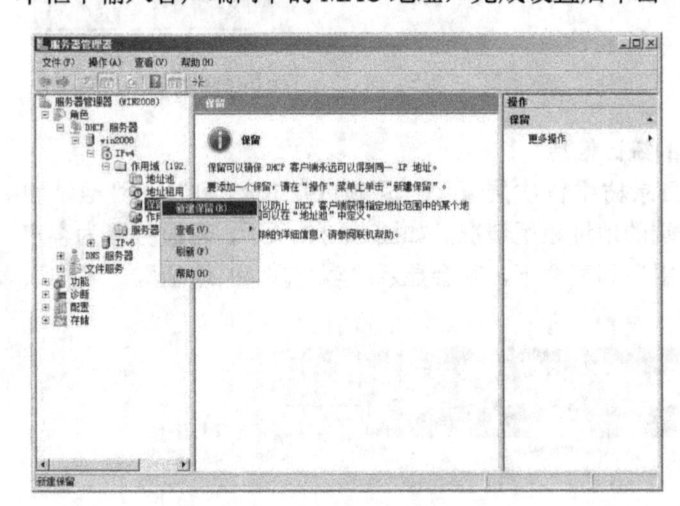

图 9-26　选择“新建保留”命令

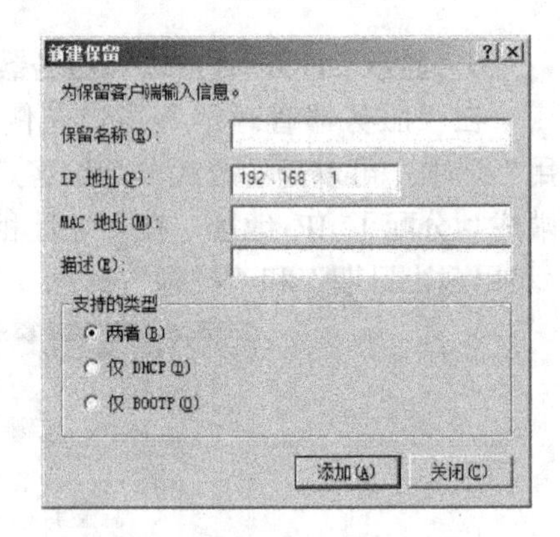

图 9-27　“新建保留”对话框

9.2.3　DHCP 客户端配置

DHCP 客户端使用的操作系统有很多种类，如 Windows 98/2000/XP/2003/Vista 或 Linux 等。客户端设置的具体操作步骤如下。

1）在客户端的“控制面板”中双击“网络连接”图标，打开“网络连接”窗口，此窗口中列出了所有可用的网络连接，使用鼠标右键单击“本地连接”图标，并在弹出的快捷菜单中选择“属性”命令，打开“本地连接 属性”对话框，在“此连接使用下列项目”列表框中，选择“Internet 协议（TCP/IP）”，如图 9-28 所示。

2）单击“属性”按钮，弹出如图 9-29 所示的“Internet 协议（TCP/IP）属性”对话框，分别单击“自动获得 IP 地址”和“自动获得 DNS 服务器地址”单选按钮，然后单击“确定”按钮，保存对设置的修改即可。

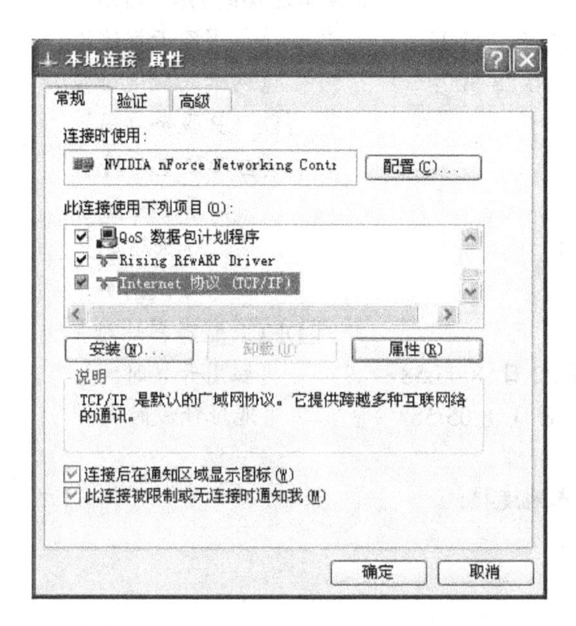

图 9-28 选择“Internet 协议（TCP/IP）”

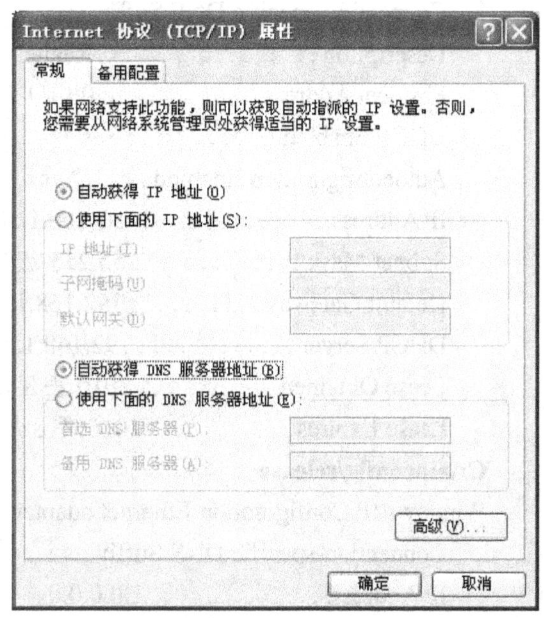

图 9-29 “Internet 协议（TCP/IP）属性”对话框

注意：*在局域网中的任何一台 DHCP 客户端上，可以进入 DOS 命令提示符界面，利用 ipconfig 命令的相关操作查看 IP 地址的相关信息。*

- *执行 ipconfig/renew 命令可以更新 IP 地址。*
- *执行 ipconfig/all 命令可以查看 IP 地址、WINS、DNS 域名是否正确。*
- *要释放地址使用 ipconfig/release 命令。*

C:\>ipconfig/renew

Windows IP Configuration Ethernet adapter 本地连接:

Connection-specific DNS Suffix . :

IP Address. . . . . : 192.168.1.50 〖IP 地址〗

Subnet Mask . . . . : 255.255.255.0 〖子网掩码〗

Default Gateway . . . . :192.168.1.1 〖默认网关〗

C:\>ipconfig/all

Windows IP Configuration

Host Name . . . . : Win2008 〖主机名称〗

Primary Dns Suffix . . . . : Cninfo.com 〖主 DNS 后缀〗

```
    Node Type . . . . . . . . . . . . : Hybrid
    〖节点类型：有3种类型：①Hybrid（混合）；②Broadcast（广播）；③Unkown（未知）〗
    IP Routing Enabled. . . . . . . .   : No                    〖IP路由禁用〗
    WINS Proxy Enabled. . . . . . . . : No                      〖WINS代理服务禁用〗
    DNS Suffix Search List. . . . . . : Cninfo.com              〖DNS后缀搜索列表〗
Ethernet adapter 本地连接:
    Connection-specific DNS Suffix   . :                        〖具体连接的DNS后缀〗
    Description . . . . . . . . . . .   : Realtek RTL8139 NIC   〖网卡描述〗
    Physical Address. . . . . . . . .   : 00-E0-5C-00-88-30     〖网卡物理地址〗
    DHCP Enabled. . . . . . . . . . . : Yes                     〖DHCP服务启用〗
    Autoconfiguration Enabled . . . . : Yes                     〖自动配置启用〗
    IP Address. . . . . . . . . . . .  : 192.168.1.50           〖IP地址〗
    Subnet Mask . . . . . . . . . . . : 255.255.255.0           〖子网掩码〗
    Default Gateway . . . . . . . . . : 192.168.1.1             〖默认网关〗
    DHCP Server . . . . . . . . . . . : 192.168.1.27            〖DHCP服务器地址〗
    Lease Obtained. . . . . . . . . . : 2010年8月22日 8:05:58   〖租用开始时间〗
    Lease Expires . . . . . . . . . . : 2010年8月28日 8:05:58   〖地址释放时间〗
C:\>ipconfig/release
Windows IP Configuration Ethernet adapter 本地连接:
    Connection-specific DNS Suffix   . :
    IP Address. . . . . . . . . . . .    : 0.0.0.0
    Subnet Mask . . . . . . . . . . .    : 0.0.0.0
    Default Gateway . . . . . . . . .
```

9.3 【扩展任务】复杂网络的DHCP服务的部署

【任务描述】

网络环境是复杂多样的，在不同的网络环境中对DHCP的需求是不一样的。对于较复杂的网络，主要涉及3种情况：配置多台DHCP服务器、创建超级作用域和多播作用域。

【任务目标】

通过任务应当掌握在复杂网络环境中如何配置多台DHCP服务器，并且能够正确创建和设置超级作用域与多播作用域。

9.3.1 配置多台DHCP服务器

在一些比较重要的网络中，需要在一个网段中配置多台DHCP服务器。这样做有两大好处：一是提供容错，如果网络中仅有一台DHCP服务器出现故障，那么所有DHCP客户端都将无法获得IP地址，也无法释放已有的IP地址，从而导致网络瘫痪，如果有两台服务器，此时另一台服务器就可以取代它，并继续提供租用新的地址或续租现有地址的服务；二是负载均衡，即起到在网络中平衡 DHCP 服务器的作用。不过应该注意，这些 DHCP 服务器上所创建的 IP 作用域不可以有重复的 IP 地址，否则可能会发生不同的客户端分别向不同的 DHCP 服务器租用 IP 地址，却租到相同 IP 地址的情况。

1. 80/20 规则

如果 IP 作用域中的 IP 地址数量不是很多，则在新建作用域时可以采用 80/20 规则。如图 9-30 所示，在 DHCP 服务器 A 上新建了一个 IP 地址范围为 192.168.8.10～192.168.8.200 的作用域，但是将其中的 192.168.8.161～192.168.8.200 排除，也就是 DHCP 服务器 A 可租给客户端的 IP 地址占此作用域总数的 80%，而在 DHCP 服务器 B 上也新建了一个 IP 地址范围为 192.168.8.10～192.168.8.200 的作用域，但是将其中的 192.168.8.10～192.168.8.160 排除，也就是 DHCP 服务器 B 可租给客户端的 IP 地址只占此作用域总数的 20%。

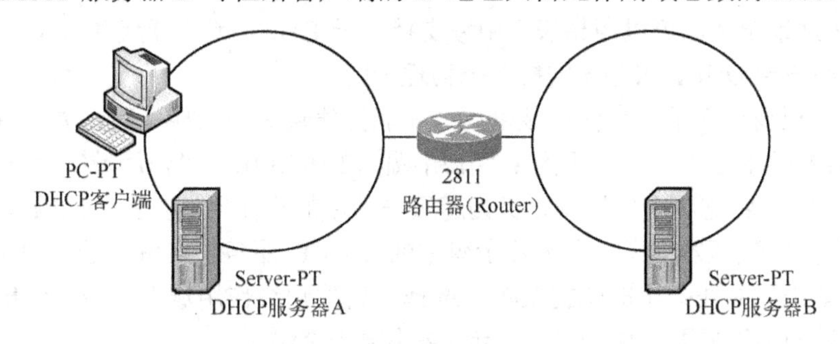

图 9-30　配置多台 DHCP 服务器

其中，DHCP 服务器 B 主要作为备用服务器。也就是说，平常由 DHCP 服务器 A 为客户端提供服务，而当其因故暂时无法提供服务时将改由 DHCP 服务器 B 来提供服务。建议将 DHCP 服务器 A 和客户端放在同一个网络中，以便该服务器能够优先对客户端提供服务，而作为备用服务器的 DHCP 服务器 B 应该放到另一个网络中。

2. 100/100 规则

如果 IP 作用域中的 IP 地址数量足够多，则在新建作用域时可以采用 100/100 规则。例如，在 DHCP 服务器 A 上新建了一个范围为 10.120.1.1～10.120.8.255 的作用域，但是将其中的 10.120.5.1～10.120.8.255 排除，也就是 DHCP 服务器 A 可租给客户端的 IP 地址范围为 10.120.1.1～10.120.4.255，假设其 IP 地址数量能够百分之百满足网络客户的需求；而在 DHCP 服务器 B 上也新建了一个范围为 10.120.1.1～10.120.8.255 的作用域，但是将其中的 10.120.1.1～10.120.4.255 排除，也就是 DHCP 服务器 B 可租给客户端的 IP 地址范围为 10.120.5.1～10.120.8.255，假设其 IP 地址数量也能够百分之百满足网络客户的需求。

可以将两台服务器都放在客户端所在的网络中，让两台服务器同时为客户端提供服务；也可以将其中一台放到另一个网络中，以便作为备用服务器。一般来说，图 9-30 中的 DHCP 服务器 A 会优先为网络的客户端提供服务，而在它因故无法提供服务时将改由 DHCP 服务器 B 继续提供服务。

9.3.2　创建和使用超级作用域

与 Windows Server 2003 一样，Windows Server 2008 也有一个被称为超级作用域的 DHCP 功能，它是一个可以将多个作用域创建为一个实体进行管理的功能，可以解决一个 IP

作用域内的 IP 地址不够用的问题。可以用超级作用域将 IP 地址分配给多网上的客户端。多网是指一个包含多个逻辑 IP 网络（逻辑 IP 网络是 IP 地址相连的地址范围）的物理网段。例如，可以在物理网段中支持 3 个不同的 C 类 IP 网络，这 3 个 C 类 IP 网络中的每个 C 类地址范围都定义为超级作用域中的子作用域。

因为使用单个逻辑 IP 网络更容易管理，所以很多情况下不会计划使用多网，但网络规模增长超过原有作用域中的可用地址数后，可以用多网进行过渡。也可能需要从一个逻辑 IP 网络迁移到另一个逻辑 IP 网络，就像改变 ISP 要改变地址分配一样。

在大型的网络中一般都会存在多个子网，DHCP 客户端通过网络广播消息获得 DHCP 服务器的响应后得到 IP 地址，但是这样的广播方式是不能跨越子网进行的。如果 DHCP 客户端和服务器在不同的子网内，客户端是不能直接向服务器申请 IP 地址的，所以要想实现跨越子网进行 IP 地址申请，可以用超级作用域支持位于 DHCP 或中断代理远端的 DHCP 客户端，这样可以用一台 DHCP 服务器支持多个物理子网。

在服务器上至少定义了一个作用域以后，才能创建超级作用域（防止创建空的超级作用域）。假设网络内已建立了 3 个作用域："作用域[192.168.1.0]"、"作用域[192.168.2.0]"、"作用域[192.168.3.0]"，将这 3 个作用域定义为超级作用域的子作用域，具体的操作步骤如下。

1）在"服务器管理器"窗口左侧目录树中的 DHCP 服务器名称下选中"IPv4"选项，使用鼠标右键单击它并在弹出的快捷菜单中选择"新建超级作用域"命令，弹出"欢迎使用新建超级作用域向导"界面，单击"下一步"按钮继续操作。

2）进入"超级作用域名"界面，如图 9-31 所示，在"名称"文本框中输入识别超级作用域的名称，如 DHCP-S，单击"下一步"按钮继续操作。

3）进入"选择作用域"界面，如图 9-32 所示，在"可用作用域"列表框中选择需要的作用域，按住〈Shift〉键可选择多个作用域，单击"下一步"按钮继续操作。

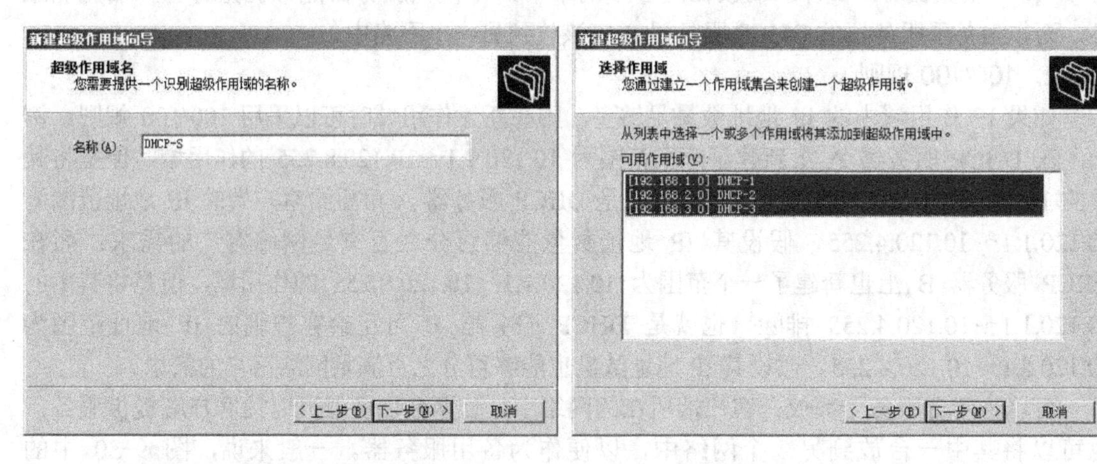

图 9-31 "超级作用域名"界面　　图 9-32 "选择作用域"界面

4）进入"正在完成新建超级作用域向导"界面，显示将要建立的超级作用域的相关信息，单击"完成"按钮，完成超级作用域的创建。

当超级作用域创建完成后，会显示在"服务器管理器"窗口中，如图 9-33 所示，原有的作用域就像是超级作用域的下一级目录，管理起来非常方便。

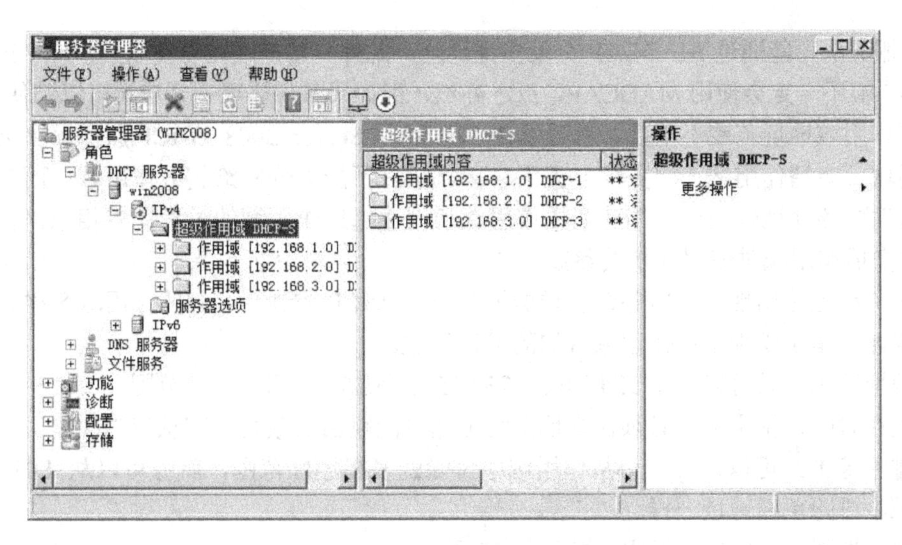

图 9-33　已创建好的超级作用域

如果需要，可以从超级作用域中删除一个或多个作用域，然后在服务器上重新构建作用域。从超级作用域中删除作用域并不会删除作用域本身或者停用它，只是让这个作用域直接位于服务器分支下面，而不再是超级作用域的子作用域，这样可以将其添加到不同的作用域中，或者在删除超级作用域时不影响超级作用域中的作用域。如果要从超级作用域中删除作用域，可以打开相应的超级作用域，在要删除的作用域上使用鼠标右键单击，在弹出的快捷菜单中选择“从超级作用域中删除”命令即可。

如果被删除的作用域是超级作用域中的唯一作用域，Windows Server 2008 也会移除这个超级作用域，因为超级作用域不能为空。如果选择删除超级作用域，则会删除超级作用域本身，但是不会删除下面的子作用域，这些子作用域会被直接放在 DHCP 服务器分支下显示，功能也不会受到影响，将继续响应客户端请求，它们只是不再为超级作用域的成员而已。

9.3.3　创建多播作用域

多播作用域（Multicast Scope）可以让 DHCP 服务器将多播地址（Multicast Address）出租给网络中的计算机。多播地址其实就是 D 类 IP 地址，范围为 224.0.0.0～239.255.255.255。

如果架设一台服务器，并利用这台服务器发送影片、音乐等到网络中的多台计算机上，可以为这台服务器申请一个多播的组地址，并要求其他计算机也注册到此组地址之下。该服务器就可以将影片、音乐等利用多播的方式发送给这个组地址，此时注册在这个地址之下的所有计算机都会接收到这些数据。因为数据包一次性被发送到多播地址，而不是分别发送到每个接收者的单播地址中，所以多播地址简化了管理，也减少了网络流量。就像给单个计算机分配单播地址一样，Windows Server 2008 DHCP 服务器可以将多播地址分配给一组计算机。

多播地址分配协议是多播地址客户端分配协议（Multicast Address Dynamic Client Allocation Protocol，MADCAP）。Windows Server 2008 可以同时作为 DHCP 服务器和 MADCAP 服务器独立工作。例如，一台服务器可能用 DHCP 服务通过 DHCP 分配单播地址，而另一台服务器可能通过 MADCAP 分配多播地址。此外，客户端可以使用其中一个或两个。DHCP 客户端不一定会使用 MADCAP，反之亦然，但如果条件需要，客户端可以都使用。

只要作用域地址范围不重叠，就可以在 Windows Server 2008 DHCP 服务器上创建多个多播作用域。多播作用域在服务器分支下直接显示，不能被分配给超级作用域；而超级作用域只能管理单播地址作用域。创建多播作用域和创建超级作用域的过程比较相似，在此仅列举出配置多播作用域时使用的相关参数。

- 名称：这是出现在“服务器管理器”窗口（DHCP 控制台）中的作用域名称。
- 描述：指定识别多播作用域目的的可选描述。
- 地址范围：只可以指定 224.0.0.0～239.255.255.255 之间的地址范围。
- 生存时间：指定流量必须在本地网络上通过的路由器数目，默认值为 32。
- 排除范围：可以定义一个从作用域中排除的多播地址范围，就像可以从 DHCP 作用域中排除单播地址一样。
- 租约期限：指定租约期限，默认是 30 天。

9.4 【扩展任务】DHCP 数据库的维护

【任务描述】

服务器在出现故障或瘫痪时，不得不重新安装或恢复系统。借助备份的 DHCP 数据库，就可以在系统恢复后还原 DHCP 数据库，然后迅速提供 DHCP 服务，并减小重新配置 DHCP 服务的难度。

【任务目标】

通过任务应当熟练掌握 DHCP 数据库的备份、还原、重新调整与迁移等操作。

9.4.1 DHCP 数据库的备份与还原

DHCP 服务器有 3 种备份机制：①它每隔 60min 自动将备份保存到备份文件夹下，这在微软术语中称为同步备份；②手动备份；③使用 Windows Server 2008 Backup 实用工具或第三方备份工具进行计划备份或按需备份。

DHCP 服务器中的设置数据全部存放在名为 dhcp.mdb 的数据库文件中。在 Windows Server 2008 系统中，该文件位于 C:\Windows\System32\dhcp 文件夹内，如图 9-34 所示。该文件夹内，dhcp.mdb 是主要的数据库文件，其他的文件是数据库文件的辅助文件。这些文件对 DHCP 服务器的正常工作起着关键作用，建议用户不要随意修改或删除。

DHCP 数据库是一个动态数据库，在向客户端提供租约或客户端释放租约时它会自动更新，DHCP 服务器默认会每隔 60min 自动将 DHCP 数据库文件备份到默认备份文件夹 C:\Windows\System32\dhcp\backup\new 中。出于安全的考虑，建议用户将此文件夹内的所有内容进行备份，可以备份到其他磁盘、磁带机上，以备系统出现故障时还原，或是直接将 C:\Windows\System32\dhcp 数据库文件复制出来。如果要想修改这个时间间隔（60min），可以通过修改 Backup Interval 这个注册表参数实现，它位于注册表项：HKEY_LOCAL_MACHINE\SYSTEM\CurrentControlSet\Services\DHCPserver\Parameters 中。

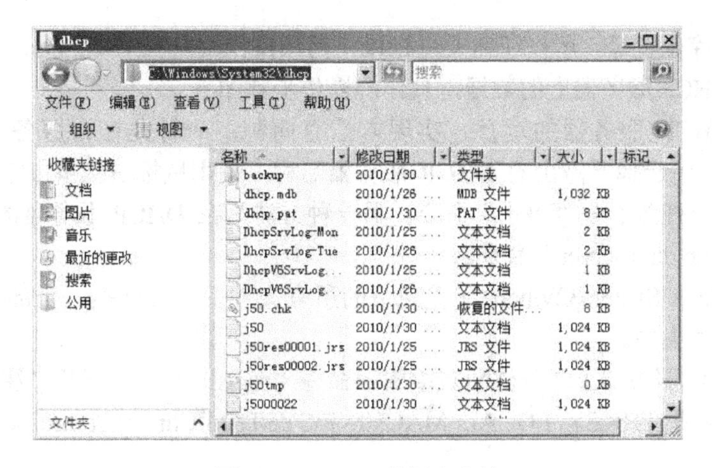

图 9-34　DHCP 数据库文件

为了保证所备份数据的完整性，以及备份过程的安全性，在对 C:\Windows\System32\dhcp\backup 文件夹内的数据进行备份时，必须先将 DHCP 服务器停止。

DHCP 服务器启动时，会自动检查 DHCP 数据库是否损坏，如果发现损坏，将自动用 C:\Windows\System32\dhcp\backup\new 文件夹内的数据进行还原。但如果 backup\new 文件夹中的数据也被损坏时，系统将无法自动完成还原工作，也无法提供相关的服务。

当备份文件夹（backup\new）中的数据被损坏时，先将原来备份的完好文件复制到 C:\Windows\System32\dhcp\backup\new 文件夹内，然后重新启动 DHCP 服务器，让 DHCP 服务器自动用新复制的数据进行还原。在对 C:\Windows\System32\dhcp\backup\new 文件夹内的数据进行还原时，必须先停止 DHCP 服务器。

9.4.2　DHCP 数据库的重新调整与迁移

DHCP 数据库在使用过程中，相关的数据因为不断被更改（如重新设置 DHCP 服务器的选项，新增 DHCP 客户端或有 DHCP 客户端离开网络等），所以其分布变得非常凌乱，会影响系统的运行效率。为此，当 DHCP 服务器使用一段时间后，一般建议用户利用系统提供的 jetpack.exe 程序对数据库中的数据进行重新调整，从而实现数据库的优化。

注意：Jetpack.exe 程序是一个字符型的命令程序，必须手工进行操作，下面是一个优化示范，供读者参考。

cd\windows\system32\dhcp　　(进入 dhcp 目录)

net stop dhcpserver　　(让 DHCP 服务器停止运行)

jetpack dhcp.mdb temp.mdb　(对 DHCP 数据库进行重新调整，其中 dhcp.mdb 是 DHCP 数据库文件，temp.mdb 是用于调整的临时文件)

net start dhcpserver　　(让 DHCP 服务器开始运行)

在网络的使用过程中，有可能需要用一台新的 DHCP 服务器更换原有的 DHCP 服务器，此时如果重新设置新的 DHCP 服务器就太麻烦了。一个简单且高效可行的解决方案就是将原来 DHCP 服务器中的数据库迁移到新的 DHCP 服务器上来。使用 DHCP 服务器的 3 种备份机制备份的内容，不会包括身份验证凭据、注册表设置或其他全局 DHCP 配置信息，如日志设备和数据库位置等，所以还需要进行以下两项操作。

备份原来DHCP服务器上的数据，具体的操作步骤如下。

1）停止 DHCP 服务器的运行。实现方法有两种：一种是在“服务器管理器”窗口（DHCP 控制台）中选择要停止的 DHCP 服务器名称，使用鼠标右键单击它并从弹出的快捷菜单中选择“所有任务”→“停止”命令；另一种方法是在 DHCP 服务器的 DOS 命令提示符下运行“net stop dhcpserver”命令。

2）将\Windows\System32\dhcp 文件夹下的所有文件及子文件夹，全部备份到新 DHCP 服务器的临时文件夹中。

3）在 DHCP 服务器上运行注册表编辑器命令“regedit.exe”，打开“注册表编辑器”窗口，展开注册表项“HKEY_LOCAL_MACHlNE\SYSTEM\CurrentControlSet\Services\DHCP-Server”。

4）在“注册表编辑器”窗口中，选择“注册表”菜单下的“导出注册表文件”选项，弹出“导出注册表文件”窗口，选择好保存位置，并输入该导出的注册表文件名称，在“导出范围”中选择“所选分支”选项，单击“保存”按钮，即可导出该分支的注册表内容。最后将该导出的注册表文件复制到新DHCP服务器的临时文件夹中。

5）删除原来 DHCP 服务器中\Windows\System32\dhcp 文件夹下的所有文件及子文件夹。如果该 DHCP 服务器在网络中还有其他用途（如作为 DHCP 客户端或其他类型的服务器），则需要删除dhcp下的所有内容，最后在原来的DHCP服务器上卸载DHCP服务。

将数据还原到新添加的DHCP服务器上，具体的操作步骤如下。

1）停止DHCP服务器。

2）将存储在临时文件夹内的所有文件和子文件夹（这些文件和文件夹全部从原来DHCP 服务器的\Windows\System32\dhcp 文件夹中备份而来）全部复制到新的 DHCP 服务器的\Windows\System32\dhcp文件夹内。

3）在新的 DHCP 服务器上运行注册表编辑器命令“regedit.exe”，在出现的“注册表编辑器”窗口中，展开“HKEY_LOCAL_MACHINE\SYSTEM\CurrentControlSet\Services\DHCP-Server”。

4）选择“注册表编辑器”窗口中“注册表”菜单下的“导入注册表文件”选项，弹出“导入注册表文件”对话框，选择从原来 DHCP 服务器上导出的注册表文件，单击“打开”按钮，即可导入到新DHCP服务器的注册表中。

5）重新启动计算机，打开“服务器管理器”窗口，使用鼠标右键单击相应的 DHCP 服务器名称，从弹出的快捷菜单中选择“所有任务”→“开始”命令，或在 DOS 命令提示符下运行“net start dhcpserver”命令，即可启动 DHCP 服务。当 DHCP 服务成功启动后，在“服务器管理器”窗口中，使用鼠标右键单击 DHCP 服务器名，选择快捷菜单中的“协调所有作用域”命令，即可完成DHCP数据库的迁移工作。

9.5 【单元实训】DHCP服务器的安装与配置

1. 实训目标

1）熟悉 Windows Server 2008 中 DHCP 服务器的安装。

2）掌握 Windows Server 2008 中 DHCP 服务器的配置。

3）熟悉 Windows Server 2008 中 DHCP 客户端的配置。

2. 实训设备

1）网络环境：已建好的 100Mbit/s 以太网络包含交换机（或集线器）、五类（或超五类）UTP 直通线若干、两台及以上数量的计算机（计算机配置要求 CPU 为 Intel Pentium 4 及以上，内存不小于 1GB，硬盘剩余空间不小于 20GB，有光驱和网卡）。

2）软件：Windows Server 2008 安装光盘，或硬盘中有全部的安装程序；VMware Workstation 6.5 安装源程序。

3. 实训内容

在第 1 单元实训的基础上完成如下操作。

1）运行虚拟操作系统 Windows Server 2008，为虚拟机保存一个还原点，以方便以后的实训调用这个还原点。

2）在虚拟操作系统 Windows Server 2008 中安装 DHCP 服务器，并设置其 IP 地址为 192.168.1.250，子网掩码为 255.255.255.0，网关和 DNS 分别为 192.168.1.1 和 192.168.1.2。

3）新建作用域名为 student.com，IP 地址的范围为 192.168.1.1~192.168.1.254，子网掩码长度为 24 位。

4）排除地址范围为 192.168.1.1~192.168.1.5、192.168.1.250~192.168.1.254（服务器使用及系统保留的部分地址）。

5）设置 DHCP 服务的租用期限为 24h。

6）设置该 DHCP 服务器向客户端分配的相关信息为：DNS 的 IP 地址为 192.168.1.2，父域名称为 teacher.com，路由器（默认网关）的 IP 地址为 192.168.1.1，WINS 服务器的 IP 地址为 192.168.1.3。

7）将 IP 地址 192.168.1.251（MAC 地址：00-00-3c-12-23-25）保留，用于 FTP 服务器使用，将 IP 地址 192.168.1.252（MAC 地址：00-00-3c-12-D2-79）保留，用于 WINS 服务器。

8）在 Windows XP 或 Windows 2000 Server 上测试 DHCP 服务器的运行情况，用 ipconfig 命令查看分配的 IP 地址以及 DNS、默认网关、WINS 服务器等信息是否正确，测试访问 WINS。

9.6 习题

一、填空题

（1）DHCP 采用__________________模式，有明确的客户端和服务器角色的划分。

（2）DHCP 服务器默认会每隔________自动将 DHCP 数据库文件备份到默认备份目录中。

（3）DHCP 客户端在____________租借时间过去以后，每隔一段时间就开始请求 DHCP 服务器更新当前租借时间。如果 DHCP 服务器应答，则租用延期。

（4）多播作用域只可以指定____________～____________之间的 IP 地址范围。

二、选择题

（1）关于 DHCP，下列说法中错误的是（　　）。

A．Windows Server 2008 DHCP 服务器（有线）默认租用期限是 6 天

B．DHCP 的作用是为客户端动态地分配 IP 地址

C．客户端发送 DHCP DISCOVERY 报文请求 IP 地址

D．DHCP 提供 IP 地址到域名的解析

（2）在 Windows 操作系统中，可以通过（　　）命令查看 DHCP 服务器分配给本机的 IP 地址。

A．ipconfig/all　　B．ipconfig/find　　C．ipconfig/get　　D．ipconfig/see

（3）在 Windows Server 2008 系统中，DHCP 服务器中的设置数据存放在名为 dhcp.mdb 的数据库文件中，该文件夹位于（　　）。

A．\winnt\dhcp　　B．\windows\system

C．\Windows\System32\dhcp　　D．\programs files\dhcp

（4）DHCP 服务的工作过程不包括（　　）。

A．IP 地址租约的发现阶段　　B．IP 地址租约的选择阶段

C．IP 地址租约的确认阶段　　D．IP 地址租约的终止阶段

三、问答题

（1）什么是 DHCP？引入 DHCP 有什么好处？

（2）动态 IP 地址方案有什么优点和缺点？简述 DHCP 服务器的工作过程。

（3）在 Windows Server 2008 中，如何进行 DHCP 数据库的备份和迁移？

（4）什么是 DHCP 中的 80/20 规则和 100/100 规则？为什么要这样设置？

第 10 单元　创建与管理 Web 服务

【单元描述】

FTP 服务、Web 服务和 E-mail 服务是 Internet 早期的三大应用。随着 Internet 的迅猛发展，通过 Internet 浏览信息、搜索下载所需的资源对于计算机用户已经不是什么难事了。而对于企业来说，通过架设 Web 服务可以更加轻松地实现信息共享和资源分享。

【单元情境】

三峡纵横科技信息技术有限公司是一家主要提供计算机网络建设与维护的网络技术服务公司，2008 年为一广告营销策划公司建设了企业内部网络系统，并架设专线接入了 Internet。该公司原来的网站是公司员工利用业余时间制作的静态网站，通过租用本省某公司的服务器空间发布。随着公司业务的不断扩大，越来越多的客户访问该公司的网站，原来网站的管理方式已不适合公司发展的现状。目前该公司计划架设一台专用的 Web 服务器，作为网络公司的技术人员，你如何利用 Web 服务器发布与管理该企业网站的相关信息？

10.1 【知识导航】IIS 概述

10.1.1 IIS 7.0 简介

Windows Server 2008 是一个集互联网信息服务（IIS 7.0）、ASP.NET、Windows Communication Foundation 以及 Windows SharePoint Services 于一身的平台。IIS 7.0 是对现有的 IIS Web 服务器的重大改进，并在集成网络平台技术方面发挥着重要作用。IIS 7.0 的主要特征包括提供了更加有效的管理工具，提高了安全性能以及减少了支持费用。这些特征使集成式的平台能够为网络解决方案提供集中式的、连贯性的开发与管理模型。

IIS 7.0 是对现有的 IIS Web 服务器的重大改进，并在集成网络平台技术方面发挥着重要作用。与以前版本 Windows 中整合的 IIS 相比，IIS 7.0 加入了更多的安全方面的设计，用户现在可以通过微软公司的.NET 语言来运行服务器端的应用程序。除此之外，通过 IIS 7.0 新的特性来创建模块将会减少代码在系统中的运行次数，将遭受黑客脚本攻击的可能性降至最低。总的来说，IIS 7.0 中有 5 个最为核心的增强特性。

1. 完全模块化

熟悉 Apache Web Server 的用户肯定知道这款软件最大的优势就在于定制化，用户可以配置为只能显示静态的 HTML，也可以动态加载不同的模块以允许不同类型的服务内容。而以前版本的 IIS 却无法很好地实现这一特性，并且会导致两方面的问题：一是由于过多用户并未使用的特性对于代码的影响，性能方面有时不能让用户满意；二是由于默认的接口过多所造成的安全隐患。而 IIS 7.0 就解决了这个问题，它在核心层被分割成了 40 多个不同功能的模块，诸如验证、缓存、静态页面处理和目录列表等功能全部被模块化，这意味着 Web 服务器可以按照用户的运行需要来安装相应的功能模块。这样可能存在安全隐患和不需要的模块将不会再加载到内存中去的情况，程序的受攻击面减小了，同时性能方面也得到了增强。

2. 通过文本文件配置

IIS 7.0 在管理工具中使用了新的分布式 web.config 配置系统。IIS 7.0 不再拥有单一的 metabase 配置储存，而是使用和 ASP.NET 支持的同样的 web.config 文件模型，允许用户把配置和 Web 应用的内容一起存储和部署。无论有多少站点，用户都可以通过 web.config 文件直接配置，这样当设备需要挂接大量的网站时，管理员只需要复制之前做好的任意一个站点的 web.config 文件，然后把设置和 Web 应用一起传送到远程服务器上就可以在很短的时间之内完成。同时，管理工具支持委派管理功能，可以将一些确定的 web.config 文件通过委派的方式委派给网络中其他的用户，这样就不用为站点的每一个微小变化而费心。版本控制同样简单，用户只需要在组织中保留不同版本的文本文件，然后在必要的时候恢复它们就可以了。

3. 图形模式管理工具

IIS 4.0 到 IIS 6.0 提供给用户的管理控制台操作起来并不十分方便，而且由于技术等原因的限制，用户很难通过统一的界面来实现全部的管理工作。在 IIS 7.0 中，用户可以用管理工具在 Windows 客户端上创建和管理任意数目的网站，而不再局限于单个网站。和以前版本的 IIS 相比，IIS 7.0 的管理界面也更加友好和强大，再加上 IIS 7.0 的管理工具是可以被扩展的，意味着用户可以添加自己的模块到管理工具里，为自己的 Web 网站运行时模块和配置设置提供管理支持。

4. 安全方面的增强

以前版本的 IIS 安全问题主要集中在有关.NET 程序的有效管理以及权限管理方面，而 IIS 7.0 正是针对 IIS 服务器遇到的安全问题而进行了相应的改进。在 IIS 7.0 中，ASP.NET 管理设置集成到单个管理工具中，用户可以在一个窗口中查看和设置认证和授权规则，而不需要像以前那样要通过多个不同的对话框来进行操作，这给管理人员提供了一个更加集中和清晰的用户界面，以及 Web 平台上统一的管理方式。在 IIS 7.0 中，.NET 应用程序直接通过 IIS 程序运行而不再发送到 Internet Server API 扩展上，这样就减少了可能存在的风险，并且提升了性能，同时管理工具内置对 ASP.NET 3.0 的成员和角色管理系统提供管理界面的支持，这意味着用户可以在管理工具中创建和管理角色和用户以及给用户指定角色。

5. 集成 ASP.NET

在以前版本的 IIS 中，开发人员需要编写 ISAPI 扩展以及过滤器来扩展服务器的功能。除了开发人员编写麻烦，ISAPI 在如何接入服务器以及允许开发人员定制方面也是非常有限。例如，ASP.NET 是以 ISAPI 扩展的方式实现的，无法在 ISAPI 扩展中实现 URL 重写代码，如果把运行时间长的程序编写成 ISAPI 过滤器，结果是将占用 Web 服务器的 I/O 线程，而这也正是不让托管程序在请求的过滤器执行阶段运行的原因。IIS 7.0 中的重大变动不仅是 ASP.NET 本身从以 ISAPI 的实现形式变成直接接入 IIS 7.0 管道的模块，还能够通过一个模块化的请求管道架构来实现丰富的扩展性。用户可以通过在 Web 服务器注册一个 HTTP 扩展性模块，在任一个 HTTP 请求周期的任何地方编写程序。这些扩展性模块可以使用 C++程序或者.NET 托管程序来编写。同时认证、授权、目录清单支持、经典 ASP、记录日志等功能，都可以使用这个公开模块化的管道 API 来实现。

10.1.2 Web 服务器简介

Web 服务器就是用来搭建基于 HTTP 的 WWW 网页的计算机，通常这些计算机都采用 Windows Server 版本的操作系统或者 UNIX/Linux 操作系统，以确保服务器具有良好的运行效率和稳定的运行状态。目前互联网的 Web 平台种类繁多，各种软硬件组合的 Web 系统也很多，下面就来介绍 Windows 平台下的常用的两种 Web 服务器。

1．IIS

微软公司的 Web 服务器产品是 IIS，它是目前较流行的 Web 服务器产品之一，很多网站都建立在 IIS 的平台上。IIS 提供了一个图形界面的管理工具，称为 Internet 服务管理器，可用于监视配置和控制 Internet 服务。在 IIS 中包括了 Web 服务器、FTP 服务器、NNTP 服务器和 SMTP 服务器等，分别用于网页浏览、文件传输、新闻服务和邮件发送等方面，它使得在 Internet 或者局域网中发布信息成了一件比较容易的事。

2．Apache

Apache 源于 NCSAhttpd 服务器，经过多次修改，成为目前世界上较流行的 Web 服务器软件之一。Apache 是自由软件，所以不断有人来为它开发新的功能，这样会带来新的特性并修改原来的缺陷。Apache 的特点是简单、速度快、性能稳定，并可作为代理服务器使用。本来它只用于小型或实验 Internet 网络，后来逐步扩大到各种 UNIX 系统中，尤其对 Linux 的支持相当好。Apache 是以进程为基础的结构，进程要比线程消耗更多的系统开支，不太适合于多处理器环境，因此，在一个 Apache Web 站点扩容时，通常是增加服务器或扩充群集节点而不是增加处理器。到目前为止，Apache 仍然是世界上用得最多的 Web 服务器之一，世界上很多著名的网站都是 Apache 的产物，它的成功之处主要在于它的源代码开放、有一支开放的开发队伍、支持跨平台的应用以及它的可移植性等方面。

除了以上两种大家比较熟悉的 Web 服务器外，还有 IBM WebSphere、BEA WebLogic、IPlanet Application Server、Oracle IAS、Tomcat 等 Web 服务器产品。

10.2 【新手任务】IIS 的安装与 Web 服务的基本设置

【任务描述】

Windows Server 2008 内置的 IIS 7.0 在默认情况下并没有被安装，因此使用 Windows Server 2008 架设 Web 服务器进行网站发布时，首先必须安装 IIS 7.0 组件，然后再进行与 Web 服务相关的基本设置。

【任务目标】

通过任务熟悉 IIS 7.0 组件的安装步骤，掌握测试 IIS 7.0 安装成功的方法以及 Web 服务器上网站目录、默认页等的基本设置。

10.2.1 环境设置与安装 IIS

如果架设的 IIS 网站（Web 服务器）是为 Internet 用户提供服务的，则此网站应该有一个网址，如 www.cninfo.com，而想要拥有这样一个网址，需要先完成以下工作。

- 申请 DNS 域名：可以向 Internet 服务提供商（ISP）申请 DNS 域名。
- 注册管理此域的 DNS 服务器：需要将网站的网址（www.cninfo.com）与 IP 地址输入到管理此域（cninfo.com）的 DNS 服务器中，以便让 Internet 上的计算机通过 DNS 服务器得到网站的 IP 地址。可以在公司内部架设此 DNS 服务器，不过需要让外界知道此 DNS 服务器的 IP 地址，也就是注册此 DNS 服务器的 IP 地址，可以在域名申请服务机构的网站上注册，也可以直接使用域名申请服务机构的 DNS 服务器。
- 在 DNS 服务器上新建网站的主机记录：需要在管理此域的 DNS 服务器中新建主机记录（A），它记录着网站的网址与 IP 地址信息。

安装 IIS 7.0 必须具备管理员权限，即使用管理员（Administrator）权限登录，这是 Windows Server 2008 新的安全功能，具体的操作步骤如下。

1）在服务器中选择"开始"→"服务器管理器"命令打开"服务器管理器"窗口，选择左侧"角色"一项之后，单击右侧的"添加角色"链接，启动"添加角色向导"对话框。

2）单击"下一步"按钮，进入"选择服务器角色"界面，选中"Web 服务器（IIS）"复选框，由于 IIS 依赖 Windows 进程激活服务（WAS），因此会出现进程激活服务功能的对话框，如图 10-1 所示，单击"添加必需的功能"按钮，然后在"选择服务器角色"界面中单击"下一步"按钮继续操作。

3）在如图 10-2 所示的"Web 服务器（IIS）"界面中，对 Web 服务器（IIS）进行了简要介绍，在此单击"下一步"按钮继续操作。

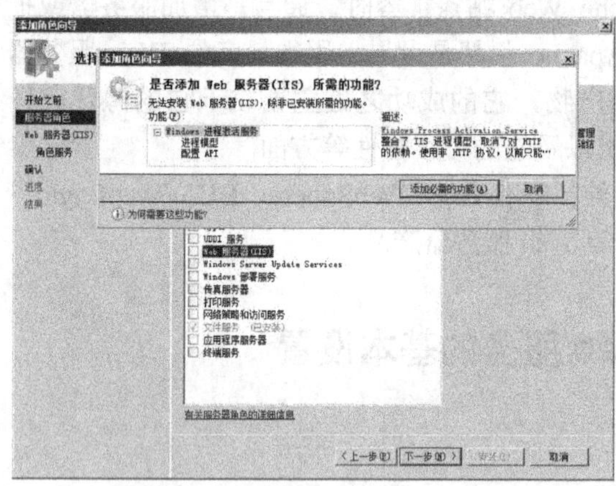

图 10-1　添加 Web 服务器（IIS）

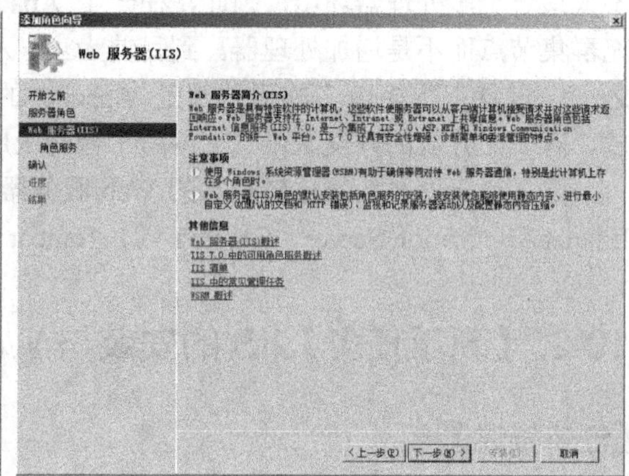

图 10-2　Web 服务器（IIS）简介

4）进入"选择角色服务"界面，如图 10-3 所示，单击每一个服务选项，右侧区域会显示该服务相关的详细描述，一般采用默认的选择即可，如果有特殊要求则可以根据实际情况进行选择。

5）单击"下一步"按钮，进入"确认安装选择"界面，如图 10-4 所示，显示了 Web 服务器安装的详细信息，确认后可以单击"安装"按钮。

6）安装 Web 服务器之后，在如图 10-5 所示的对话框中可以查看到 Web 服务器安装完成的提示，此时单击"关闭"按钮退出添加角色向导。

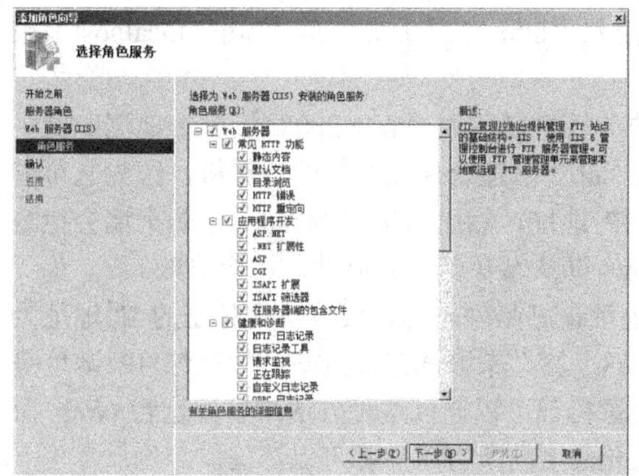

图 10-3　选择为 Web 服务安装的角色服务

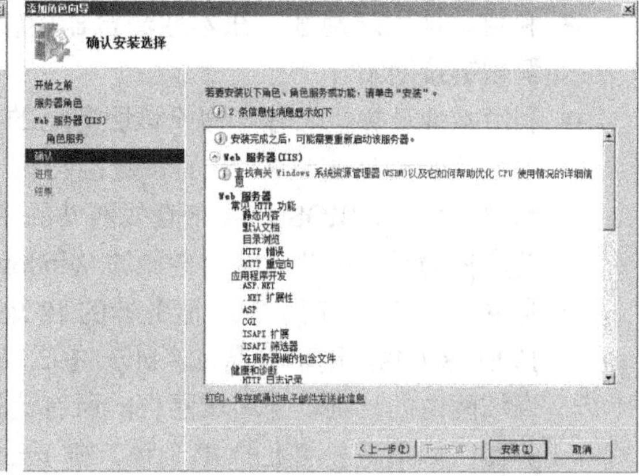

图 10-4　Web 服务器确认安装信息

7）完成上述操作之后，依次选择“开始”→“管理工具”→“Internet 信息服务管理器”命令，打开“Internet 信息服务（IIS）管理器”窗口，可以发现 IIS 7.0 的界面和以前版本有了很大的改变，在起始页中显示的是 IIS 的连接任务，如图 10-6 所示。

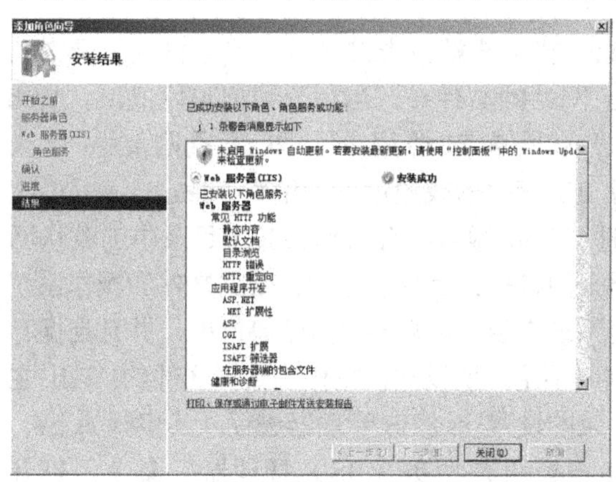

图 10-5　安装结果

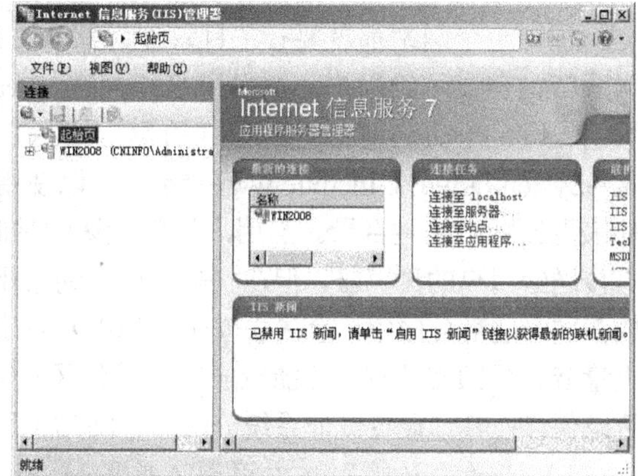

图 10-6　IIS 7.0 界面

安装完 IIS 7.0 后还要测试是否安装正常，若 IIS 7.0 安装成功，则会出现如图 10-7 所示的页面。建议使用以下 4 种测试方法来进行测试。

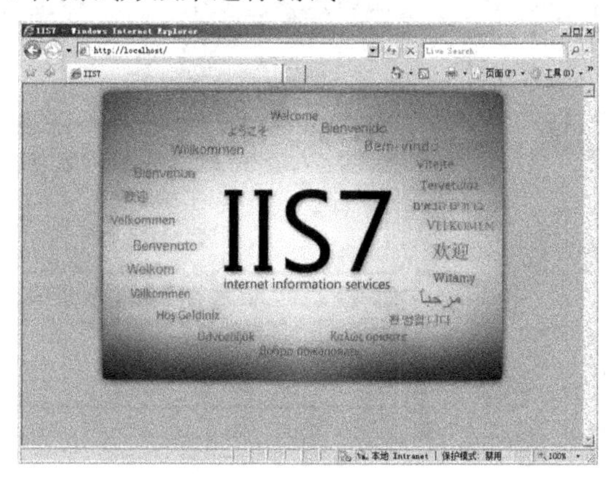

图 10-7　Web 测试页面

- 利用本地回送地址：在本地浏览器中输入“http://127.0.0.1”或“http://localhost”来测试链接网站。
- 利用本地计算机名称：假设该服务器的计算机名称为“WIN2008”，在本地浏览器中输入“http://win2008”来测试链接网站。此方法适合局域网内的计算机，因为它可能需要利用 NetBIOS 广播来查找网站的 IP 地址，然而网站的 Windows 防火墙会拦截此广播消息，因此应将服务器的 Windows 防火墙关闭，否则此方法会失败。
- 利用 IP 地址：作为 Web 服务器的 IP 地址最好是静态的，假设该服务器的 IP 地址为 192.168.1.28，则可以通过“http://192.168.1.28”来测试链接网站。如果该 IP 地址是局域网内的，则位于局域网内的所有计算机都可以通过这种方法来访问这台 Web 服务器；如果是公网上的 IP 地址，则 Internet 上的所有用户都可以访问。
- 利用 DNS 域名：如果这台计算机上安装了 DNS 服务，网址为 www.cninfo.com，并将 DNS 域名与 IP 地址注册到 DNS 服务内，可通过网址“http://www.cninfo.com”来测试链接网站。

10.2.2 网站主目录设置

任何一个网站都需要有主目录作为默认目录，当客户端请求链接时，就会将主目录中的网页等内容显示给用户。主目录是指保存 Web 网站的文件夹，当用户访问该网站时，Web 服务器会自动将该文件夹中的默认网页显示给客户端用户。默认的网站主目录是%SystemDrive%:\Inetpub\wwwroot，可以使用 IIS 管理器或通过直接编辑 MetaBase.xml 文件来更改网站的主目录。当用户访问默认网站时，Web 服务器会自动将其主目录中的默认网页传送给用户的浏览器。但在实际应用中通常不采用该默认目录，因为将数据文件和操作系统放在同一磁盘分区中，会失去安全保障以及发生系统安装、恢复不太方便等问题，并且当保存大量音、视频文件时，可能造成磁盘或分区的空间不足，所以建议将作为数据文件的 Web 主目录保存在其他硬盘或非系统分区中。网站主目录的设置通过 IIS 管理器进行，其步骤如下：

1）选择“开始”→“管理工具”→“Internet 信息服务（IIS）管理器”命令，打开“Internet 信息服务（IIS）管理器”窗口，IIS 管理器采用了三列式界面，双击对应的 IIS 服务器，可以看到“功能视图”中有 IIS 默认的相关图标以及“操作”窗格中的对应操作，如图 10-8 所示。

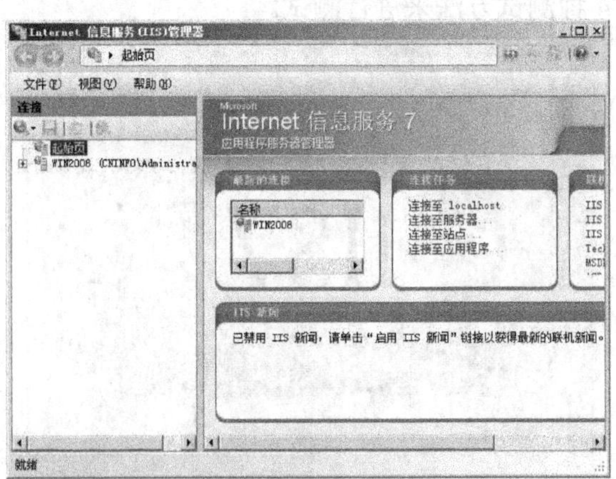

图 10-8 Internet 信息服务（IIS）管理器

2）在“连接”窗格中，展开目录树中的“网站”节点，有系统自动建立的默认 Web 站点“Default Web Site”，可以直接利用它来发布网站，也可以建立一个新网站，如图 10-9 所示。

3）本步骤利用系统创建的“Default Web Site”站点进行网站的基本设置：在“操作”窗格下，单击“浏览”链接，将打开系统默认的网站主目录 C:\Inetpub\wwwroot，如图 10-10 所示。当用户访问此默认网站时，浏览器将会显示“主目录”中的默认网页，即 wwwroot 文件夹中的 iisstart 页面。

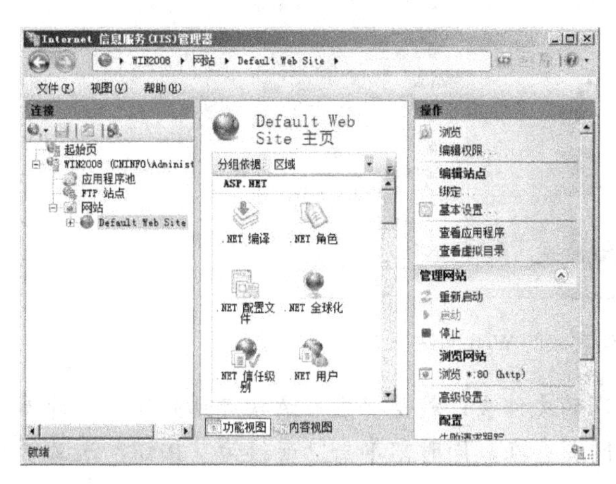

图 10-9　默认 Web 网站

图 10-10　默认主目录

4）本步骤是创建一个新的 Web 网站：在“连接”窗格中选取“网站”，单击鼠标右键，在弹出的快捷菜单中选择“添加网站”命令开始创建一个新的 Web 网站，在弹出的“添加网站”对话框中，设置 Web 网站的相关参数，如图 10-11 所示。例如，网站名称为“龙马广告”，物理路径也就是 Web 网站的主目录可以选取网站文件所在的文件夹 C:\lmgg，Web 网站 IP 地址和端口号可以直接在“IP 地址”下拉列表中选取系统默认的 IP 地址。

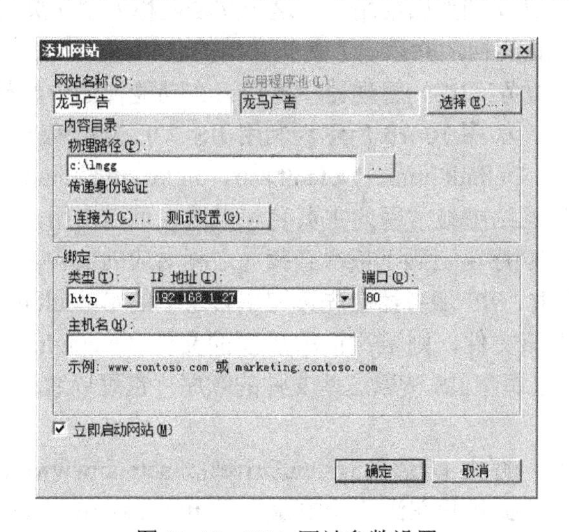

图 10-11　Web 网站参数设置

5）完成之后返回到“Internet 信息服务（IIS）管理器”窗口，就可以查看到刚才新建的“龙马广告”的网站了，如图 10-12 所示。

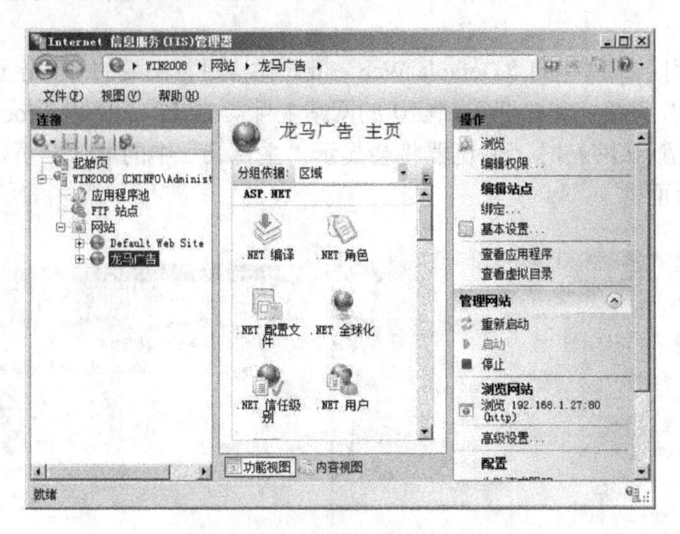

图 10-12　创建完成的 Web 网站

提示：也可以在物理路径中输入远程共享的文件夹，就是将主目录指定到另外一台计算机内的共享文件夹，当然该文件夹内必须有网页存在，同时需单击“连接为”按钮，还必须指定一个有权访问此文件夹的用户名和密码。

10.2.3　网站默认页设置

通常情况下，Web 网站都需要一个默认文档，当在 IE 浏览器中使用 IP 地址或域名访问时，Web 服务器会将默认文档回应给浏览器，并显示内容。当用户浏览网页时没有指定文档名时，例如，输入的是“http://192.168.1.28”，而不是“http://192.168.1.28/default.htm”，IIS 服务器会把事先设定的默认文档返回给用户，这个文档就称为默认页面。在默认情况下，IIS 7.0 的 Web 站点启用了默认文档，并预设了默认文档的名称。

打开“Internet 信息服务（IIS）管理器”窗口，在功能视图中选择“默认文档”图标，双击查看网站的默认文档，如图 10-13 所示。利用 IIS 7.0 搭建 Web 网站时，默认文档的文件名有 6 个，分别为：Default.htm、Default.asp、index.htm、index.html、iisstart.htm 和 default.aspx，这也是一般网站中最常用的主页名。当然也可以由用户自定义默认网页文件。在访问时，系统会自动按顺序由上到下依次查找与之相对应的文件名。当用户在浏览器中输入“http://192.168.1.28”时，IIS 服务器会先读取主目录下的 Default.htm（列表中最上面的文件），若在主目录内没有该文件，则依次读取后面的文件（Default.asp 等）。可以通过单击“上移”和“下移”按钮来调整 IIS 读取这些文件的顺序，也可以通过单击“添加”按钮，来添加默认网页。

由于这里系统默认的主目录 %SystemDrive%:\Inetpub\wwwroot 内只有一个名为 iisstart.htm 的网页文件，因此用户在浏览器中输入“http://192.168.1.28”时，IIS 服务器会将此网页传递给用户的浏览器，如图 10-14 所示。若在主目录中找不到列表中的任何一个默认文件，则用户的浏览器界面会出现如图 10-15 所示的情况。

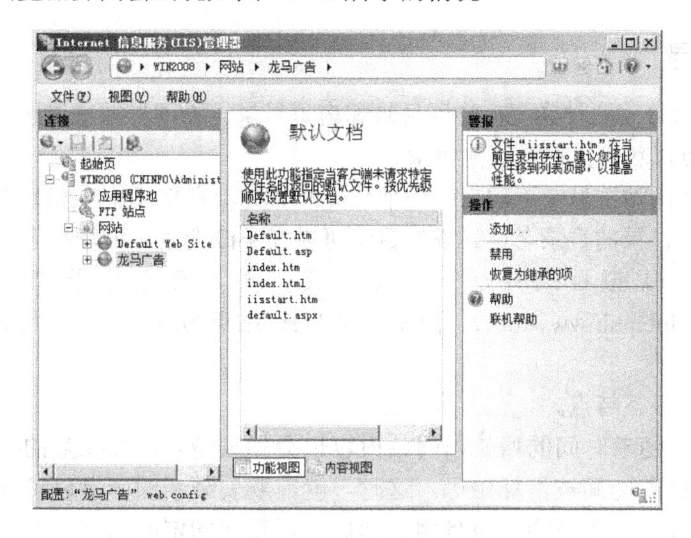

图 10-13 默认文档

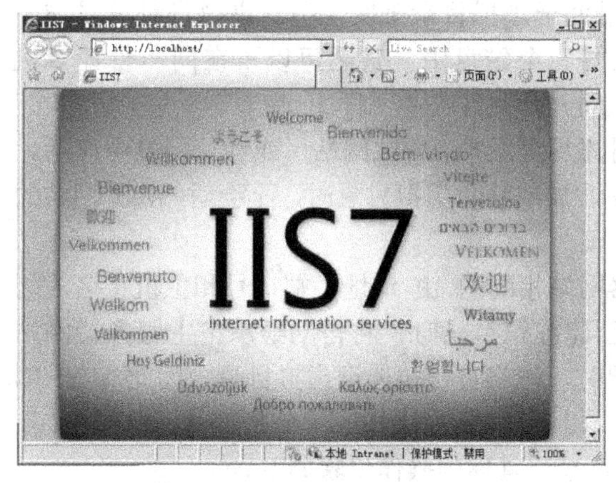

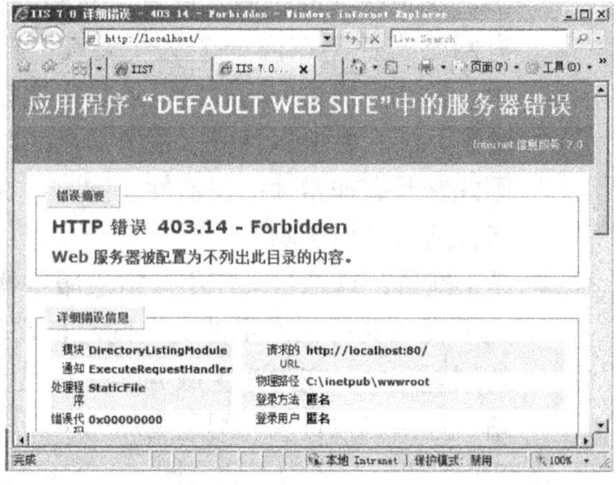

图 10-14 默认网页（iisstart.htm） 图 10-15 找不到默认文件时浏览器显示的内容

10.3 【扩展任务】虚拟目录与虚拟主机技术

【任务描述】

由于站点磁盘的空间是有限的，同时一个站点只能指向一个主目录，随着网站内容的不断增加，可能出现磁盘容量不足的问题，网络管理员可以通过创建虚拟目录来解决此问题。为了节约硬件资源，降低成本，网络管理员可以通过虚拟主机技术在一台服务器上创建多个网站。

【任务目标】

通过任务熟练掌握创建与管理虚拟目录的技术，熟练掌握在同一台主机上创建单个和多个 Web 网站的技术。

10.3.1 虚拟目录

Web 中的目录分为两种类型：物理目录和虚拟目录。物理目录是位于计算机物理文件系统中的目录，它可以包含文件及其他目录。

虚拟目录是在网站主目录下建立的一个友好的名称，它是 IIS 中指定并映射到本地或远程服务器上的物理目录的目录名称。虚拟目录可以在不改变别名的情况下，任意改变其对应的物理文件夹。虚拟目录只是一个文件夹，并不真正位于 IIS 宿主文件夹内（%SystemDrive%:\Inetpub\wwwroot）。但在访问 Web 站点的用户看来，则如同位于 IIS 的宿主文件夹一样。

虚拟目录具有以下特点。

- 便于扩展：随着时间的增长，网站内容也会越来越多，而磁盘的有效空间会越来越少，最终硬盘空间被消耗殆尽。这时，就需要安装新的硬盘以扩展磁盘空间，并把原来的文件都移到新增的磁盘中，然后，再重新指定网站文件夹。而事实上，如果不移动原来的文件，而以新增磁盘作为该网站的一部分，就可以在不停机的情况下，实现磁盘的扩展。此时，就需要借助于虚拟目录来实现了。虚拟目录可以与原有网站文件不在同一个文件夹或不在同一个磁盘中，甚至可以不在同一台计算机中。但在用户访问网站时，还觉得像在同一个文件夹中一样。
- 增删灵活：虚拟目录可以根据需要随时添加到虚拟 Web 网站，或者从网站中移除。因此它具有非常大的灵活性。同时，在添加或移除虚拟目录时，不会对 Web 网站的运行造成任何影响。
- 易于配置：虚拟目录使用与宿主服务器网站相同的 IP 地址、端口号和主机头名，因此不会与其标识产生冲突。同时，在创建虚拟目录时，将自动继承宿主服务器网站的配置，并且在对宿主服务器网站配置时，也将直接传递至虚拟目录，因此 Web 网站（包括虚拟目录）配置更加简单。

现在来创建一个名为“公司网站”的虚拟目录，具体的操作步骤如下。

1）在 IIS 服务器 C 盘下新建一个文件夹 web，并且在该文件夹内复制网站的所有文件，查看主页文件 index.htm 的内容，并将其作为虚拟目录的默认首页。

2）在“Internet 信息服务（IIS）管理器”窗口的“连接”窗格中，选择“龙马广告”网站，然后在“操作”窗格中，单击“查看虚拟目录”链接，然后在“虚拟目录”页的“操作”窗格中，单击“添加虚拟目录”链接，如图 10-16 所示（或者用鼠标右键单击“龙马广告”网站，在弹出的快捷菜单中选择“添加虚拟目录”命令）。

3）弹出“添加虚拟目录”对话框，在“别名”文本框中输入“公司网站”，在“物理路径”文本框中选择“C:\web”，如图 10-17 所示。

4）单击“确定”按钮，返回“Internet 信息服务（IIS）管理器”窗口，在“连接”窗格中可以看到“龙马广告”网站下新建立的虚拟目录“公司网站”，如图 10-18 所示。

5）在“操作”窗格中，单击“管理虚拟目录”下的“高级设置”链接，弹出“高级设置”对话框，可以对虚拟目录的相关设置进行修改，如图 10-19 所示。

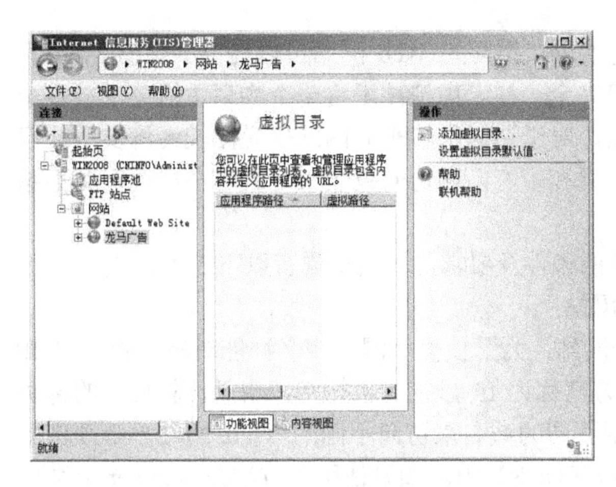

图 10-16 查看虚拟目录

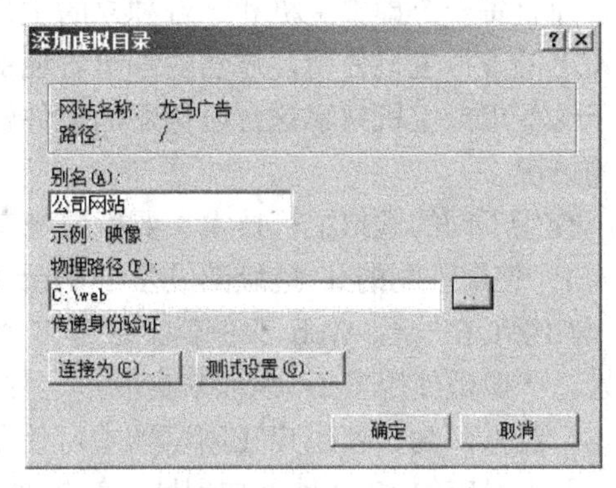

图 10-17 添加虚拟目录

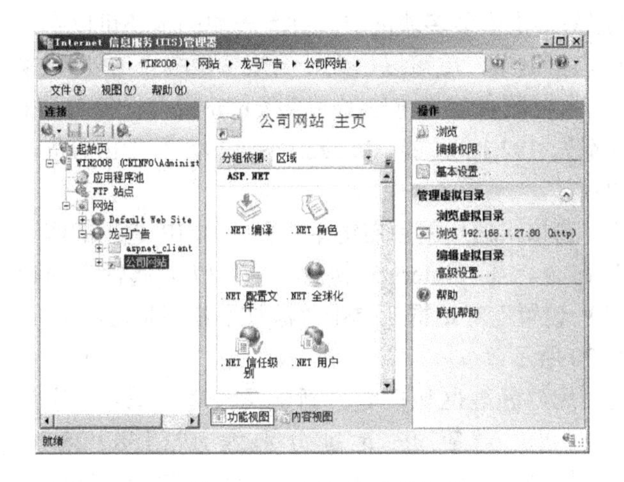

图 10-18 创建的虚拟目录

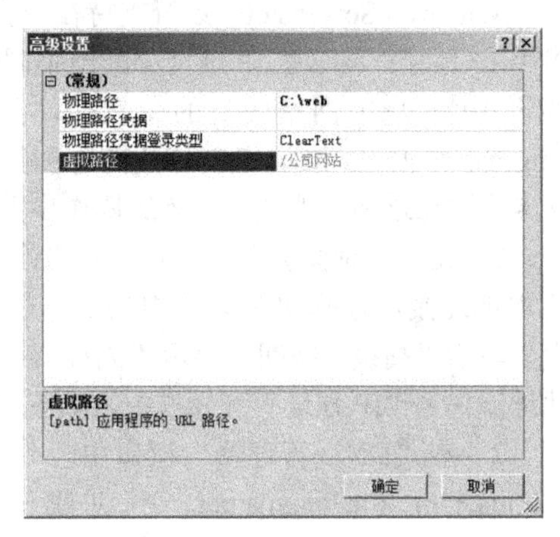

图 10-19 “高级设置”对话框

10.3.2 虚拟主机技术

使用 IIS 7.0 可以很方便地架设 Web 网站。虽然在安装 IIS 时系统已经建立了一个默认 Web 网站，直接将网站内容放到其主目录或虚拟目录中即可使用，但最好还是重新设置，以保证网站的安全。如果需要，还可以在一台服务器上建立多个虚拟主机，来实现多个 Web 网站，这样可以节约硬件资源、节省空间，降低能源成本。

虚拟主机的概念对于 ISP 来讲非常有用，因为虽然一个组织可以将自己的网页挂在具备其他域名的服务器上的下级网址上，但使用独立的域名和根网址更为正式，易为众人接受。传统上，必须自己设立一台服务器才能达到单独域名的目的，然而这需要维护一个单独的服务器，很多小单位缺乏足够的维护能力，所以更为合适的方式是租用别人维护的服务器。ISP 也没有必要为每一个机构提供一个单独的服务器，因为完全可以使用虚拟主机，使服务器为多个域名提供 Web 服务，而且不同的服务互不干扰，对外就表现为多个不同的服务器。

使用 IIS 7.0 的虚拟主机技术，通过分配 TCP 端口、IP 地址和主机头名，可以在一台服务器上建立多个虚拟 Web 网站，每个网站都具有唯一的由端口号、IP 地址和主机头名 3 部分组成的网站标识，用来接收来自客户端的请求，不同的 Web 网站可以提供不同的 Web 服务，而且每一个虚拟主机和一台独立的主机完全一样。虚拟技术将一个物理主机分割成多个逻辑上的虚拟主机使用，显然能够节省经费，对于访问量较小的网站来说比较经济实用，但由于这些虚拟主机共享这台服务器的硬件资源和带宽，在访问量较大时就容易出现资源不够用的情况。

使用不同的虚拟主机技术，要根据现有的条件及要求，一般来说有以下 3 种方式。

1. 使用不同的 IP 地址架设多个 Web 网站

如果要在一台 Web 服务器上创建多个网站，为了使每个网站域名都能对应于独立的 IP 地址，一般都使用多 IP 地址来实现，这种方案称为 IP 虚拟主机技术，也是比较传统的解决方案。当然，为了使用户在浏览器中可使用不同的域名来访问不同的 Web 网站，必须将主机名及其对应的 IP 地址添加到域名解析系统（DNS）中。如果使用此方法在 Internet 上维护多个网站，也需要通过 InterNIC 注册域名。

Windows Server 2008 系统支持在一台服务器上安装多块网卡，并且一块网卡还可以绑定多个 IP 地址。将这些 IP 地址分配给不同的虚拟网站，就可以达到一台服务器多个 IP 地址来架设多个 Web 网站的目的。例如，要在一台服务器上创建 www.longma.com 和 www.longma.net 两个网站，其对应的 IP 地址分别为 192.168.1.28 和 192.168.1.29，需要在服务器网卡中添加这两个地址，具体的操作步骤如下。

1）在“控制面板”中打开“网络连接”窗口，使用鼠标右键单击要添加 IP 地址的网卡的本地连接，选择快捷菜单中的“属性”命令。在“Internet 协议（TCP/IP）属性”窗口中，单击“高级”按钮，显示“高级 TCP/IP 设置”对话框。单击“添加”按钮将这两个 IP 地址添加到“IP 地址”列表框中，如图 10-20 所示。

2）在“DNS 管理器”窗口中，分别使用“新建区域向导”新建两个域，域名分别为 longma.com 和 longma.net，并创建相应主机，对应 IP 地址分别为 192.168.1.28 和 192.168.1.29，使不同 DNS 域名与相应的 IP 地址对应起来，如图 10-21 所示，这样，Internet 上的用户才能够使用不同的域名来访问不同的网站。

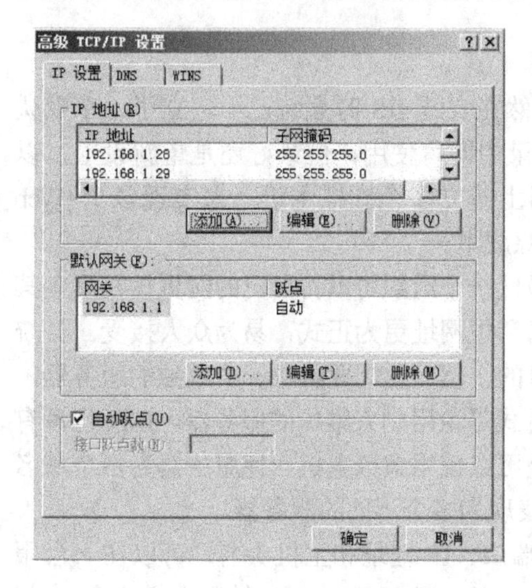

图 10-20　添加网卡地址

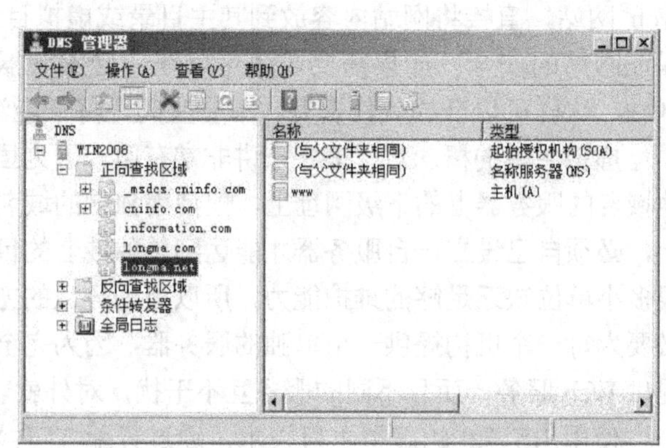

图 10-21　添加 DNS 域名

3）在 IIS 管理器窗口的“连接”窗格中选择“网站”节点，在“操作”窗格中单击“添加网站”链接，或用鼠标右键单击“网站”节点，在弹出的快捷菜单中选择“添加网站”命令，弹出“添加网站”对话框，在“网站名称”文本框中输入“龙马广告”，在“物理路径”文本框中选择“c:\lmgg\com”，在“IP 地址”下拉列表中选择“192.168.1.28”，在“主机名”文本框中输入“www.longma.com”，如图 10-22 所示。

4）重复步骤 3），在“添加网站”对话框中的“网站名称”文本框中输入“龙马在线”，在“物理路径”文本框中选择“c:\lmgg\net”，在“IP 地址”下拉列表中选择“192.168.1.29”，在“主机名”文本框中输入“www.longma.net”，如图 10-23 所示。

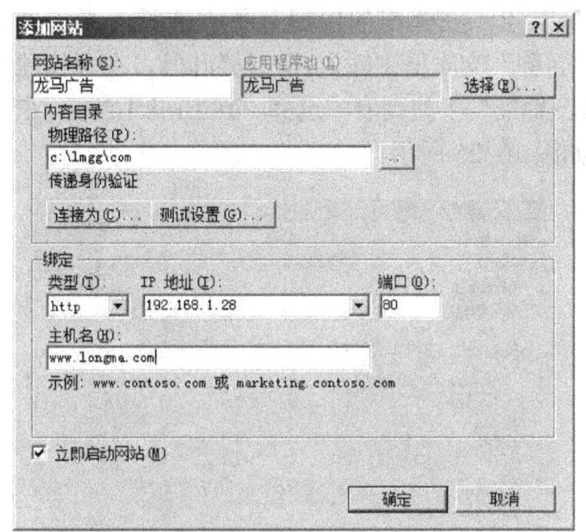

图 10-22　添加网站 1

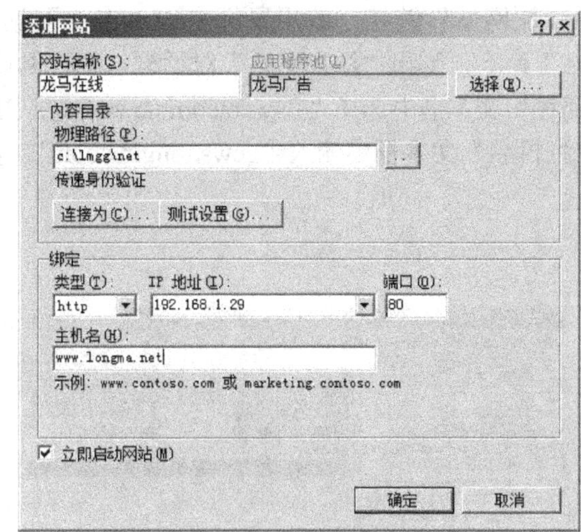

图 10-23　添加网站 2

5）在 IE 浏览器中输入“http://www.longma.com”和“http://www.longma.net”，可以访问在同一个服务器上的两个网站。

2．使用不同端口号架设多个 Web 网站

IP 地址资源越来越紧张，有时需要在 Web 服务器上架设多个网站，但计算机却只有一个 IP 地址，那么使用不同的端口号也可以达到架设多个网站的目的。其实，用户访问所有的网站都需要使用相应的 TCP 端口，Web 服务器默认的 TCP 端口为 80，如图 10-22 和图 10-23 所示，在用户访问时不需要输入。但如果网站的 TCP 端口不为 80，在输入网址时就必须添加上端口号，而且用户在上网时也会经常遇到必须使用端口号才能访问的网站。利用 Web 服务的这个特点，可以架设多个网站，每个网站均使用不同的端口号，这种方式创建的网站，其域名或 IP 地址部分完全相同，仅端口号不同。

例如，Web 服务器中原来的网站为 www.longma.com，使用的 IP 地址为 192.168.1.28，现在要再架设一个网站 www.longma.net，IP 地址仍使用 192.168.1.28，此时可在 IIS 管理器中，将新网站的 TCP 端口设为其他端口（如 8000）。这样，用户在访问该网站时，就可以使用网址“http://www.longma.net:8000”或“http://192.168.1.28:8000”来访问。

要注意的是，Windows Server 2008 的 Windows 防火墙默认是启用的，虽然在安装 Web 服务器（IIS）角色后，它会自动开放 TCP 端口 80，但是并没有开放连接端口 8000，因此必须自行开放端口 8000 或将 Windows 防火墙关闭，否则连接网站时会被阻挡。

3. 使用不同的主机头架设多个 Web 网站

使用主机头创建的域名也称二级域名。现在，以 Web 服务器上利用主机头创建 news.longma.com 和 vod.longma.com 两个网站为例进行介绍，其 IP 地址均为 192.168.1.28，具体的操作步骤如下。

1）为了让用户能够通过 Internet 找到 news.longma.com 和 vod.longma.com 网站的 IP 地址，需将其 IP 地址注册到 DNS 服务器。在“DNS 管理器”窗口中，新建两个主机，分别为“news”和“vod”，IP 地址均为 192.168.1.28，如图 10-24 所示。

2）在 IIS 管理器窗口的“连接”窗格中选择“网站”节点，在“操作”窗格中单击“添加网站”链接，或用鼠标右键单击“网站”节点，在弹出的快捷菜单中选择“添加网站”命令，弹出“添加网站”对话框，在“网站名称”文本框中输入“龙马新闻”，在“物理路径”文本框中选择“C:\web\com\news”，在“IP 地址”下拉列表中选择“192.168.1.28”，在“主机名”文本框中输入“news.longma.com”，如图 10-25 所示。

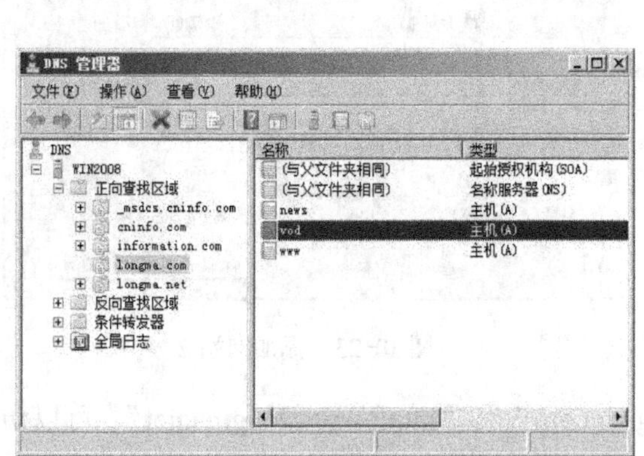

图 10-24 新建主机

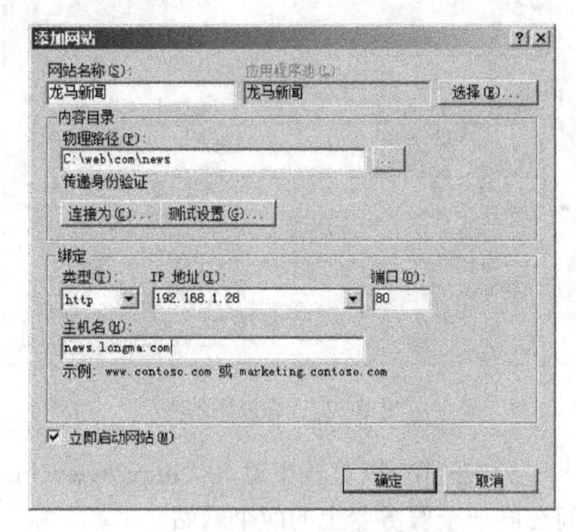

图 10-25 设置主机头名

3）重复步骤 2），弹出“添加网站”对话框，在“网站名称”文本框中输入“龙马视频”，在“物理路径”文本框中选择“C:\longma\com\vod”，在“IP 地址”下拉列表中选择“192.168.1.28”，在“主机名”文本框输入“vod.longma.com”。

4）在 IE 浏览器中输入“http://news.longma.com”和“http://vod.longma.com”，可以访问在同一个服务器上的两个网站。

使用主机头来搭建多个具有不同域名的 Web 网站，与利用不同 IP 地址建立虚拟主机的方式相比，这种方案更为经济实用，可以充分利用有限的 IP 地址资源，来为更多的客户提供虚拟主机服务。

注意：①如果使用非标准 TCP 端口号来标识网站，则用户必须知道指派给网站的非标准 TCP 端口号，在访问网站时，在 URL 中指定该端口号才能访问，此方法适用专有网站的开发；②与使用主机头名的方法相比，利用 IP 地址来架设网站的方法会降低网站的运行效率，它主要用于在服务器上提供基于 SSL（Secure Sockets Layer）的 Web 服务。

10.4 【扩展任务】网站的安全与远程管理

【任务描述】

网站的安全是每个网络管理员必须关心的事，必须通过各种方式和手段来降低入侵者攻击的机会。如果 Web 服务器采用了正确的安全措施，就可以降低或消除来自怀有恶意的个人以及意外获准访问限制信息或无意中更改重要文件的用户的各种安全威胁。同时为了方便网络管理员管理，IIS 服务器还应支持远程管理。

【任务目标】

通过任务熟练掌握网站的各种安全措施，如启用与停用动态属性、使用各种验证用户身份的方法、IP 地址和域名访问限制的方法，以及如何进行 IIS 服务器的远程管理。

10.4.1 启动和停用动态属性

为了增强安全性，默认情况下 Windows Server 2008 并未安装 IIS 7.0。当安装 IIS 7.0 时，Web 服务器被配置为只提供静态内容（包括 HTML 和图像文件）。可以自行启动 Active Server Pages、ASP.NET 等服务，以便让 IIS 支持动态网页。

启动和停用动态属性的具体操作步骤为：打开“Internet 信息服务（IIS）管理器”窗口，在“功能视图”中选择“ISAPI 和 CGI 限制”图标，双击并查看其设置，如图 10-26 所示。选中要启动或停止的动态属性服务，使用鼠标右键单击它并在弹出的快捷菜单中选择“允许”或“停止”命令，也可以直接单击“允许”或“停止”按钮。

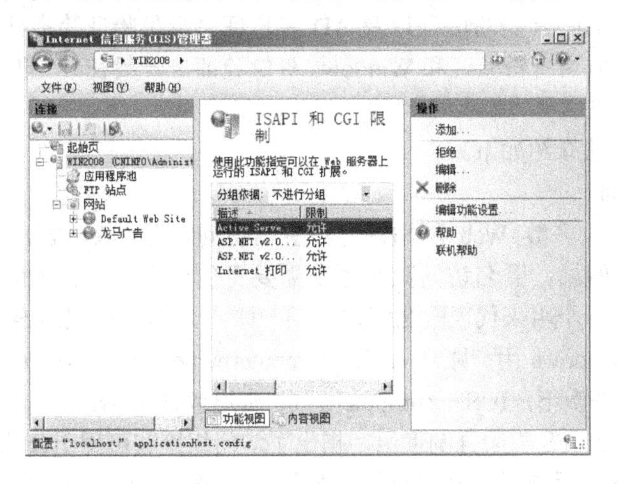

图 10-26 启动或停用动态属性

10.4.2 验证用户的身份

在许多网站中，大部分 WWW 访问都是匿名的，客户端请求时不需要使用用户名和密码，只有这样才可以使所有用户都能访问该网站。但对访问有特殊要求或者安全性要求较高的网站，则需要对用户进行身份验证。利用身份验证机制，可以确定哪些用户可以访问 Web

应用程序，从而为这些用户提供对 Web 网站的访问权限。一般的身份验证请求需要输入用户名和密码来完成验证，此外也可以使用诸如访问令牌等方式进行身份验证。

可以根据网站对安全的具体要求，来选择适当的身份验证方法。设置身份验证的具体操作步骤为：打开“Internet 信息服务（IIS）管理器”窗口，在“功能视图”中选择“身份验证”图标，双击并查看其设置，如图 10-27 所示。选中要启用或禁用的身份验证方式，使用鼠标右键单击它并在弹出的快捷菜单中选择“启用”或“禁用”命令，也可以直接单击“启用”或“禁用”按钮。

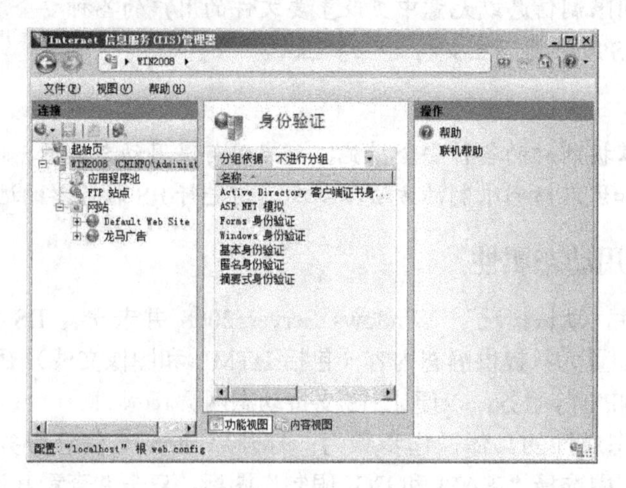

图 10-27　身份验证

IIS 7.0 提供匿名身份验证、基本身份验证、摘要式身份验证、ASP.NET 模拟身份验证、Forms 身份验证、Windows 身份验证以及 AD 客户证书身份验证等多种身份验证方法。默认情况下，IIS 7.0 支持匿名身份验证和 Windows 身份验证，一般在禁止匿名身份验证时，才使用其他的身份验证方法。

各种身份验证方法介绍如下。

1. 匿名身份验证

通常情况下，绝大多数 Web 网站都允许匿名访问，即 Web 客户无须输入用户名和密码，即可访问 Web 网站。匿名访问其实也是需要身份验证的，称为匿名验证。在安装 IIS 时，系统会自动建立一个用来代表匿名账户的用户账户，当用户试图连接到网站时，Web 服务器将连接分配给 Windows 用户账户 IUSR_computername，此处 computername 是运行 IIS 的计算机的名称。默认情况下，IUSR_computername 账户包含在 Windows 用户组 Guests 中。该组具有安全限制，由 NTFS 权限强制使用，指出了访问级别和可用于公共用户的内容类型。当允许匿名访问时，就向用户返回网页页面；如果禁止匿名访问，IIS 将尝试使用其他验证方法。对于一般的、非敏感的企业信息发布，建议采用匿名访问方法。如果启用了匿名验证，则 IIS 始终尝试先使用匿名验证对用户进行验证，即使启用了其他验证方法也是如此。

2. 基本身份验证

基本身份验证方法要求提供用户名和密码，提供很低级别的安全性，最适用于给需要很少保密性的信息授予访问权限。由于密码在网络上是以弱加密的形式发送的，这些密码很容易被截取，因此可以认为安全性很低。一般只有确认客户端和服务器之间的连接是安全时，才使用此种身份验证方法。基本身份验证还可以跨防火墙和代理服务器工作，所以在仅允许访问服务器上的部分内容而非全部内容时，这种身份验证方法是个不错的选择。

3. 摘要式身份验证

摘要式身份验证使用 Windows 域控制器来对请求访问服务器上的内容的用户进行身份验证，提供与基本身份验证相同的功能，但是摘要式身份验证在通过网络发送用户凭据方面提高了安全性。摘要式身份验证将凭据作为 MD5 哈希或消息摘要在网络上传送（无法从哈希中解密原始的用户名和密码）。注意：不支持 HTTP 1.1 的任何浏览器都无法支持摘要式身份验证。

4. ASP.NET 模拟身份验证

如果要在 ASP.NET 应用程序的非默认安全环境中运行 ASP.NET 应用程序，请使用 ASP.NET 模拟。在为 ASP.NET 应用程序启用模拟后，该应用程序将可以在两种环境中运行：以已通过 IIS 7.0 身份验证的用户身份运行，或作为设置的任意账户运行。例如，如果使用的是匿名身份验证，并选择作为已通过身份验证的用户运行 ASP.NET 应用程序，那么该应用程序将在为匿名用户设置的账户（通常为 IUSR）下运行。同样，如果选择在任意账户下运行应用程序，则它将运行在为该账户设置的任意安全环境中。默认情况下，ASP.NET 模拟处于禁用状态。启用模拟后，ASP.NET 应用程序将在通过 IIS 7.0 身份验证的用户的安全环境中运行。

5. Forms 身份验证

Forms 身份验证使用客户端重定向来将未经过身份验证的用户重定向至一个 HTML 表单，用户可以在该表单中输入凭据，通常是用户名和密码。确认凭据有效后，系统会将用户重定向至他们最初请求的页面。由于 Forms 身份验证以明文形式向 Web 服务器发送用户名和密码，因此应当对应用程序的登录页和其他所有页使用安全套接字层（SSL）加密。该身份验证非常适用于在公共 Web 服务器上接收大量请求的站点或应用程序，能够使用户在应用程序级别的管理客户端注册，而无须依赖操作系统提供的身份验证机制。

6. Windows 身份验证

Windows 身份验证使用 NTLM 或 Kerberos 协议对客户端进行身份验证。Windows 身份验证最适用于 Intranet 环境。Windows 身份验证不适合在 Internet 上使用，因为该环境不需要用户凭据，也不对用户凭据进行加密。

7. AD 客户证书身份验证

AD 客户证书身份验证允许使用 Active Directory 服务功能将用户映射到客户证书，这样便进行了身份验证。将用户映射到客户证书可以自动验证用户的身份，而无须使用基本、摘要式或 Windows 等其他身份验证方法。

10.4.3 IP 地址和域名访问限制

使用用户验证的方式，每次访问该 Web 网站都需要输入用户名和密码，对于授权用户而言比较烦琐。IIS 会检查每个来访者的 IP 地址，可以通过 IP 地址的访问，来防止或允许某些特定的计算机、计算机组、域甚至整个网络访问 Web 网站。例如，如果 Intranet 服务器已连接到 Internet，可以防止 Internet 用户访问 Web 服务器，方法是仅授予 Intranet 成员访问权限而明确拒绝外部用户的访问。

设置身份验证的具体操作步骤为：打开“Internet 信息服务（IIS）管理器”窗口，在“功能视图”中选择“IPv4 地址和域限制”图标，双击并查看其设置，如图 10-28 所示。在右侧的“操作”窗格中单击“添加允许条目”或“添加拒绝条目”链接，分别弹出如图 10-29 所示的“添加允许限制规则”对话框和如图 10-30 所示的“添加拒绝限制规则”对话框，然后在各自的对话框输入相应的 IP 地址即可。

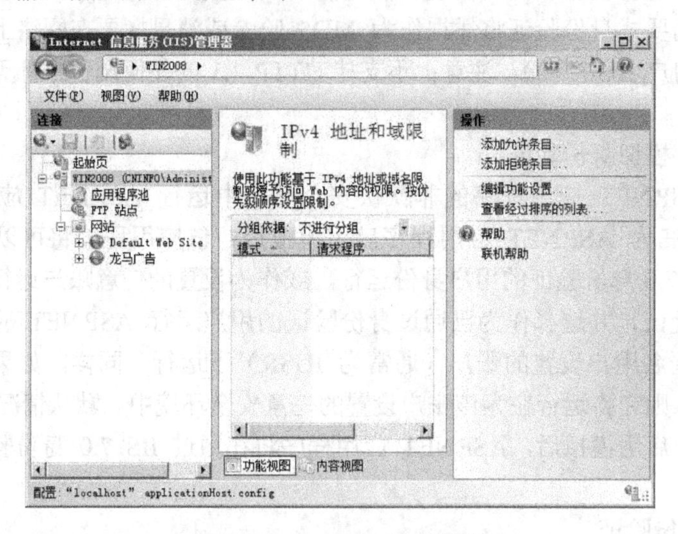

图 10-28　IPv4 地址和域限制

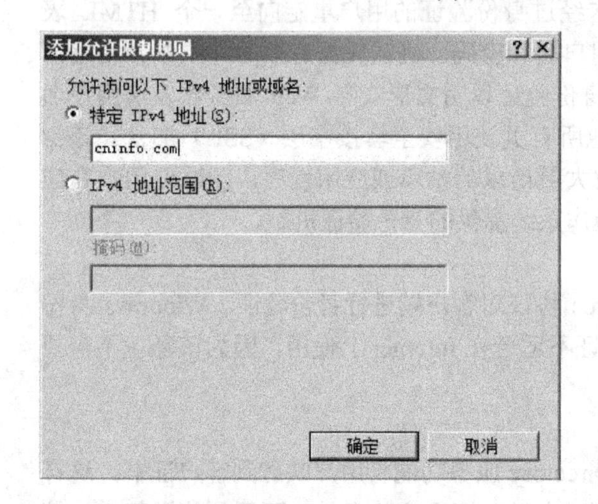

图 10-29　添加允许限制规则

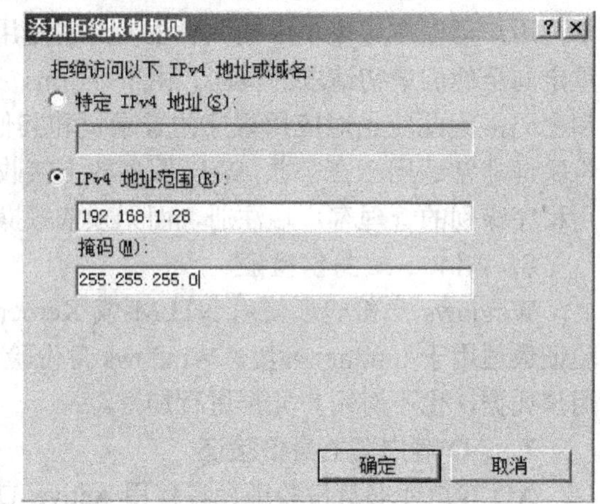

图 10-30　添加拒绝限制规则

10.4.4　远程管理网站

当一个 Web 服务器搭建完成后，对它的管理是非常重要的，如添加或删除虚拟目录、网站，在网站中添加或修改发布文件，检查网站的连接情况等。但是管理中不可能每天都坐在服务器前进行操作。因此，就需要从远程计算机上管理 IIS 服务器了。过去，远程管理 IIS 服务器的方法有两种：通过使用远程管理网站或使用远程桌面/终端服务来进行。但是，如果在防火墙之外或不在现场，则这些选项作用有限。

IIS 7.0 提供了多种新方法来远程管理服务器、网站、Web 应用程序，以及非管理员的安全委派管理权限，通过在图形界面中直接构建远程管理功能（通过不受防火墙影响的 HTTPS 工作）来对此进行管理。

IIS 7.0 中的远程管理服务在本质上是一个小型 Web 应用程序，它作为单独的服务，在服务名为 WMSvc 的本地服务账户下运行，此设计使得即使在 IIS 服务器自身无响应的情况下仍可维持远程管理功能。

与 IIS 7.0 中的大多数功能类似，出于安全性考虑，远程管理并不是默认安装的。要安装远程管理功能，请将 Web 服务器角色的角色服务添加到 Windows Server 2008 的服务器管理器中，该管理器可在管理工具中找到。

安装此功能后，打开“Internet 信息服务（IIS）管理器”窗口，在左侧选择服务器名“WIN2008”，然后在“功能视图”中选择“管理服务”图标，双击并查看其设置，如图 10-31 所示。当通过管理服务启用远程连接时，将看到一个设置列表，其中包含“标识凭据”、“IP 地址”、“SSL 证书”和“IPv4 地址限制”等的设置。

- 标识凭据：授予连接到 IIS 7.0 的权限，仅限于 Windows 凭据，或是 Windows 和 IIS 管理器凭据。
- IP 地址：设置连接服务器的 IP 地址，默认的端口为 8172。
- SSL 证书：系统中有一个默认的名为 WMSvc-WIN2008 的证书，这是系统专门为远程管理服务的证书。
- IPv4 地址限制：禁止或允许某些 IP 地址或域名的访问。

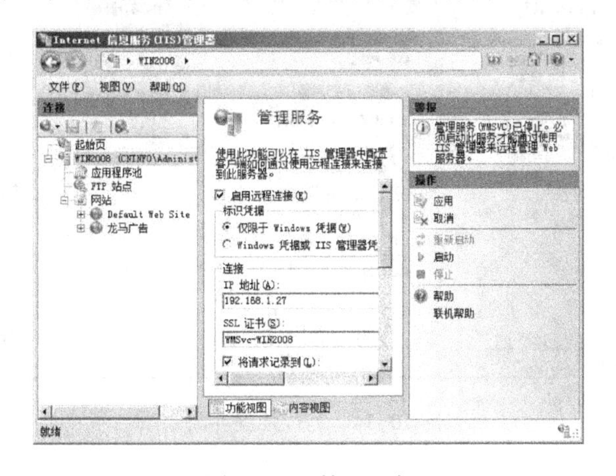

图 10-31 管理服务

注意：*要进行远程管理网站必须启用远程连接并启动 WMSvc 服务，因为该服务在默认情况下处于停止状态。WMSvc 服务的默认启动设置为手动。如果希望该服务在重启后自动启动，则需要将设置更改为自动。可通过在命令行中键入以下命令来完成此操作：*

```
sc config WMSvc start=  auto
```

在客户机进行远程管理的操作步骤为：打开“Internet 信息服务（IIS）管理器”窗口，在左侧选择“起始页”，使用鼠标右键单击它并在弹出的快捷菜单中选择“连接至服务器”

命令，进入“连接至服务器”对话框，如图 10-32 所示，在“服务器名称”文本框中输入要远程管理的服务器，如“cninfo.com”，单击“下一步”按钮，进入“指定连接名称”界面，如图 10-33 所示，输入连接名称，单击“下一步”按钮即可在“Internet 信息服务（IIS）管理器”窗口中看到要管理的远程网站，如图 10-34 所示。

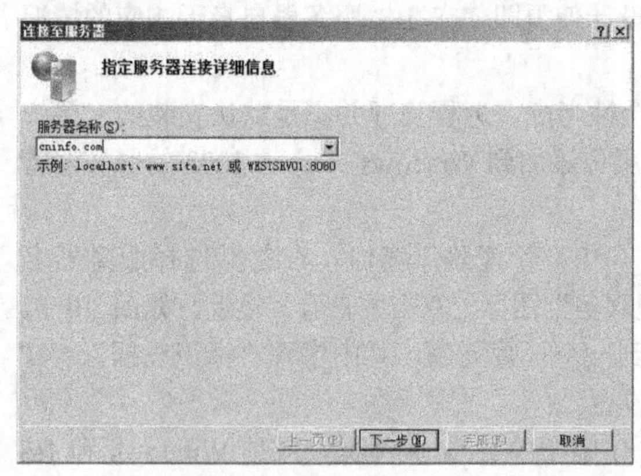

图 10-32　指定服务器连接详细信息

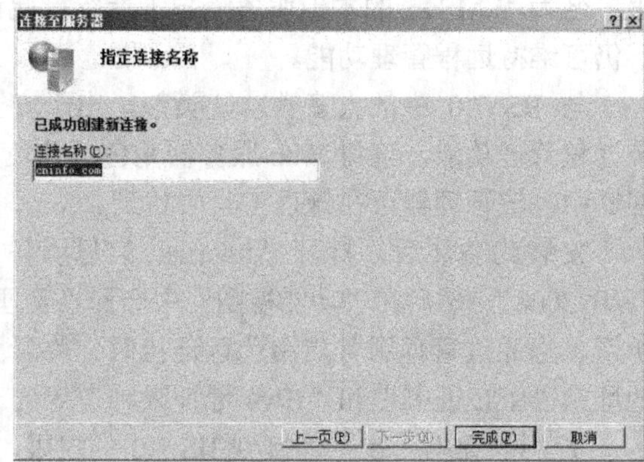

图 10-33　指定连接名称

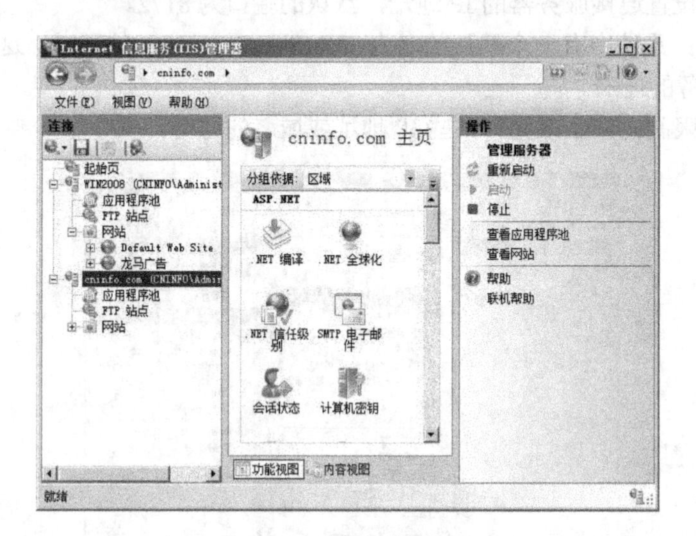

图 10-34　远程管理界面

10.5 【单元实训】创建与管理 Web 服务

1. 实训目标

1）熟悉 Windows Server 2008 中 IIS 7.0 的安装与启动。

2）掌握 Windows Server 2008 中 Web 服务器的基本配置以及虚拟目录的设置。

3）掌握 Windows Server 2008 的网站安全与远程管理。

2. 实训设备

1）网络环境：已建好的 100Mbit/s 以太网络，包含交换机（或集线器）、五类（或超五类）UTP 直通线若干、两台及以上数量的计算机（计算机配置要求 CPU 为 Intel Pentium 4 及以上，内存不小于 1GB，硬盘剩余空间不小于 20GB，有光驱和网卡）。

2）软件：Windows Server 2008 安装光盘，或硬盘中有全部的安装程序。

3. 实训内容

在安装了 Windows Server 2008 的虚拟机上完成以下操作。

1）运行虚拟操作系统 Windows Server 2008，为虚拟机保存一个还原点，以方便以后的实训调用这个还原点。

2）在虚拟操作系统 Windows Server 2008 中安装 IIS 7.0 与 DNS 服务，启用应用程序服务器，并配置 DNS 解析域名为 student.com，然后分别新建主机 www、host1、host2。

3）在“Internet 信息服务（IIS）管理器”窗口（IIS 控制台）中设置默认网站为 www.student.com，修改网站的相关属性，包括默认文件、主目录、访问权限等，然后创建一个本机的虚拟目录（host1.student.com）和一个非本机的虚拟目录（host2.student.com），使用默认主页（default.htm）和默认脚本程序（default.asp）发布到新建网站或虚拟目录的主目录下。

4）设置安全属性。访问 www.student.com 时采用 Windows 域控制器的摘要式身份验证方法，禁止 IP 地址为 192.168.5.1 的主机和 172.16.0.0/24 网络访问 host1.student.com。实现远程管理该网站。

5）在 Web 网站的客户机上，设置好 TCP/IP 和 DNS 有关信息，分别以“IP 地址+别名”和“域名+别名”的方式访问该 Web 网站 3 台主机。

10.6 习题

一、填空题

（1）微软公司 Windows Server 2008 家族的 Internet Information Server（IIS，Internet 信息服务）在__________、__________或__________上提供了集成、可靠、可伸缩、安全和可管理的 Web 服务器功能，为动态网络应用程序创建强大的通信平台的工具。

（2）Web 服务器中的目录分为两种类型：物理目录和__________。

（3）在安装 IIS 时，系统会自动建立一个用来代表匿名账户的用户账户，当用户试图连接到网站时，Web 服务器将连接分配给 Windows 用户账户__________。

（4）Windows 身份验证使用 NTLM 或__________协议对客户端进行身份验证。

（5）使用 IIS 7.0 的虚拟主机技术，通过分配__________、IP 地址和__________，可以在一台服务器上建立多个虚拟 Web 网站。

二、选择题

（1）虚拟主机技术，不能通过（　　）来架设网站。

A．计算机名　　B．TCP 端口　　C．IP 地址　　D．主机头名

（2）远程管理 Windows Server 2008 中 IIS 服务器时的端口号为（　　）。

A．80　　B．8172　　C．8080　　D．8000

（3）虚拟目录不具备的特点是（　　）

A．便于扩展　　B．增删灵活　　C．易于配置　　D．动态分配空间

（4）下面（　　）不是利用 IIS 7.0 架设网站时的默认文档。

A．iisstar.htm　　B．default.asp　　C．index.htm　　D．index.asp

（5）从 Internet 上获得软件最常采用（　　）。

A、WWW　　B．Telnet　　C．E-mail　　D．DNS

三、问答题

（1）IIS 7.0 中的服务包括哪些？什么是虚拟主机？什么是虚拟目录？

（2）目前最常用的虚拟主机技术是哪 3 种？分别适用于什么环境？

（3）IIS 7.0 支持哪几种身份验证方式？各适用于什么环境？

（4）IIS 7.0 如何支持远程管理网站？

第11单元　创建与管理FTP服务

【单元描述】

FTP服务Web服务和E-mail服务一起被列为Internet早期的三大应用。FTP服务主要用于实现客户端与服务器之间的文件传输。尽管Web服务也可以提供文件下载服务，但是FTP服务的效率更高，对权限控制更为严格，并可以在不同的操作系统中切换，因此，仍然被广泛应用于为Internet/Intranet客户提供文件下载服务，同时它也是目前较为安全的Web网站内容更新手段。

【单元情境】

三峡纵横科技信息技术有限公司是一家主要提供计算机网络建设与维护的网络技术服务公司，2005年为此软件公司建设了企业内部网络系统，并架设专线接入了Internet。比软件公司主要从事建筑质量检测专业软件的开发，在全国各地拥有上百家客户，为了方便客户和出差员工对公司相关软件资源的使用，也为了方便客户对软件进行升级更新，公司计划架设一个FTP服务器。作为网络公司的技术人员，你如何规划和利用FTP服务器来管理相关的软件资源？

11.1 【知识导航】FTP简介

11.1.1 FTP

FTP有两个意思，其中一个指文件传输服务，FTP提供交互式的访问，用来在远程主机与本地主机之间或两台远程主机之间传输文件；另一个意思是指文件传输协议，是Internet上使用最广泛的文件传输协议，它使用客户端/服务器模式，用户通过一个支持FTP的客户端程序，连接到在远程主机上的FTP服务器程序，用户通过客户端程序向服务器程序发出命令，服务器程序执行用户所发出的命令，并将执行的结果返回到客户端。

一般来说，用户联网的主要目的就是实现信息共享，文件传输是信息共享非常重要的内容之一。Internet是一个非常复杂的计算机环境，有PC、工作站、大型机等，而这些计算机运行不同的操作系统，有运行UNIX的服务器，也有运行DOS、Windows的PC和运行Mac OS的苹果机等，要实现传输文件，并不是一件容易的事。基于不同的操作系统有不同的FTP应用程序，而所有这些应用程序都遵守FTP，这样任何两台Internet主机之间可通过FTP复制文件。

在Internet上有两类FTP服务器：一类是普通的FTP服务器，连接到这种FTP服务器上时，用户必须具有合法的用户名和密码；另一类是匿名FTP服务器，所谓匿名FTP，是系统管理员建立的一个特殊的用户ID，名为anonymous，Internet上的任何人在任何地方都可使用该用户ID，即在访问远程主机时，不需要账户或密码就能访问许多信息资源，用户不需要经过注册就可以与远程主机连接，并且可以进行下载和上传文件的操作，通常这种访问限制在公共目录下。

当远程主机提供匿名 FTP 服务时，会指定某些目录向公众开放，允许匿名存取，系统中的其余目录则处于隐匿状态。作为一种安全措施，大多数匿名 FTP 主机都允许用户从其下载文件，而不允许用户向其上传文件。也就是说，用户可将匿名 FTP 主机上的所有文件全部复制到自己的计算机上，但不能将自己计算机上的任何一个文件复制至匿名 FTP 主机上。即使有些匿名FTP主机确实允许用户上传文件，用户也只能将文件上传至某一指定目录中。

11.1.2 FTP 命令

FTP 命令是 Internet 用户使用最频繁的命令之一，不论是在 DOS 还是 UNIX 操作系统下使用 FTP，都会遇到大量的 FTP 命令。熟悉并灵活应用 FTP 命令，可以大大方便使用者。FTP 命令连接成功后，系统将提示用户输入用户名及密码。

- User：输入合法的用户名或者 anonymous。
- Password：输入合法的密码，若以 anonymous 方式登录，一般不用密码。

进入连接的 FTP 站点后，用户就可以进行相应的文件传输操作了，FTP 命令中一些较重要的命令如下。

（1）**help、?、rhelp**

- **help** 用于显示 LOCAL 端（本地端）的命令说明，若不接受则显示所有可用命令。
- **?** 相当于 help，例如?cd。
- **rhelp** 同 help，只是它用来显示 REMOTE 端（远程端）的命令说明。

（2）**ascii、binary、image、type**

- **ascii** 用于切换传输模式为文字模式。
- **binary** 用于切换传输模式为二进制模式。
- **image** 相当于 binary。
- **type** 用于更改或显示目前传输模式。

（3）**bye、quit**

- **bye** 表示退出 FTP 服务器。
- **quit** 相当于 bye。

（4）**cd、cdup、lcd、pwd、!**

- **cd** 用于改变当前工作目录。
- **cdup** 用于回到上一层目录，相当于“cd..”。
- **lcd** 用于更改或显示 LOCAL 端的工作目录。
- **pwd** 用于显示当前工作目录（REMOTE 端）。
- **!** 用于执行外壳命令，例如“!ls”。

（5）**delete、mdelete、rename**

- **delete** 用于删除 REMOTE 端的文件。
- **mdelete** 用于批量删除文件。
- **rename** 用于更改 REMOTE 端的文件名。

（6）**get、mget、put、mput、recv、send**

- **get** 用于下载文件。

- **mget** 用于批量下载文件。
- **put** 用于上传文件。
- **mput** 用于批量上传文件。
- **recv** 相当于 get。
- **send** 相当于 put。

（7）**hash、verbose、status、bell**

- **hash** 指当有数据传送时，显示#号，每一个#号表示传送了 1024B 或 8192bit。
- **verbose** 用于切换所有文件传输过程的显示。
- **status** 显示目前的一些参数。
- **bell** 指当指令做完时会发出叫声。

（8）**ls、dir、mls、mdir、mkdir、rmdir**

- **ls** 有点像 UNIX 下的 ls（list）命令。
- **dir** 显示目录与文件。
- **mls** 只是将 REMOTE 端某目录下的文件存于 LOCAL 端。
- **mdir** 相当于 mls。
- **mkdir** 与 DOS 下的 md（创建子目录）一样。
- **rmdir** 与 DOS 下的 rd（删除子目录）一样。

（9）**open、close、disconnect、user**

- **open** 用于连接某个 REMOTE 端的 FTP 服务器。
- **close** 用于关闭目前的连接。
- **disconnect** 相当于 close。
- **user** 指再输入一次用户名和密码（有点像 Linux 下的 su）。

当执行不同的命令时，会发现 FTP 服务器返回一组数字，每组数字代表不同的信息，见表 11-1，这种错误跟 HTTP 返回的数字类似，大致分为以下几种情况：

① 1 开头的 3 位数字——连接状态；② 2 开头的 3 位数字——成功；③ 3 开头的 3 位数字——权限问题；④ 4 开头的 3 位数字——文件问题；⑤ 5 开头的 3 位数字——服务器问题。

表 11-1　FTP 服务器的返回值及含义

返 回 值	含　义	返 回 值	含　义
110	重新启动标志回应	332	需要登录的账户
120	服务在 *NNN* 时间内可用	350	对被请求文件的操作需要更多的信息
125	数据连接已经打开，开始传送数据	421	服务不可用，控制连接关闭
150	文件状态正确，正在打开数据连接	425	打开数据连接失败
200	命令执行正常结束	426	连接关闭，传送中止
202	命令未执行，此站点不支持此命令	450	对被请求文件的操作未被执行
211	系统状态或系统帮助信息回应	451	请求的操作中止
212	目录状态信息	452	请求的操作没有被执行
213	文件状态信息	500	语法错误，不可识别的命令
214	帮助信息	501	参数错误导致的语法错误
215	NAME 系统类型	502	命令未被执行

（续）

返回值	含义	返回值	含义
220	新连接的用户的服务已就绪	503	命令的次序错误。
221	控制连接关闭	504	由于参数错误，命令未被执行
225	数据连接已打开，当前没传输进程	530	没有登录
226	正在关闭数据连接	532	存储文件需要账户信息
227	进入被动模式	550	请求操作未被执行，文件不可用
230	用户已登录	551	请求操作中止，页面类型未知
250	被请求文件操作成功完成	552	对请求文件的操作中止
257	路径已建立	553	请求操作未被执行
331	用户名存在，需要输入密码		

11.2 【新手任务】FTP 服务的安装与基本设置

【任务描述】

在企业网络的日常管理中，当需要远程传输和交换文件时，当上传或下载的文件尺寸较大，无法通过邮箱传递时，或者无法直接共享时，通过架设 FTP 服务器，就可以解决这些问题，并可以方便、稳定地使用各种资源。

【任务目标】

通过任务掌握 FTP 站点的创建、基本设置与管理工作，以及如何利用客户端软件访问 FTP 站点。

11.2.1 启动 FTP 服务

目前有两个版本的 FTP 服务器可供安装，其中一个内置在 Windows Server 2008 的 Internet 信息服务（IIS 7.0）中，它与旧版本的 FTP 服务器相同，并未对 FTP 服务功能进行更新，功能较少，仍然需要老版本 IIS 6.0 的管理器来进行管理。具体的安装步骤在前面的 IIS 7.0 的安装中已经介绍，这里不再赘述。

另一个版本是微软公司的 Microsoft FTP Service for IIS 7.0，这个版本的功能较强，包括以下新功能。

- 它与 Windows Server 2008 的 IIS 充分集成，因此可以通过 IIS 全新的管理界面来管理 FTP 服务器，也可以将 FTP 服务器集成到现有网络中。这样，一个网络中同时包含 Web 服务器与 FTP 服务器。
- 支持最新的 Internet 标准，如支持 FTP over SSL（FTPS）、IPv6 与 UTF8。
- 支持虚拟主机名，有更强的用户隔离与记录功能，更容易掌控 FTP 服务器的运行。

在此介绍 IIS 7.0 中内嵌的 FTP 服务器软件，系统在默认情况下是不会启动 FTP 服务的，启动 FTP 服务的具体操作步骤如下。

选择“开始”→“管理工具”→“Internet 信息服务（IIS）管理器”命令，打开“Interner 信息服务（IIS）管理器”窗口，在“连接”窗格中选择“FTP”节点，如图 11-1 所示。

在“功能视图”中看到有关 FTP 站点的说明，单击“单击此处启动”链接，弹出“Internet 信息服务（IIS）6.0 管理器”窗口，在“FTP 站点”下，用鼠标右键单击“Default FTP Site”站点，在弹出的快捷菜单中选择“启动”命令，或单击工具栏的“启动项目”按钮，启动默认的 FTP 站点，如图 11-2 所示。

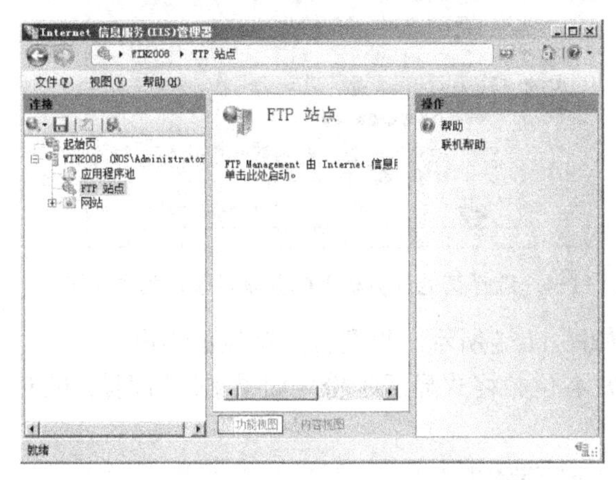

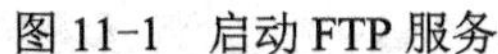
图 11-1　启动 FTP 服务

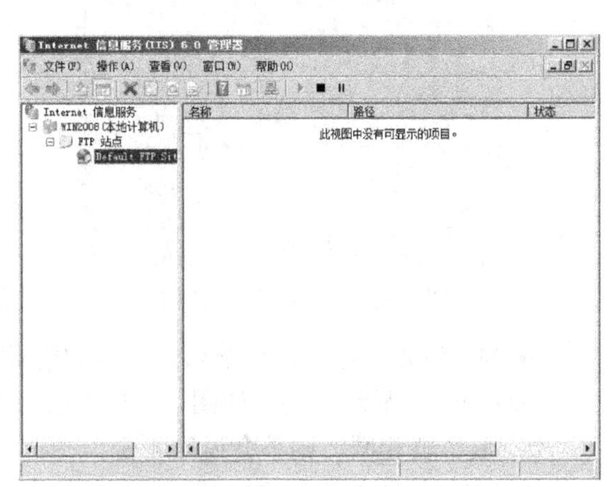

图 11-2　启动默认的 FTP 站点

11.2.2　FTP 服务的基本设置

安装 FTP 服务时，系统会自动创建一个“Default FTP Site”站点，可以直接利用它来作为 FTP 站点，也可以自行创建新的站点。本节直接利用“Default FTP Site”来介绍 FTP 站点的主目录、站点标识、站点消息、目录安全性、身份验证、连接限制和安全账户等基本属性的设置。

1．主目录与目录格式列表

计算机上每个 FTP 站点都必须拥有自己的主目录。可以自行设定 FTP 站点的主目录，选择“Internet 信息服务（IIS）6.0 管理器”→“FTP 站点”→“Default FTP Site”选项，使用鼠标右键单击它，在弹出的快捷菜单中选择“属性”命令，在弹出的对话框中选择“主目录”选项卡，如图 11-3 所示，有 3 个选项区域。

1）“此资源的内容来源”选项区域：该区域有两个选项。

- 此计算机上的目录：系统默认 FTP 站点的默认主目录位于 LocalDrive（如 C 盘）:\inetpub\ftproot。
- 另一台计算机上的目录：将主目录指定到另外一台计算机的共享文件夹，同时需单击“浏览”按钮，来设置一个有权限存取此共享文件夹的用户名和密码，如图 11-4 所示。

2）“FTP 站点目录”选项区域：可以选择本地路径或者网络共享，同时可以设置用户的访问权限，共有 3 个复选框。

- 读取：用户可以读取主目录内的文件，如可以下载文件。
- 写入：用户可以在主目录内添加、修改文件，如可以上传文件。
- 记录访问：启动日志，将连接到此 FTP 站点的行为记录到日志文件内。

3）“目录列表样式”选项区域：该区域用来设置如何将主目录内的文件显示在用户的屏幕上，有两种选择。

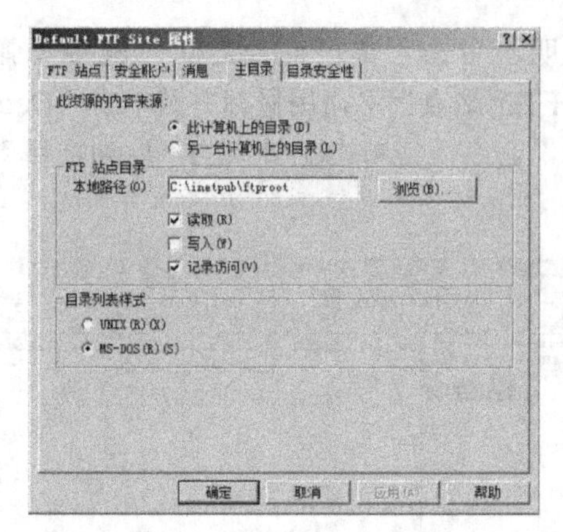

图 11-3 “主目录”选项卡

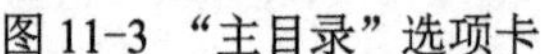

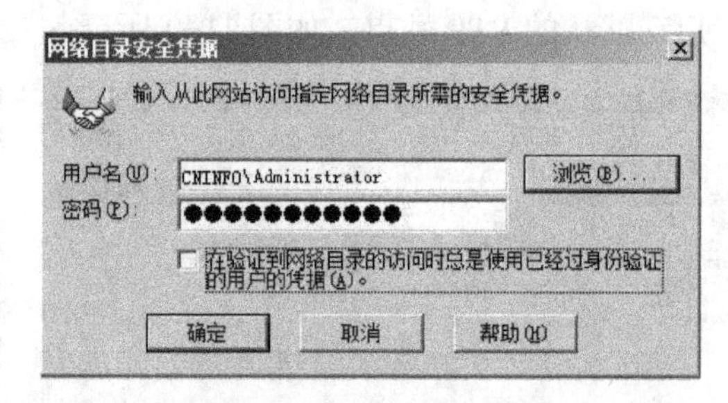

图 11-4 选择其他计算机上的共享目录作为主目录

- MS-DOS：这是默认选项，显示的格式如图 11-5 所示，以两位数字显示年份。
- UNIX：显示的格式如图 11-6 所示，以 4 位数格式显示年份，如果文件日期与 FTP 服务器相同，则不会返回年份。

```
C:\WINDOWS\system32\cmd.exe - ftp 192.168.1.7
Microsoft Windows [版本 5.2.3790]
(C) 版权所有 1985-2003 Microsoft Corp.

C:\Documents and Settings\Administrator>cd\

C:\>ftp 192.168.1.7
Connected to 192.168.1.7.
220 Microsoft FTP Service
User (192.168.1.7:(none)): anonymous
331 Anonymous access allowed, send identity (e-mail name) as password
Password:
230 Anonymous user logged in.
ftp> dir
200 PORT command successful.
150 Opening ASCII mode data connection for /bin/ls.
08-24-06  10:36AM       <DIR>          asp
08-24-06  10:38AM       <DIR>          chenhu2
08-24-06  10:38AM       <DIR>          xiongyin
226 Transfer complete.
ftp: 141 bytes received in 0.00Seconds 141000.00Kbytes/sec.
ftp> _
```

图 11-5 目录列表是 MS-DOS

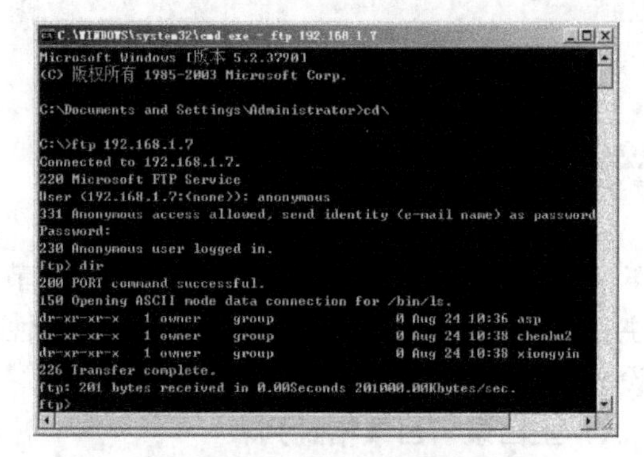

图 11-6 目录列表是 UNIX

2. FTP 站点标识、连接限制和日志记录

选择“Internet 信息服务（IIS）6.0 管理器”→“FTP 站点”→“Default FTP Site”选项，使用鼠标右键单击它，在弹出的快捷菜单中选择“属性”选项，在弹出的“Default FTP Site 属性”对话框中选择“FTP 站点”选项卡，如图 11-7 所示，有 3 个选项区域。

1）“FTP 站点标识”选项区域：该区域要为每一个站点设置不同的识别信息。

- 描述：可以在文本框中输入一些文字说明。
- IP 地址：若此计算机内有多个 IP 地址，可以指定只有通过某个 IP 地址才可以访问 FTP 站点。
- TCP 端口：FTP 默认的端口是 21，可以修改此端口号，不过修改后，若用户要连接此站点时，必须输入端口号码。

2）“FTP 站点连接”选项区域：该区域用来限制同时最多可以有多少个连接。

3）“启用日志记录”选项区域：该区域用来设置将所有连接到此 FTP 站点的记录都存储到指定的文件中。

3. FTP 站点消息设置

设置 FTP 站点时，可以向用户 FTP 客户端发送站点的信息消息。该消息可以是用户登录时的欢迎用户到 FTP 站点的问候消息、用户注销时的退出消息、通知用户已达到最大连接数的消息或标题消息。对于企业网站而言，这既是一种自我宣传的机会，也为用户提供了更多的人文关怀。选择“Internet 信息服务（IIS）6.0 管理器”→“FTP 站点”→“Default FTP Site”选项，使用鼠标右键单击它，在弹出的快捷菜单中选择“属性”命令，在弹出的“Default FTP Site 属性”对话框中选择“消息”选项卡，如图 11-8 所示。

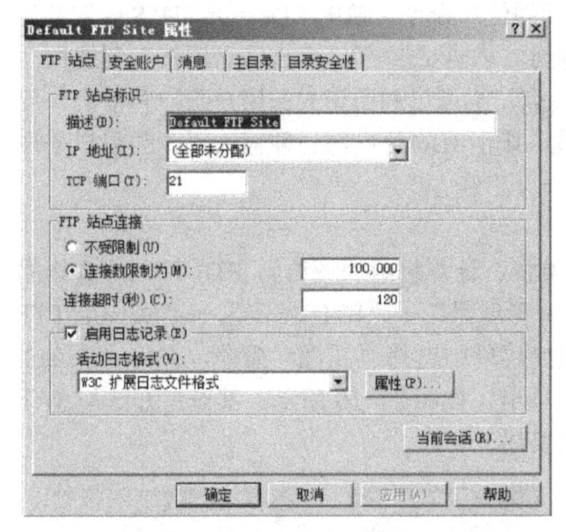

图 11-7 “FTP 站点”选项卡

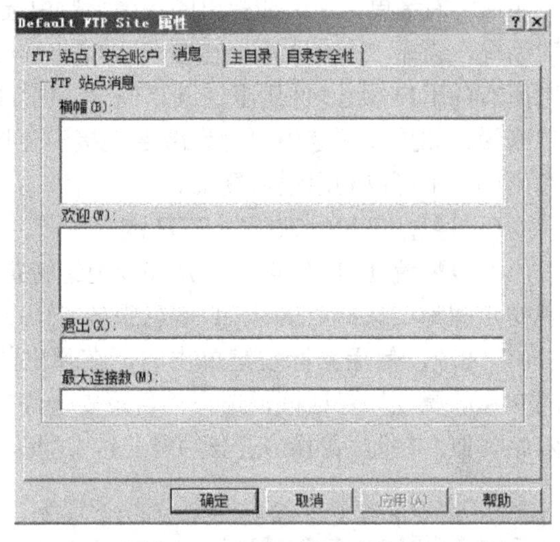

图 11-8 设置站点消息

- 横幅：当用户连接 FTP 站点时，首先会看到设置在“横幅”列表框中的文字。横幅消息在用户登录到站点前出现，当站点中含有敏感信息时，该消息非常有用。可以用横幅显示一些较为敏感的消息。默认情况下，这些消息是空的。
- 欢迎：当用户登录到 FTP 站点时，会看到此消息。欢迎消息通常包含下列信息：向用户致意、使用该 FTP 站点时应当注意的问题、站点所有者或管理者信息及联络方式、站点中各文件夹的简要描述或索引页的文件名、镜像站点名字和位置、上传或下载文件的规则说明等。
- 退出：当用户注销时，会看到此消息。通常为欢迎用户再次光临、向用户表示感谢之类的内容。
- 最大连接数：如果 FTP 站点有连接数的限制，而且目前连接数已经达到最大连接数字，当再有用户连接到此 FTP 站点时，会看到此消息。

4．验证用户的身份

根据服务器自身的安全要求，可以选择一种 IIS 验证方法，对请求访问服务器的 FTP 站点的用户进行验证。FTP 身份验证方法有两种。

1）匿名 FTP 身份验证：可以配置 FTP 服务器，以允许用户对 FTP 资源进行匿名访问。如果为资源选择了匿名 FTP 身份验证，则接受对该资源的所有请求，并且不提示用户输入用户名和密码。因为 IIS 将自动创建名为 IUSR_computername 的 Windows 用户账户，其中 computername 是正在运行 IIS 的服务器的名称，这和基于 Web 的匿名身份验证非常相似。如果启用了匿名 FTP 身份验证，则 IIS 始终先使用该验证方法，即使已经启用了基本 FTP 身份验证也是如此。

2）基本 FTP 身份验证：要使用基本 FTP 身份验证与 FTP 服务器建立 FTP 连接，用户必须使用与有效 Windows 用户账户对应的用户名和密码进行登录。如果 FTP 服务器不能证实用户的身份，服务器就会返回一条错误消息。基本 FTP 身份验证只提供很低的安全性能，因为用户以不加密的形式在网络上传输用户名和密码。

选择“Internet 信息服务（IIS）6.0 管理器”→“FTP 站点”→“Default FTP Site”选项，使用鼠标右键单击它，在弹出的快捷菜单中选择“属性”命令，弹出“Default FTP Site 属性”对话框，选择“安全账户”选项卡，如图 11-9 所示。如果选中了“允许匿名连接”复选框，则所有的用户都必须利用匿名账户来登录 FTP 站点，不可以利用正式的用户账户和密码。反过来说，如果取消选中“允许匿名连接”复选框，则所有的用户都必须输入正式的用户账户和密码，不可以利用匿名登录。

5．通过 IP 地址来限制 FTP 连接

可以配置 FTP 站点，以允许或拒绝特定计算机、计算机组或域访问 FTP 站点。具体的操作步骤为：选择“Internet 信息服务（IIS）6.0 管理器”→“FTP 站点”→“Default FTP Site”选项，使用鼠标右键单击它，在弹出的快捷菜单中选择“属性”命令，弹出“Default FTP Site 属性”对话框，选择“目录安全性”选项卡，如图 11-10 所示。其设置方法与 Web 网站类似，在前面的单元已经介绍过，这里不再赘述。

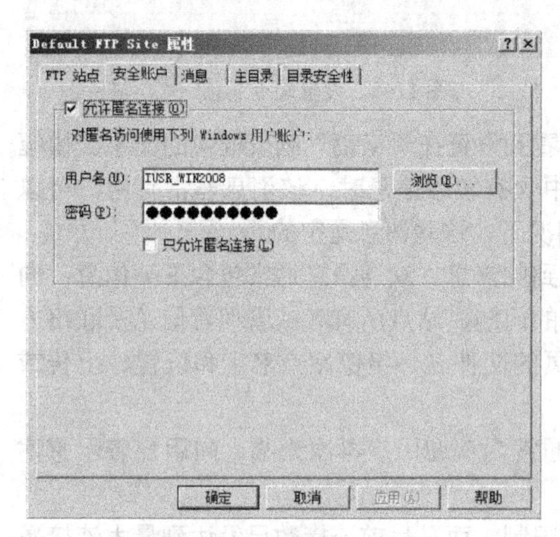

图 11-9 “安全账户”选项卡

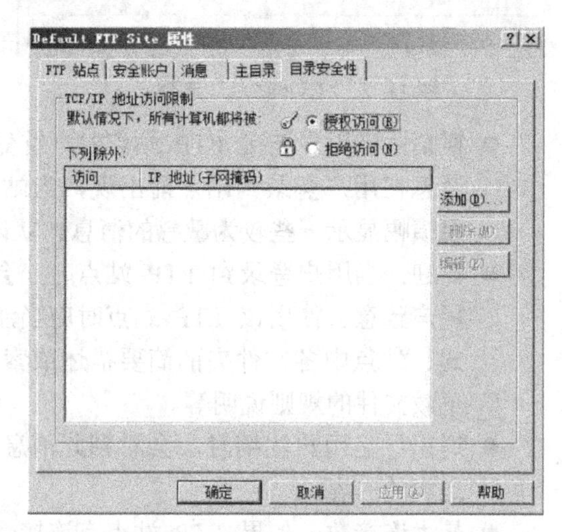

图 11-10 “目录安全性”选项卡

11.2.3 访问 FTP 站点

FTP 服务器安装成功后，可以测试默认 FTP 站点是否正常运行。以 FTP 站点 ftp.cninfo.com 为例，在客户端上采用以下 3 种方式来连接此 FTP 站点。

1．利用 FTP 命令访问 FTP 站点

操作如下：打开 DOS 命令提示符窗口，输入命令“ftp ftp.cninfo.com”，然后根据屏幕上的信息提示，在 User (ftp.cninfo.com:(none))处输入匿名账户 anonymous，Password 处输入电子邮件账户或直接按〈Enter〉键即可，也可以用“?”查看可供使用的命令。屏幕上显示的信息如下：

```
C:\Users\Administrator>ftp ftp.cninfo.com
```

```
连接到 ftp.cninfo.com。
220 Microsoft FTP Service
User (ftp.cninfo.com:(none)): anonymous
331 Anonymous access allowed, send identity (e-mail name) as password.
Password :******
230 Anonymous user logged in.
ftp>
```

2. 利用浏览器访问 FTP 站点

微软公司的 Internet Explorer 和 Netscape 的 Navigator 也都将 FTP 功能集成到浏览器中，可以在浏览器地址栏输入一个 FTP 地址（如 ftp:// ftp.cninfo.com）进行 FTP 匿名登录，如图 11-11 所示，这是最简单的访问方法。

3. 利用 FTP 客户端软件访问 FTP 站点

FTP 客户端软件以图形窗口的形式访问 FTP 服务器，操作非常方便。FTP 目前有很多很好的 FTP 客户端软件，可以利用它们轻松地访问 FTP 站点，如图 11-12 所示，操作窗口与 Windows 的资源管理器相似。

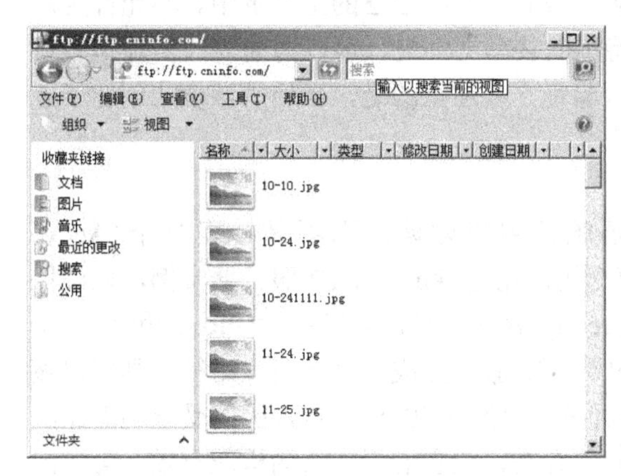

图 11-11 利用浏览器访问 FTP 站点

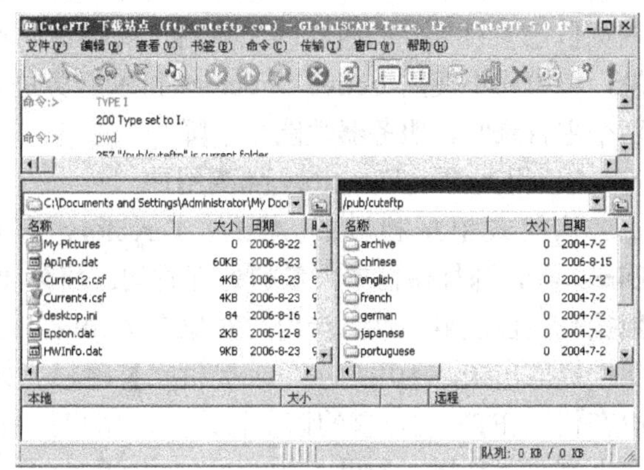

图 11-12 利用 FTP 客户端软件访问 FTP 站点

11.3 【扩展任务】FTP 用户隔离设置

【任务描述】

为了管理不同类型的用户，建议使用 FTP 用户隔离功能让不同的用户拥有其专属的主目录，用户登录 FTP 服务器会被定向到其专属的主目录，而且会被限制在其主目录中，无法切换到其他用户的目录中，也无法查看、修改其他用户的主目录及其中的文件。

【任务目标】

通过任务掌握创建隔离用户的 FTP 站点、用 Active Directory 隔离用户的 FTP 站点以及不隔离用户的 FTP 站点。

11.3.1 FTP 用户隔离模式

FTP 用户隔离功能为 Internet 服务提供商（ISP）和应用服务提供商提供了解决方案，

使他们可以为客户提供上传文件和 Web 内容的个人 FTP 目录。FTP 用户隔离通过将用户限制在自己的目录中，来防止用户查看或覆盖其他用户的 Web 内容，因为顶层目录就是 FTP 服务的根目录，用户无法浏览目录树的上一层。在特定的站点内，用户能创建、修改或删除文件和文件夹。要注意的是，FTP 用户隔离功能是站点属性，而不是服务器属性，无法为每个 FTP 站点启动或关闭该属性。从 Windows Server 2003 开始添加了“FTP 用户隔离”的功能，配置成“用户隔离”模式的 FTP 站点，可以使用户登录后直接进入属于该用户的目录中，且该用户不能查看或修改其他用户的目录。在创建 FTP 站点时，IIS 6.0 支持以下 3 种模式。

1．不隔离用户

该模式不启用 FTP 用户隔离，该模式的工作方式与以前版本的 IIS 类似，由于在登录到 FTP 站点的不同用户间的隔离尚未实施，该模式最适合于只提供共享内容下载功能的站点，或不需要在用户间进行数据访问保护的站点。

2．隔离用户

该模式在用户访问与其用户名匹配的主目录前，根据本机或域账户验证用户，所有用户的主目录都在单一 FTP 主目录下，每个用户均被安放和限制在自己的主目录中。不允许用户浏览自己主目录外的内容，如果用户需要访问特定的共享文件夹，可以再建立一个虚拟根目录，该模式不使用 Active Directory 目录服务进行验证。要注意的是，当使用该模式创建了上百个主目录时，服务器性能会下降。

3．用 Active Directory 隔离用户

该模式根据相应的 Active Directory 容器验证用户凭据，而不是搜索整个 Active Directory，那样做需要大量的处理时间。将为每个用户指定特定的 FTP 服务器实例，以确保数据完整性及隔离性。当用户对象在 Active Directory 容器内时，可以将 FTPRoot 和 FTPDir 属性提取出来，为用户主目录提供完整路径。如果 FTP 服务能成功地访问该路径，则用户被放在代表 FTP 根位置的该主目录中。用户只能看见自己的 FTP 根位置，因此受限制而无法向上浏览目录树。如果 FTPRoot 或 FTPDir 属性不存在，或它们无法共同构成有效、可访问的路径，用户将无法进行访问。

11.3.2　创建隔离用户的 FTP 站点

当设置 FTP 服务器使用隔离用户模式时，所有的用户主目录都在 FTP 站点目录中的二级目录下。FTP 站点目录可以在本地计算机上，也可以在网络共享上，前期要做的准备工作如下。

1．创建用户账户

创建隔离用户的 FTP 站点，首先要在 FTP 站点所在的 Windows Server 2008 服务器中，为 FTP 用户创建一些用户账户（如 test1、test2），以便用户使用这些账户登录 FTP 站点。

2．规划目录结构

创建了一些用户账户后，开始规划目录结构。创建“用户隔离”模式的 FTP 站点，对目录的名称和结构有一定的要求。在 NTFS 分区中，创建一个文件夹作为 FTP 站点的主目录（如 D:\ftp），然后在此文件夹下创建一个名为“localuser”的子文件夹，最后在“localuser”文件夹下创建若干和用户账户一一对应的个人文件夹（如 test1、test2）。另外，如果想允许用户使用匿名方式登录“用户隔离”模式的 FTP 站点，则必须在“localuser”文件夹下面创建一个名为“public”的文件夹，这样匿名用户登录以后即可进入“public”文件夹中进行读写操作。

以上的准备工作完成后，即可开始创建隔离用户的 FTP 站点，具体的操作步骤如下。

1）在“Internet 信息服务（IIS）管理器”窗口中，展开“本地计算机”，使用鼠标右键单击“FTP 站点”，在弹出的快捷菜单中选择“新建”→“FTP 站点”命令。

2）弹出“FTP 站点创建向导”对话框，单击“下一步”按钮，弹出“FTP 站点描述”界面，在“描述”文本框中输入 FTP 站点的描述信息“FTP 隔离用户”，单击“下一步”按钮，如图 11-13 所示。

3）弹出“IP 地址和端口设置”界面，在“输入此 FTP 站点使用的 IP 地址”下拉列表框中，选择主机的 IP 地址“192.168.1.27”，在“输入此 FTP 站点的 TCP 端口”文本框中，输入使用的 TCP 端口“21”，单击“下一步”按钮，如图 11-14 所示。

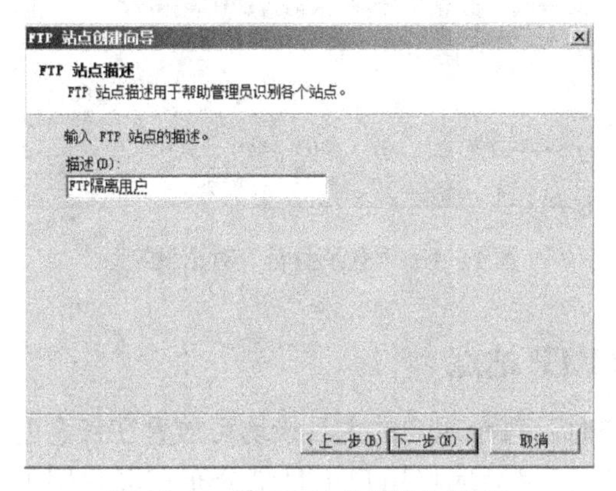

图 11-13 “FTP 站点描述”界面

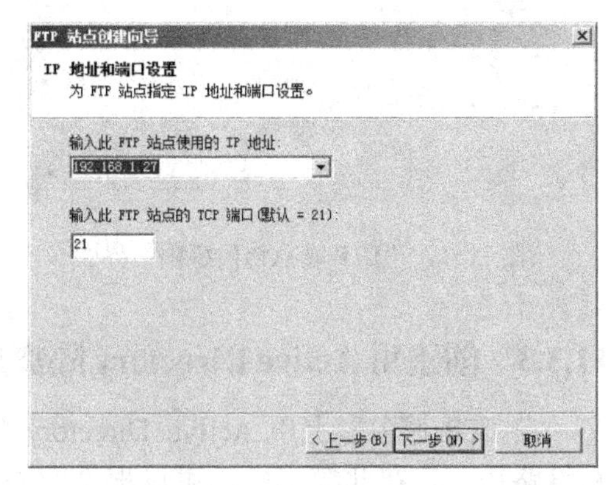

图 11-14 “IP 地址和端口设置”界面

4）弹出“FTP 用户隔离”界面，选择“隔离用户”单选按钮，单击“下一步”按钮，如图 11-15 所示。

5）弹出“FTP 站点主目录”界面，单击“浏览”按钮，选择 D:\ftp 目录，单击“下一步”按钮，如图 11-16 所示。

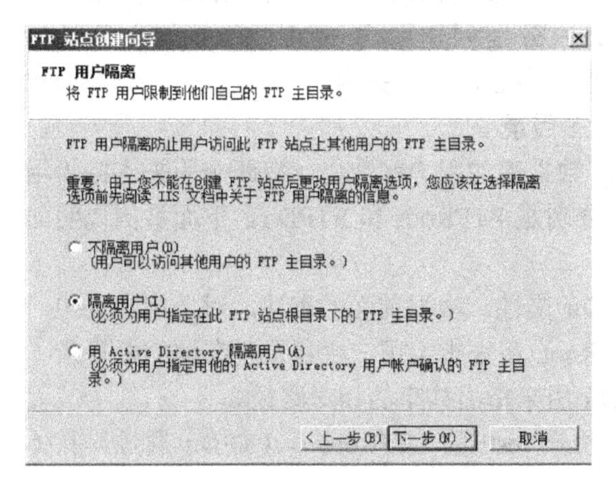

图 11-15 “FTP 用户隔离”界面

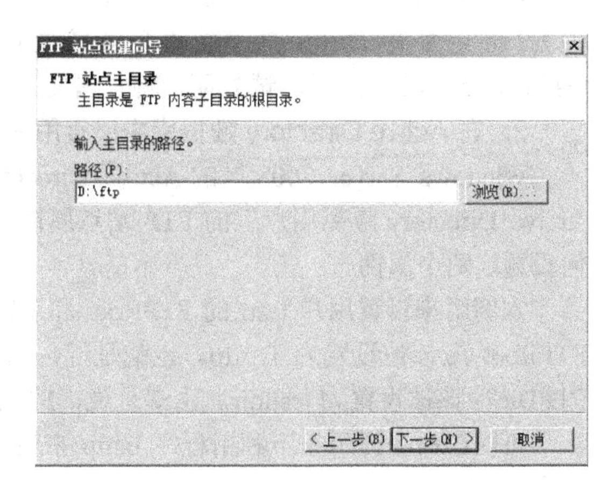

图 11-16 “FTP 站点主目录”界面

6）弹出“FTP 站点访问权限”界面，在“允许下列权限”选项区域中，选择相应的权限，单击“下一步”按钮，如图 11-17 所示。

7）弹出“完成”界面，单击“完成”按钮，即可完成 FTP 站点的配置。

8）最后测试 FTP 站点：以用户名 testl 连接 FTP 站点，在浏览器地址栏中输入 ftp://testl@ftp.cninfo.com，然后在如图 11-18 所示的“密码”文本框中输入密码，连接成功后，即进入主目录相对应的用户文件夹 D:\ftp\localuser\test1 窗口。

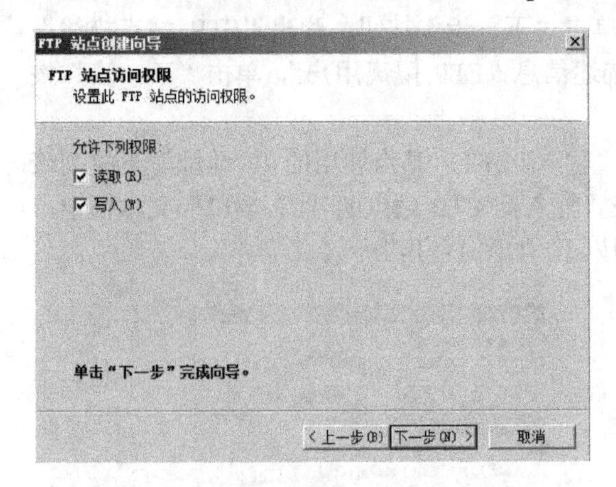

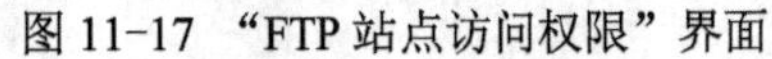
图 11-17 “FTP 站点访问权限”界面

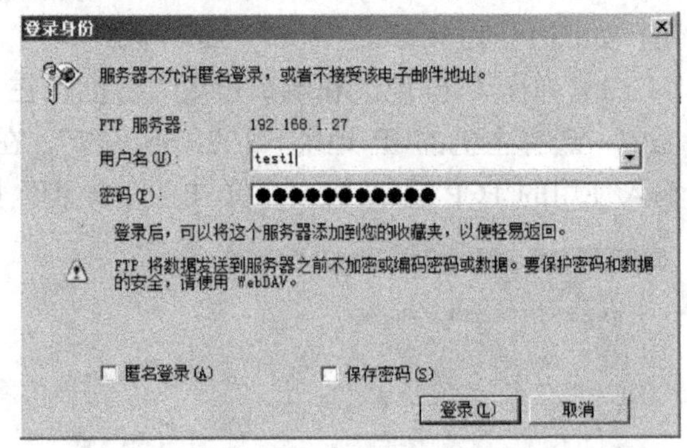

图 11-18 “登录身份”对话框

11.3.3 创建用 Active Directory 隔离用户的 FTP 站点

在 FTP 服务器上用 Active Directory 隔离用户时，每个用户的主目录均可放置在任意的网络路径上。在此模式中，可以根据网络配置情况，灵活地将用户主目录分布在多台服务器、多个卷和多个目录中。假设 FTP 站点域名为 ftp.cninfo.com，IP 地址为 192.168.1.27。此站点并不需要主目录，但是必须为每个用户创建一个专用的用户主目录。假设要让域 cninfo 内的用户 testl、test2 来登录 FTP 站点，前期要完成的准备工作如下。

1．创建域用户的主目录

假设将域用户的主目录设在 D:\ftp 下（当然也可以是网络上的其他计算机的共享文件夹），将文件夹 D:\ftp 共享，然后在该文件夹内分别创建用户 testl、test2 的主目录为 testldir、test2dir。为了测试方便，将一些文件复制到各自的文件夹内。

2．在 Active Directory 数据库中设置用户的主目录

Windows Server 2008 域的 Active Directory 数据库的用户账户内，有两个用来支持“用 Active Directory 隔离用户”的 FTP 站点属性，分别是 FTPRoot 和 FTPDir。下面举例说明如何设置这两个属性。

本例用来设置用户 testl 的 FTPRoot 和 FTPDir 属性。根据前面的表述，对于用户 testl，FTPRoot 应该被设置为 D:\ftp。也就是说，FTPRoot 用来指定用户主目录所在地的根目录。FTPDir 应该被设置为 testldir。也就是说，FTPDir 用来指出共享的相对路径。

可以在命令提示符下利用程序 iisftp 来设置用户 testl 的 FTPRoot 和 FTPDir 属性，具体命令如下：

```
D:\>iisftp /setadrop test1 ftproot d:\ftp
The value of ftproot for user test1 has been set to d:\ftp
D:\>iisftp /setadprop test1 ftpdir testdir
The value of ftpdir for user test1 has been set to testdir
D:\>iisftp /getadprop test1 ftproot
The value of ftproot for user test1 is:
D:\FTP
D:\>iisftp /getadprop test1 ftpdir
The value of ftpdir for user test1 is:
testdir
```

3. 创建一个让 FTP 站点可以读取用户属性的域用户账户

FTP 站点必须能够读取位于 Active Directory 内的域用户账户的 FTPRoot 和 FTPDir 属性，这样才能够得知用户主目录的位置，因此必须事先为 FTP 站点创建一个有权限读取这两个属性的域用户账户备用。

可以将这个用户创建在 Active Directory 内的任何一个区域内，假设在 ftp 内创建 ftpuser 用户，如图 11-19 所示，并且想让 ftp 内所有的用户都可以连接到此“用 Active Directory 隔离用户”的 FTP 站点，这样就必须让 ftpuser 有权限读取 ftp 内所有用户的 FTPRoot 和 FTPDir 属性。其设置的具体操作步骤如下。

1）选择图 11-19 中的 ftp，使用鼠标右键单击它，在弹出的快捷菜单中选择“控制委派”命令，弹出“控制委派向导”对话框，单击“下一步”按钮，弹出“用户或组”界面，然后单击“添加”按钮，选择 ftpuser 后，单击“下一步”按钮，如图 11-20 所示。

2）弹出“要委派的任务”界面，选中“读取所有用户信息”复选框，单击“下一步”按钮，如图 11-21 所示。

3）弹出“完成控制委派向导”界面，单击“完成”按钮。

上述的准备工作完成后，即可创建用 Active Directory 隔离用户的 FTP 站点。操作步骤与前面介绍的“创建隔离用户的 FTP 站点”类似，主要的操作步骤如下。

1）在“Internet 信息服务（IIS）管理器”窗口中，展开“本地计算机”，使用鼠标右键单击“FTP 站点”，在弹出的快捷菜单中选择“新建”→“FTP 站点”命令。

2）弹出“FTP 站点创建向导”对话框，单击“下一步”按钮，弹出“FTP 站点描述”界面，在如图 11-13 所示的“描述”文本框中输入 FTP 站点的描述信息，单击“下一步”按钮。

3）弹出如图 11-14 所示的“IP 地址和端口设置”界面，在“输入此 FTP 站点使用的 IP 地址”下拉列表框中选择主机的 IP 地址，在“输入此 FTP 站点的 TCP 端口”文本框中输入使用的 TCP 端口，单击“下一步”按钮。

4）弹出“FTP 用户隔离”界面，如图 11-15 所示，选择“用 Active Directory 隔离用户”单选按钮，单击“下一步”按钮。

5）弹出“FTP 用户隔离”界面，单击“浏览”按钮选择用户名，如图 11-22 所示，输入密码和默认的 Active Directory 域，单击“下一步”按钮，重新输入密码，单击“确定”按钮。

6）弹出如图 11-17 所示的“FTP 站点访问权限”界面，在“允许下列权限”选项区域中选择相应的权限，单击“下一步”按钮。

7）弹出“完成”界面，单击“完成”按钮，即可完成 FTP 站点的配置。

8）测试：以用户 testl 连接 FTP 站点，在浏览器地址栏中输入 ftp://testl@ftp.cninfo.com，然后在如图 11-18 所示的“密码”文本框中输入密码。连接成功后，即进入主目录相对应的用户文件夹。

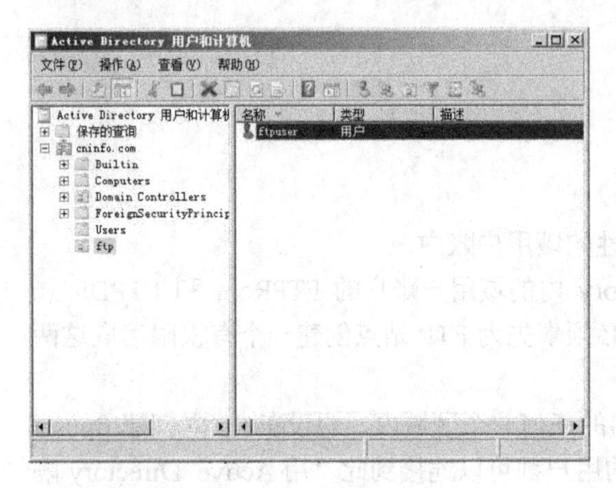

图 11-19 在 ftp 中创建用户

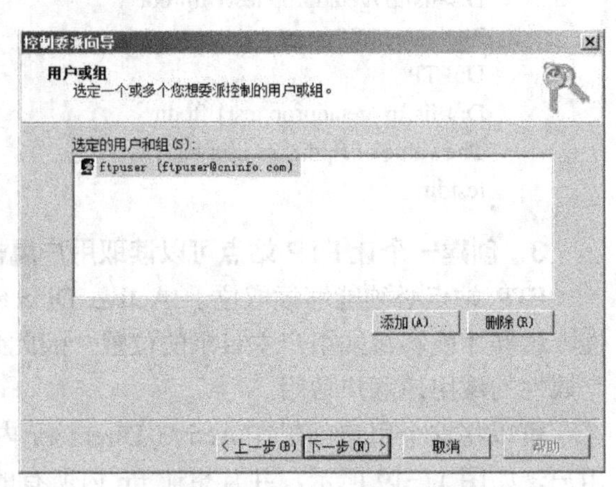

图 11-20 “用户或组”界面

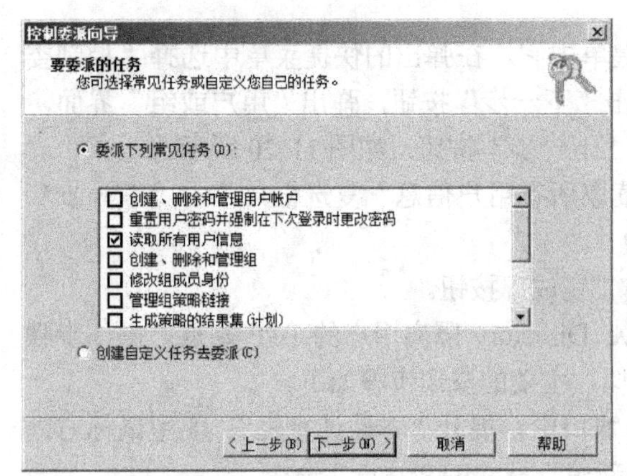

图 11-21 “要委派的任务”界面

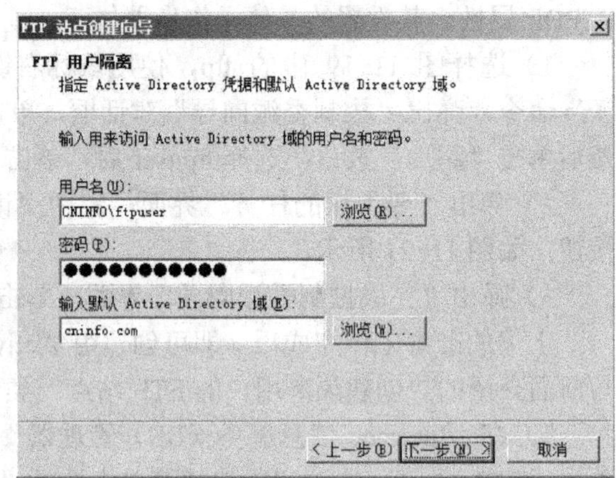

图 11-22 输入用户名、密码和默认的 Active Directory 域

11.3.4 创建不隔离用户的 FTP 站点

创建不隔离用户的 FTP 站点，首先需要创建 FTP 站点的主目录，其他的安装步骤与前面介绍的“创建隔离用户的 FTP 站点”类似，不同的是，它在图 11-15 中需要选择“不隔离用户”单选按钮。值得注意的是，此时所有的合法的用户都会连接到相同的主目录。

11.4 【单元实训】创建与管理 FTP 服务

1. 实训目标

1）熟悉 Windows Server 2008 中 FTP 服务器的配置与管理。

2）掌握在 Windows Server 2008 中创建隔离用户的 FTP 站点。

3）掌握如可使用不同方法、不同的客户端访问 Windows Server 2008 的 FTP 站点。

2．实训设备

1）网络环境：已建好的 100Mbit/s 以太网络，包含交换机（或集线器）、五类（或超五类）UTP 直通线若干、两台及以上数量的计算机（计算机配置要求 CPU 为 Intel Pentium 4 及以上，内存不小于 1GB，硬盘剩余空间不小于 20GB，有光驱和网卡）。

2）软件：Windows Server 2008 安装光盘，或硬盘中有全部的安装程序；VMware Workstation 7.0 安装源程序。

3．实训内容

在安装了 Windows Server 2008 的虚拟机上完成以下操作：

1）运行虚拟操作系统 Windows Server 2008，为虚拟机保存一个还原点，以方便以后的实训调用这个还原点。

2）在虚拟操作系统 Windows Server 2008 中安装 IIS 7.0 与 FTP 服务，启用应用程序服务器，并配置 DNS 解析域名 student.com，然后新建主机 ftp。

3）停用“Default FTP Site”，新建一个名为“学生测试站点”的 FTP 站点，主目录为 C:\ftproot 文件夹，复制一些文件到此文件夹内，同时设置此 FTP 站点，使匿名用户能够使用该服务器上任何一个 IP 地址或域名访问此服务器。

4）限制同时只能有 50 个用户连接到此 FTP 服务器。

5）为 FTP 服务器设置欢迎登录的消息“欢迎访问班级的 FTP 服务器”。

6）禁止 IP 地址为 192.168.100.1 的主机网络访问 FTP 站点。

7）利用 3 种不同的方法和客户端来访问 ftp. student.com。

8）配置 DNS 解析域名 student.com，然后新建主机 ftp、ftp1 和 ftp2，新建一个用 Active Directory 隔离用户的 FTP 站点 ftp.teacher.com，一个新建隔离用户的 FTP 站点 ftp1.teacher.com，新建一个不隔离用户的 FTP 站点 ftp2.teacher.com，然后用 3 种不同的方法和客户端来访问 ftp. teacher.com、ftp1. teacher.com、ftp2. teacher.com。

11.5　习题

一、填空题

（1）______________最初与 Web 服务和 E-mail 服务一起被列为 Internet 的三大应用。

（2）打开 DOS 命令提示符窗口，输入命令：ftp ftp.cninfo.com，然后根据屏幕上的信息提示，在 User (ftp.cninfo.com:(none))处输入匿名账户__________________，Password 处输入合法电子邮件地址或直接按〈Enter〉键即可登录 FTP 站点。

（3）FTP 身份验证方法有两种：__________________和__________________。

二、选择题

（1）FTP 服务使用的端口是（　　）。

A．21　　B．23　　C．25　　D．53

（2）（　　）不是可以设置的 FTP 站点目录的访问权限。

A．读取　　B．完全控制　　C．写入　　D．记录访问

（3）在 FTP 的返回值中，“530”表示（　　）。

A．登录成功　　B．没有登录　　C．服务就绪　　D．写文件错

三、问答题

（1）Windows Server 2008 中的 FTP 服务有哪两个版本？分别如何安装？

（2）FTP 服务器安装成功后，可以采用哪几种方式来连接 FTP 站点?

（3）FTP 站点消息有哪几类？如何进行设置？

（4）FTP 用户隔离模式有哪 3 种？它们之间有什么区别？

第12单元　创建与管理SMTP服务

【单元描述】

电子邮件已经成为网络上使用最多的服务之一，也是Internet/Intranet提供的主要服务之一。电子邮件服务器能够有效地为客户服务，不仅可以代替传统的纸质信件来实现文件信息传输，还可以传输各种图片及程序文件。因此，搭建一个邮件服务器可以大大方便企业内部员工之间、企业与企业之间或企业与外部网络之间的联系。

【单元情境】

三峡纵横科技信息技术有限公司是一家主要提供计算机网络建设与维护的网络技术服务公司，2008年为一酒业集团建设了信息化系统，利用专线接入Internet，架设了Web服务器，制作并发布了集团公司的网站。该企业员工原来都是使用新浪、网易等公司的免费电子邮件，在管理与使用上存在着诸多不便。随着集团业务发展以及对外宣传形象的需要，集团总部决定架设企业自己的邮件服务器，并且采用公司域名作为电子邮件后缀。作为网络公司的技术人员，你如何帮助企业创建企业自己的电子“邮局”？

12.1 【知识导航】电子邮件系统概述

12.1.1 电子邮件的结构

电子邮件（E-mail）是指发送者和指定的接收者利用计算机通信网络发送信息的一种非交互式的通信方式，是最基本的网络通信功能。这些信息包括文本、数据、语音、图像、视频等内容。由于E-mail采用了先进的网络通信技术，又能传送多种形式的信息，与传统的邮政通信相比，E-mail具有传输速度快、费用低、高效率、全天候、全自动服务等优点，同时E-mail的传送不受时间、地点的限制，发送者和接收者可以随时进行信件交换，E-mail得以迅速普及。近年来，随着电子商务、网上服务（如电子贺卡、网上购物等）的不断发展和成熟，E-mail已成为人们主要的通信方式之一。

像所有的普通邮件一样，所有的电子邮件也主要是由两部分构成，即收件人的姓名和地址、信件的正文。在电子邮件中，所有的姓名和地址信息称为信头（Header），而邮件的内容称为正文（Body）。在邮件的末尾还有一个可选的部分，即用于进一步注明发件人身份的签名（Signature）。

信头是由几行文字组成的，一般包含下列几行内容（具体情况可能随有关邮件程序不同而有所不同）。

- 收件人（To），即收信人的E-mail地址，可以有多个收件人，用“;”或“,”分隔。E-mail地址具有以下统一的标准格式：用户名@主机域名，用户名就是用户在主机上使用的用户码，@符号后是使用的主机域名。整个E-mail地址可理解为网络中某台主机上的某个用户的地址。

- 抄送（Cc），即抄送者的 E-mail 地址。
- 主题（Subject），即邮件的主题，由发信人填写。
- 发信日期（Date），由电子邮件程序自动添加。
- 发信人地址（From），由电子邮件程序自动填写。
- 抄送地址（Cc）可以多个，用“;”或“,”分隔。
- 密送地址（Ecc）可以多个，用“;”或“,”分隔。

一般来说，只需在“收件人”这一行填写收件人完整的 E-mail 地址即可，“主题”这一行可填可不填。但是如果有了这个主题行，收件人便会一目了然地知道信件的主要内容。由于许多电子邮件程序在安装时都需要定义用户的姓名、单位、E-mail 地址等信息，因此在信头中没有发信人的 E-mail 地址等信息，它由程序自动填写。

12.1.2 电子邮件系统有关协议

电子邮件系统常用的有关协议有以下 5 种。

1. RFC 822 邮件格式

RFC 822 定义了用于电子邮件报文的格式，即 RFC 822 定义了 SMTP、POP3、IMAP 以及其他电子邮件传输协议所提交、传输的内容。RFC 822 定义的邮件由两部分组成：信封和邮件内容，信封包括与传输、投递邮件有关的信息，邮件内容包括标题和正文。

2. SMTP

SMTP（Simple Mail Transfer Protocol，简单邮件传输协议）是一组用于由源地址到目的地址传送邮件的规则，由它来控制信件的中转方式。SMTP 属于 TCP/IP 协议族，它帮助计算机在发送或中转信件时找到下一个目的地，默认使用的 TCP 端口为 25。通过 SMTP 所指定的服务器，就可以把 E-mail 寄到收信人的服务器上了，整个过程最多只要几分钟。SMTP 服务器是遵循 SMTP 的发送邮件服务器，用来发送或中转电子邮件。发件人的客户端，通过 Internet 服务提供商（ISP）连接到 Internet 发件人，使用电子邮件客户端发送电子邮件。根据 SMTP，电子邮件被提取，再传送到发件人的 ISP，然后由该 ISP 路由到 Internet 上。

3. POP3

POP3（Post Office Protocol 3）即邮局协议的第 3 版。它是 Internet 上传输电子邮件的第一个标准协议，也是一个离线协议。POP3 服务是一种检索电子邮件的电子邮件服务，管理员可以使用 POP3 服务存储以及管理邮件服务器上的电子邮件账户。当收件人的计算机连接到他的 ISP 时，根据 POP3，允许用户对自己账户的邮件进行管理，如下载到本地计算机或从邮件服务器删除等。在邮件服务器上安装 POP3 服务后，用户可以使用支持 POP3 的电子邮件客户端（如 Microsoft Outlook）连接到邮件服务器，并将电子邮件检索到本地计算机。POP3 服务与 SMTP 服务可以一起使用，但 SMTP 服务用于发送电子邮件。它默认使用的 TCP 端口为 110。

4. IMAP4

IMAP4（Internet Message Access Protocol 4）即网际消息访问协议的第 4 版，当电子邮件客户端软件通过拨号网络访问互联网和电子邮件时，IMAP4 比 POP3 更为适用。IMAP4 的出现是因为 POP3 的一个缺陷，即客户使用 POP3 接收电子邮件时，所有的邮件都从服务器上删除，然后下载到本地硬盘，即使通过一些专门的客户端软件，设置在接收邮件时在邮件服务器保留副本，客户端管理邮件服务器上的邮件的功能也是很简单的。使用 IMAP4 时，用户可以有选择地下载电子邮件，甚至只是下载部分邮件。因此，IMAP4 比 POP3 更加复杂，它默认使用 TCP 端口 143。

5．MIME 协议

Internet 上的 SMTP 传输机制是以 7 位二进制编码的 ASCII 码为基础的，适合传送文本邮件，语音、图像、中文等使用 8 位二进制编码的电子邮件需要进行 ASCII 转换（编码）才能够在 Internet 上正确传输。MIME 增强了在 RFC 822 中定义的电子邮件报文的传输能力，允许传输二进制数据。

12.1.3 电子邮件系统的结构

电子邮件是一种最常见的网络服务。由于它的简单快捷，人们的沟通方式发生了巨大变革。但是，如果要在一台计算机或其他终端设备上收发电子邮件，仍需要一些应用程序和服务。如图 12-1 所示，电子邮件服务中最常见的两种应用层协议是邮局协议（POP）和简单邮件传输协议（SMTP）。与 HTTP 一样，这些协议用于定义客户端/服务器进程。

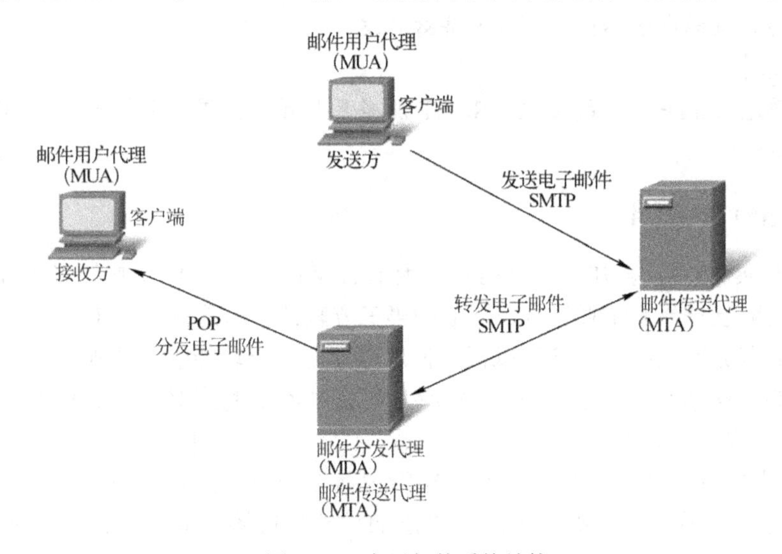

图 12-1 电子邮件系统结构

电子邮件客户端可以使用 POP 从电子邮件服务器接收电子邮件消息。从客户端或者从服务器中发送的电子邮件消息格式以及命令字符串必须符合 SMTP 的要求。通常，电子邮件客户端程序可同时支持上述两种协议。

当我们撰写一封电子邮件信息时，往往使用一种称为邮件用户代理（MUA）的应用程序，或者电子邮件客户端程序。通过 MUA 程序，可以发送邮件，也可以把接收到的邮件保存在客户端的邮箱中。这两种操作属于不同的两个进程 MTA 和 MDA。

邮件传送代理 (MTA) 进程用于发送电子邮件。如图 12-1 所示，MTA 从 MUA 处或者另一台电子邮件服务器上的 MTA 处接收信息。根据消息标题的内容，MTA 决定如何将该消息发送到目的地。如果邮件的目的地址位于本地服务器上，则该邮件将转给 MDA。如果邮件的目的地址不在本地服务器上，则 MTA 将电子邮件发送到相应服务器上的 MTA 上。如图 12-1 所示，可以看到 MDA 从 MTA 中接收了一封邮件，并执行了分发操作。MDA 从 MTA 处接收所有的邮件，并放到相应的用户邮箱中。MDA 还可以解决最终发送问题，如病毒扫描、垃圾邮件过滤以及送达回执处理。大多数的电子邮件通信都采用 MUA、MTA 以及 MDA 应用程序。

可以将客户端连接到公司邮件系统（如 IBM Lotus Notes、Novell Groupwise 或者 Microsoft Exchange）。这些系统通常有其内部的电子邮件格式，因此它们的客户端可以通过私有协议与电子邮件服务器通信。上述邮件系统的服务器通过其 Internet 邮件网关对邮件格式进行重组，使服务器可以通过 Internet 收发电子邮件。

12.2 【新手任务】安装与配置 SMTP 服务器

【任务描述】

SMTP 提供了一种邮件传输的机制，当收件方和发件方都在一个网络上时，可以把邮件直接传给对方；当双方不在同一个网络上时，需要通过一个或几个中间服务器转发。通过配置 SMTP 服务器，确保电子邮件的可靠和高效传送。

【任务目标】

通过任务熟悉 SMTP 组件的安装、SMTP 服务器属性的设置，掌握如何创建 SMTP 域及 SMTP 虚拟服务器。

12.2.1 安装 SMTP 组件

熟悉 Windows 的用户都知道，以前各种版本的 Windows 在电子邮件服务方面是一个薄弱环节，如果要组建一个邮件服务器还需借助第三方软件。但是在 Windows Server 2008 中就强化了 SMTP 服务器功能，用户可以很方便地搭建出一个功能强大的邮件发送服务器。

Windows Server 2008 默认安装的时候没有集成 SMTP 服务器组件，因此首先需要安装 SMTP 组件，具体的操作步骤如下。

1）在服务器中选择“开始”→“服务器管理器”命令，打开“服务器管理器”窗口，选择左侧“功能”一项之后，单击右侧的“添加功能”链接，启动“添加功能向导”对话框。

2）单击“下一步”按钮，进入“选择功能”界面，选中“SMTP 服务器”复选框。由于 SMTP 依赖远程服务等服务，因此会出现是否添加 SMTP 服务器所需功能的对话框，如图 12-2 所示，添加远程服务器管理工具，单击“添加必需的功能”按钮，然后在“选择功能”界面中单击“下一步”按钮继续操作。

注意：SMTP 服务依赖于 IIS 7.0 中的“Web 服务器”和“远程服务器管理工具”这两个服务，由于前面单元中已完全安装了 IIS 7.0，此处就不会显示“Web 服务器”，若没有安装 IIS 7.0，此处就要添加“Web 服务器”。

3）进入“确认安装选择”界面中，显示了 SMTP 服务器安装的详细信息，确认安装信息后可以单击下部的“安装”按钮。

4）进入“安装进度”界面，显示 SMTP 服务器安装的过程，安装 SMTP 服务器之后，在如图 12-3 所示的界面中可以查看到 SMTP 服务器安装完成的提示，此时单击“关闭”按钮退出添加功能向导。

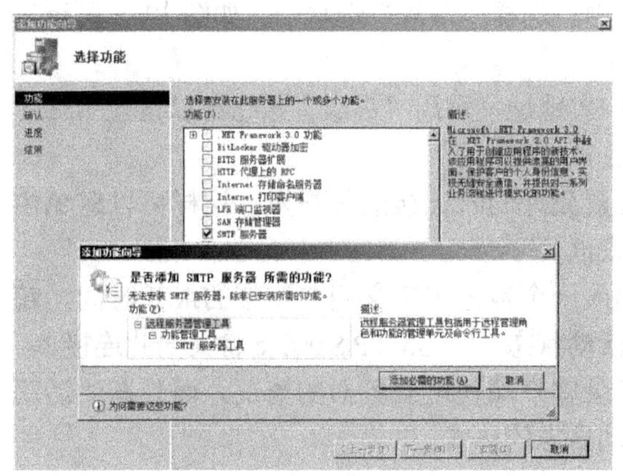

图 12-2　添加 SMTP 服务器

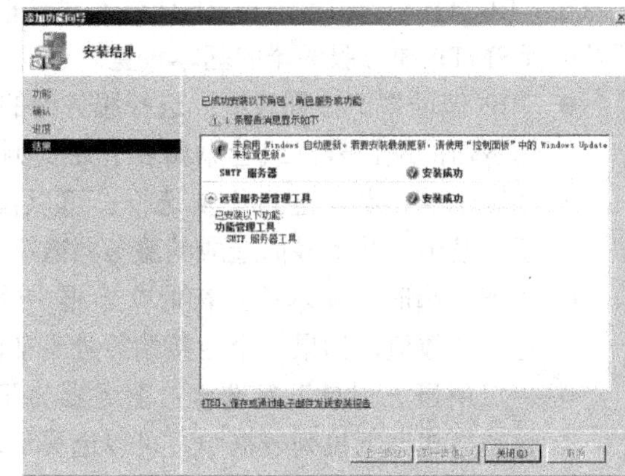

图 12-3　SMTP 服务器安装结果

12.2.2　设置 SMTP 服务器属性

SMTP 服务器安装完成之后还不能提供相应的服务，需要对 SMTP 服务器进行相应的设置，它和 FTP 服务一样，还是使用老版本 IIS 6.0 的管理器来进行管理。

用户可以参照下述步骤进行操作：选择“开始”→“管理工具”→“Internet 信息服务（IIS）6.0 管理器”命令，打开 Internet 信息服务（IIS）6.0 管理器，依次展开“WIN2008（本地计算机）”→“[SMTP Virtual Server #1]”，如图 12-4 所示。

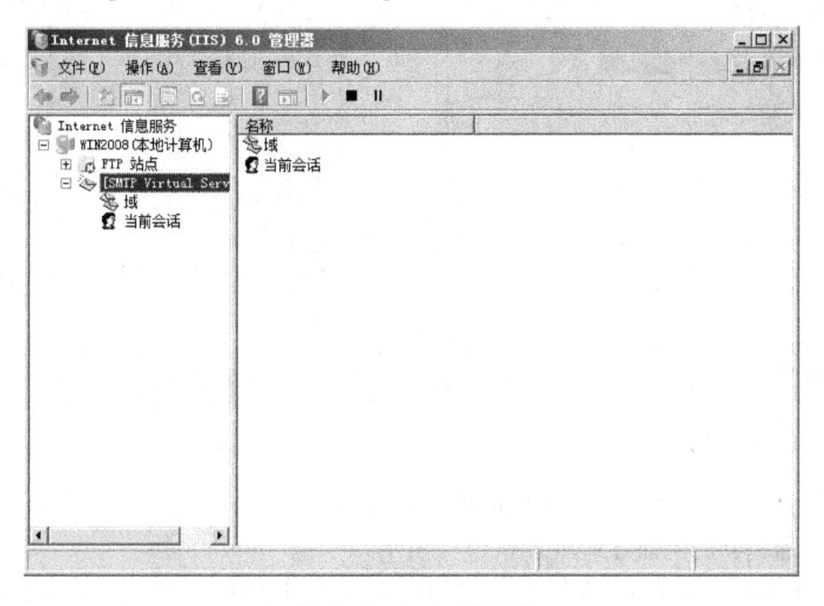

图 12-4　SMTP 服务器

可以通过默认 SMTP 虚拟服务器来配置和管理 SMTP 服务器，当然也可以新建 SMTP 虚拟服务器。选择“[SMTP Virtual Server #1]”项，使用鼠标右键单击它并从弹出的快捷菜单中选择“属性”命令，在弹出的属性对话框中共有6个选项卡，各选项卡的相关设置如下。

1. “常规”选项卡

在“[SMTP Virtual Server #1]属性”对话框中，选择“常规”选项卡，如图12-5所示，可以进行SMTP虚拟服务器的基本设置。

- “IP地址”下拉列表框：选择服务器的IP地址，利用“高级”按钮可以设置SMTP服务器的端口号，或者添加多个IP地址。
- “限制连接数不超过”复选框：可以设置允许同时连接的用户数，这样可以避免由于并发用户数太多而造成的服务器效率太低。
- “连接超时”文本框：在此文本框中输入一个数值来定义用户连接的最长时间，超过这个数值，如果一个连接始终处于非活动状态，则SMTP Service将关闭此连接。
- “启用日志记录”复选框：服务器将记录客户端使用服务器的情况，而且在“活动日志格式”下拉列表框中，可以选择活动日志的格式。

2. “访问”选项卡

在“[SMTP Virtual Server #1]属性”对话框中，选择“访问”选项卡，如图12-6所示，可以设置客户端使用SMTP服务器的方式，并且可以设置数据传输安全属性，各选项的功能如下。

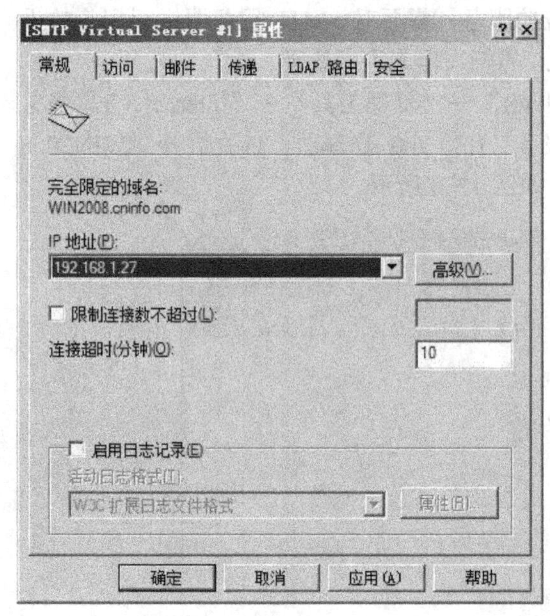

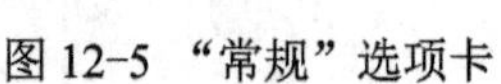
图12-5 “常规”选项卡

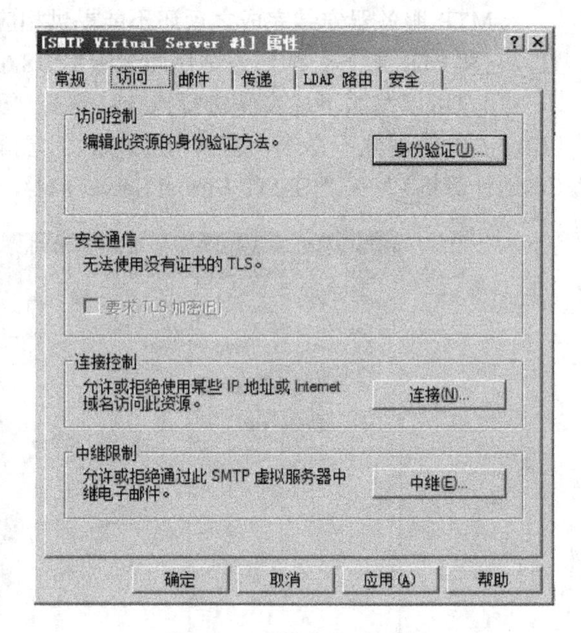

图12-6 “访问”选项卡

1）访问控制：单击“身份验证”按钮，在弹出的“身份验证”对话框中，可以设置用户使用SMTP服务器的验证方式，如图12-7所示。

- 匿名访问：匿名访问允许任意用户使用SMTP服务器，不询问用户名和密码。如果选中此复选框，则需要禁用其余两个选项。
- 基本身份验证：基本身份验证方法要求提供用户名和密码才能够使用SMTP服务

器，由于密码在网络上是以明文（未加密的文本）的形式发送的，这些密码很容易被截取，因此可以认为安全性很低。为了测试基本身份验证的功能，先取消选中“匿名访问”复选框，然后选中“基本身份验证”复选框，单击“确定”按钮后，会弹出如图 12-8 所示的警告信息。

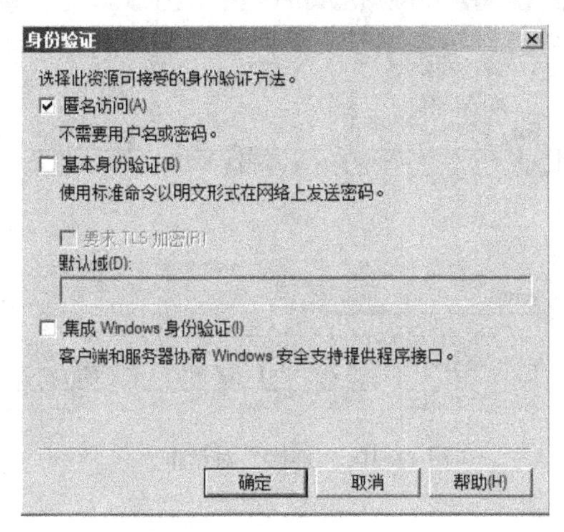

图 12-7 “身份验证”对话框

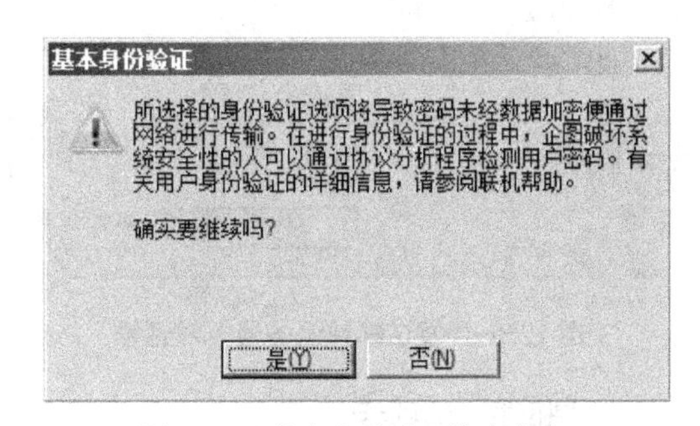

图 12-8 基本身份验证警告信息

同时在客户端也需要进行调整，以 Outlook Express 为例，选择“工具”→“账号”命令，然后选择“邮件”选项卡，双击要修改的账户，选择“服务器”选项卡，选中“我的服务器要求身份验证”复选框，单击“设置”按钮，弹出“发送邮件服务器”对话框，选择“登录方式”单选按钮，输入账户名和密码，选中“使用安全密码验证登录”复选框，如图 12-9 所示。

- 集成 Windows 身份验证：集成 Windows 身份验证是一种安全的验证形式，因为在通过网络发送用户名和密码之前，先将它们进行哈希计算。

2）安全通信（证书）：如果在基本身份验证时要使用 TLS 加密，则必须创建密钥对，并配置密钥证书。然后，客户端才能够使用 TLS 将加密邮件提交给 SMTP 服务器，再由 SMTP 服务器进行解密。

3）连接控制：单击“连接”按钮，弹出“连接”对话框，如图 12-10 所示，可以按客户端的 IP 地址来限制对 SMTP 服务器的访问。默认情况下，所有 IP 地址都有权访问 SMTP 虚拟服务器，可以允许或拒绝特定列表中的 IP 地址的访问权限。既可以单独指定 IP 地址，也可以通过使用子网掩码按组指定 IP 地址，还可以通过使用域名来指定 IP 地址，但这样做会增加每个连接的 DNS 搜索的开销。具体的设置和网站的设置基本相同，可参考前面单元中的相关说明。

4）中继限制：单击“中继”按钮，弹出“中继限制”对话框，如图 12-11 所示。默认情况下，SMTP 服务禁止计算机通过虚拟服务器中继不需要的邮件，也就是说，只要收到的邮件不是寄给它所负责的域，一律拒绝转发。例如，如果 SMTP 服务器所负责的域为 cninfo.com，则当它收到一封要发送给 info@cninfo.com 的邮件时，它会接收此邮件，并且将这封邮件存放在邮件存放区内，但是如果收到一封寄给 info@abc.com 的邮件时，它将拒绝接收和转发此邮件，因为 abc.com 不是它所负责的域。如果想让自己的 SMTP 服务器可以替客户端转发远程邮件，要通过 SMTP 虚拟服务器启用中继访问才可以，选中“不管上表中如何设置，所有通过身份验证的计算机都可以进行中继”复选框即可。默认情况下，除了符合“中继限制”对话框中所指定的身份验证要求的计算机外，禁止其他所有的计算机访问。

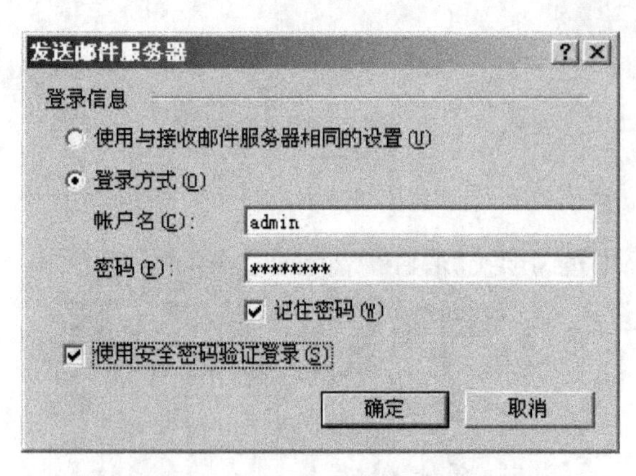

图 12-9 “发送邮件服务器”对话框

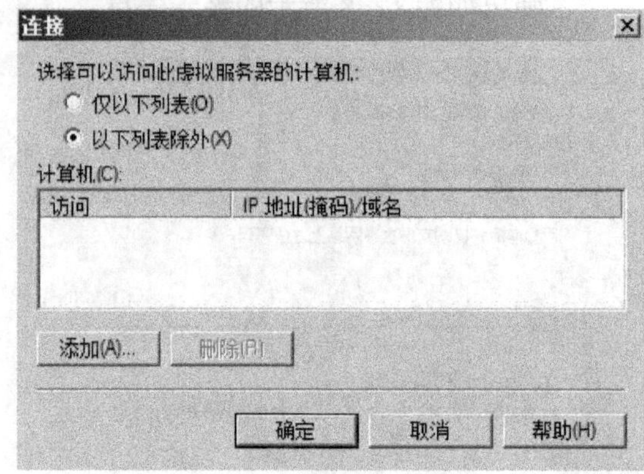

图 12-10 “连接”对话框

3. “邮件”选项卡

在“[SMTP Virtual Server #1]属性”对话框中，选择“邮件”选项卡，如图 12-12 所示，可以设置邮件限制，通过设置可以提高 SMTP 服务器的整体效率。“邮件”选项卡中部分选项的功能如下。

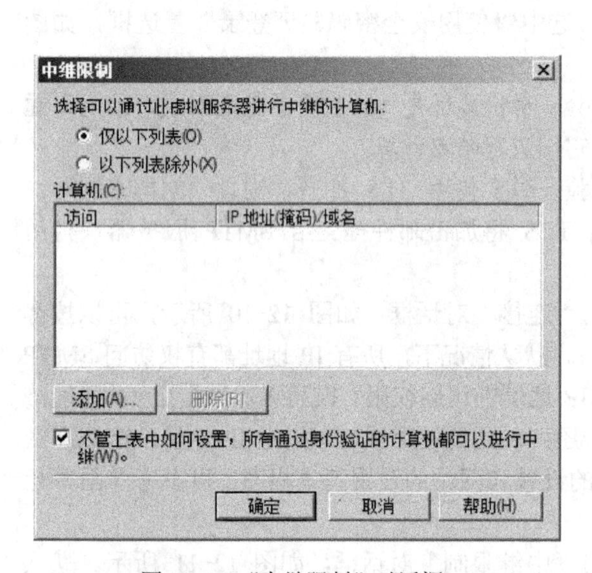

图 12-11 “中继限制”对话框

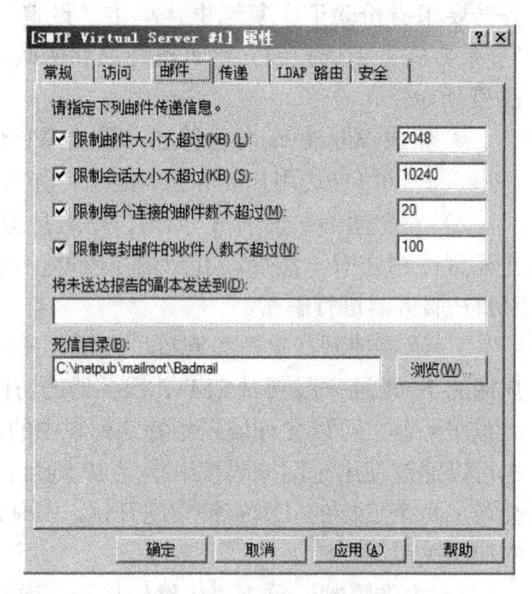

图 12-12 “邮件”选项卡

- 限制邮件大小不超过：能够指定每封进出系统的邮件的最大容量值，系统默认为 2MB（2048KB）。
- 限制会话大小不超过：表示系统中所允许的可以进行会话的用户最大容量。
- 限制每个连接的邮件数不超过：表示一个连接一次可以发送的邮件最大数目。

- 限制每封邮件的收件人数不超过：限制了每一封邮件同时发送的人数，即同一封邮件可以抄送的最多用户数。
- 死信目录：当邮件无法传递时，SMTP 服务将此邮件与未传递报告（NDR）一起返回给发件人，也可以指定将 NDR 的副本发送到选定的位置。如果不能将 NDR 发送到发件人，则将邮件的副本放入死信目录中。所有的 NDR 经历与其他邮件相同的传递过程，包括尝试重发邮件。如果 NDR 已经达到了重试次数限制，但仍旧无法传递给发件人，则将邮件副本放入死信目录中，放入死信目录中的邮件无法传递或返回。

4．“传递”选项卡

在“[SMTP Virtual Server #1]属性”对话框中，选择“传递”选项卡，如图 12-13 所示。用户在发送邮件的时候，首先需要和 SMTP 服务器进行连接，连接成功并得到 SMTP 准备接收数据的响应后就开始发送邮件，同时进行传递。“传递”选项卡中各选项的功能如下。

1）“出站”选项区域：可设置重试和远程传递延迟时间。

2）“本地”选项区域：可设置本地延迟和超时设置。

3）“出站安全”按钮：单击此按钮，弹出“出站安全”对话框，在其中可对待发邮件使用身份验证和对传输层安全性（TLS）加密，如图 12-14 所示。

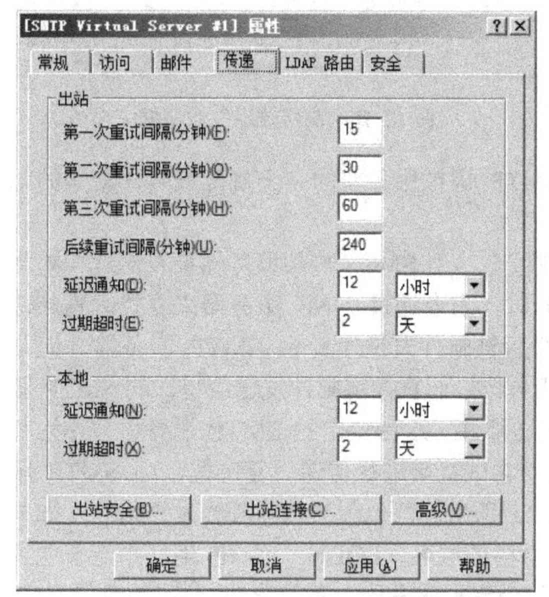

图 12-13 “传递”选项卡

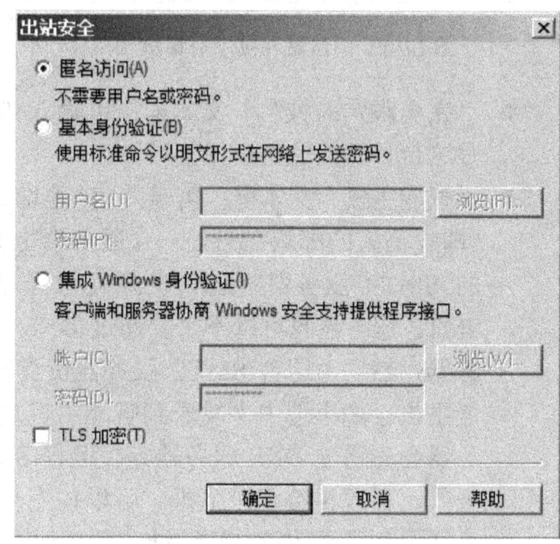

图 12-14 “出站安全”对话框

4）“出站连接”按钮：单击此按钮，在弹出的如图 12-15 所示的对话框中可配置 SMTP 虚拟服务器传出连接的常规设置，如限制连接数、端口等。

5）“高级”按钮：单击此按钮，在弹出的如图 12-16 所示的对话框中可配置 SMTP 虚拟服务器的路由选项，介绍如下。

- “最大跃点计数”文本框：可输入一个值，它表示邮件在源服务器和目标服务器之间的跃点计数，默认值为“15”。

- “虚拟域”文本框：可输入虚拟的域名。

注意：对于虚拟域的概念，下面举例来说明：假设 SMTP 虚拟服务器的本地域名是 cninfo.com，并且在 SMTP 虚拟服务器中设置了虚拟域，其名称为 yccninfo.com，若电子邮件的账户为 admin@cninfo.com，那么当通过这台 SMTP 虚拟服务器来发送邮件时，SMTP 虚拟服务器会将邮件寄信人的地址由 admin@cninfo.com 改为 admin@yccninfo.com。

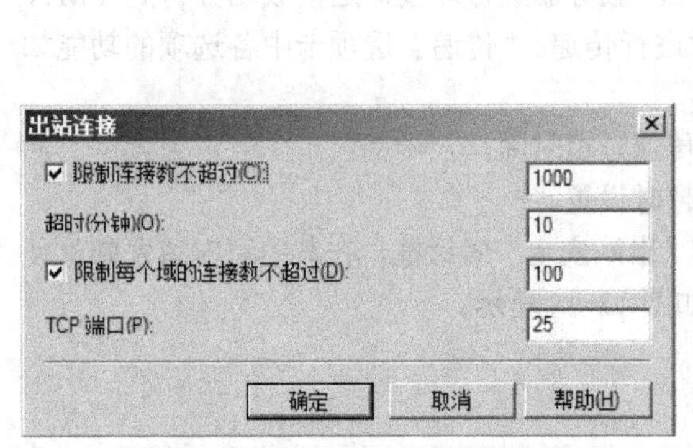

图 12-15 “出站连接”对话框

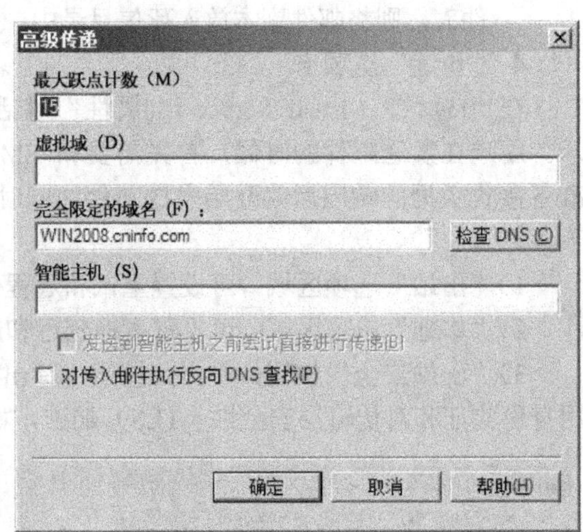

图 12-16“高级传递”对话框

- “完全限定的域名”文本框：可输入 SMTP 虚拟服务器的完全规范域名，默认的就是这台计算机的完全规范域名。
- “智能主机”文本框：可输入 IP 地址或域名，当 SMTP 虚拟服务器要发送远程邮件（即收信人的邮箱在另外一台服务器上）时，它会通过 DNS 服务器来寻找远程邮件的 SMTP 服务器（MX 资源记录），然后将邮件发送给此台 SMTP 服务器。但是 SMTP 服务器也可以不需要通过 DNS 服务器，而直接将邮件发送给特殊的 SMTP 服务器，然后由这台 SMTP 服务器负责发送邮件。这台特定的 SMTP 服务器被称为智能主机。如果选中“发送到智能主机之前尝试直接进行传递”复选框，则 SMTP 服务器会先通过 DNS 服务器寻找远程 SMTP 服务器，以便直接将邮件发送给它，如果失败，再改传给智能主机。可以按完全合格的域名（FQDN）或 IP 地址指定智能主机（但如果更改该 IP 地址，则还要在每个虚拟服务器上更改该地址）。如果使用 IP 地址，请用括号[]括上该地址以提高系统性能。SMTP 服务先检查服务器名称，然后检查 IP 地址。括号[]将值标识为 IP 地址，因此忽略此 DNS 搜索。
- “对传入的邮件执行反向 DNS 查找”复选框：表示 SMTP 服务器将尝试验证客户端的 IP 地址与 EHLO/HELO 命令中客户端提交的主机/域是否匹配。如果反向 DNS 查找成功，则“已收到”标题保持不变。如果验证失败，则在邮件“已收到”标题中的 IP 地址后面出现“未验证”。如果反向 DNS 查找失败，则在邮件“已收到”标题中出现“RDNS 失败”。因为此功能验证所有待发邮件的地址，所以使用此功能可能会影响 SMTP 服务性能，取消选中该复选框可以禁用此功能。

5．“LDAP 路由”选项卡

在“[SMTP Virtual Server #1]属性”对话框中，选择“LDAP 路由”选项卡，如图 12-17 所示。轻型目录访问协议（Light weight Directory Access Protocol，LDAP）是一个 Internet 协议，可用来访问 LDAP 服务器中的目录信息。如果拥有使用 LDAP 的权限，则可以浏览、读取和搜索 LDAP 服务器上的目录列表。可以使用“LDAP 路由”选项卡配置 SMTP 服务，以便向 LDAP 服务器询问以解析发件人和收件人。例如，可以将 Active Directory 服务用做 LDAP 服务器，然后使用“Active Directory 用户和计算机”这一管理工具创建一个可在 SMTP 虚拟服务器上自动扩展的组邮件列表。

6．“安全”选项卡

在“[SMTP Virtual Server #1]属性”对话框中，选择“安全”选项卡，如图 12-18 所示。用户可以指派哪些用户账户具有 SMTP 虚拟服务器的操作员权限，默认情况下有 3 个用户具有操作员权限，设置 Windows 用户账户后，可以通过从列表中选择账户来授予其权限。从虚拟服务器操作员列表中删除账户，可以撤销其权限。

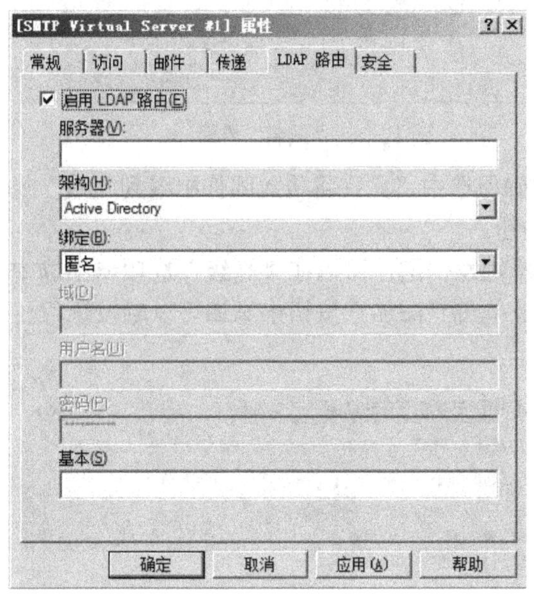

图 12-17 “LDAP 路由”选项卡

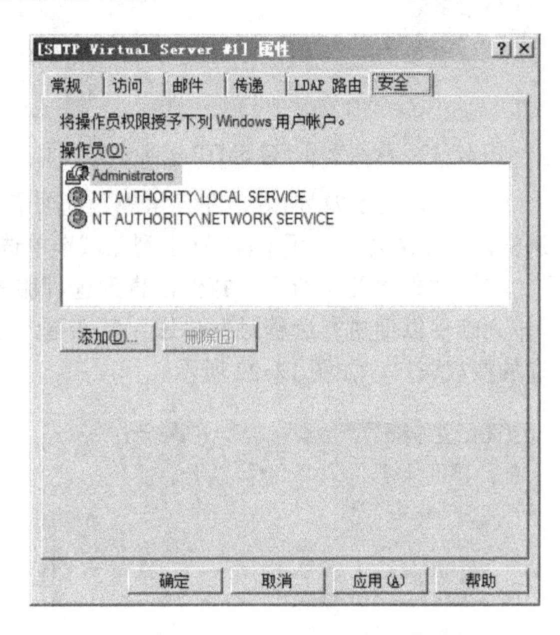

图 12-18 “安全”选项卡

12.2.3 创建 SMTP 域和 SMTP 虚拟服务器

在对 SMTP 服务器属性设置完成之后，为了确保 SMTP 服务器能够正常运行，还要创建 SMTP 域和 SMTP 虚拟服务器。可参照下述步骤创建 SMTP 域。

1）选择“开始”→“管理工具”→“Internet 信息服务（IIS）6.0 管理器”命令打开 Internet 信息服务（IIS）6.0 管理器，依次展开“WIN2008（本地计算机）”→“[SMTP Virtual Server #1]”→“域”项，使用鼠标右键单击它并从弹出的快捷菜单中选择“新建”→“域”命令。

2）在弹出的如图 12-19 所示的“欢迎使用新建 SMTP 域向导”界面中，选择“远程”

单选按钮将域类型设置为远程，单击“下一步”按钮继续操作。

3）在弹出的如图 12-20 所示的“域名”界面中，输入 SMTP 邮件服务器的域名信息，此时输入如“cninfo.com”之类的地址。

4）完成上述操作返回“Internet 信息服务（IIS）6.0 管理器”窗口，依次展开“WIN2008（本地计算机）”→“[SMTP Virtual Server #1]”→“域”项，即可在右侧区域中查看到刚才新增的域，此时使用鼠标右键单击新建的域，并从弹出的快捷菜单中选择“属性”命令即可对域的属性进行相应设置。

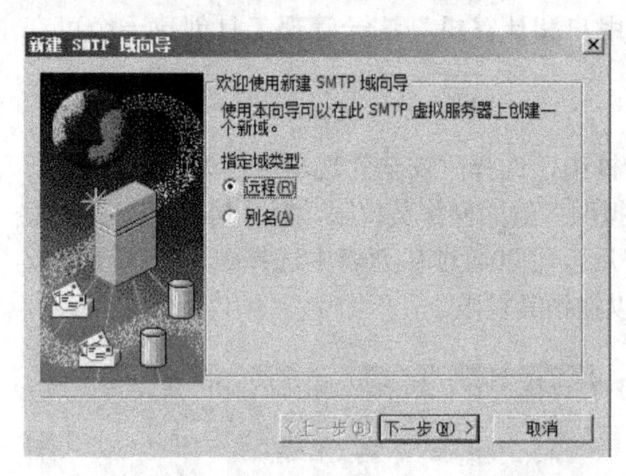

图 12-19 欢迎使用新建 SMTP 域向导”界面

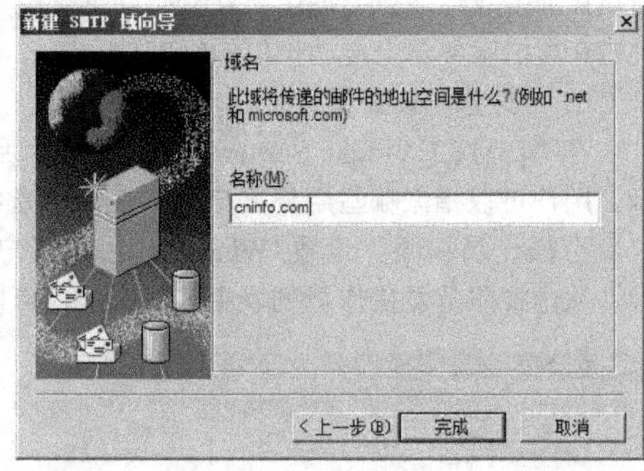

图 12-20 “域名”界面

5）如图 12-21 所示，在“常规”选项卡中确保选中“允许将传入邮件中继到此域”复选框，并且选择“使用 DNS 路由到此域”单选按钮。

6）如果需要保留电子邮件，直到远程服务器触发传递，可以在“高级”选项卡中选中“排列邮件以便进行远程触发传递”复选框，接着单击“添加”按钮来添加可以触发远程传递的授权账户，如图 12-22 所示。

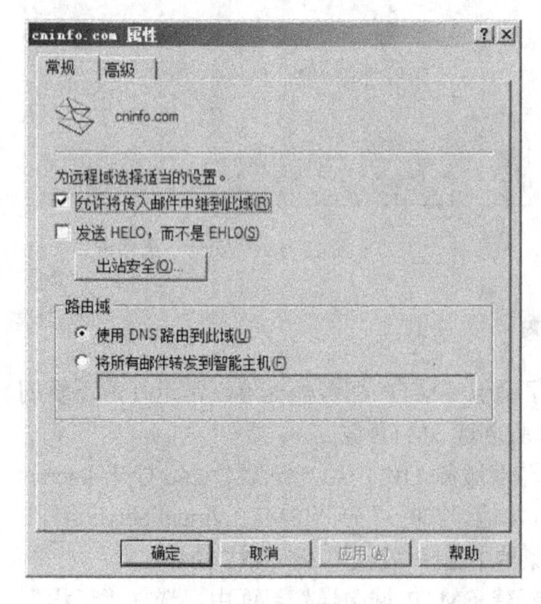

图 12-21 “常规”选项卡

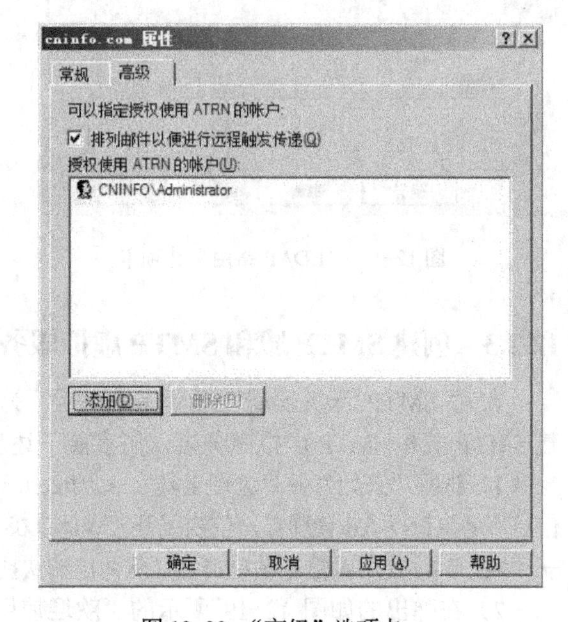

图 12-22 “高级”选项卡

可参照下述步骤创建 SMTP 虚拟服务器。

1）选择“开始”→“管理工具”→“Internet 信息服务（IIS）6.0 管理器”命令，打开 Internet 信息服务（IIS）6.0 管理器，依次展开“WIN2008（本地计算机）”→“[SMTP Virtual Server #1]”项，使用鼠标右键单击它并从弹出的快捷菜单中选择“新建”→“虚拟服务器”命令。

2）在弹出的如图 12-23 所示的“欢迎使用新建 SMTP 虚拟服务器向导”界面中，输入新建 SMTP 虚拟服务器的名称，如“SMTP Server”，单击“下一步”按钮继续操作。

3）在“选择 IP 地址”界面下拉列表框中选择 SMTP 虚拟服务器的 IP 地址，如在此设置为 192.168.1.27，如图 12-24 所示，单击“下一步”按钮继续操作。

4）在如图 12-25 所示的“选择主目录”界面中需要设置 SMTP 的目录，系统默认主目录为“C:\inetpub\mailroot”，一般不需要更改，单击“下一步”按钮继续操作。

5）在如图 12-26 所示的“默认域”界面中输入 SMTP 虚拟服务器的域名，如在此输入“cninfo.com”，单击“完成”按钮，就完成了 Windows Server 2008 中的 SMTP 虚拟服务器的设置。

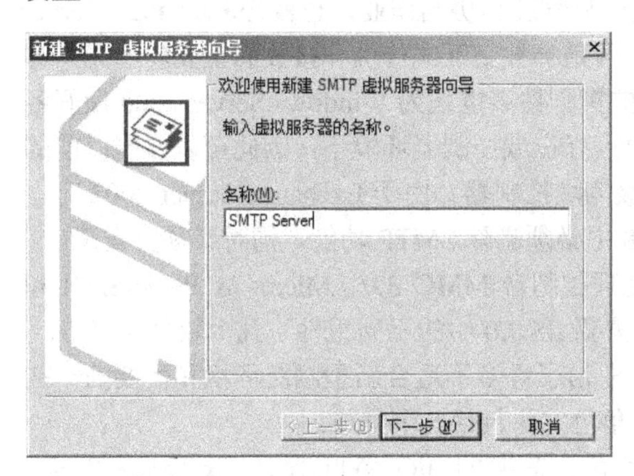

图 12-23　新建 SMTP 虚拟服务器向导

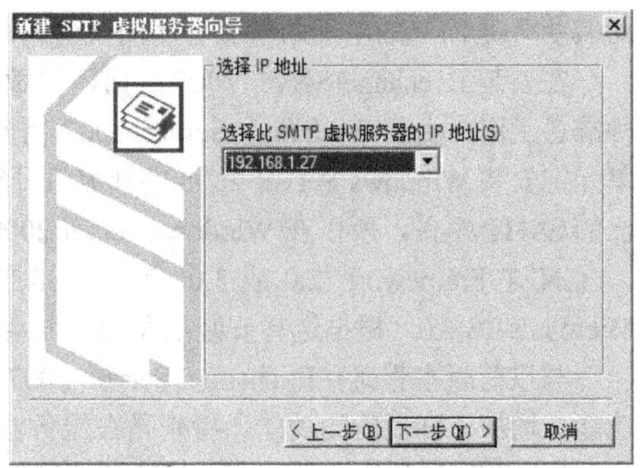

图 12-24　“选择 IP 地址”界面

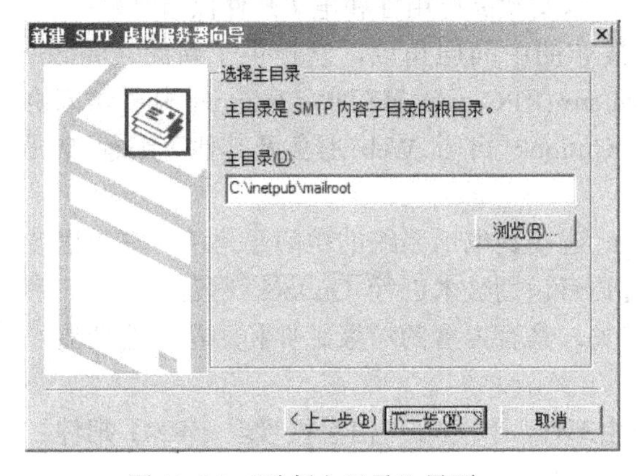

图 12-25　“选择主目录”界面

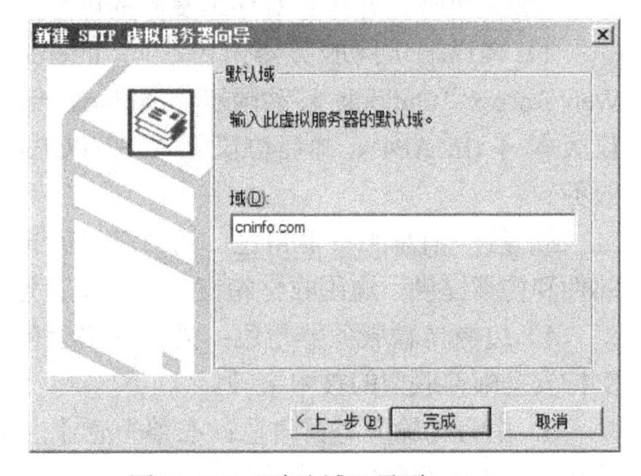

图 12-26　“默认域”界面

提示：此时在 Internet 信息服务（IIS）6.0 管理器中停止当前的 SMTP 服务器，然后再重新启动该服务，这样才可以让 SMTP 服务器正常运行。为了确保邮件服务器的正常运行，可以在局域网上通过 Outlook Express 等客户端软件进行测试，在后面的章节会介绍相关的知识。

12.3 【扩展任务】架设 Exchange Server 2007 服务器

【任务描述】

由于现代企业信息管理的基础在于通信管理及组织管理，它的首要条件是先架设一个畅通无阻的企业内部网络，因此可以先用 Windows Server 2008 架设企业内部网络，然后架设 Exchange Server 2007 服务器，来达到通信及组织管理的目的。

【任务目标】

通过任务熟悉 Exchange Server 2007 服务器的安装、电子邮箱的创建、电子邮件的收发以及 Exchange Server 2007 的相关设置。

12.3.1 安装 Exchange Server 2007

Windows Server 2008 虽然集成了邮件服务，但功能还不算强大，而且无法与其他集成办公软件相结合。Exchange Server 2007 可以满足从小型机构到大型分布式企业的不同规模企业的通信和协作需求，它最主要的两大功能是信息管理和协同作业，也就是 Exchange Server 2007 并不是简单的电子邮件服务器的代名词，而是一种交互式传送和接收的重要场所。

在安装 Exchange Server 2007 之前，要做的第一件事情是为 Windows Server 2008 做好各种准备工作，由于 Exchange Server 2007 需要运行在域控制器环境下，因此可以参照以前的单元把安装 Windows Server 2008 的计算机升级为域控制器。由于 Exchange Server 2007 有自己的 SMTP 组件，所以在 Windows Server 2008 中必须删除 SMTP 功能，同时必须要安装。

.NET Framework 2.0 或 3.0、Microsoft 管理控制台 MMC 3.0、Microsoft PowerShell 和 Microsoft IIS 7.0（根据选择安装的角色不同会需要 IIS 7.0 中的不同组件）几个软件和服务。

与以前版本相比，Exchange Server 2007 取消了许多不适合新型网络环境和需要的一些功能，增加了许多新的功能，特别是在服务器角色方面包括 5 个集成。

1）邮箱服务器角色：经过扩展的存储角色，需要的 I/O 吞吐量比 Exchange Server 2003 减少 70%，并包含对连续复制的内置支持，以实现高可用性和电子邮件保留策略。

2）客户端访问服务器角色：向 Internet 发布的中间层角色，它提供了新的 Outlook Web Access、Outlook 移动同步、Outlook Anywhere (RPC over HTTP)、Internet 邮件访问协议版本 4 (IMAP4)、邮局协议版本 3 (POP3)、Outlook 日历 Web 服务及其他可编程 Web 服务。

3）统一消息服务器角色：可以使 Exchange 连接到电话系统的中间层角色，它为语音邮件和传真提供了通用收件箱支持，并支持通过语音识别技术进行 Outlook 语音访问。

4）边缘传输服务器角色：外围网络上的网关，具有内置的垃圾邮件和病毒筛选功能，支持安全邮件联盟的技术突破。

5）中心传输服务器角色：在整个企业内路由邮件，预先许可信息权管理 (IRM) 邮件，并在每个阶段强制执行遵从性。

现在将在 Windows Server 2008 一个新域和新组织内安装 Exchange Server 2007，根据任务的需要参照以下步骤进行操作。

1）在上面组件及服务安装成功后，可以开始安装 Exchange Server 2007 服务器，如果安装介质是光盘，则插入光盘后会弹出安装向导；如果禁用了自动播放或其他安装包，则需要通过运行其中的 Setup.exe 来弹出该向导，如图 12-27 所示。

2）可以看到前面的 3 个步骤已经显示“已安装”，接下来单击步骤 4 来安装 Exchange Server 2007 SP1，进入 Exchange Server 2007 安装程序“简介”界面，单击“下一步”按钮继续操作，如图 12-28 所示。

图 12-27 启动 Exchange Server 2007 SP1 安装向导

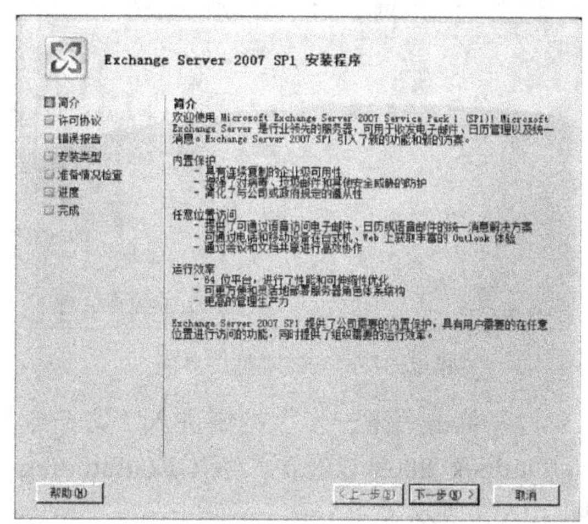

图 12-28 “简介”界面

3）进入“许可协议”界面，在界面中选择“我接受许可协议中的条款”单选按钮，单击“下一步”按钮继续操作，如图 12-29 所示。

4）进入“错误报告”界面，如果选择了“是”，在安装过程中如果出现错误它会在后台向微软发送错误报告，如果不愿意向微软发送消息，可以选择“否”，单击“下一步”按钮继续操作，如图 12-30 所示。

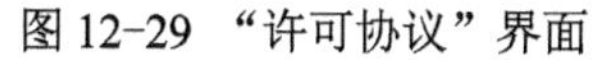
图 12-29 “许可协议”界面

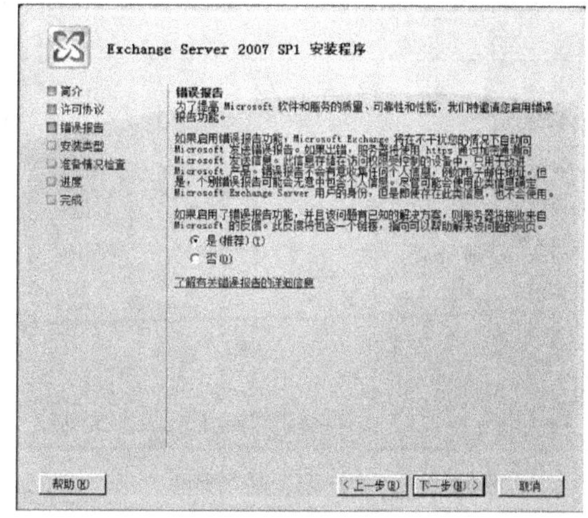

图 12-30 “错误报告”界面

5）进入“安装类型”界面，如图 12-31 所示。系统提供了两种安装方式供选择：典型安装和自定义安装。用户可根据需要进行选择，并且可以在界面的下部选择 Exchange 服务器的安装路径。

6）单击“下一步”按钮进入“Exchange 组织”界面，在文本框中输入此 Exchange 组织的名称，也可以使用默认的名称，如图 12-32 所示。

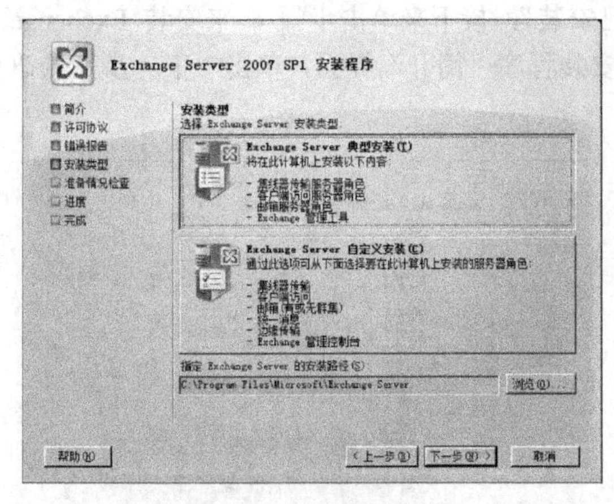

图 12-31 “安装类型”界面

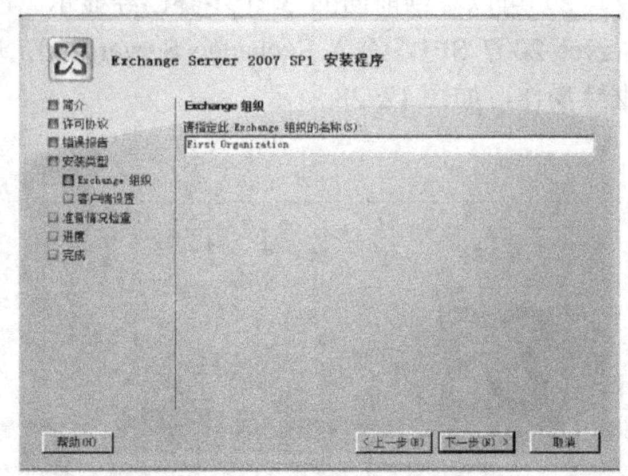

图 12-32 “Exchange 组织”界面

7）单击“下一步”按钮进入“客户端设置”界面。根据组织中是否存在任何正在运行 Outlook 2003 以及更早版本或 Entourage 的客户端计算机，来选择“是”或“否”，如图 12-33 所示。

8）单击“下一步”按钮，进入“准备情况检查”界面。接下来安装向导对系统和服务器进行检查，以查看是否可以安装 Exchange，如图 12-34 所示。如果检查结果中有失败的结果，向导会给出具体的失败信息以及建议的操作，需要进行纠正后再次重新检查，如果没有失败则可以单击下面的安装按钮开始安装。根据所选择的安装项目和服务器配置不同，所需要的时间不同，安装向导会显示已用时间，如果安装顺利，会在每个项目后显示“已完成”，这样就已经在 Windows Server 2008 上成功安装了一个 Exchange Server 2007 SP1。此时从 Exchange 管理控制台中，可以看到相关信息，如图 12-35 所示。

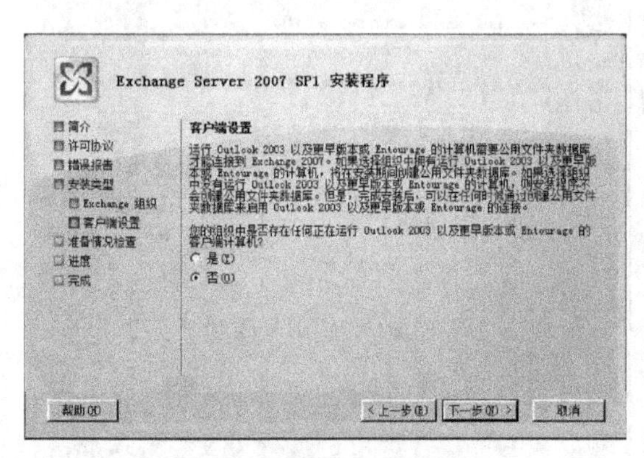

图 12-33 “客户端设置”界面

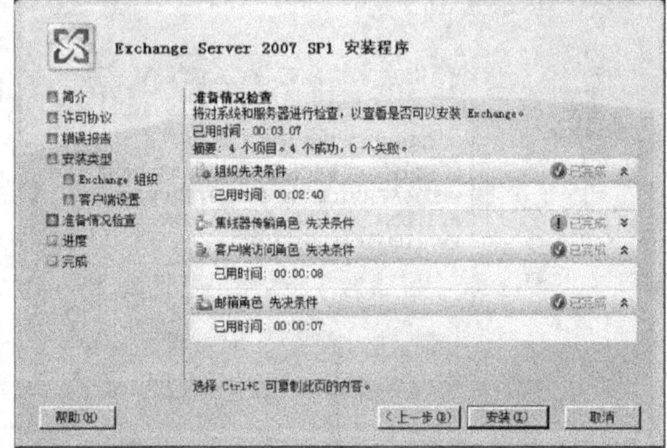

图 12-34 “准备情况检查”界面

12.3.2 配置 Exchange Server 2007

在成功完成 Exchange Server 2007 的安装后，最后一步就是对 Exchange Server 2007 进行配置使之可以进行接收和发送邮件等操作，主要包括组织配置和服务器配置两个方面。

1. 组织配置

与 Exchange Server 2003 不一样，Exchange Server 2007 默认成功安装之后只有接收连接器，所以创建邮箱用户之后还不能发送邮件，还需要在该服务器上创建一个发送连接器，因为只有存在发送连接器之后才可以发送邮件。

创建发送连接器的具体操作步骤如下。

1）选择“开始”→“Exchange 管理控制台”命令，打开 Exchange 管理控制台，展开“组织配置”→“集线器传输”项，如图 12-36 所示。

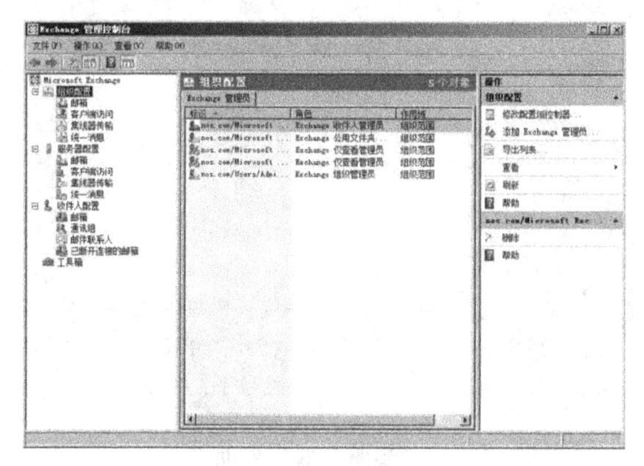

图 12-35　已成功安装 Exchange Server 2007

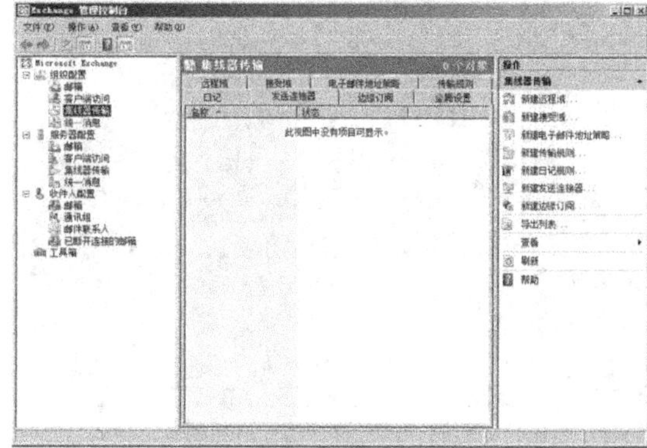

图 12-36　“集线器传输”项

2）在 Exchange 管理控制台中部选择“发送连接器”选项卡，用鼠标右键在空白区域单击，在弹出的快捷菜单中选择“新建发送连接器”命令，进入新建 SMTP 发送连接器“简介”界面，如图 12-37 所示，在“名称”文本框中输入发送连接器的名称，如“CNINFO SMTP Server”，单击“下一步”按钮继续。

3）进入“地址空间”界面，单击“添加”按钮，弹出“SMTP 地址空间”对话框，如图 12-38 所示，在此对话框为发送连接器添加一个地址空间，在“地址”文本框中输入“*”，代表所有的地址，单击“确定”按钮继续。

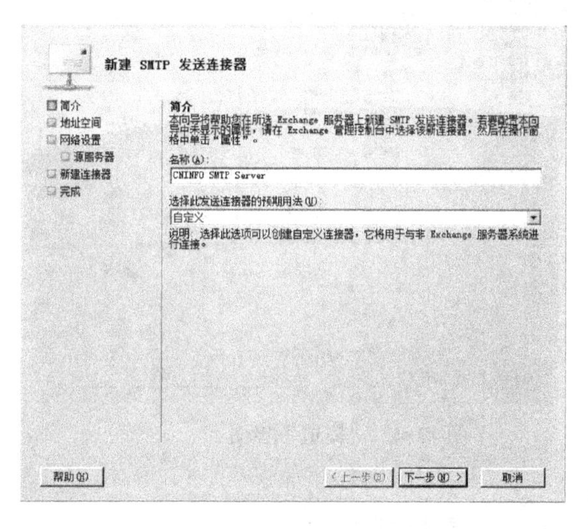

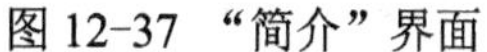

图 12-37　“简介”界面

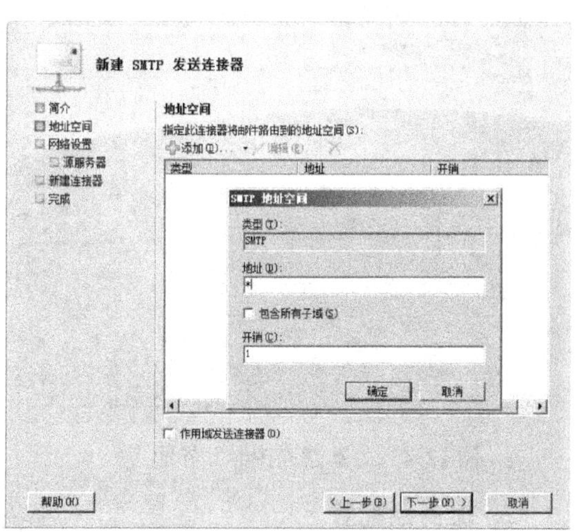

图 12-38　“地址空间”界面

4）单击“下一步”按钮，进入“网络设置”界面，对网络进行设置，这里保持默认设置即可，如图 12-39 所示。

5）单击“下一步”按钮，进入“源服务器”界面，选择服务器“WIN2008”作为源服务器，如图 12-40 所示。

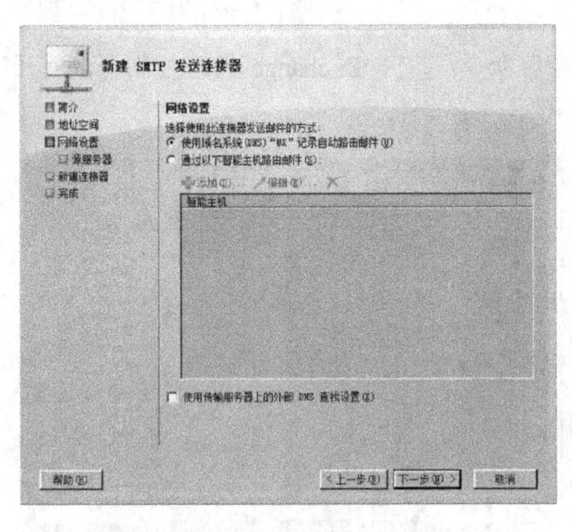

图 12-39 “网络设置”界面

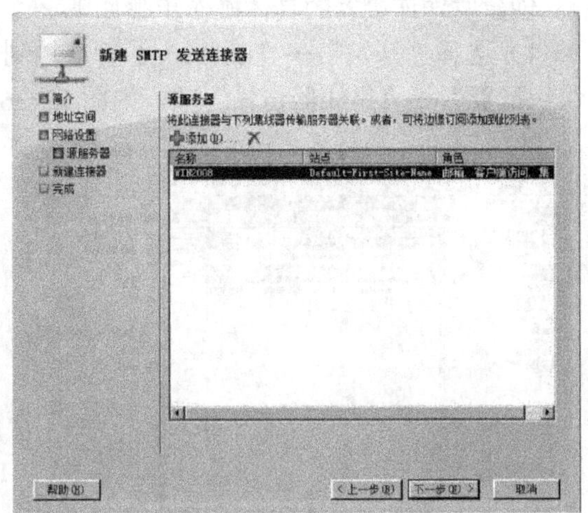

图 12-40 “源服务器”界面

6）单击“下一步”按钮，进入“新建连接器”界面，在此将前几个步骤的配置内容列举出来，如图 12-41 所示。

7）若确认配置信息无误单击“新建”按钮，开始发送连接器的创建，创建过程比较快，如图 12-42 所示，在“完成”界面中可以看到创建的相关状态参数，该发送连接器已经创建成功，邮箱用户可以收发邮件了。

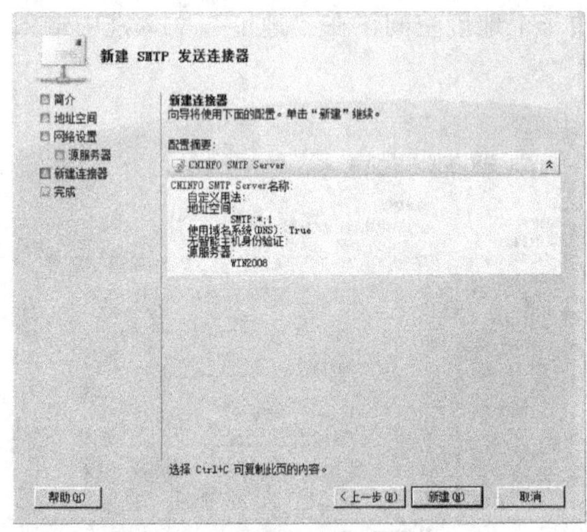

图 12-41 “新建连接器”界面

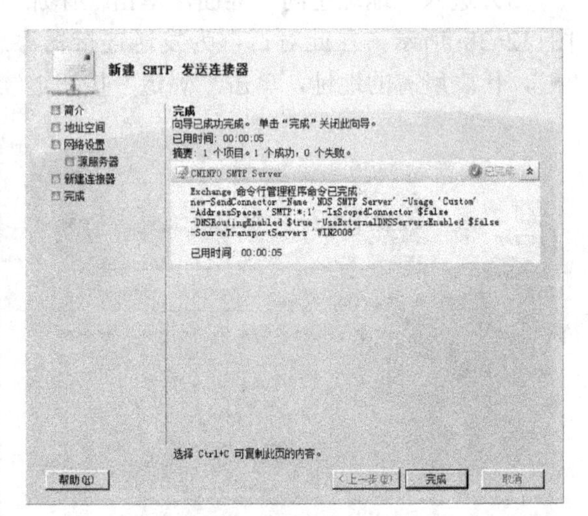

图 12-42 “完成”界面

2. 服务器配置

服务器配置包括客户端访问和集线器传输两部分，具体的设置如下。

1）客户端访问：打开 Exchange 管理控制台，展开“服务器配置”→“客户端访问”

项，在 Exchange 管理控制台中下部选择“IMAP4”选项卡，用鼠标右键在空白区域单击，在弹出的快捷菜单中选择“属性”命令，在弹出的“IMAP4 属性”对话框中选择“身份验证”选项卡，在“登录方法”中选择“安全登录。客户端要通过服务器的身份验证，需要 TLS 连接”单选按钮，如图 12-43 所示。以同样的方法设置“POP3”选项卡，在“登录方法”中选择“纯文本登录（基本身份验证）。客户端要通过服务器的身份验证，无需 TLS 的连接”单选按钮，如图 12-44 所示。

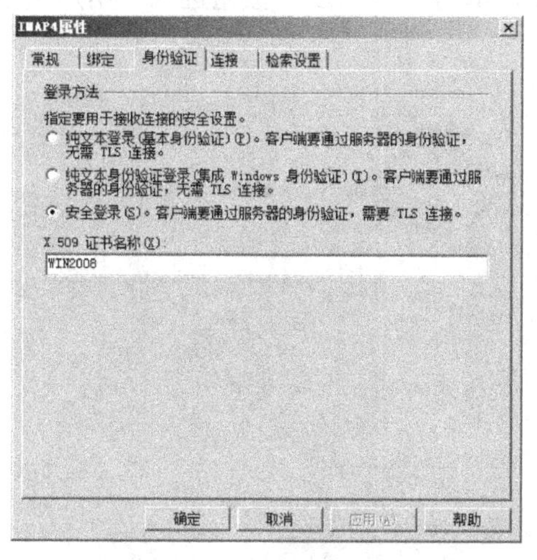

图 12-43　IMAP4 的身份验证

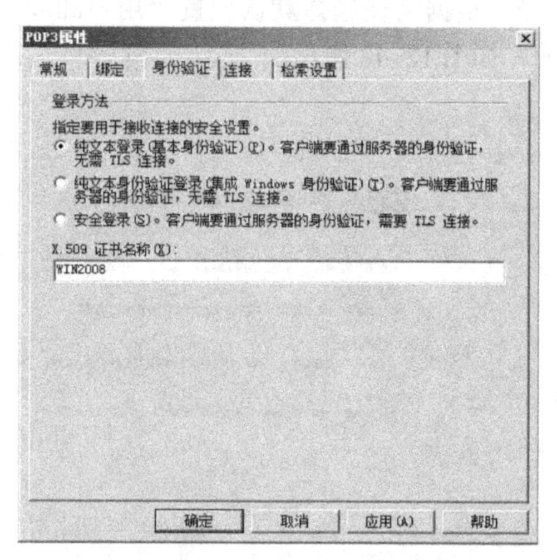

图 12-44　POP3 的身份验证

2）集线器传输：打开 Exchange 管理控制台，展开“服务器配置”→“集线器传输”项，在 Exchange 管理控制台中下部选择接收连接器“Client WIN2008”，使用鼠标右键单击，在弹出的快捷菜单中选择“属性”命令，在弹出的“Client WIN2008 属性”对话框中选择“身份验证”选项卡，在默认设置基础上选中“Exchange Server 身份验证”复选框，如图 12-45 所示。选择“权限组”选项卡，在默认设置基础上选中 “Exchange 用户”复选框，如图 12-46 所示。以同样的方法设置接收连接器“Default WIN2008”，在“权限”选项卡上选中“匿名用户”复选框，其他的设置按默认配置即可。

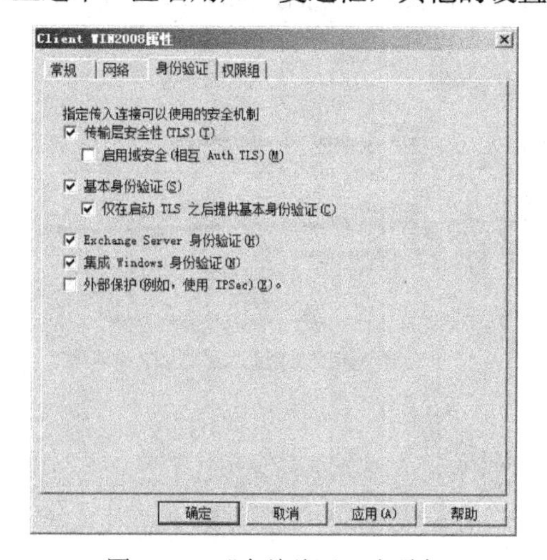

图 12-45　“身份验证”选项卡

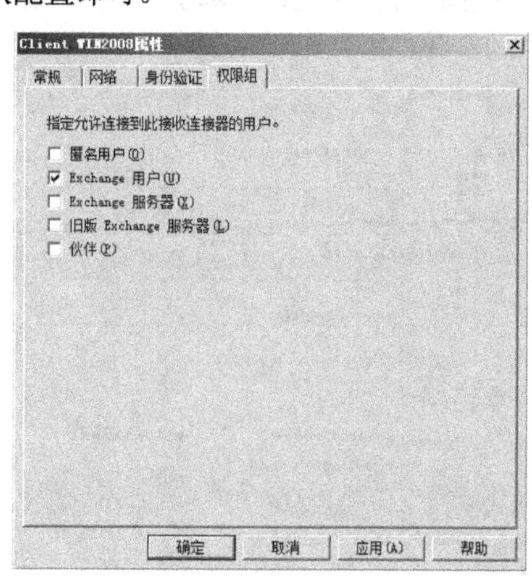

图 12-46　“权限组”选项卡

12.3.3 创建电子邮箱

配置完 Exchange Server 2007 之后并不能立即使用，还需要手工为用户建立电子邮箱，其具体的操作步骤如下。

1）在 Exchange 管理控制台展开“收件人配置”→“邮箱”项，使用鼠标右键单击它，在弹出的快捷菜单中选择“新建邮箱”命令，弹出新建邮箱向导“简介”界面，如图 12-47 所示。

2）根据需要选择默认设置“用户邮箱”选项，单击“下一步”按钮进入“用户类型”界面，如图 12-48 所示。

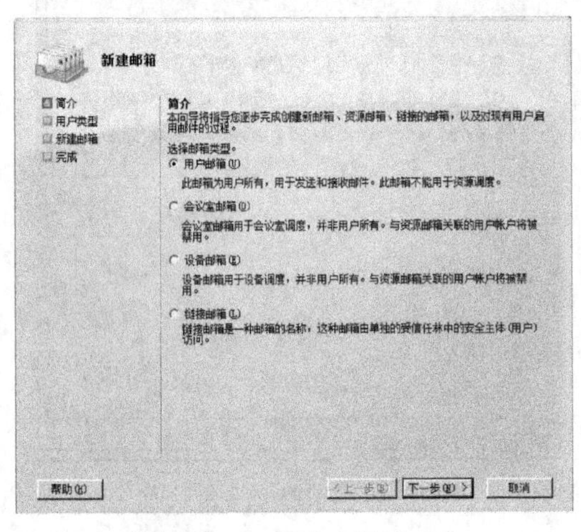

图 12-47 “简介”界面

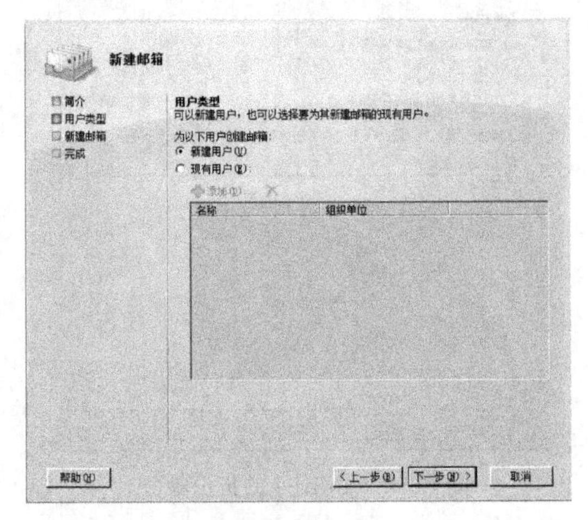

图 12-48 “用户类型”界面

3）使用默认设置“新建用户”选项，单击“下一步”按钮进入“用户信息”界面，输入用户的相关信息及密码，如图 12-49 所示。根据用户的需要也可以选中“用户下次登录时必须更改密码”复选框。

4）单击“下一步”按钮，进入“邮箱设置”界面。在界面中单击“浏览”按钮，弹出“邮箱数据库”对话框，选择邮箱数据库所在的位置，默认设置为“WIN2008\First Storage Group\Mailbox Datebase”。单击“确定”按钮，返回“邮箱设置”界面，如图 12-50 所示。

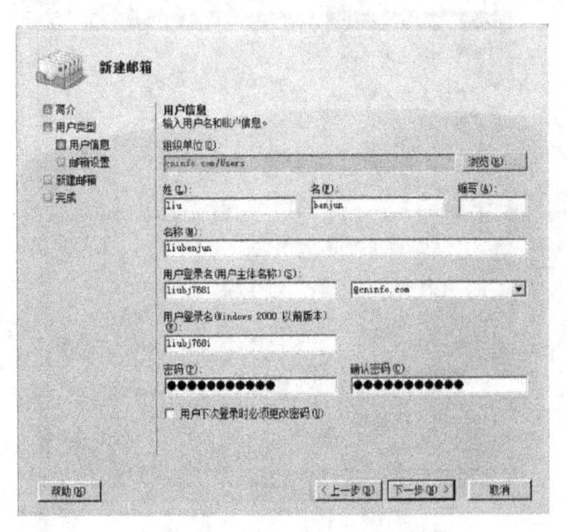

图 12-49 “用户信息”界面

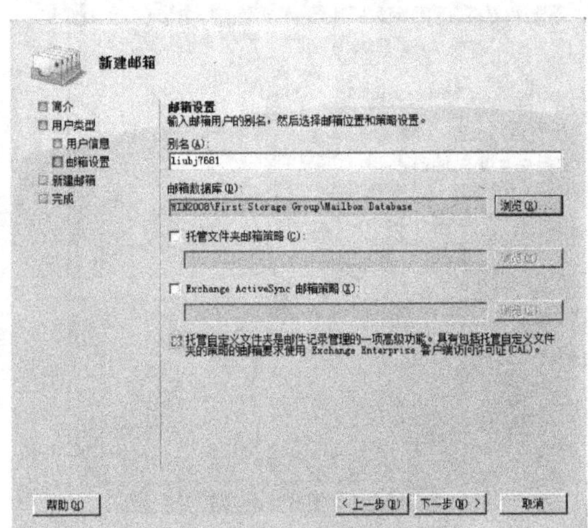

图 12-50 “邮箱设置”界面

5）单击“下一步”按钮，进入“新建邮箱”界面。在此界面中列出新建邮箱的相关账户等基本信息，如图 12-51 所示。

6）单击“新建”按钮，开始创建电子邮箱的过程。创建完毕后会显示出创建电子邮箱的结果，并在下方显示出使用的相关的命令行管理程序，如图 12-52 所示。单击“完成”按钮，即完成电子邮箱的创建工作。

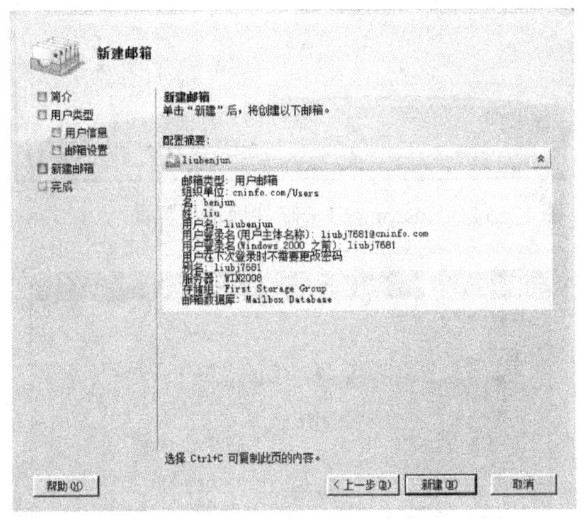

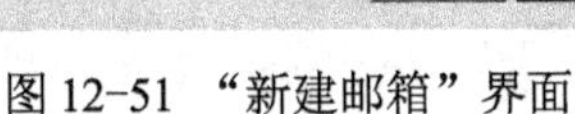
图 12-51 “新建邮箱”界面

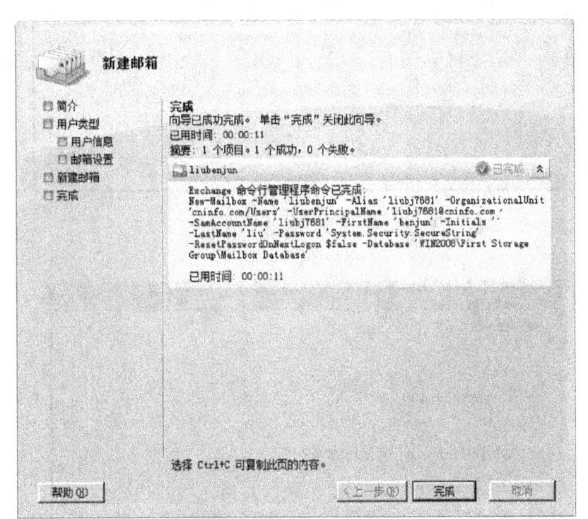

图 12-52 “完成”界面

12.3.4 收发电子邮件

Microsoft Outlook Express 是目前办公人员常用的一种电子邮件收发软件。它界面友好，操作简便，可以脱机撰写邮件，能够管理多个账号和多个标识用户，可以设置并添加个性化的签名，能够在邮件内容中加入文字、图片、语音、Web 网页等，并支持多样式编辑。

下面以 Outlook Express 为例，来说明客户端用户 liubj7681 应该如何建立连接 POP3 服务器的电子邮件账户，具体的操作步骤如下。

1）在客户端计算机上（以 Windows XP 系统为例）选择“开始”→“所有程序”→“Outlook Express”选项，进入 Outlook Express 软件。

2）选择“工具”→“账户”→“添加”→“邮件”命令，根据“Internet 连接向导”提示，在“您的姓名”界面的“显示名”文本框中输入邮件账号的“显示名称”，此名会显示在发出的每封信中，如图 12-53 所示，然后单击“下一步”按钮。

3）在“Internet 电子邮件地址”界面中输入 liubj7681 用户的电子邮件地址，如图 12-54 所示，单击“下一步”按钮。

4）弹出“电子邮件服务器名”界面，分别输入接收邮件服务器地址和发送邮件服务器地址，如图 12-55 所示，单击“下一步”按钮。邮件服务器的地址可以是域名，也可以直接输入 IP 地址。

5）弹出“Internet Mail 登录”界面，输入账户名“liubj7681”和密码，这里要同时选中“使用安全密码验证登录（SPA）”复选框，因为在前面配置 POP3 服务器时，选择的是“对所有客户端连接要求安全密码身份验证”，如图 12-56 所示，单击“下一步”按钮。

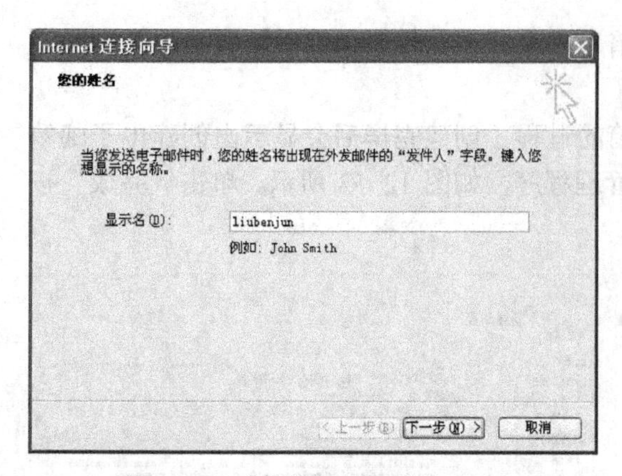

图 12-53 “您的姓名”界面

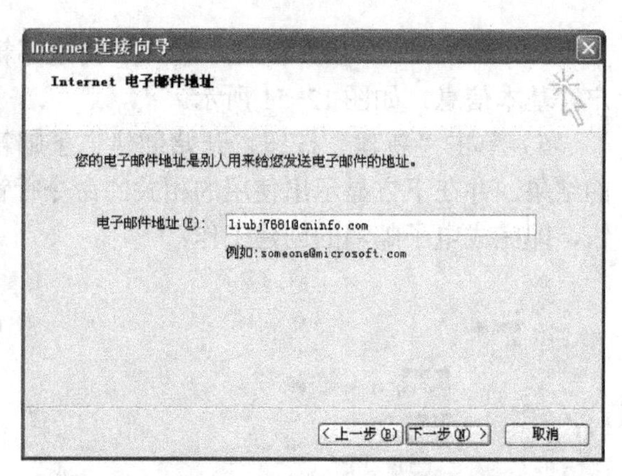

图 12-54 “Internet 电子邮件地址”界面

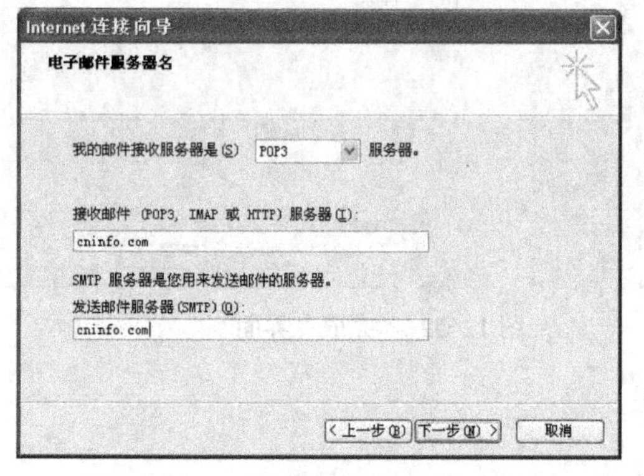

图 12-55 “电子邮件服务器名”界面

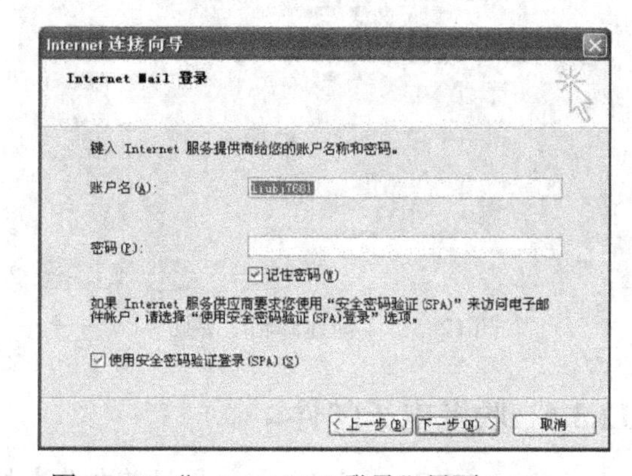

图 12-56 “Internet Mail 登录”界面

6）在下一个界面中单击“完成”按钮即可。liubj 7681 用户若要修改建立的账户，可以通过启动 Outlook Express，选择“工具”→“账号”命令，然后选择“邮件”选项卡，双击要修改的账户，选择“服务器”选项卡，可以进行各项设置。

注意： 前面在介绍 Exchange Server 2007 的时候，当安装到“客户端设置”步骤时，安装向导提示是否创建公共文件夹数据库用于支持 Outlook 2003 以及更早版本或 Entourage 的客户端计算机连接到 Exchange Server 2007 时，一定要选择“是”，这样才会在安装的过程中自动创建公共文件夹数据库，才能使用 Outlook Express 等客户端软件。

Exchange Server 2007 同时支持 Web 方式的收取和发送邮件功能，它允许用户通过 IE 浏览器或者其他支持 Java 及 Frame 框架的浏览器，利用与 Outlook 类似的 Web 界面来进行邮件的收发等操作。但是使用 IE 浏览器收发邮件需要服务支持 Web 方式存取，这就要求服务器添加 IIS 中的 Web 服务，否则无法实现 Web 方式收取和发送邮件。

打开 IE 浏览器，在地址栏输入“https://cninfo.com/exchange”，此时会出现系统连接登录对话框，在“用户名”和“密码”文本框中输入相应的内容，并单击“确定”按钮登录，进入“Office Outlook Web Access”登录界面，此时系统会再次要求输入相关的用户名和密码，如图 12-57 所示。

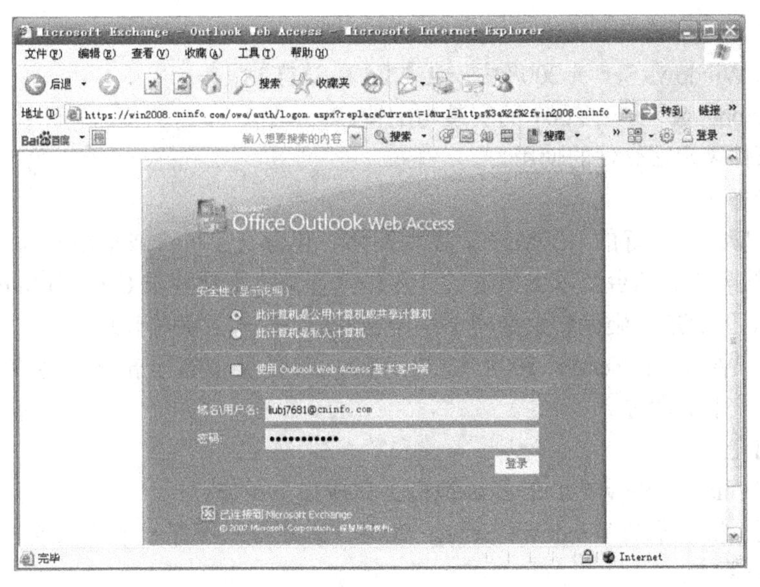

图 12-57 “Office Outlook Web Access”登录界面

成功登录之后即可进入此用户专用的 Web 界面，它的界面及各个项目均与 Outlook 非常相似，如图 12-58 所示。在这个 Web 界面中，可以进行收发邮件、定制联系人、查看日历等一系列操作，如单击“新建”按钮之后创建一封新的邮件，此时可以像使用 Outlook 一样输入收件人的地址等内容，然后单击“发送”按钮将邮件发送出去。

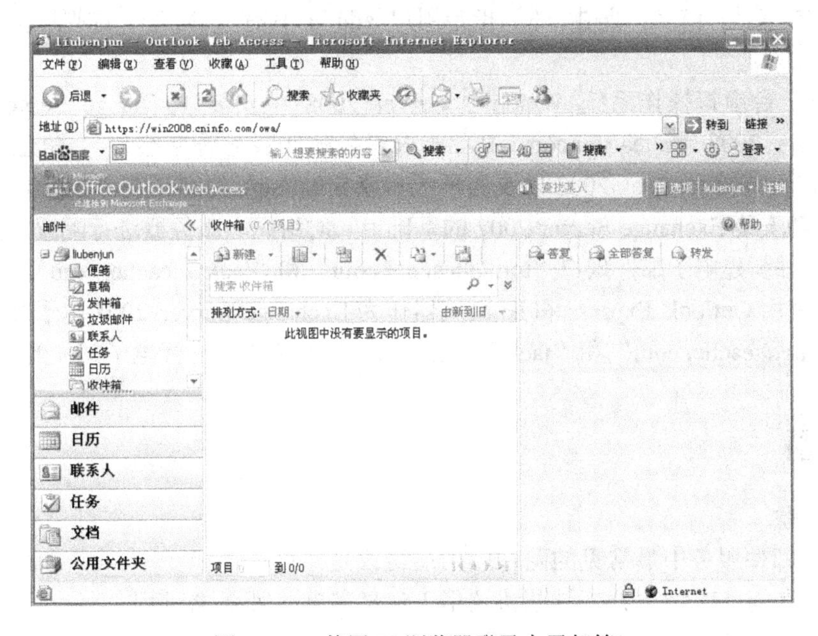

图 12-58 使用 IE 浏览器登录电子邮箱

12.4 【单元实训】创建与管理 SMTP 服务

1．实训目标

1）掌握在 Windows Server 2008 中安装与配置 SMTP 服务。

2）熟悉 Exchange Server 2007 的安装与配置。

3）熟悉邮件客户端软件的使用。

2．实训设备

1）网络环境：已建好的 100Mbit/s 以太网络，包含交换机（或集线器）、五类（或超五类）UTP 直通线若干、两台及以上数量的计算机（计算机配置要求 CPU 为 Intel Pentium 4 及以上，内存不小于 1GB，硬盘剩余空间不小于 20GB，有光驱和网卡）。

2）软件：Windows Server 2008 安装光盘，或硬盘中有全部的安装程序；VMware Workstation 7.0 安装源程序。

3．实训内容

在安装了 Windows Server 2008 的虚拟机上完成如下操作。

1）运行虚拟操作系统 Windows Server 2008，为虚拟机保存一个还原点，以方便以后的实训调用这个还原点。

2）在虚拟操作系统 Windows Server 2008 中添加 SMTP 服务功能并配置 SMTP 服务器，具体操作如下。① SMTP 服务器的基本设置为限制连接数为 99，连接超时 30min，启用日志记录；② 设置 SMTP 服务器的访问控制，采用基本身份验证方法，连接控制中禁止 192.168.50.1/24 网段使用 SMTP 服务器，中继限制中只允许转发来自 student.com 的邮件；③ 设置邮件属性，邮件大小限制为 10MB；④ 设置中继主机为 192.168.10.1，虚拟域为 ycdata.com；⑤ 启用 LDAP 路由；⑥ 指定用户 admin 具有（SMTP）虚拟服务器的操作员权限。

3）在另一台虚拟操作系统 Windows Server 2008 中安装 Exchange Server 2007，在 Windows Server 2008 域 teacher.com 中，要求安装邮件服务器全部 5 个角色，组织名为“Teacher Club”，支持 Outlook 2003 以及更早版本或 Entourage 的客户端计算机。

4）在成功安装 Exchange Server 2007 的基础上，对组织、服务器进行配置，能进行邮件的正常收发，并新建电子邮件账户“tom@teacher.com”和“jack@teacher.com”。

5）分别使用 Outlook Express 和 IE 浏览器作为 Exchange Server 2007 电子邮件客户端软件，利用“tom@teacher.com”和“jack@teacher.com”两个账户进行电子邮件的收发测试。

12.5 习题

一、填空题

（1）电子邮件服务中最常见的两种应用层协议是________________ 和简单邮件传输协议（SMTP）。与 HTTP 一样，这些协议用于定义客户端/服务器进程。

（2）Windows Server 2008 SMTP 服务器的验证方式包括____________________、基本身份验证和集成 Windows 身份验证。

（3）Exchange Server 2007 服务器包括邮箱服务器角色、______________________、统一消息服务器角色、边缘传输服务器角色、______________________。

（4）假设 SMTP 虚拟服务器的本地域名是 network.com，并且在 SMTP 虚拟服务器中设置了虚拟域，其名称为 ycnetwork.com。若电子邮件的账户为 admin@network.com，那么当通过这台 SMTP 虚拟服务器来发送邮件时，SMTP 虚拟服务器会将邮件寄信人的地址由 admin@network.com 改为______________________。

（5）对 Exchange Server 2007 进行配置使之可以接收和发送邮件等操作，主要包括组织配置和______________________两个方面。

二、选择题

（1）SMTP 服务使用的端口是（　　）。

A．21　　B．23　　C．25　　D．53

（2）POP3 服务使用的端口是（　　）。

A．21　　B．23　　C．25　　D．110

（3）IMAP 服务使用的端口是（　　）。

A．21　　B．109　　C．143　　D．110

（4）下面的（　　）组件不是 Exchange Server 2007 安装过程中所必需的。

A．.NET Framework 2.0　　B．MMC 3.0　C．DHCP　　D．PowerShell

三、问答题

（1）什么是 MDA？什么是 MUA？什么是 MTA？三者之间有什么联系和区别？

（2）电子邮件系统有关协议包括哪些？

（3）SMTP 服务提供哪 3 种不同的身份验证方法来验证连接到邮件服务器的用户？

（4）安装 Exchange Server 2007 之前必须做好哪些准备工作？

（5）安装 Exchange Server 2007 之后，客户端可以直接使用 Outlook Express 吗？

第13单元　创建与管理流媒体服务

【单元描述】

随着宽带的不断普及和网络带宽的不断提升，人们已不再满足于浏览文字和图片，越来越多的人更喜欢在网上看电影、听音乐。要实现视频点播和音频点播，就必须依靠流媒体服务器，正是因为旺盛的网络服务需求，Windows Server 2008 对流媒体服务器提供了很好的支持。

【单元情境】

三峡纵横科技信息技术有限公司是一家主要提供计算机网络建设与维护的网络技术服务公司，2004 年为三峡一远程教育培训中心建设了网络教育教学平台，利用专线接入 Internet，架设了 Web 服务器，制作并发布了培训中心的网站。该网络教育教学平台向各种类型近万名学员提供远程教育服务，由于教学资源中有大量的视频和音频文件，以前仅向学员提供下载服务，速度慢并且使用不方便。随着学员访问量越来越大以及现代远程教育的需要，培训中心决定架设流媒体服务器。作为网络公司技术人员，你如何通过流媒体服务器让网络上的视频和音频更流畅？

13.1 【知识导航】流媒体技术概述

网络技术、通信技术和多媒体技术的迅猛发展对 Internet 产生极大的影响，特别是随着上网方式的多样化、网络带宽改善和网络所提供的更多服务等方面的变化，使得网络真正成为现代人生活的一部分。在这种情况下，传输视频、音频和动画的最佳解决方案就是流媒体，通过流方式进行传输，即使在网络非常拥挤或拨号连接的条件下，也能提供清晰、不中断的影音播放，实现了网上动画、影音等多媒体的实时播放。

13.1.1 流媒体技术简介

流媒体是从英语“Streaming Media”翻译过来的，它是一种可以使音频、视频和其他多媒体能在网络上以实时的、无须下载等待的方式进行播放的技术。流媒体文件格式是支持采用流式传输及播放的媒体格式。

流式传输方式是将动画、视音频等多媒体文件经过特殊的压缩方式分成一个个压缩包，由视频服务器向用户计算机连续、实时传送。在采用流式传输方式的系统中，用户不必像非流式播放那样等到整个文件全部下载完毕才能看到其中的内容，而是只需经过几秒或几十秒的启动延时即可在用户的计算机上利用相应的播放器或其他的硬件、软件对压缩的动画、视音频等流式多媒体文件解压后进行播放和观看，多媒体文件的剩余部分将在后台服务内继续下载。与传统的文件下载方式相比，流式传输方式具有以下优点。

1）启动延时大幅度地缩短：用户不用等待所有内容下载到硬盘上才能够浏览，通常一个 45min 的影片片段在 1min 以内就可以在客户端上播放，而且在播放过程一般不会出现断续的情况。另外，客户端全屏播放对播放速度几乎无影响，但进行快进、快倒操作时需要时间等待。

2）对系统缓存容量的需求大大降低：由于 Internet 和局域网都是以包传输为基础进行断续的异步传输，数据被分解为许多包进行传输，动态变化的网络使各个包可能选择不同的路由，因此到达用户计算机的时间延迟也就不同。所以，在客户端需要缓存系统来弥补延迟和抖动的影响，并保证数据包传输顺序的正确，使媒体数据能连续输出，不会因网络暂时拥堵而使播放出现停顿。虽然流式传输仍需要缓存相应的文件，但由于不需要把所有的动画、视音频内容都下载到缓存中，因此对缓存的要求也相应降低。

3）流式传输的实现有特定的实时传输协议：采用 RTSP 等实时传输协议，更加适合动画、视音频在网上的流式实时传输。

通常，流媒体系统包括以下 5 个方面的内容。

- 编码工具：用于创建、捕捉和编辑多媒体数据，形成流媒体格式。
- 流媒体数据。
- 服务器：存放和控制流媒体的数据。
- 网络：适合多媒体传输协议甚至是实时传输协议的网络。
- 播放器：供客户端浏览流媒体文件。

这 5 个部分有些是网站需要的，有些是客户端需要的，而且不同的流媒体标准和不同公司的解决方案会在某些方面有所不同。

13.1.2 常见流媒体传输格式

在 Internet 和局域网上所传输的多媒体数据中，基本上只有文本、图形数据可以按照原格式传输。动画、音频、视频等虽然可以直接在网上播放，但文件偏大，即使采用专线上网也要等完全下载后才能观看，这 3 种类型的媒体均要采用流式技术来进行处理以便于在网上传输。由于不同的公司设计开发的文件格式不同，在此简单介绍一下各种流媒体文件的格式。

1．rm 视频影像格式和 ra 音频格式

ra 格式是 RealNetworks 公司所开发的一种新型流式音频 Real Audio 文件格式，rm 格式则是流式视频 Real Vedio 文件格式，主要用来在低速率的网络上实时传输活动视频影像，可以根据网络数据传输速率的不同而采用不同的压缩比率，在数据传输过程中边下载边播放音频和视频，从而实现多媒体的实时传送和播放。客户端可通过 RealPlayer 播放器进行播放。

2．asf 格式

微软公司的 asf 格式也是一种网上流行的流媒体格式，它的使用与 Windows 操作系统是分不开的，其播放器 Microsoft Media Player 已经与 Windows 操作系统捆绑在一起，不仅可用于 Web 方式播放，还可以用于在浏览器以外播放影音文件。

3．qt 格式

Quick Time Movie 的 qt 格式是 Apple 公司开发的一种音频、视频文件格式，用于保存音频和视频信息，具有先进的音频和视频功能。qt 格式支持 25 位色彩，支持 RLC、JPEG 等领先的集成压缩技术，提供 150 多种视频效果。

4．swf 格式

swf 格式是基于 Macromedia 公司 Shockwave 技术的流式动画格式，是用 Flash 软件制作

的一种格式，源文件为 fla 格式。由于它体积小、功能强、交互能力好、支持多个层和时间线程等特点，所以越来越多地应用到网络动画中。该文件是 Flash 的其中一种发布格式，已广泛用于 Internet，客户端只需安装 Shockwave 的插件即可播放。

13.1.3 流媒体的传输协议

在观看网上电影或者电视剧时，一般都会注意到这些文件的连接都不是用 http 或者 ftp 开头的地址，而是一些以 rtsp 或者 mms 开头的地址。实际上，以 rtsp 或者 mms 开头的地址和 http 或者 ftp 一样，都是数据在网络上传输的协议，它们是专门用来传输流式媒体的协议。

MMS 协议（Microsoft Media Server Portocol）是用来访问 Windows Media 服务器中 asf 文件的一种协议，用于访问 Windows Media 发布点上的单播内容，是连接 Windows Media 单播服务的默认方法，若读者在 Windows Media Player 中输入一个 URL 用以链接内容，而不是通过超链接访问内容，则必须使用 MMS 协议引用该流。

RTP（Real-time Transport Portocol，实时传输协议）用于 Internet 上针对多媒体数据流的一种传输协议。RTP 通常工作在点对点或点对多点的传输情况下，其目的是提供时间和实现流同步。RTP 通常使用 UDP 传送数据，但也可工作在 ATM 或 TCP 等协议之上。

RTCP（Real-time Transport Control Portocol，实时传输控制协议）和 RTP 一起提供流量控制和拥塞控制服务。通常，RTP 和 RTCP 配合使用，RTP 依靠 RTCP 为传送的数据包提供可靠的传送机制、流量控制和拥塞控制，因而特别适合传送网上的实时数据。

RTSP（Real-time Streaming Portocol，实时流协议）是由 RealNetwork 和 Netscape 共同提出的，该协议定义了点对多点应用程序如何有效地通过 IP 网络传送多媒体数据。

RSVP（Resource Reservation Protocol，资源预留协议）是网络控制协议，运行在传输层。由于音、视频流对网络的时延比传统数据更敏感，因此在网络中除带宽要求外还需要满足其他条件，在 Internet 上开发的资源预留协议可以为流媒体的传输预留一部分网络资源，从而保证服务质量。

PNM（Progressive Networks Audio）也是 Real 专用的实时传输协议，它一般采用 UDP，并占用 7070 端口。

除上述协议之外，流媒体技术还包括对于流媒体类型的识别，这主要是通过多用途 Internet 邮件扩展 MIME（Multipurpose Internet Mail Extensions）进行的。它不仅用于电子邮件，还能用来标记在 Internet 上传输的任何文件类型。通过它，Web 服务器和 Web 浏览器才可以识别流媒体并进行相应的处理。浏览器通过 MIME 来识别流媒体的类型，并调用相应的程序或 Plug-in 来处理，尤其在 IE 浏览器中，提供了丰富的内建媒体支持。

13.1.4 流媒体技术的主要解决方案

到目前为止，使用较多的流媒体技术解决方案主要有 RealNetworks 公司的 Helix Server 流媒体服务器、微软公司的 Windows Media（流媒体）服务器和 Apple 公司的 QuickTime，它们是网络上流媒体传输系统的 3 大主流技术。

1. Helix Server 流媒体服务器

Helix Server 流媒体服务器支持 Real Audio、Real Video、Real Presentation 和 Real Flash 等 4 类文件，分别用于传送不同的文件。Helix Server 流媒体服务器采用 SureStream 技术，

自动并持续地调整数据流的流量以适应实际应用中的各种不同网络带宽需求，轻松在网上实现视频、音频和三维动画的回放。

由于其成熟稳定的技术性能，AOL、ABC、AT&T、Sony 和 Time Life 等公司和网上主要电台都使用 Helix Server 流媒体服务器向世界各地传送实时影音媒体信息以及实时的音乐广播。在我国，大量的影视、音乐点播和网上直播也都采用了 Helix Server 流媒体服务器系统。

2. Windows Media（流媒体）服务器

Windows Media（流媒体）服务器是微软公司推出的信息流式播放方案，其主要目的是在 Internet 和局域网上实现包括音频、视频信息在内的多媒体流信息的传输。Windows Media（流媒体）服务器的核心是 asf 文件，这是一种包含音频、视频、图像以及控制命令、脚本等多媒体信息在内的数据格式，通过分成一个个的网络数据包在 Internet 和局域网上传输来实现流式多媒体内容发布。asf 支持任意的压缩 / 解压缩编码方式，并可以使用任何一种底层网络传输协议，因此具有很大的灵活性。

Windows Media（流媒体）服务器由 Media Tools、Media Server 和 Media Player 工具构成。Media Tools 提供了一系列的工具帮助用户生成 asf 格式的多媒体流，其中分为创建工具和编辑工具两种。创建工具主要用于生成 asf 格式的多媒体流，包括 MediaEncoder、Author、VidToASF、WavToASF、Presenter 等 5 个工具；编辑工具主要对 asf 格式的多媒体流信息进行编辑与管理，包括后期制作编辑工具 ASFIndexer 与 ASFChop，以及对 ASF 流进行检查并改正错误的 ASFCheck。Media Server 可以保证文件的保密性，不被下载，并使每个使用者都能以最佳的影片品质浏览文件，具有多种文件发布形式和监控管理功能。

3. QuickTime

Apple 公司的 QuickTime 几乎支持所有主流的个人计算机平台和各种格式的静态图像文件、视频和动画，具有内置 Web 浏览器插件技术，支持 IETF（Internet Engineering Task Force）流标准以及 RTP、RTSP、SDP、FTP 和 HTTP 等网络协议。

QuickTime 包括服务器 QuickTime Streaming Server、带编辑功能的播放器 QuickTime Player、制作工具 Quick Time 4 Pro、图像浏览器 PictureViewer 以及使浏览器能够播放 Quick Time 影片的 QuickTime 插件。QuickTime 4 支持两种类型的流：实时流和快速启动流。使用实时流的 QuickTime 影片必须从支持 QuickTime 流的服务器上播放，是真正意义上的流媒体，使用实时传输协议来传输数据；快速启动流可以从任何 Web 服务器上播放，使用 HTTP 或 FTP 来传输数据。

除了上述流媒体技术的 3 种主要格式外，在多媒体课件和动画方面的流媒体技术还有 Macromedia 公司的 Shockwave 技术和 MeataCreation 公司的 MetaStream 技术等。

13.2 【新手任务】安装与配置 Windows Media 服务器

【任务描述】

Windows Media（流媒体）服务器具有使用方便、应用广泛、功能强大等特点，而且最吸引人之处在于它集成在 Windows 产品中（包括服务器端和客户端）。通过架设 Windows Media（流媒体）服务器，可以享受更流畅的音频和视频服务。

【任务目标】

通过任务熟悉 Windows Media 服务器的安装、设置以及创立公告文件，掌握 Windows

Media 服务器端的基本操作。

13.2.1 安装 Windows Media 服务器

在默认情况下，Windows Server 2008 中没有附带 Windows Media 服务组件，因此需要下载相应的安装组件，并参照下述步骤来安装 Windows Media 服务器。

1）安装 Windows Media 服务组件。

2）安装 Windows Media 管理组件。

3）安装 Windows Media 的内核编码组件。

4）选择“开始”→“服务器管理器”命令，打开服务器管理器，在左侧选择“角色”一项之后，单击右侧的“添加角色”链接，在如图 13-1 所示的添加服务器角色向导中选中“流媒体服务”复选框，单击“下一步”按钮继续操作。

5）在如图 13-2 所示的“流媒体服务”界面中，对流媒体服务进行了简要介绍，确认之后单击“下一步”按钮继续操作。

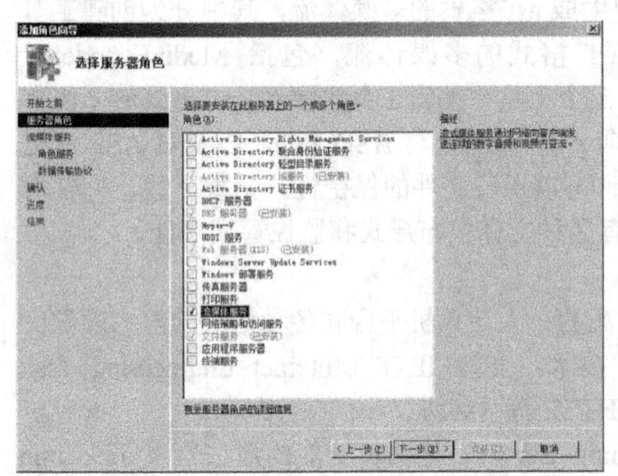

图 13-1　选中“流媒体服务”复选框

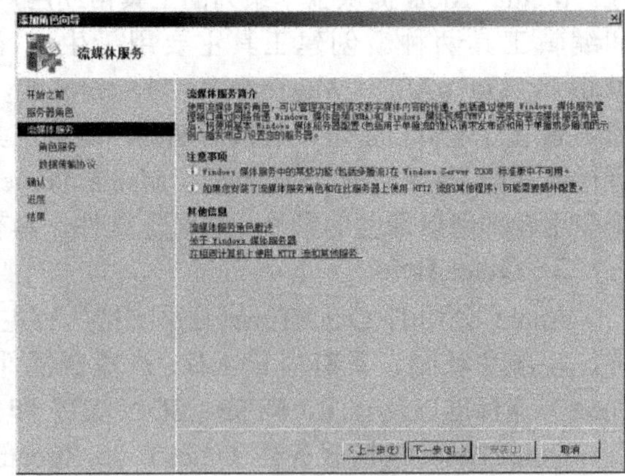

图 13-2　流媒体服务简介

6）在如图 13-3 所示的“选择角色服务”界面中，可以选择为流媒体服务所安装的角色服务，此时可以选择“Windows 媒体服务器”、“基于 Web 的管理”和“日志记录代理”，一般情况下建议选择全部复选框来使得安装的 Windows Media 服务器具有全部完整的功能，单击“下一步”按钮继续操作。

7）进入如图 13-4 所示的“选择数据传输协议”界面。由于 Windows 媒体服务器在传输媒体文件时需要使用相关的传输协议，因此需要在此选择所采用的传输协议，一般默认选中“实时流协议”复选框。若服务器中没有其他服务占用 80 端口，还可以选中“超文本传输协议”复选框进行媒体传输。

8）单击“下一步”按钮，进入如图 13-5 所示的“确认安装选择”界面，可以查看到需要安装 Windows Media 服务器 3 个组件相关的详细信息，确认之后单击“安装”按钮开始安装。

9）安装过程会花费十几分钟，完成之后，会进入如图 13-6 所示的“安装结果”界面，显示相关的安装结果。此时在计算机上依次选择“开始”→“管理工具”命令，若可以查看到“Windows Media 服务”一项，则表示 Windows Media 服务器安装成功。

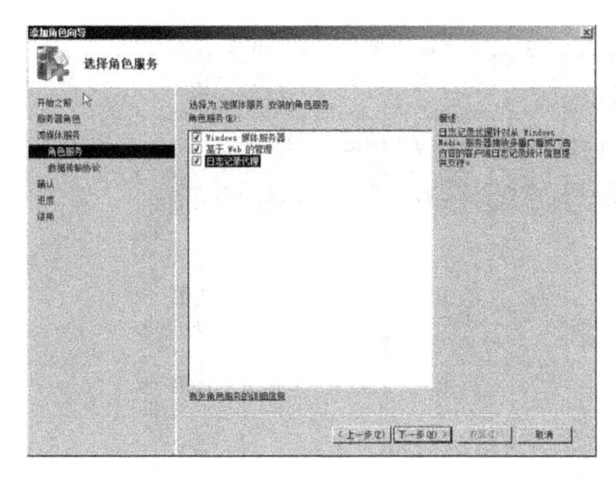

图 13-3　选择角色服务

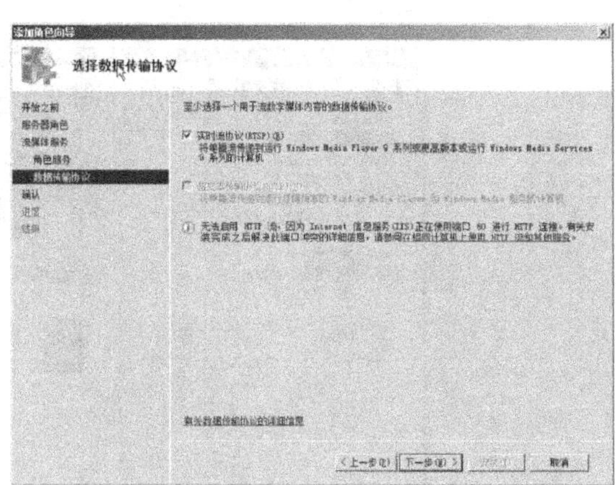

图 13-4　选择数据传输协议

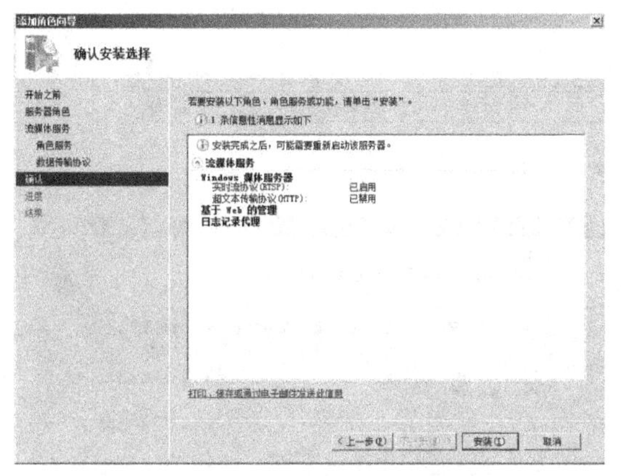

图 13-5　查看 Windows 媒体服务相关信息

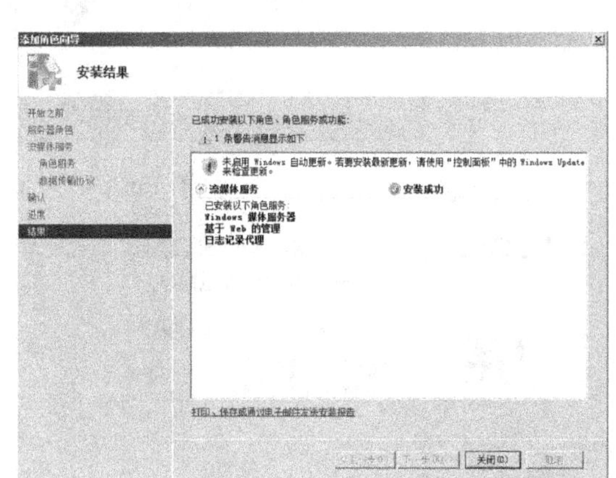

图 13-6　安装结果

13.2.2　配置 Windows Media 服务器

通过 Windows Media 服务器发布广播是一个很不错的功能。例如，可以在服务器中通过广播功能让局域网内部的所有用户一起分享精彩的视频节目。虽然发布广播的方式有很多种，但是 Windows Media 服务器的系统资源占用相对较小，同时易学易用，客户端的播放软件是安装有 Windows 系统的计算机都有的 Windows Media Player，因此可以用它来进行广播。通过配置 Windows Media 服务器，可以生成发布点和流媒体文件，具体的操作步骤如下。

1）依次选择“开始”→“管理工具”→“Windows Media 服务器”命令，打开“Windows Media 服务”窗口，如图 13-7 所示，可以在窗口右部查看到一些关于流媒体的介绍信息。

2）在“Windows Media 服务”窗口中使用鼠标右键单击“发布点”项，并从弹出的快捷菜单中选择“添加发布点”命令，系统将打开“添加发布点向导”对话框，如图 13-8 所示，单击“下一步”按钮继续操作。

3）进入如图 13-9 所示的“发布点名称”界面，需要在“名称”文本框中输入发布点的名称，此时可以输入“Media_Server”之类具有实际意义的名称，单击“下一步”按钮继续操作。

图 13-7 “Windows Media 服务”窗口

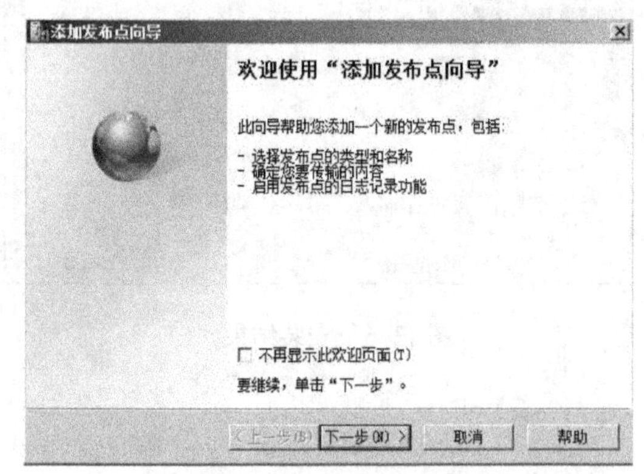

图 13-8 添加发布点向导

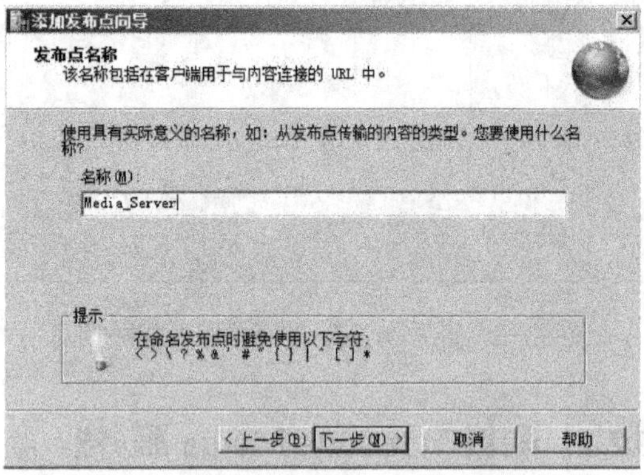

图 13-9 输入发布点名称

4）进入如图 13-10 所示的“内容类型”界面，选择 Windows Media 服务器发布的媒体项目，此处提供了“编码器”、“播放列表”、“一个文件”和“目录中的文件”等单选按钮。如果将服务器硬盘中的媒体文件发布出去，建议选择“目录中的文件”单选按钮。这样只需对设置目录中的媒体文件进行操作即可快速更改媒体服务器的发布内容。

5）单击“下一步”按钮，进入如图 13-11 所示的“发布点类型”界面，在此选择媒体文件发布的方案，有“广播发布点”和“点播发布点”两种类型供选择。其中，前者采用类似电视节目的广播发布方式，客户端用户无法选择收看的节目；而后者则是创建客户端用户可以自行选择收看的节目，并且能够通过快进、快退等方式对媒体节目进行控制。

6）单击“下一步”按钮，进入如图 13-12 所示的“广播发布点的传递选项”界面，在此设置媒体发布的传递方式，有“单播”和“多播”两种方式供选择。其中前者要求每个客户端用户都要与 Windows Media 服务器连接之后才可以收看节目，后者则要求网络中具有多播路由器，这样客户端用户并非必须与服务器建立连接。在此建议选择“单播”单选按钮。

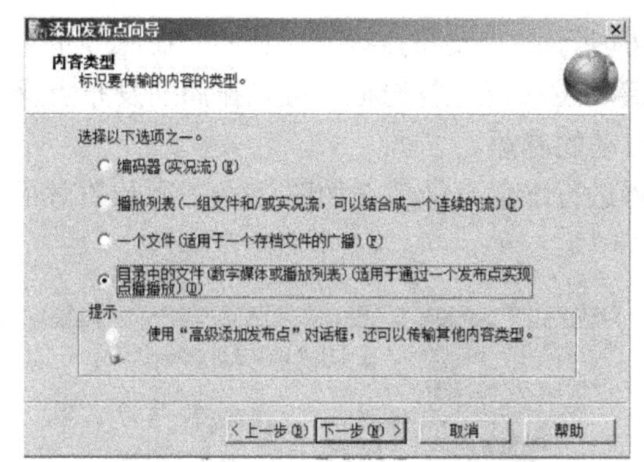

图 13-10　设置发布内容的类型

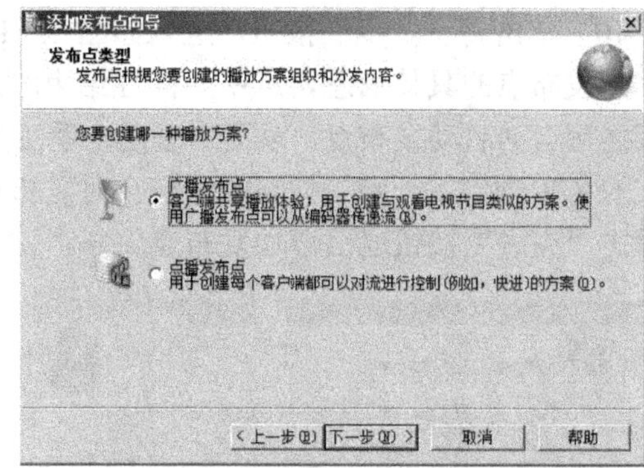

图 13-11　设置媒体文件发布方案

7）单击“下一步”按钮，进入如图 13-13 所示的“目录位置”界面，在此需要指定媒体文件存放的路径，例如，默认设置媒体文件存放在“C:\WMPub\WMRoot”文件夹中。

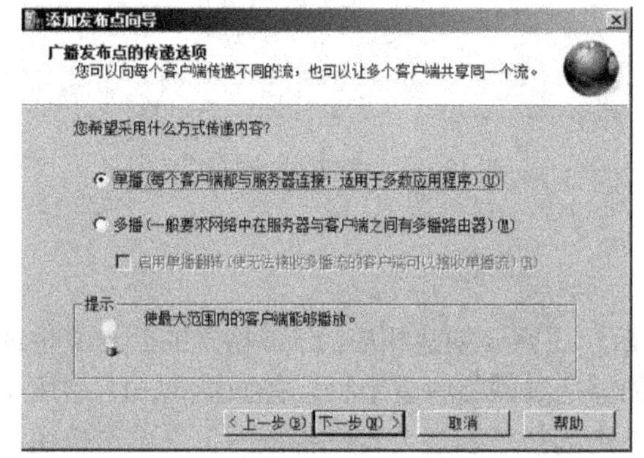

图 13-12　选择广播发布的传递方式

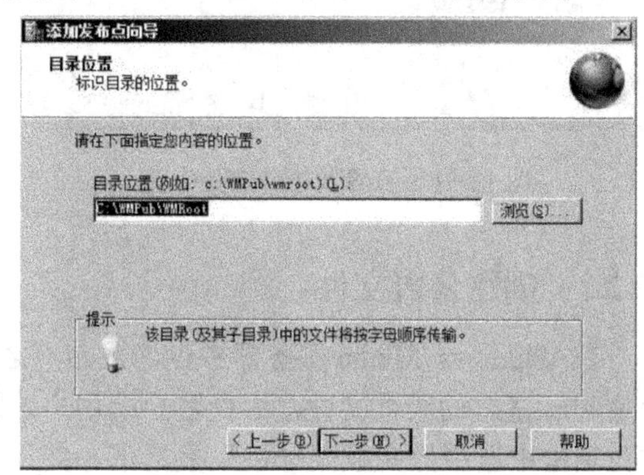

图 13-13　设置媒体文件存放路径

8）单击“下一步”按钮，进入如图 13-14 所示的“内容播放”界面，在此可以设置文件的播放方式，有“循环播放”和“无序播放”两种方式供选择，一般建议用户不要选择其中的复选框，而是采取系统默认的顺序无循环播放方式。

9）单击“下一步”按钮，进入如图 13-15 所示的“单播日志记录”界面，在此可以设置是否启用发布点日志记录功能，如果启用了服务器日志记录功能，则不需要再次选择该复选框来启用发布点的日志记录。

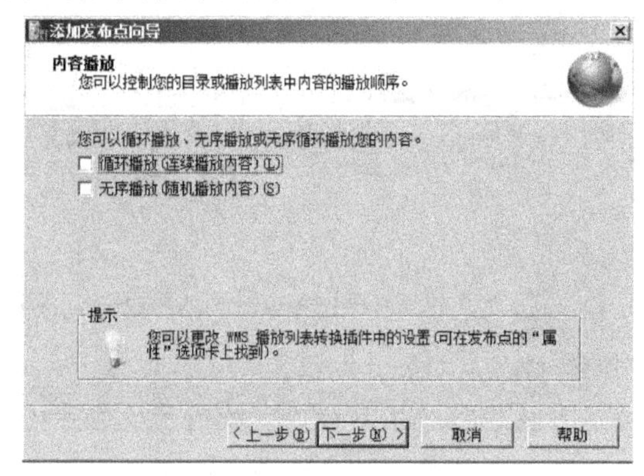

图 13-14　设置媒体文件播放方式

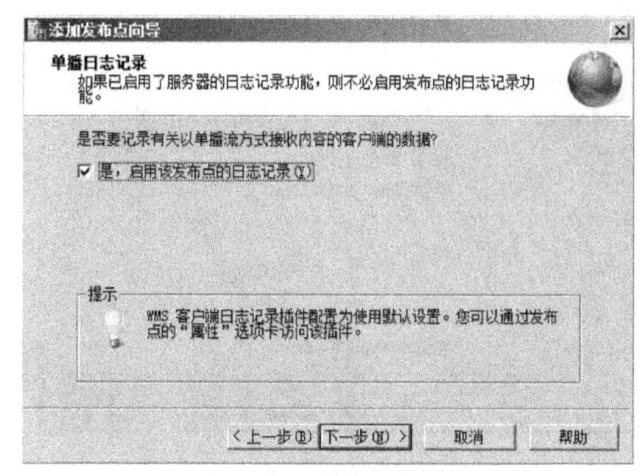

图 13-15　设置发布点日志记录

10）单击“下一步”按钮，进入如图 13-16 所示的“发布点摘要”界面，在此显示了有关添加发布点的具体信息，选中“向导结束时启动发布点”复选框，可以在添加发布点操作结束之后自动启动发布点，从而省去用户手工启动的麻烦。

11）单击“下一步”按钮，系统会对发布点进行配置，最后在如图 13-17 所示的对话框中单击“完成”按钮退出添加发布点向导。

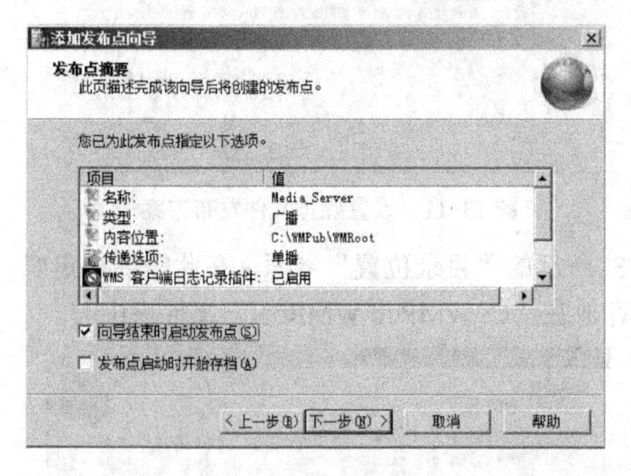

图 13-16　查看发布点摘要信息

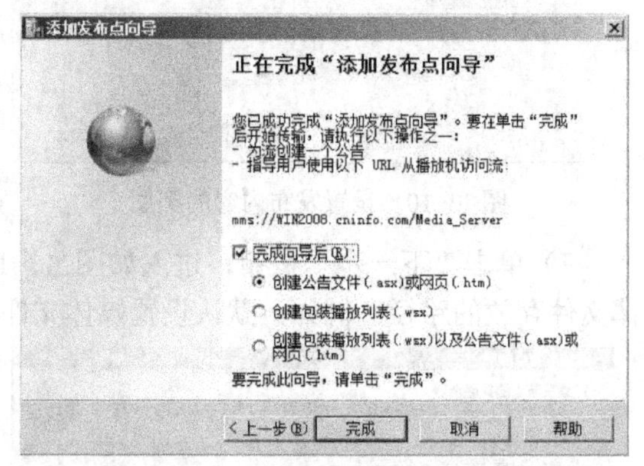

图 13-17　完成添加发布点向导

13.2.3　创建公告文件

在 Windows Media 服务器中创建发布点之后，还需要创建相应的 asx 格式的公告文件或者是.htm 格式的网页文件，这样客户端用户才能够通过网络收看节目。在如图 13-17 中所示的对话框中选中“完成向导后”复选框，并且单击选择“创建公告文件或网页”单击按钮，则可以激活单播公告向导，并且通过下述步骤创建公告文件。

1）系统进入“单播公告向导”对话框，如图 13-18 所示，此欢迎页面对单播公告进行了简要的介绍，单击“下一步”按钮继续操作。

2）进入如图 13-19 所示的“访问该内容”界面，系统已经根据发布点的相关信息自动指定了单播文件的路径信息，如果更改媒体文件的存放路径，则需要单击“修改”按钮重新指定具体的文件路径信息。

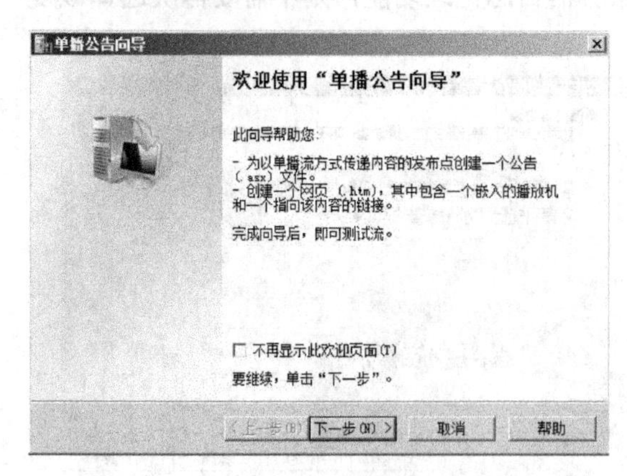

图 13-18　单播公告向导

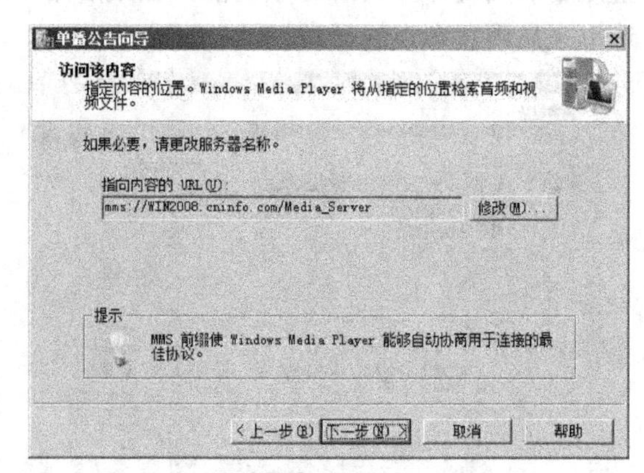

图 13-19　设置单播文件路径

3）单击“下一步”按钮，进入如图 13-20 所示的“保存公告选项”界面，需要设置 asx 格式的公告文件存放路径，如果选中“创建一个带有嵌入的播放机和指向该内容的链接的网页”复选框，则还可以生成一个 htm 格式的文件。

4）单击“下一步”按钮，进入如图 13-21 所示的“编辑公告元数据”界面，需要设置主题、作者、版权等公告元数据，这些数据会在 Windows Media Player 播放器窗口中显示。

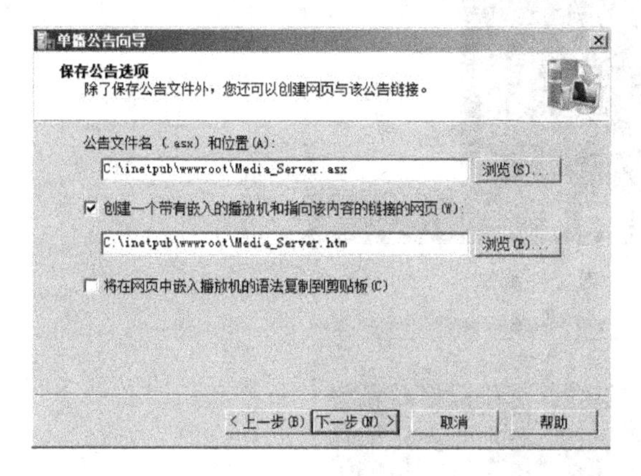

图 13-20　保存公告选项

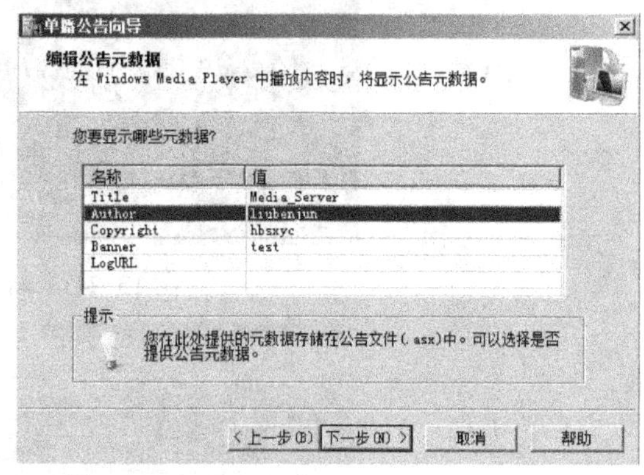

图 13-21　编辑公告元数据

5）单击“下一步”按钮，系统会创建公告文件，稍等片刻可以查看到如图 13-22 所示的对话框，此时建议用户选中“完成此向导后测试文件”复选框，以便在创建好公告文件之后立即对媒体文件进行测试。

6）单击“完成”按钮，关闭“单播公告向导”对话框，弹出如图 13-23 所示的“测试单播公告”对话框，在此对话框中提供了“测试公告”和“测试带有嵌入的播放机的网页”两个测试项目，以方便针对不同类型的公告文件进行测试。

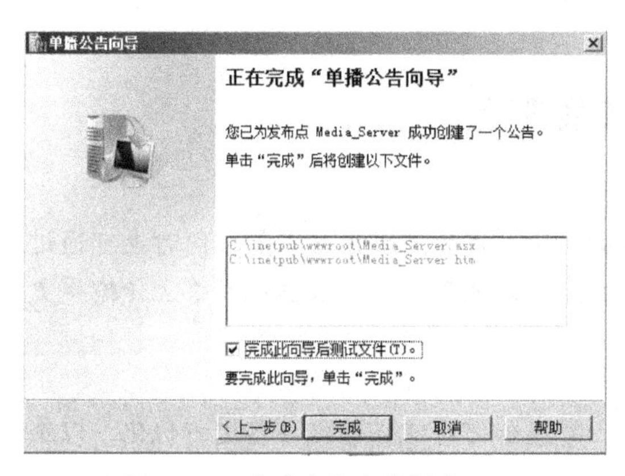

图 13-22　完成公告文件创建

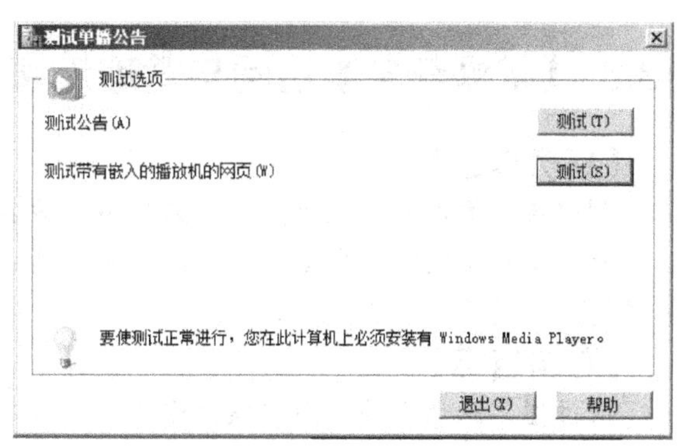

图 13-23　测试单播公告

7）单击“测试公告”后的“测试”按钮，会弹出“Windows Media Player”播放界面，如图 13-24 所示。如果单击“测试带有嵌入的播放机的网页”后的“测试”按钮，会弹出“Web”播放界面，如图 13-25 所示。此时表明 Windows Media 服务器已经架设完成，单击“退出”按钮，结束测试。

图 13-24　asx 公告文件测试

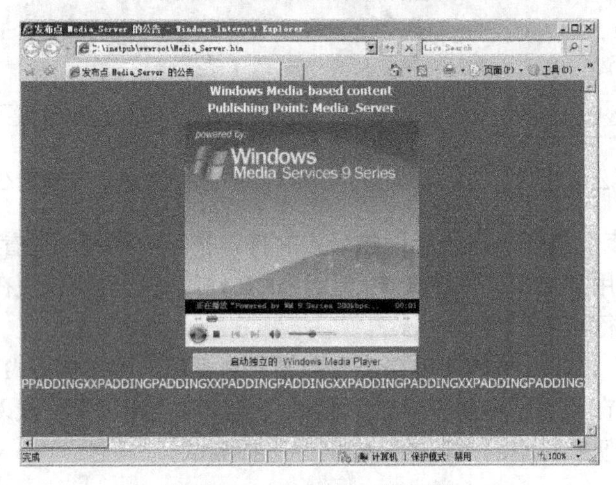

图 13-25　htm 公告文件测试

13.3 【扩展任务】访问与管理流媒体发布点

【任务描述】

创建流媒体发布点之后，可以采用多种方式访问所创建的流媒体发布点，同时也可通过管理所创建的流媒体发布点调整流媒体服务器的性能，让视频和音频数据在网络上传输得更加流畅。

【任务目标】

通过任务熟悉各种访问流媒体发布点的方法，掌握如何对流媒体服务器进行优化，以及如何远程管理流媒体服务器。

13.3.1 访问流媒体发布点

架设完成 Windows Media 服务器之后，用户可以通过以下 3 种方式。很方便地收看 Windows Media 服务器发布的媒体文件。

1）直接连接。在 IE 浏览器地址栏或是 Windows Media Player 的“打开 URL”对话框中输入："mms://cninfo.com/Media_Servr"，按下〈Enter〉键即可访问架设的流媒体服务器。

2）通过客户端列表。通过"单播公告向导"创建的 asx 客户端列表来访问，在 IE 浏览器地址栏或是 Windows Media Player 的"打开 URL"对话框中输入："mms://cninfo.com/Media_ Servr.asx"，按下〈Enter〉键即可访问。

3）通过网页。在服务器端通过 IIS 制作视频节目的发布网页，在 IE 浏览器地址栏或是 Windows Media Player 的"打开 URL"对话框中输入这个网页的地址，如"mms://cninfo.com/Media_Servr.htm"，也可以通过内嵌在网页中的播放器来欣赏媒体节目。

13.3.2 优化流媒体服务器性能

虽然流媒体服务器的架设比较简单，但是这种服务器毕竟要消耗系统资源和网络带宽，如何才能得知当前的系统性能，并且对其进行调整优化呢？

在 Windows Server 2008 中附带了监测功能，这让用户可以对系统有一个直观的了解，优化的具体相关操作如下。

1）依次选择"开始"→"管理工具"→"Windows Media 服务器"命令，打开"Windows Media 服务"窗口，在窗口中展开左侧的"发布点"→"Media_Server"项，如图 13-26 所示，在"监测"选项卡中可以得知当前 Windows Media 服务器的相关信息。

注意：在"监测"选项卡中可以了解服务器的相关信息，如正在播放的视频文件、服务器 CPU 的最大占用率、共有多少客户端用户连接到服务器收看媒体节目、网络带宽的峰值占用、当前网络带宽占用等。这些信息有利于帮助用户了解服务器的运行情况。如果发现 CPU 占用资源超过 60%则说明 CPU 资源不足，一方面可以通过升级计算机来解决，另外也可以限制客户端的连接数量来减少 CPU 资源的占用率，因此在维护服务器和充分利用服务器资源之间就可以找到一个平衡点。这样更利于服务器长期稳定的工作。

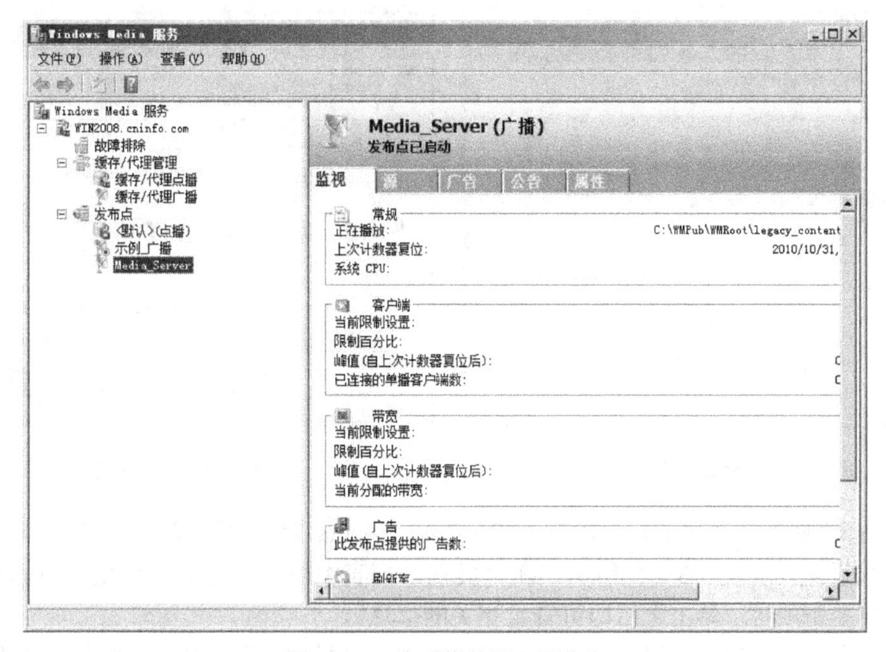

图 13-26 查看媒体服务器信息

2）选择“源”选项卡，可以查看到设置的媒体文件夹中有哪些文件可以供播放，而且通过中部的工具栏可以进行添加媒体文件、删除媒体文件等操作，如图 13-27 所示。

3）在图 13-27 下部的文件列表中选取某个媒体文件，单击底部的播放按钮实时测试播放，如图 13-28 所示。在测试的过程中能够得知跳过的帧数、接收到的文件包数、恢复和丢失的文件包数等具体信息。

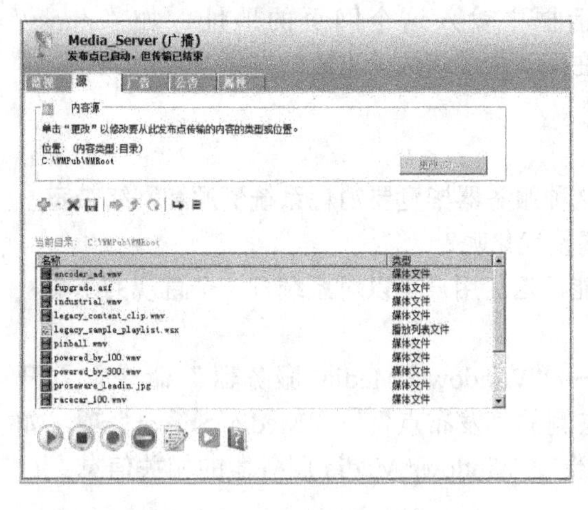

图 13-27　管理媒体文件夹

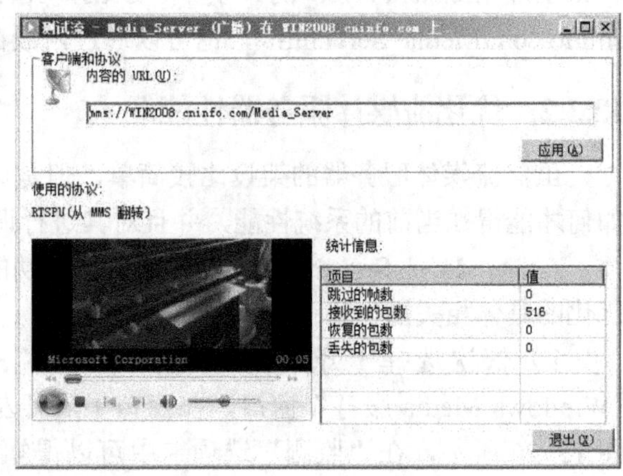

图 13-28　测试媒体文件

4）选择“广告”选项卡，可以添加间隙广告或者片头和片尾广告，这些可以根据具体的需求进行设置，如图 13-29 所示。

5）选择“公告”选项卡，可以创建单播公告或者多播公告，如图 13-30 所示。若在前面的操作中没有设置公告文件，则可以在此创建。

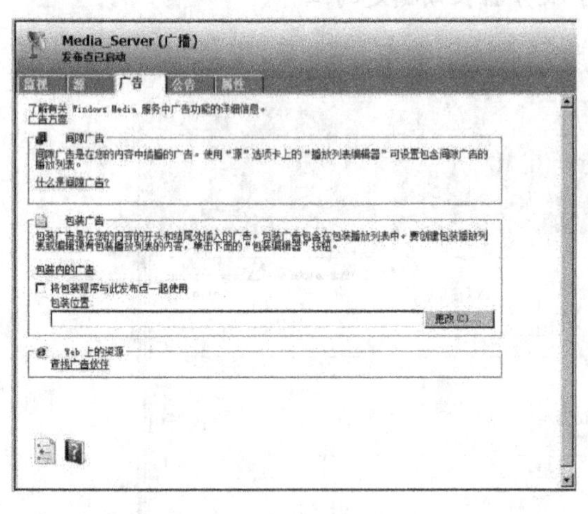

图 13-29　设置广告

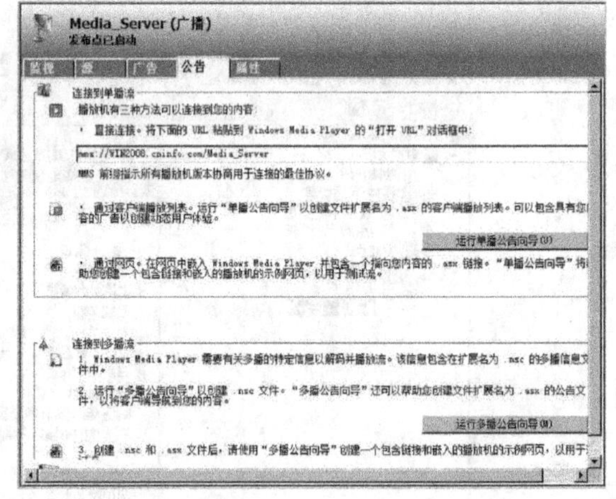

图 13-30　创建公告

6）选择“属性”选项卡，可以查看 Windows Media 服务器设置，也能够在此较为全面地了解参数设置，如图 13-31 所示，在“类别”列表中提供了常规、授权、日志记录、验证、限制等多个项目，单击之后即可查看相关的信息。

7）如果需要更改一些设置，则可以在右部的“属性”区域中进行操作。例如，选择

"限制"类别之后，选中"限制播放机总带宽"复选框，并在后面文本框内输入带宽限制范围，这样就可以避免由于 Windows Media 服务器占用过多带宽而影响服务器其他网络程序的正常运行，如图 13-32 所示。

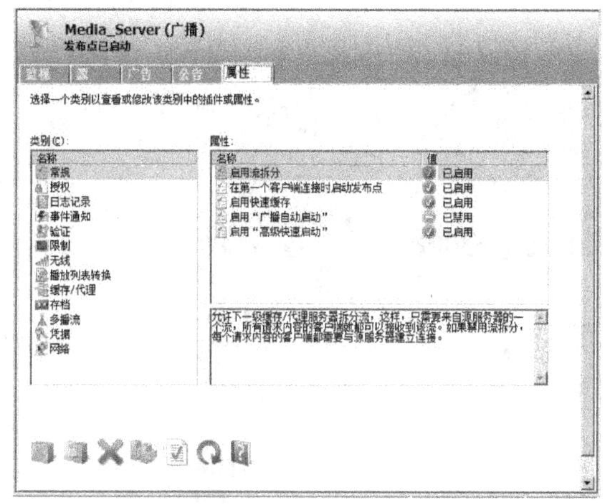

图 13-31　查看媒体服务器信息

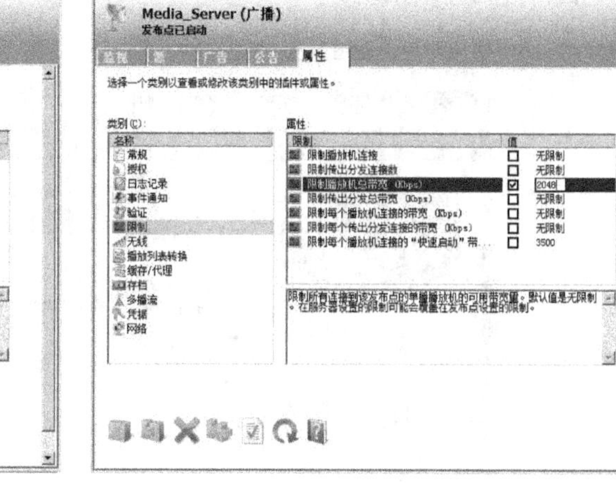

图 13-32　更改参数设置

13.3.3　远程管理 Windows Media 服务器

除了本地服务器管理 Windows Media 服务器之外，Windows Server 2008 还提供了远程管理的功能，可以让管理员在网络中的任何一台计算机中直接通过 IE 浏览器对 Windows Media 服务器进行管理，具体的操作步骤如下。

1）在 IE 浏览器中输入如"http://cninfo.com:8080/default.asp"或"http://192.168.1.27:8080/default.asp"，其中"8080"为系统默认的远程连接端口，如图 13-33 所示。

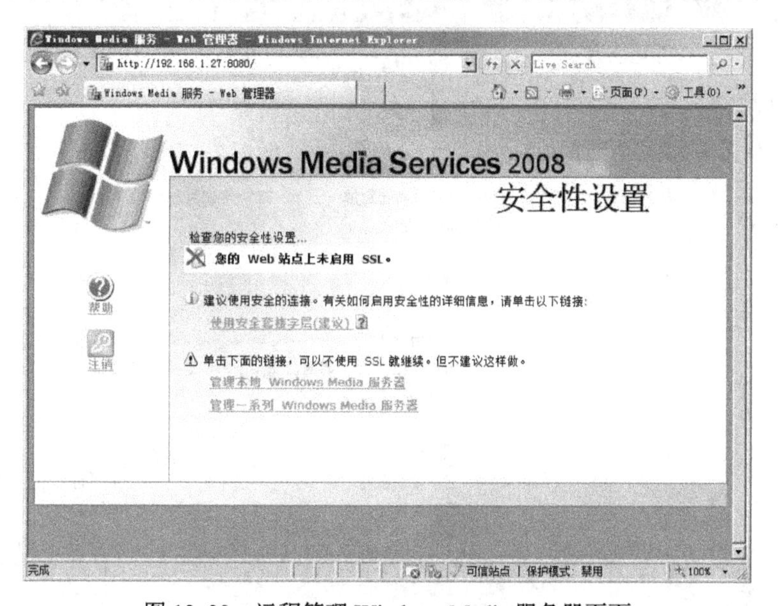

图 13-33　远程管理 Windows Media 服务器页面

2）在远程管理 Windows Media 服务器页面中提供了"管理本地 Windows Media 服务

器”和“管理一系列 Windows Media 服务器”链接，此时单击后者继续操作。

3）进入“Windows Media Server 2008 管理器”页面，显示了当前网络中所有的 Windows Media 服务器，如图 13-34 所示，此时选择需要远程管理的服务器，并且输入正确的用户名和密码登录系统。

图 13-34　选择远程管理的服务器

4）登录 Windows Media 服务器之后可以查看到与本地 Windows Media 服务器管理窗口相似的页面，如图 13-35 所示，操作的步骤与前面的介绍相似，在此不再介绍。

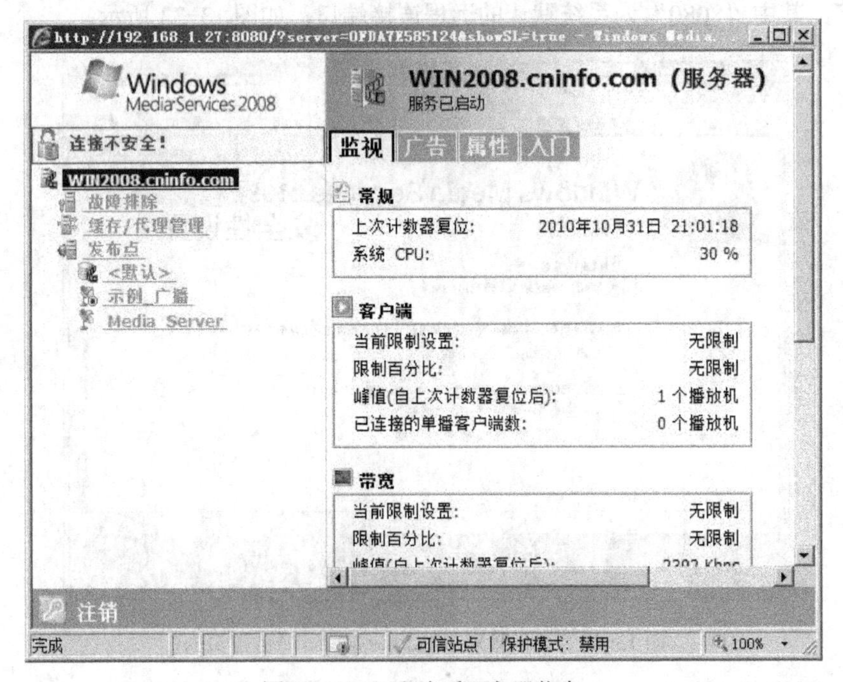

图 13-35　远程查看服务器信息

13.4 【单元实训】创建与管理 FTP 服务

1. 实训目标

1）掌握 Windows Media 服务器的安装。

2）熟悉 Windows Media 服务器的配置与管理。

3）熟悉流媒体文件的发布与访问。

2. 实训设备

1）网络环境：已建好的 100Mbit/s 以太网络，包含交换机（或集线器）、五类（或超五类）UTP 直通线若干、两台及以上数量的计算机（计算机配置要求 CPU 为 Intel Pentium 4 及以上，内存不小于 1GB，硬盘剩余空间不小于 20GB，有光驱和网卡）。

2）软件：Windows Server 2008 安装光盘，或硬盘中有全部的安装程序；VMware Workstation 7.0 安装源程序。

3. 实训内容

在安装了 Windows Server 2008 的虚拟机上完成如下操作。

1）运行虚拟操作系统 Windows Server 2008，为虚拟机保存一个还原点，以方便以后的实训调用这个还原点。

2）安装 Windows Media 服务、管理以及内核编码组件，然后在 Windows Server 2008 服务器中添加“流媒体服务”角色。

3）在架设好的流媒体服务器中创建一个流媒体发布点“Study_Vod”，设置媒体发布文件夹的位置为“D:\Media_Study”，向该文件夹复制几个测试视频文件，并创建公告文件。

4）对流媒体服务器进行设置优化，实现查看用户对流媒体服务器发布点的访问量的统计功能，限制播放机总带宽为“1024kbit/s”，同时实现流媒体服务器的远程管理，最后在客户端通过 3 种不同的方式来访问该流媒体服务器。

13.5 习题

一、填空题

（1）流媒体是一种可以使________________、________________和其他多媒体能在网络上以实时的、无须下载等待的方式进行播放的技术。

（2）通常流媒体系统包括____________________、____________________、服务器、网络和播放器等 5 个部分的内容。

（3）使用较多的流媒体技术解决方案主要有 RealNetworks 公司的 Helix Server 流媒体服务器、微软公司的____________________和 Apple 公司的____________________，它们是网络上流媒体传输系统的 3 大主流。

（4）在“监测”选项卡中，如果发现 CPU 占用资源超过 60%，则说明 CPU 资源不足，一方面可以通过升级计算机来解决，另外也可以通过____________________来减少 CPU 资源的占用率。

（5）微软公司的 asf 格式是一种网上流行的流媒体格式，它的使用与 Windows 操作系统是分不开的，其播放器____________________已经与 Windows 操作系统捆绑在一起，不仅可用于 Web 方式播放，还可以用于在浏览器以外播放影音文件。

二、选择题

（1）Windows Media 服务器默认的远程连接端口是（　　）。

A．80　　B．8000　　C．8080　　D．53

（2）下面（　　）不是访问流媒体发布点的方式。

A．直接连接　　B．通过客户端列表　　C．通过网页　　D．远程管理

（3）Windows Server 2008 中没有附带 Windows Media 服务组件，因此需要下载相应的安装组件，以下（　　）不是需要下载的安装组件。

A．Windows Media Player　　B．Windows Media 服务组件

C．Windows Media 管理组件　　D．Windows Media 的内核编码组件

（4）下面（　　）不是专门用来传输流式媒体的协议。

A．MMS　　B．HTTPS　　C．RTSP　　D．RTCP

三、问答题

（1）流媒体由哪几部分组成？流媒体与传统的文件相比具有哪些优点？

（2）常见的流媒体有哪几种传输格式？常见的流媒体传输协议有哪些？

（3）常见的流媒体技术解决方案有哪几种？

（4）访问流媒体服务有几种方法？如何调整流媒体服务器的性能？

（5）如何远程管理 Windows Media 服务器？

参 考 文 献

[1] 戴有炜. Windows Server 2008 安装与管理指南[M]. 北京：科学出版社，2009.

[2] 戴有炜. Windows Server 2008 网络专业指南[M]. 北京：科学出版社，2009.

[3] 韩立刚，张辉. Windows Server 2008 系统管理之道[M]. 北京：清华大学出版社，2009.

[4] Jeffrey R.Shapiro.Windows Server 2008 宝典[M]. 薛赛男，王新南，杨志国，等译. 北京：人民邮电出版社，2009.

[5] 赵江，张锐. Windows Server 2008 配置与应用指南[M]. 北京：人民邮电出版社，2008.

[6] 刘本军. 网络操作系统实训教程[M]. 北京：机械工业出版社，2010.